Elementary Number Theory (III)

初等数论
(III)

· 陈景润 著

哈尔滨工业大学出版社
HARBIN INSTITUTE OF TECHNOLOGY PRESS

内 容 简 介

数论是研究数的性质的一门学科。本书从科学实验的实际经验出发,分析了数论的发生、发展和应用,介绍了数论的初等方法。本书为《初等数论(Ⅱ)》的后续,介绍了自然数的一些有趣的性质、数论中常见的数、平方剩余及其计算方法等数学方法。每章后有习题,并在书末附有全部习题解答。本书写得深入浅出,通俗易懂,可供广大青年及科技人员阅读。

图书在版编目(CIP)数据

初等数论.3/陈景润著. —哈尔滨:哈尔滨工业
大学出版社,2012.2(2024.5 重印)
ISBN 978 - 7 - 5603 - 3492 - 9

Ⅰ.①初… Ⅱ.①陈… Ⅲ.①初等数论
Ⅳ.①O156.1

中国版本图书馆 CIP 数据核字(2012)第 014348 号

策划编辑 刘培杰 张永芹
责任编辑 尹 凡
封面设计 孙茵艾
出版发行 哈尔滨工业大学出版社
社   址 哈尔滨市南岗区复华四道街 10 号 邮编 150006
传   真 0451 - 86414749
网   址 http://hitpress.hit.edu.cn
印   刷 哈尔滨久利印刷有限公司
开   本 787mm×1092mm 1/16 印张 17.75 字数 305 千字
版   次 2012 年 2 月第 1 版 2024 年 5 月第 14 次印刷
书   号 ISBN 978 - 7 - 5603 - 3492 - 9
定   价 28.00 元

◎ 目 录

自然数的一些有趣的性质

9.1 奇妙的平方数

在这一节里,我们要讨论自然数的一个有趣的性质,简单的计算给出下面两个结果

$$12^2 = 144, 21^2 = 441$$

我们发现这两组数 12,21 及 144,441 有一个有趣的性质:将 12 改为从右向左记数恰好得到 21,将 144 改为从右向左记数恰好得到 441,即当将 12 这个数从右向左记成 21 时,$12^2 = 144$ 也恰好被从右向左记数改变成 $21^2 = 441$. 再试下去,我们发现下面几组数也有同样的性质

$$13^2 = 169, 31^2 = 961$$

$$11^2 = 121, 11^2 = 121$$

$$22^2 = 484, 22^2 = 484$$

于是有人会猜想数 33,44 等等也有同样的性质. 但是计算表明这种猜想是错误的,因为 $33^2 = 1\,089$,而 $1\,089 \neq 9\,081$;又 $44^2 = 1\,936$,而 $1\,936 \neq 6\,391$. 那么,在二位数中还有没有其他的数具有上述性质呢? 我们的回答是没有,后面我们要对这个结论给出详细的证明.

通过计算,我们发现下面各组三位数也具有上面所说的性质:

1

$$102^2 = 10\,404, 201^2 = 40\,401$$
$$103^2 = 10\,609, 301^2 = 90\,601$$
$$112^2 = 12\,544, 211^2 = 44\,521$$
$$113^2 = 12\,769, 311^2 = 96\,721$$
$$122^2 = 14\,884, 221^2 = 48\,841$$
$$101^2 = 10\,201, 101^2 = 10\,201$$
$$111^2 = 12\,321, 111^2 = 12\,321$$
$$202^2 = 40\,804, 202^2 = 40\,804$$
$$121^2 = 14\,641, 121^2 = 14\,641$$
$$212^2 = 44\,944, 212^2 = 44\,944$$

那么,在三位数中还有没有其他的数具有这一性质呢? 我们的回答是没有. 后面我们也要对这个结论给出详细的证明.

现在先讨论二位数的情形. 我们用 $(xy)_{10}$ 表示一个二位数,其个位数字为 y,十位数字为 x. 为了使将 $(xy)_{10}$ 通过从右向左记数得到的数 $(yx)_{10}$ 仍是一个二位数,必须使 $x \neq 0. y \neq 0.$ 于是 $1 \leqslant x \leqslant 9, 1 \leqslant y \leqslant 9.$

若 $x = 1$,就有
$$(1y)_{10}^2 = (10 + y)^2 = 100 + 20y + y^2$$
$$(y1)_{10}^2 = (10y + 1)^2 = 100y^2 + 20y + 1$$

如果 $y \geqslant 4$,我们就有 $(y1)_{10}^2 > 100y^2 \geqslant 1\,600$,即 $(y1)_{10}^2$ 至少是一个四位数,但是 $(1y)_{10}^2 \leqslant (19)^2 < 400$,因而为要二位数 $(1y)_{10}$ 具有所要求的性质,必须 $1 \leqslant y \leqslant 3$,即当 $x = 1$ 时,具有所述性质的二位数只能从 11,12,13 中去寻找,由计算知道,这三个二位数都具有所要求的性质.

若 $x = 2$,就有
$$(2y)_{10}^2 = (20 + y)^2 = 400 + 40y + y^2$$
$$(y2)_{10}^2 = (10y + 2)^2 = 100y^2 + 40y + 4$$

于是 $(y2)_{10}^2$ 的个位数为 4,而当 $y \geqslant 3$ 时则有
$$520 = 400 + 120 < (2y)_{10}^2 < 30^2 = 900$$

于是当 $y \geqslant 3$ 时, $(2y)_{10}^2$ 是一个百位数字至少为 5 的三位数,因而必须 $1 \leqslant y \leqslant 2$. 即当 $x = 2$ 时,只有 21 与 22 这两个二位数可能具有要求的性质,计算表明这两个数确有所述之性质.

若 $x = 3$,则有
$$(3y)_{10}^2 = (30 + y)^2 = 900 + 60y + y^2$$
$$(y3)_{10}^2 = (10y + 3)^2 = 100y^2 + 60y + 9$$

如果 $y \geqslant 2$,则有
$$1\,000 < 900 + 120 < (3y)_{10}^2 < 40^2 = 1\,600$$

2

即 $(3y)_{10}^2$ 是一个千位数为 1 的四位数,而 $(y3)_{10}^2$ 的个位数为 9,因此只可能 $y = 1$,即当 $x = 3$ 时,只有 31 这个二位数才可能有所述性质,验算知 31 确有所要求之性质.

若 $x = 4$,则有

$$(4y)_{10}^2 = (40 + y)^2 = 1\ 600 + 80y + y^2$$
$$(y4)_{10}^2 = (10y + 4)^2 = 100y^2 + 80y + 16$$

于是 $(y4)_{10}^2$ 的个位数为 6,由于

$$1\ 600 < 41^2 \leqslant (4y)_{10}^2 < 50^2 = 2\ 500$$

因此 $(4y)_{10}^2$ 是一个四位数,其最高数字只可能为 1 或 2,因而无论 y 是个什么样的一位数,$(4y)_{10}^2$ 的最高位数字都不可能与 $(y4)_{10}^2$ 的个位数字相同,即这种二位数不可能具有所述之性质.

若 $x = 5$,则有

$$(5y)_{10}^2 = (50 + y)^2 = 2\ 500 = 100y + y^2$$
$$(y5)_{10}^2 = (10y + 5)_{10}^2 = 100y^2 + 100y + 25$$

于是 $(y5)_{10}^2$ 的个位数为 5,但是

$$2\ 500 = 50^2 < (5y)_{10}^2 < 60^2 = 3\ 600$$

于是 $(5y)_{10}^2$ 是一个最高位数字为 2 或 3 的四位数,因此不论 y 取什么样的一位数,二位数 $(5y)_{10}$ 都不可能有所要求的性质.

若 $x = 6$,则有

$$(6y)_{10}^2 = (60 + y)^2 = 3\ 600 + 120y + y^2$$
$$(y6)_{10}^2 = (10y + 6)^2 = 100y^2 + 120y + 36$$

于是 $(y6)_{10}^2$ 的个位数为 6,但是

$$3\ 600 = 60^2 < (6y)_{10}^2 < 70^2 = 4\ 900$$

因而 $(6y)_{10}^2$ 是一个最高位数为 3 或 4 的四位数,而不可能以 6 为最高位数,因而这种二位数也一定不具有所要求的性质.

若 $x = 7$,则有

$$(7y)_{10}^2 = (70 + y)^2 = 4\ 900 + 140y + y^2$$
$$(y7)_{10}^2 = (10y + 7)^2 = 100y^2 + 140y + 49$$

于是 $(y7)_{10}^2$ 的个位数为 9,但是

$$4\ 900 = 70^2 < (7y)_{10}^2 < 80^2 = 6\ 400$$

即 $(7y)_{10}^2$ 是一个四位数且最高位数不超过 6,因而无论 y 取什么样的一位数,二位数 $(7y)_{10}$ 都不可能具有所要求的性质.

若 $x = 8$,则 $(y8)_{10}^2$ 的个位数为 4,又由

$$6\ 400 = 80^2 < (8y)_{10}^2 < 90^2 = 8\ 100$$

知,$(8y)_{10}^2$ 是一个最高位数只能为 6,7 或 8 的四位数,因而此种二位数也必不能具有所要求的性质.

若 $x=9$,则 $(y9)_{10}^2$ 的个位数为 1,但由

$$8\ 100 = 90^2 < (9y)_{10}^2 \leqslant 99^2 = 9\ 801$$

知,$(9y)_{10}^2$ 是一个四位数,其最高位数不可能为 1,因此这种二位数必不可能具有所要求的性质.

综上所述,我们就证明了:所有二位数中,具有所述性质的二位数只有 11,12,13,21,22,31 这六个数.

对于三位数,可以用类似的方法加以讨论. 下面用 $(xyz)_{10}$ 表示一个三位数,x,y 及 z 各表示其百位、十位及个位数字,为了使这三位数具有所要求之性质,必须要求

$$1 \leqslant x \leqslant 9, 0 \leqslant y \leqslant 9, 1 \leqslant z \leqslant 9$$

若 $x=1$,则有

$$(1yz)_{10}^2 = (100 + 10y + z)^2 =$$
$$10\ 000 + 100y^2 + z^2 + 2\ 000y + 200z + 20yz$$
$$(zy1)_{10}^2 = (100z + 10y + 1)^2 =$$
$$10\ 000z^2 + 100y^2 + 1 + 2\ 000yz + 200z + 20y$$

于是 $(zy1)_{10}^2$ 的个位数字为 1. 由于 $(1yz)_{10}^2 > 100^2 = 10\ 000$ 且 $(1yz)_{10}^2 \leqslant 199^2 = 39\ 601$,故 $(1yz)_{10}^2$ 是一个五位数. 对 $0 \leqslant y \leqslant 3$ 有 $(1yz)_{10}^2 \leqslant 139^2 = 19\ 321$,对 $y \geqslant 5$ 有 $(1yz)_{10}^2 > 150^2 = 22\ 500$,而 $y=4$ 时,对 $z=1$ 有 $(1yz)_{10}^2 = 141^2 = 19\ 881$,对 $2 \leqslant z \leqslant 9$ 有 $(1yz)_{10}^2 \geqslant 142^2 = 20\ 164$ 以及 $(1yz)_{10}^2 \leqslant 149^2 = 22\ 201$,因此必须

$$0 \leqslant y \leqslant 3, 1 \leqslant z \leqslant 9 \text{ 或者 } y=4, z=1$$

又对 $z \geqslant 4$ 有 $(zy1)_{10}^2 \geqslant 401^2 = 160\ 801$,这是一个六位数,而 $(1yz)_{10}^2 < 200^2 = 40\ 000$,这是一个五位数,因此必须要求

$$0 \leqslant y \leqslant 3 \text{ 且 } 1 \leqslant z \leqslant 3$$

或者

$$y = 4 \text{ 且 } z = 1$$

又对 $y=3$ 我们有

$$(1yz)_{10}^2 = (13z)_{10}^2 = 16\ 900 + z^2 + 260z$$
$$(zy1)_{10}^2 = (z31)_{10}^2 = 960 + 10\ 000z^2 + 6\ 200z$$

当 $z=3$ 时,$(13z)_{10}^2$ 的个位数为 9,而 $(zy1)_{10}^2$ 的最高位数为 1,这不符合要求,因而必须

$$0 \leqslant y \leqslant 2, 1 \leqslant z \leqslant 3$$

或者 $y=3, 1 \leqslant z \leqslant 2$,或者 $y=4, z=1$.

即只有从以下诸数中去寻找适合条件的三位数:101,102,103,111,112,113, 121,122,123,131,132,141.

计算表明,其中 101,102,103,111,112,113,121,122 满足所要求的条件.

若 $x = 2$,则有

$$(2yz)^2_{10} = (200 + 10y + z)^2 =$$
$$40\ 000 + 100y^2 + z^2 + 40\ 000y + 400z + 20yz$$
$$(zy2)^2_{10} = (100z + 10y + 2)^2 =$$
$$10\ 000z^2 + 100y^2 + 4 + 2\ 000yz + 400z + 40y$$

于是 $(zy2)^2_{10}$ 的个位数为 4,而 $(2yz)^2_{10} > 200^2 = 40\ 000$,且 $(2yz)^2_{10} < 300^2 = 90\ 000$,即 $(2yz)^2_{10}$ 是一个五位数,当 $9 \geqslant y \geqslant 3$ 时,有 $(2yz)^2_{10} > 230^2 = 52\ 900$,而对 $y = 2$,当 $z \geqslant 4$ 时有 $(2yz)^2_{10} \geqslant 224^2 = 50\ 176$,最后注意到对 $z \geqslant 4$ 有 $(zy2)^2_{10} > 400^2 = 160\ 000$,这是一个六位数了,因此必须要

$$0 \leqslant y \leqslant 1, 1 \leqslant z \leqslant 3$$

或者

$$y = 2, 1 \leqslant z \leqslant 3$$

即百位数字为 2 的三位数中,只有以下诸数中可能有满足所述条件的数存在:

$$201,202,203,211,212,213,221,222,223$$

计算表明,201,202,211,212,221 这五个数满足所述条件.

若 $x = 3$,则有

$$(3yz)^2_{10} = (300 + 10y + z)^2 = 90\ 000 + 100y^2 + z^2 + 6\ 000y + 600z + 20yz$$
$$(zy3)^2_{10} = (100z + 10y + 3)^2 = 10\ 000z^2 + 100y^2 + 9 + 2\ 000yz + 600z + 60y$$

于是 $(zy3)^2_{10}$ 的个位数字为 9,又由

$$90\ 000 < (3yz)^2_{10} < 400^2 = 160\ 000$$

知,$(3yz)^2_{10}$ 或者是一个五位数(此时其最高位数为 9)或者是一个六位数(此时其最高位数为 1). 为了具有所要求的性质,$(3yz)^2_{10}$ 必须是一个五位数才行. 注意到 $316^2 = 99\ 856 < 100\ 000$ 而 $317^2 = 100\ 489 > 100\ 000$,故必须有 $(yz)_{10} \leqslant 16$. 另一方面,当 $(3yz)^2_{10}$ 为五位数时,$(zy3)^2_{10}$ 也必须是一个五位数,因此尚需要求 $1 \leqslant z \leqslant 3$,于是只能

$$0 \leqslant y \leqslant 1, 1 \leqslant z \leqslant 3$$

即当百位数为 3 时,只有以下诸数中才可能有适合所述条件的三位数存在:

$$301,302,303,311,312,313$$

计算知道 301,311 二数符合要求.

若 $x = 4$,则有

$$(4yz)^2_{10} = (400 + 10y + z)^2 =$$

$$160\ 000 + 100y^2 + z^2 + 8\ 000y + 800z + 20yz$$

$$(zy4)_{10}^2 = (100z + 10y + 4)^2 =$$

$$10\ 000z^2 + 100y^2 + 16 + 2\ 000yz + 800z + 80y$$

由于 $160\ 000 < (4yz)_{10}^2 < 500^2 = 250\ 000$，于是 $(4yz)_{10}^2$ 是一个六位数，其最高位数为 1 或 2，而 $(zy4)_{10}^2$ 的个位数为 6，故不可能有 y,z 使这种三位数满足所要求的条件.

若 $x = 5$，则有

$$(5yz)_{10}^2 = (500 + 10y + z)^2 =$$

$$250\ 000 + 100y^2 + z^2 + 10\ 000y + 1\ 000z + 20yz$$

$$(zy5)_{10}^2 = (100z + 10y + 5)^2 =$$

$$10\ 000z^2 + 100y^2 + 25 + 2\ 000zy + 1\ 000z + 100y$$

由于 $250\ 000 < (5yz)_{10}^2 < 360\ 000$，故 $(5yz)_{10}^2$ 是一个六位数，其最高位数为 2 或 3，而 $(zy5)_{10}^2$ 的个位数为 5，故不可能.

若 $x = 6$，则 $(zy6)_{10}^2$ 的个位数仍为 6，另一方面，$(6yz)_{10}^2 \leqslant 699^2 = 488\ 601$，故 $(6yz)_{10}^2$ 是一个六位数（注意 $(6yz)_{10}^2 > 360\ 000$），其最高位数是 3 或 4，因此也不可能满足所要求的条件.

若 $x = 7$，易见 $(zy7)_{10}^2$ 的个位数为 9，但是我们有 $(7yz)_{10}^2 < 800^2 = 640\ 000$，故 $(7yz)_{10}^2$ 是一个最高位数至多为 6 的六位数，因此也不可能.

若 $x = 8$，易见 $(zy8)_{10}^2$ 的个位数为 4，又由

$$640\ 000 < (8yz)_{10}^2 < 900^2 = 810\ 000$$

我们知道 $(8yz)_{10}^2$ 是一个六位数，其最高位数字不可能为 4，故不可能.

若 $x = 9$，则 $(zy9)_{10}^2$ 之个位数字为 1，但由

$$810\ 000 < (9yz)_{10}^2 \leqslant 999^2 = 998\ 001$$

知，$(9yz)_{10}^2$ 之最高位数字不可能为 1，因此也不可能.

综上所述知，仅以下 15 个三位数具有所要求的性质：101，102，103，111，112，113，121，122，201，202，211，212，221，301，311.

对更高位数的自然数，也可同样加以讨论.

9.2　有趣的减法

在这一节里我们要讨论自然数的另一个有趣的性质. 从 0，1，2，3，4，5，6，7，8，9 这十个数字中任意取两个数，比方取 4 与 5，用这两个数字可以作出 54 与 45 这样两个自然数，将这两个自然数相减，经过这个规定的手续我们得到

6

$$54 - 45 = 9$$

如果取 2 与 7 这两个数字,由它们可以作出 72 与 27 这样两个自然数,相减得到

$$72 - 27 = 45$$

到这里我们看到,只要对 4 与 5 所能构成的两个自然数 54 与 45 再相减,就得到 9.

取 3 与 6 两个数字,按上述规定的手续得到

$$63 - 36 = 27$$

由上面已讨论过的情形看出,只要对 2 与 7 再施行上述手续 2 次,我们就仍然得到 9 这个数.

取 1 与 8 两个数字,按上述规定的手续,我们得到

$$81 - 18 = 63$$

由上面已讨论过的情形看出,对 6 与 3 只要再施行规定手续 3 次,我们就仍然得到 9 这个数!

上面的讨论证明了,从 18,27,36,45,54,63,72,81 这八个二位数中任一个二位数出发,按照上面规定的手续至多做 4 次. 我们总会最后得到 9 这个数. 那么,这对任何其他的两位数是否也成立呢?下面我们要证明:对每个由不相同数字组成的二位数,至多经过规定手续五步即可将该二位数变为 9,而且确实有这样的二位数,需经规定手续五步才可变为 9.

设 $(ab)_{10}$ 表示一个十进制的两位数,其个位及十位数字分别为 b 与 a,当 $a = 0$ 时,认为 $(ab)_{10} = b$,这里 $0 \leqslant a \leqslant 9, 0 \leqslant b \leqslant 9$. 如果 $a = b$,那么就有 $(ab)_{10} - (ba)_{10} = 0$,我们将不考虑这种平凡的情形. 以下我们不妨设 $0 \leqslant b < a \leqslant 9$,因而就有 $(ab)_{10} > (ba)_{10}$,将它们相减即得到

$$(ab)_{10} - (ba)_{10} = (10a + b) - (10b + a) = 9(a - b) \qquad (*)$$

由 $0 \leqslant b < a \leqslant 9$ 有 $1 \leqslant a - b \leqslant 9$,于是式(*)中的数 $9(a - b)$ 只有下表中九个可能的值.

表 1

$a - b$	1	2	3	4	5	6	7	8	9
$9(a - b)$	9	18	27	36	45	54	63	72	81

上表中八个二位数 18,27,36,45,54,63,72,81 恰好是我们在上面所讨论过的. 在上面我们证明了,对这八个二位数中的每个二位数施行规定的手续至多 4 步,我们就会得到数 9. 于是,任给一个由不相同数字组成的二位数,经上述规定的手续至多 5 步,就会得到数 9. 再由

$$31 - 13 = 18, 81 - 18 = 63, 63 - 36 = 27$$

$$72 - 27 = 45, 54 - 45 = 9$$

知,确实有二位数存在,需经上述手续 5 步才能变为数 9,这就完成了对二位数的讨论.

下面来考虑三位数,取一个三位数,比方取 594,将它的三个数字 5,9,4 从大到小排列,我们得到 954,再将这三个数字从小到大排列,我们得到 459,将得到的两个数相减. 经过这一规定的手续,我们得到

$$954 - 459 = 495$$

这里的 495 仍由 4,9,5 这三个数字组成.

再取三位数 396,按上法得到 963 与 369 两个自然数,将这两个数相减得到

$$963 - 369 = 594$$

再由对 594 已经做过的讨论知道,对 396 施行上述手续 2 次后,我们恰好得到 495 这个数.

再取 297,按上述规则做,我们得到 $972 - 279 = 693$,而由上面的例子,我们得知,对 297 施行上述手续 3 次后,我们就得到 495 这个数.

再取 198,按照上述规则做,我们得到 $981 - 189 = 792$,再由上面讨论过的例子即知道,对 198 施行规定手续 4 次后,我们就可得到 495 这个数.

再取 798,按照上述规则做,我们得到

$$987 - 789 = 198$$

再由上面讨论过的例子即知道,对 798 施行规定手续 5 次后,我们就又得到 495 这个数.

再取 878 这个三位数,按规则做就得到

$$887 - 788 = 99$$

如果一个三位数的三个数字全相同,比方 333,由它出发按规则做就得到

$$333 - 333 = 0$$

这种平凡的情形我们将不再考虑. 我们要问:任给一个三个数字不全相同的三位数,对它施行规定手续至多 5 次,是否一定会将它变成 99 或 495 呢? 答案是肯定的.

下面来讨论任意一个三个数字不全相同的三位数的情形. 设 $0 \leqslant c \leqslant b \leqslant a \leqslant 9$ 且 $a > c$,将这三个数字从大到小排列,得到三位数 $(abc)_{10}$,这里 a, b, c 分别为其百位、十位及个位数字,将 a, b, c 这三个数字再从小到大排列,得到自然数 $(cba)_{10}$. 由 $a > c$ 而有 $(abc)_{10} > (cba)_{10}$,相减得到

$(abc)_{10} - (cba)_{10} = (100a + 10b + c) - (100c + 10b + a) = 99(a - c)$

由 $0 \leqslant c < a \leqslant 9$ 我们有 $1 \leqslant a - c \leqslant 9$.

如果 $a - c = 1$,我们得到二位数 99.

如果 $2 \leqslant a - c \leqslant 9$,则 $99(a - c)$ 为下列八个三位数中之一.

$$198,297,396,495,594,693,792,891$$

由于 198 与 891 皆由 1,9,8 这三个数字组成,297 与 792 皆由 2,7,9 这三个数字组成,396 与 693 皆由 3,9,6 这三个数字构成,495 与 594 皆由 4,9,5 这三个数字构成,而前面给出的例子已经证明了 594,396,297,198 这四个数经过规定手续至多 4 步即可变为 495. 因而,任给一个三位数,只要它的最大数字与最小数字之差大于 1,那么,经过规定手续至多 5 步就会得到 495. 又由 798 这个三位数的例子知道,确实有三位数存在,需要经过 5 步才能变为 495. 这就完成了对三位数的讨论.

下面考虑四位数的情形,先取 2 358,将 2,3,5,8 四个数字先从大到小排列,再从小到大排列,分别得到 8 532 与 2 358 两个数,相减得到

$$8\ 532 - 2\ 358 = 6\ 174$$

如果将 6,1,7,4 这四个数字先从大到小排列,再从小到大排列,分别得到 7 641 与 1 467,相减得到

$$7\ 641 - 1\ 467 = 6\ 174$$

我们仍然回到 6 174 这个四位数!

再取 2 088 这个四位数,将 2,0,8,8 这四位数字先从大到小排列,再从小到大排列,分别得到 8 820 与 0 288(即 288),相减得到

$$8\ 820 - 288 = 8\ 532$$

再由上面的讨论知道,对 2 088 这个四位数施行规定手续 2 次,就得到 6 174 这个数.

再取 1 998,按上述规定手续做一次即得

$$9\ 981 - 1\ 899 = 8\ 082$$

再由上面对 2 088 的讨论知道,对 1 988 施行规定手续 3 次,就得到 6 174 这个数.

再取 4 176 这个数,按规定手续做一次即得

$$7\ 641 - 1\ 467 = 6\ 174$$

再取 4 266,按规定手续做一次即得

$$6\ 642 - 2\ 466 = 4\ 176$$

由上面对 4 176 的讨论知,对 4 266 施行规定手续 2 次,就得到 6 174 这个数.

再取 3 996,按规定做一次即得

$$9\ 963 - 3\ 699 = 6\ 264$$

再由上面对 4 266 的讨论知,对 3 996 施行规定手续 3 次,就得到 6 174.

再取 3 447,按规定手续做一次即得

$$7\ 443 - 3\ 447 = 3\ 996$$

9

再由上面对 3 996 的讨论知,对 3 447 施行规定手续 4 次,就得到 6 174.

再取 8 172,按规定手续做一次即得

$$8\ 721 - 1\ 278 = 7\ 443$$

再由上面对 3 447 的讨论知,对 8 172 施行规定手续 5 次,就得到 6 174.

再取 9 351,按规定手续做一次即得

$$9\ 531 - 1\ 359 = 8\ 172$$

由上面对于 8 172 的讨论知,对 9 351 施行规定手续 6 次,就得到 6 174.

再取 9 261,按规定手续做一次即得

$$9\ 621 - 1\ 269 = 8\ 352$$

由上面对 2 358 的讨论知,对 9 261 施行规定手续 2 次,就得到 6 174.

再取 9 081,按规定手续做一次即得

$$9\ 810 - 189 = 9\ 621$$

再由上面对 9 261 的讨论知,对 9 081 施行规定手续 3 次,就得到 6 174.

再取 9 171,按规定手续做一次即得

$$9\ 711 - 1\ 179 = 8\ 532$$

再由上面对 2 358 的讨论知,对 9 171 施行规定手续 2 次,就得到 6 174.

再取 8 730,按规定手续做一次即得

$$8\ 730 - 378 = 8\ 352$$

再由上面对 2 358 的讨论知,对 8 730 施行规定手续 2 次,就得到 6 174.

再取 6 354,按规定手续做一次即得

$$6\ 543 - 3\ 456 = 3\ 087$$

再由上面对 8 730 的讨论知,对 6 354 施行规定手续 3 次,就得到 6 174.

再取 7 173,按规定手续做一次即得

$$7\ 731 - 1\ 377 = 6\ 354$$

再由上面对 6 354 的讨论知,对 7 173 施行规定手续 4 次,就得到 6 174.

再取 7 992,按规定手续做一次即得

$$9\ 972 - 2\ 799 = 7\ 173$$

再由上面对 7 173 的讨论知,对 7 992 施行规定手续 5 次,就得到 6 174.

再取 9 441,按规定手续做一次得到

$$9\ 441 - 1\ 449 = 7\ 992$$

再由上面对 7 992 的讨论知,对 9 441 施行规定手续 6 次,就得到 6 174.

再取 2 268,按规定手续做一次得到

$$8\ 622 - 2\ 268 = 6\ 354$$

再由上面对 6 354 的讨论知,对 2 268 施行规定手续 4 次,就得到 6 174.

再取 5 355,按规定手续做一次得到

$$5\ 553\ -\ 3\ 555\ =\ 1\ 998$$

再由上面对 1 998 的讨论知,对 5 355 施行规定手续 4 次,就得到 6 174.

再取 5 994,按规定手续做一次得到

$$9\ 954\ -\ 4\ 599\ =\ 5\ 355$$

再由上面对 5 355 的讨论知,对 5 994 施行规定手续 5 次,就得到 6 174.

再取 2 448,按规定手续做一次得到

$$8\ 442\ -\ 2\ 448\ =\ 5\ 994$$

再由上面对 5 994 的讨论知,对 2 448 施行规定手续 6 次,就得到 6 174.

再取 5 265,按规定手续做一次即得

$$6\ 552\ -\ 2\ 556\ =\ 3\ 996$$

再由上面对 3 996 的讨论知,对 5 265 施行规定手续 4 次,就得到 6 174.

再取 3 267,按规定手续做一次即得

$$7\ 632\ -\ 2\ 367\ =\ 5\ 265$$

再由上面对 5 265 的讨论知,对 3 267 施行规定手续 5 次,就得到 6 174.

再取 3 357,按规定手续做一次即得

$$7\ 533\ -\ 3\ 357\ =\ 4\ 176$$

再由对 4 176 的讨论知,对 3 357 施行规定手续 2 次,就得到 6 174.

再取 4 086,按规定手续做一次即得

$$4\ =\ 8\ 640\ -\ 468\ =\ 8\ 172$$

再由上面对 8 172 的讨论知,对 4 086 施行规定手续 6 次,就得到 6 174.

再取 4 446,按规定手续做一次即得

$$6\ 444\ -\ 4\ 446\ =\ 1\ 998$$

再由上面对 1 998 的讨论知,对 4 446 施行规定手续 4 次,就得到 6 174.

再取 5 085,按规定手续做一次即得

$$8\ 550\ -\ 558\ =\ 7\ 992$$

再由上面对 7 992 的讨论知,对 5 085 施行规定手续 6 次,就得到 6 174.

再取 5 175,按规定手续做一次即得

$$7\ 551\ -\ 1\ 557\ =\ 5\ 994$$

再由上面对 5 994 的讨论知,对 5 175 施行规定手续 6 次,就得到 6 174.

再取 5 445,按规定手续做一次即得

$$5\ 544\ -\ 4\ 455\ =\ 1\ 089$$

再由上面对 9 081 的讨论知,对 5 445 施行规定手续 4 次,就得到 6 174.

若取 2 111,按规定手续做一次得到

$$2\ 111 - 1\ 112 = 999$$

若取 3 152,按规定手续做一次得到

$$5\ 321 - 1\ 235 = 4\ 086$$

再由上面对 4 086 的讨论知,对 3 152 施行规定手续七次,就又得到 6 174.

以上的例子启发我们:对任一个四位数字不全相同的四位数,经过规定手续至多七次,总会变为 6 174,或是变为 999,而且确实存在需要七次才能变成 6 174 的四位数.下面来证明这个结论.

设给出 a,b,c,d 四个非负整数,$a \geqslant b \geqslant c \geqslant d$,且这四个数不全相同,也就是有 $a > d$.由它们作出的最大及最小整数分别是 $(abcd)_{10}$ 及 $(dcba)_{10}$,这里 $(abcd)_{10}$ 表示一个四位数,它的千位、百位、十位及个位数字分别为 a,b,c,d.将所得到的两个数相减,即得

$(abcd)_{10} - (dcba)_{10} =$

$(1\ 000a + 100b + 10c + d) - (1\ 000d + 100c + 10b + a) =$

$999(a - d) + 90(b - c)$

(1)如果 $a - d = 1$ 且 $b = c$,我们就得到 999.

(2)如果 $2 \leqslant a - d \leqslant 9$ 而且 $0 \leqslant b - c \leqslant 9$,注意到 $a - d \geqslant b - c$,我们就得到表 2 中的 52 个自然数.由上面讨论过的例子看出,对表 2 中 52 个数分别施行规定手续至多六次,就会得到 6 174 这个数.

(3)当 $a - d = 1$ 时,由 $0 \leqslant b - c \leqslant a - d$ 得知,或者有 $b - c = 0$,或者有 $b - c = 1$.其中 $b - c = 0$ 且 $a - d = 1$ 的情形前面已讨论过了,而当 $b - c = a - d = 1$ 时有

$$(abcd)_{10} - (dcba)_{10} = 1\ 089$$

再由上面例子中对 9 081 的讨论知道,对此情形中的四位数 $(abcd)_{10}$ 施行规定手续 4 次即可得到 6 174.

综上所述就证明了:任给四个不全相同的非负整数 $a,b,c,d,a \geqslant b \geqslant c \geqslant d$.那么,当 $a - d = 1$ 且 $b = c$ 时,施行规定手续一次就将该数 $(abcd)_{10}$ 变为三位数 999;而在其他情形,对 $(abcd)_{10}$ 施行规定手续至多七次,即可将它变成 6 174 这个四位数.又四位数 3 152 的例子说明,确有四位数存在,需经规定手续七次方可变为 6 174.这就完成了对于四位数的情形的讨论(见表 2).

对于更多位数,可用同样的方法加以讨论,只是随着位数增多,讨论也更加复杂,相应的结果也更加复杂一些,这里就不赘述了.

12

表2

a − d / b − c	2	3	4	5	6	7	8	9
0	1 998	2 997	3 996	4 995	5 994	6 993	7 992	8 991
1	2 088	3 087	4 086	5 085	6 084	7 083	8 082	9 081
2	2 178	3 177	4 176	5 175	6 174	7 173	8 172	9 171
3		3 267	4 266	5 265	6 264	7 263	8 262	9 261
4			4 356	5 355	6 354	7 353	8 352	9 351
5				5 445	6 444	7 443	8 442	9 441
6					6 534	7 533	8 532	9 531
7						7 623	8 622	9 621
8							8 712	9 711
9								9 801

9.3　用归纳法解题

归纳法是一个重要的工具,在本节里我们给出几个用归纳法解题的例子.

例1　证明 $n^3 + 5n$ 是 6 的倍数(这里 n 为一个正整数).

证　我们应用数学归纳法来证明.

(1) 当 $n = 1$ 时有 $n^3 + 5n = 6$,因此当 $n = 1$ 时命题成立.

(2) 设此命题对 $n = k - 1$ 已经成立,这里 $k \geq 2$ 为自然数,即有整数 m 使

$$(k - 1)^3 + 5(k - 1) = 6m$$

下面来证明命题对 $n = k$ 也成立,由归纳假设有

$$
\begin{aligned}
k^3 + 5k &= (k - 1 + 1)^3 + 5(k - 1) + 5 = \\
&= (k - 1)^3 + 3(k - 1)^2 + 3(k - 1) + 1 + 5(k - 1) + 5 = \\
&= (k - 1)^3 + 5(k - 1) + 3(k - 1)k + 6 = \\
&= 6\left(m + \frac{1}{2}(k - 1)k + 1\right)
\end{aligned}
$$

因为 k 是一个整数,所以 $\frac{1}{2}k(k - 1)$ 也是一个整数,因此上式表明 $k^3 + 5k$ 确实为 6 的倍数,因而所述命题对所有正整数 n 皆成立.

例2　设 n 为一个正整数 $x_1, \cdots, x_n, y_1, \cdots, y_n$ 都是实数,则有不等式

$$(x_1 y_1 + \cdots + x_n y_n)^2 \leqslant (x_1^2 + \cdots + x_n^2)(y_1^2 + \cdots + y_n^2) \tag{1}$$

成立.

证 这里的命题就是不等式(1).

(1) 当 $n = 1$ 时我们有 $(x_1y_1)^2 = x_1^2 y_1^2$,故式(1) 成立.

(2) 现在设不等式(1) 对自然数 $n = k - 1$ 成立,即确定

$$(x_1y_1 + \cdots + x_{k-1}y_{k-1})^2 \leqslant (x_1^2 + \cdots + x_{k-1}^2) \times (y_1^2 + \cdots + y_{k-1}^2) \qquad (2)$$

则我们有

$$(x_1y_1 + \cdots + x_{k-1}y_{k-1} + x_ky_k)^2 =$$
$$(x_1y_1 + \cdots + x_{k-1}y_{k-1})^2 + x_k^2 y^2 2x_ky_k(x_1y_1 + \cdots + x_{k-1}y_{k-1}) \leqslant$$
$$(x_1^2 + \cdots + x_{k-1}^2)(y_1^2 + \cdots + y_{k-1}^2) + x_k^2 y_k^2 + 2x_ky_k(x_1y_1 + \cdots + x_{k-1}y_{k-1})$$
$$\qquad (3)$$

由于 $x_i, y_i (i = 1, 2, \cdots, k)$ 都是实数,所以有

$$x_k^2 y_i^2 + x_i^2 y_k^2 - 2x_ky_ix_iy_k = (x_ky_i - x_iy_k)^2 \geqslant 0$$

即

$$2x_ky_ix_iy_k \leqslant x_k^2 y_i^2 + x_i^2 y_k^2$$

于是

$$x_k^2 y_k^2 + 2x_ky_k(x_1y_1 + \cdots + x_{k-1}y_{k-1}) \leqslant$$
$$x_k^2 y_k^2 + (x_k^2 y_1^2 + x_1^2 y_k^2) + \cdots + (x_k^2 y_{k-1}^2 + x_{k-1}^2 y_k^2) =$$
$$x_k^2(y_1^2 + \cdots + y_k^2) + y_k^2(x_1^2 + \cdots + x_{k-1}^2) \qquad (4)$$

由式(3) 及(4) 得到

$$(x_1y_1 + \cdots + x_{k-1}y_{k-1} + x_ky_k)^2 \leqslant (x_1^2 + \cdots + x_k^2)(y_1^2 + \cdots + y_k^2)$$

即不等式(1) 对所有正整数 n 都成立.

下面所列举的几个从数字计算中所出现的猜想问题,表面看来是很困难的,但是实际上使用数学归纳法却是很容易证明的.

例如,经过计算我们得知

$$1 - 2^2 + 3^2 = 1 + 2 + 3$$
$$1 - 2^2 + 3^2 - 4^2 + 5^2 = 1 + 2 + 3 + 4 + 5$$
$$1 - 2^2 + 3^2 - 4^2 + 5^2 - 6^2 + 7^2 = 1 + 2 + 3 + 4 + 5 + 6 + 7$$
$$1 - 2^2 + 3^2 - 4^2 + 5^2 - 6^2 + 7^2 - 8^2 + 9^2 = 1 + 2 + 3 + 4 + 5 + 6 + 7 + 8 + 9$$
$$1 - 2^2 + 3^2 - 4^2 + 5^2 - 6^2 + 7^2 - 8^2 + 9^2 - 10^2 + 11^2 = 1 + 2 + 3 + 4 +$$
$$5 + 6 + 7 + 8 + 9 + 10 + 11$$

因此,我们猜想当 $n \geqslant 1$ 时有

$$1 - 2^2 + 3^2 - 4^2 + 5^2 - \cdots - (2n)^2 + (2n + 1)^2 =$$
$$1 + 2 + 3 + 4 + 5 + \cdots + (2n) + (2n + 1) \qquad (5)$$

成立. 现在设式(5) 对 $n = k$ 已成立,来证明式(5) 对 $n = k + 1$ 也成立,由归纳假设我们有

$1 - 2^2 + 3^2 - 4^2 + 5^2 - \cdots - (2k)^2 + (2k + 1)^2 - (2k + 2)^2 + (2k + 3)^2 =$

$1 + 2 + 3 + 4 + 5 + \cdots + (2k) + (2k + 1) - (2k + 2)^2 + (2k + 3)^2 =$

$1 + 2 + 3 + 4 + 5 + \cdots + (2k) + (2k + 1) + 4k + 5 =$

$1 + 2 + 3 + 4 + 5 + \cdots + (2k) + (2k + 1) + (2k + 2) + (2k + 3)$

这表明式(5)对 $n = k + 1$ 也成立,因而式(5)得证.

经过计算,我们得知

$1 - 2^2 = -(1 + 2)$

$1 - 2^2 + 3^2 - 4^2 = -(1 + 2 + 3 + 4)$

$1 - 2^2 + 3^2 - 4^2 + 5^2 - 6^2 = -(1 + 2 + 3 + 4 + 5 + 6)$

$1 - 2^2 + 3^2 - 4^2 + 5^2 - 6^2 + 7^2 - 8^2 = -(1 + 2 + 3 + 4 + 5 + 6 + 7 + 8)$

$1 - 2^2 + 3^2 - 4^2 + 5^2 - 6^2 + 7^2 - 8^2 + 9^2 - 10^2 = -(1 + 2 + 3 + 4 + 5 + 6 + 7 + 8 + 9 + 10)$

因此我们猜想,当 $n \geqslant 1$ 时有

$$1 - 2^2 + 3^2 - 4^2 + \cdots + (2n - 1)^2 - (2n)^2 =$$
$$-(1 + 2 + 3 + 4 + \cdots + (2n - 1) + (2n)) \tag{6}$$

成立. 现在设式(6)对 $n = k$ 已成立,由归纳假设就有

$1 - 2^2 + 3^2 - 4^2 + \cdots + (2k - 1)^2 - (2k)^2 + (2k + 1)^2 - (2k + 2)^2 =$

$-(1 + 2 + 3 + 4 + \cdots + (2k - 1) + (2k)) + (2k + 1)^2 - (2k + 2)^2 =$

$-(1 + 2 + 3 + 4 + \cdots + (2k - 1) + (2k) + (2k + 1) + (2k + 2))$

这表明式(6)对 $n = k + 1$ 也成立,因而式(6)得证.

经过计算,我们得知

$1^3 + 2^3 = (1 + 2)^2$

$1^3 + 2^3 + 3^3 = (1 + 2 + 3)^2$

$1^3 + 2^3 + 3^3 + 4^3 = (1 + 2 + 3 + 4)^2$

$1^2 + 2^3 + 3^3 + 4^3 + 5^3 = (1 + 2 + 3 + 4 + 5)^2$

$1^3 + 2^3 + 3^3 + 4^3 + 5^3 + 6^3 = (1 + 2 + 3 + 4 + 5 + 6)^2$

$1^3 + 2^3 + 3^3 + 4^3 + 5^3 + 6^3 + 7^3 = (1 + 2 + 3 + 4 + 5 + 6 + 7)^2$

因此,我们猜想,当 $n \geqslant 1$ 时有

$$1^3 + 2^3 + \cdots + n^3 = (1 + 2 + \cdots + n)^2 \tag{7}$$

成立,现在假设式(7)对 $n = k$ 已经成立,由归纳假设我们有

$1^3 + 2^3 + \cdots + k^3 + (k + 1)^3 = (1 + 2 + \cdots + k)^2 + (k + 1)^3 =$

$(1 + 2 + \cdots + k)^2 + (k + 1)^3 - (1 + 2 + \cdots + k + (k + 1))^2 + (1 + 2 + \cdots + k + (k + 1))^2 =$

$(1 + 2 + \cdots + k)^2 + (k + 1)^3 - (1 + 2 + \cdots + k)^2 - 2(k + 1)(1 + 2 + \cdots + k) - (k + 1)^2 + (1 + 2 + \cdots + k + (k + 1))^2 =$

$$(k + 1)((k + 1)^2 - 2(1 + 2 + \cdots + k) - (k + 1)) + (1 +$$
$$2 + \cdots + k + (k + 1))^2 =$$
$$(k + 1)((k + 1)^2 - k(k + 1) - (k + 1)) + (1 + 2 + \cdots + k + (k + 1))^2 =$$
$$(1 + 2 + \cdots + k + (k + 1))^2$$

故式(7) 对 $n = k + 1$ 也成立,因而式(7) 得证.

9.4 前 n 个自然数的方幂和

众所周知,对于自然数列的前 n 项的和,有公式

$$1 + 2 + \cdots + n = \frac{n(n + 1)}{2} \tag{8}$$

那么,对于自然数的二次方幂的和、三次方幂的和,是否也有简单的计算公式呢? 公元前两百多年时,希腊著名科学家阿基米德(Archimedes) 就已经求得了这两个和分别是

$$1^2 + 2^2 + \cdots + n^2 = \frac{1}{6}n(n + 1)(2n + 1)$$
$$1^3 + 2^3 + \cdots + n^3 = (1 + 2 + \cdots + n)^2$$

只是他采用的证明方法比较复杂. 进一步,是否有自然数的四次方幂和的公式? 这是古希腊人无能为力的,直到十一世纪时,才由阿拉伯人得到.

进一步,自然数的五次方幂和,六次方幂和,更一般地,自然数的 m 次方幂和

$$\sum_{k=1}^{n} k^m = 1^m + 2^m + 3^m + \cdots + n^m$$

是否也有简单的计算公式呢?

可以想象,当 m 较大时,这个问题是够复杂的,经过许多数学家的努力,已经找到了好些各不相同的解决办法,下面我们介绍其中最为初等,也最为简单的一种.

我们设已知公式(8),要想求出二次幂和的公式,从下列恒等式

$$(n + 1)^3 - n^3 = 3n^2 + 3n + 1$$
$$n^3 - (n - 1)^3 = 3(n - 1)^2 + 3(n - 1) + 1$$
$$\vdots$$
$$3^3 - 2^3 = 3(2)^2 + 3(2) + 1$$
$$2^3 - 1^3 = 3(1)^2 + 3(1) + 1$$

出发,将这些恒等式两边加起来得到

$$(n+1)^3 - 1^3 = 3\sum_{k=1}^{n} k^2 + 3\sum_{k=1}^{n} k + n$$

由式(8) 即到

$$3\sum_{k=1}^{n} k^2 = (n+1)^3 - 1 - n - 3 \cdot \frac{n(n+1)}{2}$$

由此解得

$$\sum_{k=1}^{n} k^2 = \frac{1}{6}n(n+1)(2n+1) \tag{9}$$

为了从式(8) 及(9) 导出三次方幂的和的公式,我们将下列恒等式

$$(n+1)^4 - n^4 = 4n^3 + 6n^2 + 4n + 1$$
$$n^4 - (n-1)^4 = 4(n-1)^3 + 6(n-1)^2 + 4(n-1) + 1$$
$$\vdots$$
$$3^4 - 2^4 = 4(2)^3 + 6(2)^2 + 4(2) + 1$$
$$2^4 - 1^4 = 4(1)^3 + 6(1)^2 + 4(1) + 1$$

两边分别相加即得

$$(n+1)^4 - 1 = 4\sum_{k=1}^{n} k^3 + 6\sum_{k=1}^{n} k^2 + 4\sum_{k=1}^{n} k + n$$

由式(8) 及(9) 即得

$$4\sum_{k=1}^{n} k^3 = (n+1)^4 - 1 - 6 \cdot \frac{n(n+1)(2n+1)}{6} - 4 \cdot \frac{n(n+1)}{2} - n$$

于是

$$\sum_{k=1}^{n} k^3 = \frac{1}{4}n^2(n+1)^2 \tag{10}$$

为了从式(8),(9) 及(10) 求出四次方幂的和,我们将恒等式

$$(n+1)^5 - n^5 = 5n^4 + 10n^3 + 10n^2 + 5n + 1$$
$$n^5 - (n-1)^5 = 5(n-1)^4 + 10(n-1)^3 + 10(n-1)^2 + 5(n-1) + 1$$
$$\vdots$$
$$3^2 - 2^5 = 5(2)^4 + 10(2)^3 + 10(2)^2 + 5(2) + 1$$
$$2^5 - 1^5 = 5(1)^4 + 10(1)^3 + 10(1)^2 + 5(1) + 1$$

两边分别相加即得

$$(n+1)^5 - 1^5 = 5\sum_{k=1}^{n} k^4 + 10\sum_{k=1}^{n} k^3 + 10\sum_{k=1}^{n} k^2 + 5\sum_{k=1}^{n} k + n$$

将式(8) ~ (10) 代入上式,即可解得

$$\sum_{k=1}^{n} k^4 = \frac{1}{30}n(n+1)(2n+1)(3n^2 + 3n - 1) \tag{11}$$

将以下诸恒等式

$$(n+1)^6 - n^6 = 6n^5 + 15n^4 + 20n^3 + 15n^2 + 6n + 1$$

$$n^6 - (n-1)^6 = 6(n-1)^5 + 15(n-1)^4 + 20(n-1)^3 + 15(n-1)^2 +$$
$$6(n-1) + 1$$
$$\vdots$$
$$3^6 - 2^6 = 6(2)^5 + 15(2)^4 + 20(2)^3 + 15(2)^2 + 6(2) + 1$$
$$2^6 - 1^6 = 6(1)^5 + 15(1)^4 + 20(1)^3 + 15(1)^2 + 6(1) + 1$$

两边分别相加,我们得到

$$(n+1)^6 - 1^6 = 6\sum_{k=1}^{n} k^5 + 15\sum_{k=1}^{n} k^4 + 20\sum_{k=1}^{n} k^3 + 15\sum_{k=1}^{n} k^2 + 6\sum_{k=1}^{n} k + n$$

利用式(8) ~ (11)以上式容易得到

$$\sum_{k=1}^{n} k^5 = \frac{1}{12}n^2(n+1)^2(2n^2 + 2n - 1) \qquad (12)$$

将以下诸恒等式

$$(n+1)^7 - n^7 = 7n^6 + 21n^5 + 35n^4 + 35n^3 + 21n^2 + 7n + 1$$
$$n^7 - (n-1)^7 = 7(n-1)^6 + 21(n-1)^5 + 35(n-1)^4 + 35(n-1)^3 +$$
$$21(n-1)^2 + 7(n-1) + 1$$
$$\vdots$$
$$3^7 - 2^7 = 7(2)^6 + 21(2)^5 + 35(2)^4 + 35(2)^3 + 21(2)^2 + 7(2) + 1$$
$$2^7 - 1^7 = 7(1)^6 + 21(1)^5 + 35(1)^4 + 35(1)^3 + 21(1)^2 + 7(1) + 1$$

两边分别相加,我们得到

$$(n+1)^7 - 1^7 = 7\sum_{k=1}^{n} k^6 + 21\sum_{k=1}^{n} k^5 + 35\sum_{k=1}^{n} k^4 +$$
$$35\sum_{k=1}^{n} k^3 + 21\sum_{k=1}^{n} k^2 + 7\sum_{k=1}^{n} k + n$$

将式(8) ~ (12)代入上式即得

$$\sum_{k=1}^{n} k^6 = \frac{1}{42}n(n+1)(6n^5 + 15n^4 + 6n^3 - 6n^2 - n + 1) =$$
$$\frac{1}{42}n(n+1)(2n+1)(3n^4 + 6n^3 - 3n + 1) \qquad (13)$$

有了上述公式,奇数的方幂和以及偶数的方幂和的计算也可一并获得解决. 例如,对于奇数的二次幂和,我们有公式

$$\sum_{k=1}^{n} (2k-1)^2 = \sum_{k=1}^{2n} k^2 - \sum_{k=1}^{n} (2k)^2 =$$
$$\frac{2n(2n+1)(4n+1)}{6} - 4 \times \frac{n(n+1)(2n+1)}{6} =$$
$$\frac{n(2n+1)(2n-1)}{3} \qquad (14)$$

习　　题

1. 设 $x_1,\cdots,x_n$ 为 n 个非负实数，$n \geqslant 1$ 为给定的任一个自然数，如果

$$x_1 \cdot x_2 \cdot \cdots \cdot x_n = 1$$

那么必有

$$x_1 + x_2 + \cdots + x_n \geqslant n$$

2.（反归纳法）如果：

（1）结论 P 对无限多个自然数 n 皆成立.

（2）由 P 对自然数 $n(n \geqslant 2)$ 成立可以推出 P 对 $n-1$ 也一定成立，那么结论 P 对一切自然数皆成立.

3. 试用反归纳法证明柯西（Cauchy）不等式

$$\sqrt[n]{a_1 \cdots a_n} \leqslant \frac{a_1 + \cdots + a_n}{n}$$

这里 $a_1,\cdots,a_n$ 为任给的 n 个正数.

4. 设 $0 < x_i \leqslant 1/2, i = 1,\cdots,n$，则有

$$\frac{x_1 \cdots x_n}{(x_1 + \cdots + x_n)} \leqslant \frac{(1-x_1)\cdots(1-x_n)}{[(1-x_1) + \cdots + (1-x_n)]^n}$$

5. 证明：

（1）$\displaystyle\sum_{k=1}^{n} k^7 = \frac{1}{24}(3n^8 + 12n^7 + 14n^6 - 7n^4 + 2n^2) =$

$$\frac{1}{24}n^2(3\bar{n}^2 - 4\bar{n} + 2)$$

（2）$\displaystyle\sum_{k=1}^{n} k^8 = \frac{1}{90}(10^9 + 45n^8 + 60n^7 - 42n^5 + 20n^3 - 3n) =$

$$\frac{1}{90}(2\bar{n} + 1)\bar{n}(5\bar{n}^3 - 10\bar{n}^2 + 9\bar{n} - 3)$$

（3）$\displaystyle\sum_{k=1}^{n} k^9 = \frac{1}{20}(2n^{10} + 10n^9 + 15n^8 - 14n^6 + 10n^4 - 3n^2) =$

$$\frac{1}{20}\bar{n}^2(2\bar{n}^3 - 5\bar{n}^2 + 6\bar{n} - 3)$$

其中 $\bar{n} = n(n + 1)$.

数论中常见的数

在这一章里, 我们要介绍一些在数论问题中经常出现的一些数, 以及它们与某些数论问题的联系.

10.1 伯努利数

定义 第 n 个伯努利(Bernoulli) 数 B_n 由递推关系

$$B_n = \sum_{k=0}^{n} \binom{n}{k} B_k \quad (n \geqslant 2) \tag{1}$$

及 $B_0 = 1$ 所定义.

在式(1) 中取 $n = 2$ 即得

$$B_2 = B_2 + \binom{2}{1} B_1 + \binom{2}{0} B_0$$

消去 B_2 即得

$$B_1 = -\frac{1}{2} B_0 = -\frac{1}{2}$$

在式(1) 中取 $n = 3$ 即得

$$B_3 = B_3 + \binom{3}{2} B_2 + \binom{3}{1} B_1 + \binom{3}{0} B_0$$

消去 B_3 即得(注意 $B_0 = 1, B_1 = -\dfrac{1}{2}$)

$$B_2 = -\frac{1}{3}(3B_1 + B_0) = \frac{1}{6}$$

应用同样的方法可以算出前面一些伯努利数的值:

$$B_0 = 1, B_1 = -\frac{1}{2}, B_2 = \frac{1}{6}, B_3 = 0$$

$$B_4 = -\frac{1}{30}, B_5 = 0, B_6 = \frac{1}{42}, B_7 = 0$$

$$B_8 = -\frac{1}{30}, B_9 = 0, B_{10} = \frac{5}{66}, B_{11} = 0$$

由定义及从定义计算 B_n 的方法很容易看出有以下结论成立:一切 B_n 皆为有理数.

伯努利数有许多重要的性质,由于证明这些性质需要较深的数学知识,故我们只列出以下几个性质,而没有给出其详细证明.

性质 1

$$B_n = \sum_{j=0}^{n} (-1)^j \binom{n+1}{j+1} \frac{n!}{(n+j)!} \sum_{k=0}^{j} (-1)^{j-k} \binom{j}{k} k^{n+j} \tag{2}$$

性质 2

$$B_n = \sum_{k=0}^{n} \frac{(-1)^k}{k+1} \sum_{j=0}^{k} (-1)^{k-j} \binom{k}{j} j^n \tag{3}$$

性质 3 对 $k \geqslant 1$ 有

$$B_{2k+1} = 0 \tag{4}$$

性质 4 设 $k \geqslant 1$,则有

$$\sum_{n=1}^{\infty} \frac{1}{n^{2k}} = (-1)^{k+1} \frac{(2\pi)^{2k} B_{2k}}{2(2k)!} \tag{5}$$

性质 5

$$\lim_{k \to \infty} |B_{2k}| \Big/ \left(\frac{(2k)!}{2^{2k-1} \pi^{2k}} \right) = 1 \tag{6}$$

例 试计算级数 $\displaystyle\sum_{n=1}^{\infty} \frac{1}{n^{2k}}$,当 $k = 1, 2, 3, 4$ 时的值.

解 我们有(由式(5))

$$\sum_{n=1}^{\infty} \frac{1}{n^2} = (-1)^2 \frac{(2\pi)^2 B_2}{2 \cdot 2!} = \pi^2 B_2 = \pi^2/6$$

$$\sum_{n=1}^{\infty} \frac{1}{n^4} = (-1)^3 \frac{(2\pi)^4 B_4}{2 \cdot 4!} = -\frac{\pi^4}{3} B_4 = \pi^4/90$$

$$\sum_{n=1}^{\infty} \frac{1}{n^6} = (-1)^4 \frac{(2\pi)^6 B_6}{2 \cdot 6!} = \frac{2\pi^6}{45} B_6 = \pi^6/945$$

$$\sum_{n=1}^{\infty} \frac{1}{n^8} = (-1)^5 \frac{(2\pi)^8 B_8}{2 \cdot 8!} = -\frac{\pi^8}{315} B_8 = \pi^8/9\,450$$

伯努利数 B_n 与伯努利多项式有密切的联系. 第 n 个伯努利多项式 $B_n(x)$ $(n \geq 0)$ 由递推关系

$$B_n(x) = \sum_{k=0}^{n} \binom{n}{k} B_k x^{n-k} \tag{7}$$

定义,其中 B_k 即为第 k 个伯努利数.

伯努利多项式也有许多重要的性质,我们先计算几个伯努利多项式.

在式(7) 中取 $n = 0,1,2,3,4,5,6,7,8,9,10,11$,我们依次算得有

$$B_0(x) = 1, B_1(x) = x - \frac{1}{2}, B_2(x) = x^2 - x + \frac{1}{6}$$

$$B_3(x) = x^3 - \frac{3}{2}x^2 + \frac{1}{2}x$$

$$B_4(x) = x^4 - 2x^3 + x^2 - \frac{1}{30}$$

$$B_5(x) = x^5 - \frac{5}{2}x^4 + \frac{5}{3}x^3 - \frac{1}{6}x$$

$$B_6(x) = x^6 - 3x^5 + \frac{5}{2}x^4 - \frac{1}{2}x^2 + \frac{1}{42}$$

$$B_7(x) = x^7 - \frac{7}{2}x^6 + \frac{7}{2}x^5 - \frac{7}{6}x^3 + \frac{1}{6}x$$

$$B_8(x) = x^8 - 4x^7 + \frac{14}{3}x^6 - \frac{7}{3}x^4 + \frac{2}{3}x^2 - \frac{1}{30}$$

$$B_9(x) = x^9 - \frac{9}{2}x^8 + 6x^7 - \frac{21}{5}x^5 + 2x^3 - \frac{3}{10}x$$

$$B_{10}(x) = x^{10} - 5x^9 + \frac{15}{2}x^8 - 7x^6 + 5x^4 - \frac{3}{2}x^2 + \frac{5}{66}$$

$$B_{11}(x) = x^{11} - \frac{11}{2}x^{10} + \frac{55}{6}x^9 - 11x^7 + 11x^5 - \frac{11}{2}x^3 + \frac{5}{6}x$$

由定义式(7) 以及伯努利数皆为有理数,立即导出下面的性质.

性质 1* 伯努利多项式皆为有理系数多项式.

伯努利多项式还有以下重要性质:

性质 2* 对 $n \geq 1$ 有

$$B_n(x+1) - B_n(x) = nx^{n-1}$$

特别当 $n \geq 2$ 时有 $B_n(0) = B_n(1)$.

性质 3 *　　对 $n \geqslant 1$ 有

$$\sum_{k=1}^{m} k^n = \frac{1}{n+1}(B_{n+1}(m+1) - B_{n+1})$$

(这给出计算前 m 个自然数 n 次幂和一个简便公式).

伯努利数与伯努利多项式在数论中有极重要的地位,例如它和解析数论中的黎曼 Zeta 函数 $\zeta(s)$ 有密切的联系. 此外,它们在组合数学中也有许多重要的应用. 在这本小册子里,我们不能给出这些结果的详细介绍,有兴趣的读者可以参看以下书籍:

[1]　APOSTOL T M. Introduction to Analytic Number Theory. Springer – Verlag,1976,第 12 章.

[2]　HARDY G H and WRIGHT E M. An Introduction to the Theory of Numbers. Oxford University Press, 第 5 版,1979,第 7,13,17 章.

10.2　斐波那契数列

斐波那契(Fibonacci) 出生于 1175 年,是意大利一位很著名的数学家. 在他于 1202 年写的一本名字叫做《算术》的数学书中,斐波那契提出了一个有名的"关于兔子生兔子的数学问题",即有一个人把一对小兔子关在一个大房间里喂养起来,假定一对小兔子经过一个月以后就能长成为一对大兔子,而一对大兔子经过一个月后就能够生出一对小兔子,斐波那契的问题是问经过一年以后总共有多少对兔子生出来? 这是一个算术问题,但却不能用普通的算术公式来进行计算.

我们用记号 △ 来表示一对小兔子,而用记号 ○ 来表示一对大兔子. 不妨假设时间是从一月一日开始计算的. 我们用 F_n 表示在 n 月一日总共有兔子的对数. 我们用图 1 所示的图形来表示兔子的生长与繁殖情况,其中实箭头 —— 表示一对小兔子长成为一对大兔子,或者表示一对大兔子继续生长,而虚箭头 ⋯► 表示生下来一对小兔子.

我们用 $F_n^{(大)}$ 表示在 n 月一日大兔子对的数目,用 $F_n^{(小)}$ 表示在 n 月一日小兔子对的数目,下页图 1 中的结果可以列表如下:

n	1	2	3	4	5	6	7	8
$F_n^{(大)}$	0	1	1	2	3	5	8	13
$F_n^{(小)}$	1	0	1	1	2	3	5	8
合计	1	1	2	3	5	8	13	21

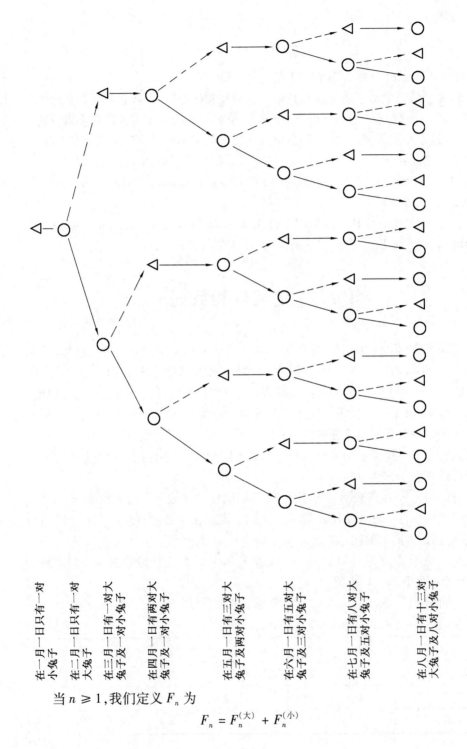

在一月一日只有一对
小兔子

在二月一日只有一对
大兔子

在三月一日有一对大
兔子及一对小兔子

在四月一日有两对大
兔子及一对小兔子

在五月一日有三对大
兔子及两对小兔子

在六月一日有五对大
兔子及三对小兔子

在七月一日有八对大
兔子及五对小兔子

在八月一日有十三对
大兔子及八对小兔子

当 $n \geqslant 1$，我们定义 F_n 为

$$F_n = F_n^{(大)} + F_n^{(小)}$$

24

即 F_n 表示 n 月一日时所有的兔子总对数,由 F_n,$F_n^{(大)}$ 及 $F_n^{(小)}$ 的定义,我们有

$$F_n = F_{n+1}^{(大)}, F_n^{(大)} = F_{n+1}^{(小)}$$

当 $n \geqslant 3$ 时,由上面两式我们有

$$F_n = F_n^{(大)} + F_n^{(小)} = F_{n-1} + F_{n-1}^{(大)} = F_{n-1} + F_{n-2}$$

对 $n \geqslant 3$,利用这个递推公式可以算出 F_n 的值,经过计算我们有以下的表.

n	F_n	n	F_n	n	F_n
1	1	15	610	29	514 229
2	1	16	987	30	832 040
3	2	17	1 597	31	1 346 269
4	3	18	2 584	32	2 178 309
5	5	19	4 181	33	3 524 578
6	8	20	6 765	34	5 702 887
7	13	21	10 946	35	9 227 465
8	21	22	17 711	36	14 930 352
9	34	23	28 657	37	24 157 817
10	55	24	46 368	38	39 088 169
11	89	25	75 025	39	43 245 986
12	144	26	121 393	40	102 334 155
13	233	27	196 418	41	165 580 141
14	377	28	317 811	42	267 914 296

由 $F_{42} = 267\ 914\ 296$ 知道,只由一对小兔子,经过三年半时间就可以繁殖为二亿六千七百九十一万又四千二百九十六对兔子,由于兔子不会以这样快的速率生育,所以这不过是一个假想的问题. 从这个关于兔子的问题,斐波那契引进了一个重要的数列 —— 斐波那契数列,其定义为

$$F_1 = F_2 = 1, F_n = F_{n-1} + F_{n-2}(n \geqslant 3) \tag{8}$$

于是这个数列前面一些填写出来就是

$$1,1,2,3,5,8,13,21,34,55,89,\cdots \tag{9}$$

后来,法国数学家鲁卡斯发现,素数的某些性质与斐波那契数列有关,为此他引进了一个与斐波那契数列性质相似的新数列 —— 鲁卡斯数列,这个数列的定义如下

$$L_1 = 1, L_2 = 3, L_n = L_{n-1} + L_{n-2}(n \geqslant 3) \tag{10}$$

于是鲁卡斯数列前面一些项写出来就是

$$1,3,4,7,11,18,29,47,76,123,\cdots$$

关于这两个数列,有许多重要的性质,下面列出其中的一部分.

定理 1 当 $n \geq 2$ 时有以下结论成立:

(1) $F_1 + F_2 + \cdots + F_n = F_{n+2} - 1$ (11)

(2) $F_1 + F_3 + \cdots + F_{2n-1} = F_{2n}$ (12)

(3) $F_2 + F_4 + \cdots + F_{2n} = F_{2n+1} - 1$ (13)

(4) $F_1^2 + F_2^2 + \cdots + F_n^2 = F_n F_{n+1}$ (14)

(5) $F_{n-1}^2 + F_n^2 = F_{2n-1}$ (15)

(6) $F_{n+1}^2 - F_{n-1}^2 = F_{2n}$ (16)

(7) $F_n F_{n+1} - F_{n-1}F_{n-2} = F_{2n-1}$(约定 $F_0 = 0$)   (17)

(8) $F_{3n} = F_{n+1}^3 + F_n^3 - F_{n-1}^3$ (18)

(9) $F_1 - F_2 + F_3 - \cdots + (-1)^{n+1}F_n = (-1)^{n+1}F_{n-1} + 1$ (19)

(10) $L_n = F_{n-1} + F_{n+1}$ (20)

证 (1) 由于 $F_1 = F_2 = 1, F_4 = 3$,故式(11)对 $n = 2$ 成立.现在假设对 $n = k(k \geq 2)$ 式(11)已成立,即

$$F_1 + F_2 + \cdots + F_k = F_{k+2} - 1 \tag{21}$$

则由式(8)有(用到归纳假设式(21))

$$F_1 + F_2 + \cdots + F_k + F_{k+1} = F_{k+2} - 1 + F_{k+1} = F_{k+3} - 1$$

这说明式(11)对 $n = k + 1$ 也成立.于是由归纳法原理知道,式(11)对任何 $n \geq 2$ 皆成立.

(2) 由 $F_1 = 1, F_3 = 2, F_4 = 3$ 知,式(12)对 $n = 2$ 成立.

现在设式(12)对 $n = k$ 已经成立,即有

$$F_1 + F_3 + \cdots + F_{2k-1} = F_{2k} \tag{22}$$

则由式(8)及归纳假设有

$$F_1 + F_3 + \cdots + F_{2k-1} + F_{2k+1} = F_{2k} + F_{2k+1} = F_{2k+2}$$

这说明式(12)对 $n = k + 1$ 也成立.于是式(12)对任何自然数 $n \geq 2$ 皆成立.

(3) 由 $F_2 = 1, F_4 = 3, F_5 = 5$ 知,式(13)对 $n = 2$ 成立.

现在设式(13)对 $n = k$ 已经成立,即有

$$F_2 + F_4 + \cdots + F_{2k} = F_{2k+1} - 1 \tag{23}$$

由式(8)及(23)有

$$F_2 + F_4 + \cdots + F_{2k} + F_{2k+2} = F_{2k+1} - 1 + F_{2k+2} = F_{2k+3} - 1$$

这表明式(13)对 $n = k + 1$ 仍然成立.故式(13)对所有 $n \geq 2$ 皆成立.

(4) 由 $F_1 = F_2 = 1, F_3 = 2$ 知式(14)对 $n = 2$ 已成立.

现在设式(14)对 $n = k$ 已成立,即有

$$F_1^2 + F_2^2 + \cdots + F_k^2 = F_k F_{k+1} \tag{24}$$

则由式(8)及(24)

$$F_1^2 + F_2^2 + \cdots + F_k^2 + F_{k-1}^2 = F_k F_{k+1} + F_{k+1}^2 =$$
$$F_{k+1}(F_k + F_{k+1}) = F_{k+1} F_{k+2}$$

即式(14)对 $n = k + 1$ 也成立. 故式(14)对 $n \geqslant 2$ 皆成立.

(5)我们先用归纳法来证明:当 n 和 m 都是自然数时

$$F_{n+m} = F_{n-1} F_m + F_n F_{m+1} (约定 F_0 = 0) \tag{25}$$

我们用对 m 的归纳法来证明式(25).

当 $m = 1$ 时,由 $F_1 = F_2 = 1$ 及式(8)有

$$F_{n-1} F_1 + F_n F_2 = F_{n-1} + F_n = F_{n+1}$$

故式(25)对 $m = 1$ 成立. 又由 $F_2 = 1, F_3 = 2$ 及式(8)有

$$F_{n-1} F_2 + F_n F_3 = F_{n-1} + 2F_n = F_{n+1} + F_n = F_{n+2}$$

故式(25)对 $m = 2$ 也成立. 现在设当 $m = k - 1$ 及 $m = k (k \geqslant 2)$ 时式(25)都已成立,即有

$$\begin{cases} F_{n+k-1} = F_{n-1} F_{k-1} + F_n F_k & (26) \\ F_{n+k} = F_{n-1} F_k + F_n F_{k+1} & (27) \end{cases}$$

则我们有

$$F_{n-1} F_{k+1} + F_n F_{k+2} = F_{n-1}(F_k + F_{k-1}) + F_n(F_k + F_{k+1}) =$$
$$(F_{n-1} F_k + F_n F_{k+1}) + (F_{n-1} F_{k-1} + F_n F_k) =$$
$$F_{n+k} + F_{n+k-1} = F_{n+k+1}$$

故式(25)对 $m = k + 1$ 也成立. 于是式(25)对任何自然数 m 及 n 皆成立.

在式(25)中取 m 及 n 都等于 k 即得

$$F_{2k} = F_{k-1} F_k + F_k F_{k+1} \tag{28}$$

现在来证式(15),首先由 $F_1 = F_2 = 1, F_3 = 2$ 易见, $n = 2$ 时式(15)成立,现在设当 $n = k$ 时,式(15)成立,即

$$F_{k-1}^2 + F_k^2 = F_{2k-1} \tag{29}$$

由式(8),(29),(28)就有

$$F_k^2 + F_{k+1}^2 = F_k^2 + (F_k + F_{k-1})^2 =$$
$$(F_k^2 + F_{k-1}^2) + F_k^2 + F_k F_{k-1} + F_k F_{k-1} =$$
$$F_{2k-1} + (F_k F_{k-1} + F_k F_{k-1}) =$$
$$F_{2k-1} + F_{2k} = F_{2k+1}$$

这说明式(15)对 $n = k + 1$ 也成立,故式(15)成立(也可在式(25)中取 $m = n - 1$ 立即得到证明).

(6)在式(25)中取 $m = n$ 得

$$F_{2n} = F_{n-1} F_n + F_n F_{n+1} \tag{30}$$

由式(8)及(30)有

$$F_{n-1}^2 - F_{n-1}^2 = (F_n + F_{n-1})^2 - F_{n-1}^2 = (F_n^2 + F_n F_{n-1}) + F_n F_{n-1} =$$
$$F_n F_{n+1} + F_n F_{n-1} = F_{2n}$$

这就证明了式(16).

(7) 由式(8)及(15)有
$$F_n F_{n+1} - F_{n-1} F_{n-2} = (F_{n-2} + F_{n-1})(F_{n-1} + F_n) - F_{n-1} F_{n-2} =$$
$$F_n(F_{n-2} + F_{n-1}) + F_{n-1}^2 =$$
$$F_n^2 + F_{n-1}^2 = F_{2n-1}$$

这证明了式(17).

(8) 由式(25),(15)及(8)有
$$F_{3n} = F_{n-1} F_{2n} + F_n F_{2n+1} =$$
$$F_{n-1}(F_{n+1}^2 - F_{n-1}^2) + F_n(F_n^2 + F_{n+1}^2) =$$
$$F_n^3 - F_{n-1}^3 + F_{n+1}^2(F_{n-1} + F_n) =$$
$$F_n^3 - F_{n-1}^3 + F_{n+1}^3$$

这证明了式(18).

(9) 若 $m = 2k(k \geq 1)$,则由式(12)与(13)有
$$F_1 - F_2 + \cdots + F_{2k-1} - F_{2k} =$$
$$(F_1 + F_3 + \cdots + F_{2k-1}) - (F_2 + F_4 + \cdots + F_{2k}) =$$
$$F_{2k} - (F_{2k+1} - 1) =$$
$$F_{2k} - (F_{2k} + F_{2k-1}) + 1 = -F_{2k-1} + 1 \tag{31}$$

若 $m = 2k + 1(k \geq 1)$,则由式(31)及(8)有
$$F_1 - F_2 + \cdots + F_{2k-1} - F_{2k} + F_{2k+1} =$$
$$-F_{2k-1} + 1 + F_{2k+1} =$$
$$-F_{2k-1} + 1 + (F_{2k} + F_{2k-1}) =$$
$$F_{2k} + 1$$

这就证明了式(19).

(10) 由 $L_2 = 3, F_1 = 1, F_3 = 2$ 知,式(20)对 $n = 2$ 成立. 设式(20)对 $n \leq k$ 已经成立,于是
$$L_k = F_{k-1} + F_{k+1}, L_{k-1} = F_{k-2} + F_k \tag{32}$$

由式(10),(32)及(8)就有
$$L_{k+1} = L_k + L_{k-1} = F_{k-1} + F_{k+1} + F_{k-2} + F_k =$$
$$(F_{k-1} + F_{k-2}) + (F_k + F_{k+1}) =$$
$$F_k + F_{k+2}$$

于是式(20)对 $n = k + 1$ 也成立,从而对 $n \geq 2$,式(20)皆成立.

定理2 证明:对 $n \geq 1$ 有
$$(F_n, F_{n+1}) = (L_n, L_{n+1}) = 1$$

28

证 设 a,b 为两个给定整数,我们先来证明一个有关两数最大公约数的关系式

$$(a + b,a) = (b,a) \tag{33}$$

显然,我们若令

$$d_1 = (a + b,a), d_2 = (b,a)$$

则只需证出 $d_1 \mid d_2, d_2 \mid d_1$ 就行了.

由定义, $d_1 \mid a, d_1 \mid (a + b)$,故 $d_1 \mid ((a + b) - a)$,即 $d_1 \mid b$,所以 $d_1 \mid d_2$;反之,由 $d_2 \mid b, d_2 \mid a$,也有 $d_2 \mid (a + b)$,故 $d_2 \mid d_1$.

由式(8)及(33)有

$$(F_n, F_{n+1}) = (F_n, F_n + F_{n+1}) = (F_n, F_{n-1}) = \cdots = $$
$$(F_2, F_1) = 1$$

由式(10)及(33)有

$$(L_n, L_{n+1}) = (L_n, L_n + L_{n-1}) = (L_n, L_{n-1}) = \cdots = $$
$$(L_2, L_1) = 1$$

定理 3 证明:当 $n \geqslant 1$ 时

(1) 若 F_n 为奇数,则 L_n 也为奇数,且

$$(F_n, L_n) = 1$$

(2) 若 F_n 为偶数,则 L_n 也为偶数,且

$$(F_n, L_n) = 2$$

证 (1) 由式(20)及(8)有

$$L_n = F_{n-1} + F_{n+1} = 2F_{n-1} + F_n$$

于是当 F_n 为奇(偶)数时, L_n 也为奇(偶)数,且

$$(F_n, L_n) = (F_n, 2F_{n-1} + F_n) = (F_n, 2F_{n-1}) = $$
$$(F_n, F_{n-1})(因 2 \nmid F_n) = 1$$

(2) 当 F_n 为偶数时,上面已证出 L_n 也为偶数.且同上法有

$$(F_n, L_n) = (F_n, 2F_{n-1}) = (F_n, 2)(因(F_n, F_{n-1}) = 1) = 2$$

注 在上一定理的证明中用到最大公约数的如下性质:若 $(c,a) = 1$,则

$$(a, cb) = (a, b) \tag{34}$$

这个结论的证明留给读者作为一个练习.

关于数列 $\{F_n\}$ 及 $\{L_n\}$ 的通项公式,我们有如下重要的结果.

定理 4 对 $n \geqslant 1$ 有

$$F_n = \frac{1}{\sqrt{5}}\left(\frac{1 + \sqrt{5}}{2}\right)^n - \frac{1}{\sqrt{5}}\left(\frac{1 - \sqrt{5}}{2}\right)^n$$

$$L_n = \left(\frac{1 + \sqrt{5}}{2}\right)^n + \left(\frac{1 - \sqrt{5}}{2}\right)^n$$

证 在式(8)中令 $F_n = q^n$ 代入得

$$q^n = q^{n-1} + q^{n-2}$$

于是

$$q^2 - q - 1 = 0 \tag{35}$$

方程(35)有两个根

$$q_1 = \frac{1 + \sqrt{5}}{2}, q_2 = \frac{1 - \sqrt{5}}{2} \tag{36}$$

于是,容易看出,对任何实数 c_1, c_2

$$Q_n = c_1 \left(\frac{1 + \sqrt{5}}{2} \right)^n + c_2 \left(\frac{1 - \sqrt{5}}{2} \right)^n \tag{37}$$

皆为递归方程

$$Q_n = Q_{n-1} + Q_{n-2} \tag{38}$$

的解,再由 $Q_1 = Q_2 = 1$ 代入(37)得到

$$\begin{cases} 1 = c_1 \left(\frac{1 + \sqrt{5}}{2} \right) + c_2 \left(\frac{1 - \sqrt{5}}{2} \right)^2 & (39) \\[3mm] 1 = c_2 \left(\frac{1 + \sqrt{5}}{2} \right)^2 + c_2 \left(\frac{1 - \sqrt{5}}{2} \right) & (40) \end{cases}$$

将式(39)两边乘以 $(1 + \sqrt{5})/2$,然后减去(40)式的两边即得

$$c_2 = -1/\sqrt{5}, c_1 = 1/\sqrt{5}$$

于是得

$$F_n = \frac{1}{\sqrt{5}} \left(\frac{1 + \sqrt{5}}{2} \right)^n - \frac{1}{\sqrt{5}} \left(\frac{1 - \sqrt{5}}{2} \right)^n \tag{41}$$

再由 $Q_1 = 1, Q_2 = 3$ 代入(37)得到

$$\begin{cases} 1 = c_1 \left(\frac{1 + \sqrt{5}}{2} \right) + c_2 \left(\frac{1 - \sqrt{5}}{2} \right)^2 & (42) \\[3mm] 3 = c_1 \left(\frac{1 + \sqrt{5}}{2} \right)^2 + c_2 \left(\frac{1 - \sqrt{5}}{2} \right) & (43) \end{cases}$$

在式(42)两边乘以 $(1 + \sqrt{5})/2$,然后减去式(43)两边即得

$$c_2 = 1, c_1 = 1$$

于是得到

$$L_n = \left(\frac{1 + \sqrt{5}}{2} \right)^n + \left(\frac{1 - \sqrt{5}}{2} \right)^n \tag{44}$$

注 定理4有一个很有趣的现象,它通过无理数 $\frac{1 + \sqrt{5}}{2}$ 及 $\frac{1 - \sqrt{5}}{2}$ 的多项式把有理数 F_n 及 L_n 表达出来了! 此外,我们说过,鲁卡斯数列在研究素数的性

质时有极重要的应用. 例如,1971 年吐克曼曾在计算机上应用鲁卡斯判别法证
明了数

$$M_{19\,937} = 2^{19\,937} - 1$$

是一个素数. 但这个判别法需要较深的数论知识才能看懂,这里就不能向读者
介绍了.

10.3   不足数,过剩数与完全数

任意给出一个自然数 n,用 $\sigma(n)$ 来表示 n 的所有正约数之和. 例如,对 $n = 7$,我们有 $\sigma(7) = 1 + 7 = 8$,对 $n = 6$ 有 $\sigma(6) = 1 + 2 + 3 + 6 = 12$,对 $n = 12$ 有 $\sigma(12) = 1 + 2 + 3 + 4 + 6 + 12 = 28$. 将 $2n$ 这个自然数与 $\sigma(n)$ 这个数比较大小,我们发现,在上面三个例子里分别有

$$\sigma(7) < 2 \times 7, \sigma(6) = 2 \times 6, \sigma(12) > 2 \times 12$$

我们定义满足 $\sigma(n) < 2n$ 的自然数 n 为"不足数",定义满足 $\sigma(n) > 2n$ 的自然数 n 为"过剩数",而定义满足 $\sigma(n) = 2n$ 的自然数 n 为"完全数".

对任一个素数 p,它只有 1 与 p 这两个约数,因而总有

$$\sigma(p) = p + 1 < 2p$$

因此每个素数 p 都必定是一个不足数,从而一定有无穷多个不足数存在.

对任一个形如 $n = 2^r (r \geq 1)$ 的自然数,总有 $\sigma(n) = 1 + 2 + \cdots + 2^r = 2^{r+1} - 1 = 2n - 1 < 2n$,因此这种形状的自然数也都是不足数.

下面再考虑如 $n = 3 \cdot 2^r (r \geq 1)$ 的自然数. 容易看出,$3 \cdot 2^r$ 以下列各数为其正约数

$$1, 2, \cdots, 2^r$$
$$3, 3 \cdot 2, \cdots, 3 \cdot 2^r$$

于是有

$$\sigma(3 \cdot 2^r) = (1 + 3) + (1 + 3) \cdot 2 + \cdots + (1 + 3) \cdot 2^r =$$
$$2^2 + 2^3 + \cdots + 2^{r+2} =$$
$$2^{r+3} - 4$$

(利用公式 $1 + 2 + 2^2 + \cdots + 2^m = 2^{m+1} - 1$). 如果 $r = 1$,我们有 $2^{r+3} - 4 = 16 - 4 = 12 = 2 \times (3 \times 2^r)$,此时 $n = 3 \cdot 2^r = 3 \cdot 2$ 是一个完全数,而当 $r \geq 2$ 时,我们有

$$(2^{r+3} - 4) - 2(3 \cdot 2^r) = 4 \cdot 2^{r+1} - 3 \cdot 2^{r+1} - 4 =$$
$$2^{r+1} - 4 \geq 4$$

就是说有 $\sigma(n) > 2n$,因而当 $r \geq 2$ 时形如 $n = 3 \cdot 2^r$ 的数 n 必定是一个过剩数,

这就证明了也有无穷多个过剩数存在.

在本书第 2 册中, 我们证明了如下的结论(见第 7 章第 7 节中引理 12): 如果 $m \geqslant 2$ 为一个整数, 而 $2^m - 1$ 是一个素数, 那么形如

$$n = 2^{m-1}(2^m - 1)$$

的自然数 n 必为一个完全数. 反过来可以证明, 如果 n 是一个偶数, 而且是一个完全数, 那么必有一个整数 $m \geqslant 2$ 存在, 使 $2^m - 1$ 为一素数且

$$n = 2^{m-1}(2^m - 1)$$

因而, 是不是存在无穷多个偶完全数的问题就归结为如下的问题: 是否存在无穷多个整数 $m \geqslant 2$, 使 $2^m - 1$ 为一个素数?

如果 m 是一个复合数, 不妨设 $m = m_1 m_2, m_1 \geqslant 2, m_2 \geqslant 2$, 那么我们有

$$2^m - 1 = (2^{m_1})^{m_2} - 1 = (2^{m_1} - 1)(2^{m_1(m_2-1)} + 2^{m_1(m_2-2)} + \cdots + 1)$$

由于 $m_1 \geqslant 2, m_2 \geqslant 2$, 故上式右方两个因子都 > 1, 因而 $2^m - 1$ 必不为素数, 故当 $2^m - 1$ 为素数时, 必定 m 是一个素数.

那么, 是否存在无穷多个素数 p, 使 $2^p - 1$ 也是素数呢? 这个问题是一个古老的数论难题, 至今未能解决. 若记 $M_p = 2^p - 1$, 当 $2^p - 1$ 为素数时, 称 M_p 为一个梅森(Mersenne) 数. 现在只知道有 28 个梅森数存在, 它们对应的素数 p 为以下 28 个:2,3,5,7,13,17,19,31,61,89,107,127,521,607,1 279,2 203,2 281,3 217,4 253,4 423,9 689,9 941,11 213,19 937,21 701,23 209,44 497,216 091, 其中 $p = 216\ 091$ 对应一个 65 050 位的素数.

那么, 是否有奇完全数存在呢? 这个问题至今也没有解决. 人们猜想梅森数有无穷多个, 并且猜想不存在奇完全数, 而这些猜想目前还没有办法证明或者否定.

10.4 等幂和公式的研究

近些年来, 我收到许多人的来信、来稿, 声称他们用初等数论的方法完成了对哥德巴赫(Goldbach) 猜想、费马(Fermat) 大定理等著名难题的证明. 但从他们的来稿中可以看出, 这些同志对如何从事数学研究还缺乏应有的了解. 在这一节里, 我们就以寻求等幂和公式为例来探求数学研究的方法.

首先要明确有待研究的问题, 设 n 与 k 皆为正整数, 定义

$$\sum_{m=1}^{n} m^k = 1^k + 2^k + \cdots + n^k$$

为前 n 个自然数的 k 次幂和, 记为 $S_k(n)$. 我们的目的就是要寻求 $S_k(n)$ 的计算公式(对每个固定的 k).

第二步需要查阅有关这个问题的文献资料,以了解这个问题的历史及历史上数学研究工作者解决这个问题的方法及所获结果. 其目的是吸取前人的长处,避免重复无效劳动及避免走弯路. 查阅资料我们发现,从古希腊的阿基米德开始,等幂和问题就吸引了许多数学家的注意. 但十七世纪以前,数学家们仅仅求出了 $k=1,k=2$ 及 $k=3$ 时 $S_k(n)$ 的计算公式. 雅科布·伯努利在《猜度术》一书中,从理论上一举得到了任意次幂 k 的 $S_k(n)$ 的计算公式为

$$S_k(n) = \frac{1}{k+1}(B_{k+1}(n+1) - B_{k+1}) \tag{45}$$

其中 B_k 由级数展开式

$$\frac{x}{e^x - 1} = \sum_{k=0}^{\infty} \frac{B_k}{k!} x^k (|x| < 2\pi) \tag{46}$$

的系数所定义,B_k 就著名的伯努利数(见第 1 节),而 $B_k(y)$ 则由级数展开式

$$\frac{xe^{xy}}{e^x - 1} = \sum_{k=0}^{\infty} \frac{B_k(y)}{k!} x^k \tag{47}$$

(y 为一个实数) 的系数所定义. 这种方法涉及较高深的数学知识,不能被只有中学知识的评者所理解,而且当 $k > 10$ 时,由于涉及的数值计算相当复杂,因而用这个公式来计算 $S_k(n)$ 实际上难以实现. 近年来,由于在理论及应用方面都有重要意义的组合数学的迅速发展,数学家们对这个有趣的问题又进行了大量的研究,并在他们的论文中提出或用不同的组合数学的方法来处理幂和问题. 他们给出了最高次数为 13 的幂和公式如下:

$$S_1(n) = \frac{1}{2}(n^2 + n), S_2(n) = \frac{1}{6}(2n^3 + 3n^2 + n)$$

$$S_3(n) = \frac{1}{4}(n^4 + 2n^3 + n^2)$$

$$S_4(n) = \frac{1}{30}(6n^5 + 15n^4 + 10n^3 - n)$$

$$S_5(n) = \frac{1}{12}(2n^6 + 6n^5 + 5n^4 - n^2)$$

$$S_6(n) = \frac{1}{42}(6n^7 + 21n^6 + 21n^5 - 7n^3 + n)$$

$$S_7(n) = \frac{1}{24}(3n^8 + 12n^7 + 14n^6 - 7n^4 + 2n^2)$$

$$S_8(n) = \frac{1}{90}(10n^9 + 45n^8 + 60n^7 - 42n^5 + 20n^3 - 3n)$$

$$S_9(n) = \frac{1}{20}(2n^{10} + 10n^9 + 15n^8 - 14n^6 + 10n^4 - 3n^2)$$

$$S_{10}(n) = \frac{1}{66}(6n^{11} + 33n^{10} + 55n^9 - 66n^7 + 66n^5 - 33n^3 + 5n)$$

$$S_{11}(n) = \frac{1}{24}(2n^{12} + 12n^{11} + 22n^{10} - 33n^8 + 44n^6 - 33n^4 + 10n^2)$$

$$S_{12}(n) = \frac{1}{2\ 730}(210n^{13} + 1\ 365n^{12} + 2\ 730n^{11} - 5\ 005n^9 + 8\ 580n^7 - 9\ 009n^5 + 4\ 550n^3 - 691n)$$

$$S_{13}(n) = \frac{1}{420}(30n^{14} + 210n^{13} + 455n^{12} - 101n^{10} + 2\ 145n^8 - 3\ 003n^6 + 2\ 275n^4 - 691n^2)$$

这些公式虽然很初等,但没有什么规律性,证明中用到大量的数值计算. 下面, 我们要对 $k \leqslant 20$ 的情况用中学数学方法给出 $S_k(n)$ 的计算公式,这个方法还可以用于更大的 k 时 $S_k(n)$ 的计算.

定理 5 定义

$$\bar{n} = n(n + 1)$$
$$f_3(x) = 1$$
$$f_5(x) = \frac{1}{3}(2x - 1)$$
$$f_7(x) = \frac{1}{6}(3x^2 - 4x + 2)$$
$$f_9(x) = \frac{1}{5}(2x^3 - 5x^2 + 6x - 3)$$
$$f_{11}(x) = \frac{1}{6}(2x^4 - 8x^3 + 17x^2 - 20x + 10)$$
$$f_{13}(x) = \frac{1}{105}(30x^5 - 175x^4 + 574x^3 - 1\ 180x^2 + 1\ 382x - 691)$$
$$f_{15}(x) = \frac{1}{12}(3x^6 - 24x^5 + 112x^4 - 352x^3 + 718x^2 - 840x + 420)$$
$$f_{17}(x) = \frac{1}{45}(10x^7 - 105x^6 + 660x^5 - 2\ 930x^4 + 9\ 114x^3 - 18\ 555x^2 + 21\ 702x - 10\ 851)$$
$$f_{19}(x) = \frac{1}{210}(42x^8 - 560x^7 + 4\ 557x^6 - 27\ 096x^5 + 118\ 818x^4 - 368\ 648x^3 + 750\ 167x^2 - 877\ 340x + 438\ 670)$$

则对 $1 \leqslant l \leqslant 9$ 有

$$S_{2l+1}(n) = \bar{n}^2 f_{2l+1}(\bar{n})/4 \tag{48}$$

证 对 $2 \leqslant l \leqslant 10$,我们有

$$(n + 2)^l - n^l = ((n + 1) + 1)^l - ((n + 1) - 1)^l =$$

34

$$\begin{cases} 4(n+1) & \text{当 } l=2 \text{ 时} \\ 6(n+1)^2+2 & \text{当 } l=3 \text{ 时} \\ 8(n+1)^3+8(n+1) & \text{当 } l=4 \text{ 时} \\ 10(n+1)^4+20(n+1)^2+2 & \text{当 } l=5 \text{ 时} \\ 12(n+1)^5+40(n+1)^3+12(n+1) & \text{当 } l=6 \text{ 时} \\ 14(n+1)^6+70(n+1)^4+42(n+1)^2+2 & \text{当 } l=7 \text{ 时} \\ 16(n+1)^7+112(n+1)^5+112(n+1)^3+16(n+1) & \text{当 } l=8 \text{ 时} \\ 18(n+1)^8+168(n+1)^6+252(n+1)^4+72(n+1)^2+2 & \text{当 } l=9 \text{ 时} \\ 20(n+1)^9+240(n+1)^7+504(n+1)^5+240(n+1)^3+20(n+1) & \text{当 } l=10 \text{ 时} \end{cases}$$

$$(49)$$

由于直接计算易得

$$S_{2l+1}(1)=1, f_3(2)=1, f_5(2)=1, f_7(2)=1, f_9(2)=1$$
$$f_{11}(2)=1, f_{13}(2)=1, f_{15}(2)=1, f_{17}(2)=1, f_{19}(2)=1$$

故当 $n=1$ 时式(48) 成立.

现在假设式(48) 对 $n=k$ 已经成立,我们要来证明对 $n=k+1$,式(48) 也成立.

定义

$$F_{2l+1}(k)=(k+2)^2 f_{2l+1}((k+1)(k+2)) - k^2 f_{2l+1}(k(k+1)) \tag{50}$$

则由 $f_{2l+1}(x)(1 \le l \le 9)$ 之定义及式(49) 容易得到

$$F_3(k)=(k+2)^2-k^2=4(k+1) \tag{51}$$

$$\begin{aligned} 3F_5(k) &=(k+2)^2(2(k+1)(k+2)-1)-k^2(2k(k+1)-1)= \\ &\quad 2(k+1)((k+2)^3-k^3)-((k+2)^2-k^2)= \\ &\quad 2(k+1)(6(k+1)^2+2)-4(k+1)= \\ &\quad 12(k+1)^3 \end{aligned} \tag{52}$$

$$\begin{aligned} 6F_7(k) &=(k+2)^2(3(k+1)^2(k+2)^2-4(k+1)(k+2)+2)- \\ &\quad k^2(3k^2(k+1)^2-4k(k+1)+2)= \\ &\quad 3(k+1)^2((k+2)^4-k^4)-4(k+1)\times \\ &\quad ((k+2)^3-k^3)+2((k+2)^2-k^2)= \\ &\quad 3(k+1)^2(8(k+1)^3+8(k+1))-4(k+1)\times \\ &\quad (6(k+1)^2+2)+2(4(k+1))= \\ &\quad 24(k+1)^5 \end{aligned} \tag{53}$$

$$\begin{aligned} 5F_9(k) &=(k+2)^2(2(k+1)^3(k+2)^3-5(k+1)^2(k+2)^2+ \\ &\quad 6(k+1)(k+2)-3)-k^2(2k^3(k+1)^3- \end{aligned}$$

$$5k^2(k+1)^2 + 6k(k+1) - 3) =$$
$$2(k+1)^3((k+2)^5 - k^5) - 5(k+1)^2 \times$$
$$((k+2)^4 - k^4) + 6(k+1)((k+2)^3 - k^3) -$$
$$3((k+2)^2 - k^2) =$$
$$2(k+1)^3(10(k+1)^4 + 20(k+1)^2 + 2) -$$
$$5(k+1)^2(8(k+1)^3 + 8(k+1)) +$$
$$6(k+1)(6(k+1)^2 + 2) - 3(4(k+1)) =$$
$$20(k+1)^7 \tag{54}$$

$$6F_{11}(k) = (k+2)^2(2(k+1)^4(k+2)^4 - 8(k+1)^3(k+2)^3 +$$
$$17(k+1)^2(k+2)^2 - 20(k+1)(k+2) + 10) -$$
$$k^2(2k^4(k+1)^4 - 8k^3(k+1)^3 + 17k^2(k+1)^2 -$$
$$20k(k+1) + 10) =$$
$$2(k+1)^4((k+2)^6 - k^6) - 8(k+1)^3((k+2)^5 -$$
$$k^5) + 17(k+1)^2((k+2)^4 - k^4) - 20(k+1) \times$$
$$((k+2)^3 - k^3) + 10((k+1)^2 - k^2) =$$
$$2(k+1)^4(12(k+1)^5 + 40(k+1)^3 + 12(k+1)) -$$
$$8(k+1)^3(10(k+1)^4 + 20(k+1)^2 + 2) +$$
$$17(k+1)^2(8(k+1)^3 + 8(k+1)) -$$
$$20(k+1)(6(k+1)^2 + 2) + 10(4(k+1)) =$$
$$24(k+1)^9 \tag{55}$$

$$105F_{13}(k) = (k+2)^2(30(k+1)^5(k+2)^5 - 175(k+1)^4 \times$$
$$(k+2)^4 + 574(k+1)^3(k+2)^3 -$$
$$1\ 180(k+1)^2(k+2)^2 + 1\ 382(k+1) \times$$
$$(k+2) - 691) - k^2(30k^5(k+1)^5 -$$
$$175k^4(k+1)^4 + 574k^3(k+1)^3 -$$
$$- 1\ 180k^2(k+1)^2 + 1\ 382k(k+1) - 691) =$$
$$30(k+1)^5((k+2)^7 - k^7) - 175(k+1)^4 \times$$
$$((k+2)^6 - k^6) + 574(k+1)^3((k+2)^5 - k^5) -$$
$$1\ 180(k+1)^2((k+2)^4 - k^4) +$$
$$1\ 382(k+1)((k+2)^3 - k^3) - 691((k+2)^2 - k^2) =$$
$$30(k+1)^5(14(k+1)^6 + 70(k+1)^4 + 42(k+1)^2 + 2) -$$
$$175(k+1)^4(12(k+1)^5 + 40(k+1)^3 +$$
$$12(k+1)) + 574(k+1)^3(10(k+1)^4 +$$
$$20(k+1)^2 + 2) - 1\ 180(k+1)^2 \times$$
$$(8(k+1)^3 + 8(k+1)) + 1\ 382(k+1) \times$$

$$(6(k+1)^2 + 2) - 691(4(k+1)) =$$
$$420(k+1)^{11} \qquad (56)$$

$$12F_{15}(k) = (k+2)^2(3(k+1)^6(k+2)^6 - 24(k+1)^5 \times$$
$$(k+2)^5 + 112(k+1)^4(k+2)^4 -$$
$$352(k+1)^3(k+2)^3 + 718(k+1)^2 \times$$
$$(k+2)^2 - 840(k+1)(k+2) + 420) -$$
$$k^2(3k^6(k+1)^6 - 24k^5(k+1)^5 +$$
$$112k^4(k+1)^4 - 352k^5(k+1)^3 +$$
$$718k^2(k+1)^2 - 840k(k+1) + 420) =$$
$$3(k+1)^6((k+2)^8 - k^8) - 24(k+1)^5 \times$$
$$((k+2)^7 - k^7) + 112(k+1)^4((k+2)^6 - k^6) -$$
$$352(k+1)^3((k+2)^5 - k^5) +$$
$$718(k+1)^2((k+2)^4 - k^4) -$$
$$840(k+1)((k+2)^3 - k^3) +$$
$$420((k+2)^2 - k^2) =$$
$$3(k+1)^6(16(k+1)^7 + 112(k+1)^5 +$$
$$112(k+1)^3 + 16(k+1)) -$$
$$24(k+1)^5(14(k+1)^6 + 70(k+1)^4 +$$
$$42(k+1)^2 + 2) + 112(k+1)^4(12(k+1)^5 +$$
$$40(k+1)^3 + 12(k+1)) - 352(k+1)^3 \times$$
$$(10(k+1)^4 + 20(k+1)^2 + 2) + 718(k+1)^2 \times$$
$$(8(k+1)^3 + 8(k+1)) - 840(k+1)(6(k+1)^2 + 2) +$$
$$420(4(k+1)) = 48(k+1)^{13} \qquad (57)$$

$$45F_{17}(k) = (k+1)^2(10(k+1)^7(k+2)^7 - 105(k+1)^6 \times$$
$$(k+2)^6 + 660(k+1)^5(k+2)^5 -$$
$$2\,930(k+1)^4(k+2)^4 + 9\,114(k+1)^3 \times (k+2)^2 +$$
$$21\,702(k+1)(k+2) - 10\,850) - k^2 \times$$
$$(10k^7(k+1)^7 - 105k^6(k+1)^6 +$$
$$660k^5(k+1)^5 - 2\,930k^4(k+1)^4 +$$
$$9\,114k^3(k+1)^3 - 18\,555k^2(k+1)^2 +$$
$$21\,702k(k+1) - 10\,851) =$$
$$10(k+1)^7((k+2)^9 - k^9) - 105(k+1)^6 \times$$
$$((k+2)^8 - k^8) + 660(k+1)^5((k+2)^7 - k^7) -$$
$$2\,930(k+1)^4((k+2)^6 - k^6) +$$
$$9\,114(k+1)^3((k+2)^5 - k^5) - 18\,555 \times$$

$$(k+1)^2((k+2)^4 - k^4) + 21\,702(k+1) \times$$
$$((k+2)^3 - k^3) - 10\,851((k+2)^2 - k^2) =$$
$$10(k+1)^7(18(k+1)^8 + 168(k+1)^6) +$$
$$252(k+1)^4 + 72(k+1)^2 + 2) -$$
$$105(k+1)^6(16(k+1)^7 + 112(k+1)^5 +$$
$$112(k+1)^3 + 16(k+1)) + 660(k+1)^5 \times$$
$$(14(k+1)^6 + 70(k+1)^4 + 42(k+1)^2 + 2) -$$
$$2\,930(k+1)^4(12(k+1)^5 + 40(k+1)^3 +$$
$$12(k+1)) + 9\,114(k+1)^3(10(k+1)^4 +$$
$$20(k+1)^2 + 2) - 18\,555(k+1)^2(8(k+2)^3 +$$
$$8(k+1)) + 21\,702(k+1)(6(k+1)^2 + 2) -$$
$$10\,851(4(k+1)) =$$
$$180(k+1)^{15} \tag{58}$$
$$210F_{19}(k) = (k+2)^2(42(k+1)^8(k+2)^8 - 560(k+1)^7 \times$$
$$(k+2)^7 + 4\,557(k+1)^6(k+2)^6 -$$
$$27\,096(k+1)^5(k+2)^5 + 118\,818(k+1)^4 \times$$
$$(k+2)^4 - 368\,648(k+1)^3(k+2)^3 +$$
$$750\,167(k+1)^2(k+2)^2 - 877\,340(k+1) \times$$
$$(k+2) + 438\,670) - k^2(42k^8(k+1)^8 -$$
$$560k^7(k+1)^7 + 4\,557k^6(k+1)^6 -$$
$$27\,096k^5(k+1)^5 + 118\,818k^4(k+1)^4 -$$
$$368\,648k^3(k+1)^3 + 750\,167k^2(k+1)^2 -$$
$$877\,340(k+1) + 438\,670) =$$
$$42(k+1)^8((k+2)^{10} - k^{10}) - 560(k+1)^7 \times$$
$$((k+2)^9 - k^9) + 4\,557(k+1)^6((k+2)^8 - k^8) -$$
$$27\,096(k+1)^5((k+2)^7 - k^7) +$$
$$118\,818(k+1)^4((k+2)^6 - k^6) -$$
$$368\,648(k+1)^3((k+2)^5 - k^5) +$$
$$750\,167(k+1)^2((k+2)^4 - k^4) -$$
$$877\,340(k+1)((k+2)^3 - k^3) +$$
$$438\,670((k+2)^2 - k^2) =$$
$$42(k+1)^8(20(k+1)^9 + 240(k+1)^7 +$$
$$504(k+1)^5 + 240(k+1)^3 + 20(k+1)) -$$
$$560(k+1)^7(18(k+1)^8 + 168(k+1)^6 +$$
$$252(k+1)^4 + 72(k+1)^2 + 2) +$$

$$4\ 556(k+1)^6(16(k+1)^7+112(k+1)^5+$$
$$112(k+1)^3+16(k+1))-$$
$$27\ 096(k+1)^5(14(k+1)^6+70(k+1)^4+$$
$$42(k+1)^2+2)+118\ 818(k+1)^4\times$$
$$(12(k+1)^5+40(k+1)^3+12(k+1))-$$
$$368\ 648(k+1)^3(10(k+1)^4+20(k+1)^2+$$
$$2)+750\ 167(k+1)^2(8(k+1)^3+8(k+1))-$$
$$877\ 340(k+1)(6(k+1)^2+2)+$$
$$438\ 670(4(k+1))=$$
$$840(k+1)^{17} \tag{59}$$

故对 $1 \leqslant l \leqslant 9$ 由式(51)~(59)有

$$F_{2l+1}(k)=4(k+1)^{2l-1} \tag{60}$$

即对 $1 \leqslant l \leqslant 9$ 有

$$(k+2)^2 f_{2l+1}((k+1)(k+2))=$$
$$k^2 f_{2l+1}(k(k+1))+4(k+1)^{2l-1} \tag{61}$$

由此式及归纳假设,我们就得到

$$S_{2l+1}(k+1)=S_{2l+1}(k)+(k+1)^{2l+1}=$$
$$\frac{\bar{k}^2 f_{2l+1}(\bar{k})}{4}+(k+1)^{2l+1}=$$
$$\frac{(k+1)^2(k^2 f_{2l+1}(k(k+1))+4(k+1)^{2l-1})}{4}=$$
$$\frac{(\overline{k+1})^2 f_{2l+1}(\overline{k+1})}{4} \tag{62}$$

这证明了定理5的结论对 $n=k-1$ 也成立,于是本定理对任何正整数 n 皆成立.

定理 6 仍设 k 及 n 皆为正整数,$S_k(n)$ 及 $\bar{n}$ 定义与上同,又定义

$$f_2(x)=1$$

$$f_4(x)=\frac{1}{5}(3x-1)$$

$$f_6(x)=\frac{1}{7}(3x^2-3x+1)$$

$$f_8(x)=\frac{1}{15}(5x^3-10x^2+9x-3)$$

$$f_{10}(x)=\frac{1}{11}(3x^4-10x^3+17x^2-15x+5)$$

$$f_{12}(x)=\frac{1}{455}(105x^5-525x^4+1\ 435x^3-2\ 360x^2+2\ 073x-691)$$

$$f_{14}(x) = \frac{1}{15}(3x^6 - 21x^5 + 84x^4 - 220x^3 + 359x^2 + 315x - 105)$$

$$f_{16}(x) = \frac{1}{85}(15x^7 - 140x^6 + 770x^5 - 2\,930x^4 + 7\,595x^3 - 12\,370x^2 + 10\,851x - 3\,617)$$

$$f_{18}(x) = \frac{1}{665}(105x^8 - 1\,260x^7 + 9\,114x^6 - 47\,418x^5 + 178\,227x^4 - 460\,810x^3 + 750\,167x^2 - 658\,005x + 219\,335)$$

$$f_{20}(x) = \frac{1}{1\,155}(165x^9 - 2\,475x^8 + 22\,770x^7 - 155\,100x^6 + 795\,795x^5 - 2\,981\,895x^4 + 7\,704\,835x^3 - 12\,541\,460x^2 + 11\,000\,493x - 3\,666\,831)$$

则对 $1 \leqslant l \leqslant 10$ 有

$$S_{2l}(n) = \frac{(2n+1)\overline{n}f_{2l}(\overline{n})}{6} \tag{63}$$

    证   定义

$$G_l(n) = (n+2)^l(2n+3) - n^l(2n+1) \tag{64}$$

则有

$$G_l(n) = 2(n+1)((n+2)^l - n^l) + \\ ((n+1)+1)^l + ((n+1)-1)^l \tag{65}$$

于是我们得到

$G_1(n) = 6(n+1)$

$G_2(n) = 8(n+1)^2 + 2(n+1)^2 + 2$

$G_3(n) = 2(n+1)(6(n+1)^2 + 2) + 2(n+1)^3 + 6(n+1)$

$G_4(n) = 2(n+1)(8(n+1)^3 + 8(n+1)) + 2(n+1)^4 + 12(n+1)^2 + 2$

$G_5(n) = 2(n+1)(10(n+1)^4 + 20(n+1)^2 + 2) + 2(n+1)^5 + 20(n+1)^3 + 10(n+1)$

$G_6(n) = 2(n+1)(12(n+1)^5 + 40(n+1)^3 + 12(n+1)) + 2(n+1)^6 + 30(n+1)^4 + 30(n+1)^2 + 2$

$G_7(n) = 2(n+1)(14(n+1)^6 + 70(n+1)^4 + 42(n+1)^2 + 2) + 2(n+1)^7 + 42(n+1)^5 + 70(n+1)^3 + 14(n+1)$

$G_8(n) = 2(n+1)(16(n+1)^7 + 112(n+1)^5 + 112(n+1)^3 + 16(n+1)) + 2(n+1)^8 + 56(n+1)^6 + 140(n+1)^4 + 56(n+1)^2 + 2$

$G_9(n) = 2(n+1)(18(n+1)^8 + 168(n+1)^6 + 252(n+1)^4 + 72(n+1)^2 + 2) + 2(n+1)^9 + 72(n+1)^7 + 252(n+1)^5 + 168(n+1)^3 + 18(n+1)$

$G_{10}(n) = 2(n+1)(20(n+1)^9 + 240(n+1)^7 + 504(n+1)^5 + 240(n+1)^3 +$

$20(n+1)) + 2(n+1)^{10} + 90(n+1)^8 + 420(n+1)^6 + 420(n+1)^4 + (n+1)^2 + 2$

将以上几式整理即得

$G_1(n) = 6(n+1)$

$G_2(n) = 10(n+1)^2 + 2$

$G_3(n) = 14(n+1)^3 + 10(n+1)$

$G_4(n) = 18(n+1)^4 + 28(n+1)^2 + 2$

$G_5(n) = 22(n+1)^5 + 60(n+1)^3 + 14(n+1)$

$G_6(n) = 26(n+1)^6 + 110(n+1)^4 + 54(n+1)^2 + 2$

$G_7(n) = 30(n+1)^7 + 182(n+1)^5 + 154(n+1)^3 + 18(n+1)$

$G_8(n) = 34(n+1)^8 - 280(n+1)^6 + 364(n+1)^4 + 88(n+1)^2 + 2$

$G_9(n) = 38(n+1)^9 + 408(n+1)^7 + 756(n+1)^5 + 312(n+1)^3 + 22(n+1)$

$G_{10}(n) = 42(n+1)^{10} + 570(n+1)^8 + 1\ 428(n+1)^6 + 900(n+1)^4 +$
$\qquad 130(n+1)^2 + 2$

容易验证 $S_{2l}(1) = 1$ 以及

$$f_{2k}(2) = 1, k = 1,2,\cdots,10 \tag{66}$$

于是易见结论对 $n = 1$ 成立. 现在假设结论对 $n = k(k \geqslant 1)$ 已经成立,下面要来证明结论对 $n = k + 1$ 也成立就好了.

我们定义

$$F_{2l}(n) = (n+2)(2n+3)f_{2l}((n+1)(n+2)) -$$
$$n(2n+1) \times f_{2l}(n(n+1)) \tag{67}$$

于是由定义容易算得

$$F_2(k) = (k+2)(2k+3) - k(2k+1) = 6(k+1) \tag{68}$$

$5F_4(k) = (k+2)(2k+3)(3(k+1)(k+2) - 1) -$
$\quad k(2k+1)(3k(k+1) - 1) =$
$\quad 3(k+1)((k+2)^2(2k+3) - k^2(2k+1)) -$
$\quad ((k+2)(2k+3) - k(2k+1)) =$
$\quad 3(k+1)(10(k+1)^2 + 2) - 6(k+1) =$
$\quad 30(k+1)^3 \tag{69}$

$7F_6(k) = (k+2)(2k+3)(3(k+1)^2(k+2)^2 -$
$\quad 3(k+1)(k+2) + 1) - k(2k+1) \times$
$\quad (3k^2(k+1)^2 - 3k(k+1) + 1) =$
$\quad 3(k+1)^2((k+2)^3(2k+3) - k^3(2k+1)) -$
$\quad 3(k+1)((k+2)^2(2k+3) - k^2(2k+1)) +$
$\quad ((k+2)(2k+3) - k(2k+1)) =$

$$3(k+1)^2(14(k+1)^3 + 10(k+1)) -$$
$$3(k+1) \times (10(k+1)^2 + 2) + 6(k+1) =$$
$$42(k+1)^5 \tag{70}$$

$$15F_8(k) = (k+2)(2k+3)(5(k+1)^3(k+2)^3 -$$
$$10(k+1)^2(k+2)^2 + 9(k+1)(k+2) - 3) -$$
$$k(2k+1)(5k^3(k+1)^3 - 10k^2(k+1)^2 +$$
$$9k(k+1) - 3) =$$
$$5(k+1)^3((k+2)^4(2k+3) - k^4(2k+1)) -$$
$$10(k+1)^2((k+2)^3(2k+3) - k^3(2k+1)) +$$
$$9(k+1)((k+2)^2(2k+3) - k^2(2k+1)) -$$
$$3((k+2)(2k+3) - k(2k+1)) =$$
$$5(k+1)^3(18(k+1)^4 + 28(k+1)^2 + 2) -$$
$$10(k+1)^2(14(k+1)^3 - 10(k+1)) +$$
$$9(k+1)(10(k+1)^2 + 2) - 3(6(k+1)) =$$
$$90(k+1)^7 \tag{71}$$

$$11F_{10}(k) = (k+2)(2k+3)(3(k+1)^4(k+2)^4 -$$
$$10(k+1)^3(k+2)^3 + 17(k+1)^2(k+2)^2 -$$
$$15(k+1)(k+2) + 5) - k(2k+1) \times$$
$$(3k^4(k+1)^4 - 10k^3(k+1)^3 + 17k^2(k+1)^2 -$$
$$15k(k+1) + 5) =$$
$$3(k+1)^4((k+2)^5(2k+3) - k^5(2k+1)) -$$
$$10(k+1)^3((k+2)^4(2k+3) -$$
$$k^4(2k+1)) + 17(k+1)^2((k+2)^3(2k+3) -$$
$$k^3(2k+1)) - 15(k+1)((k+2)^2(2k+3) -$$
$$k^2(2k+1)) + 5((k+2)(2k+3) -$$
$$k(2k+1)) =$$
$$3(k+1)^4(22(k+1)^5 + 60(k+1)^3 +$$
$$14(k+1)) - 10(k+1)^3(18(k+1)^4 +$$
$$28(k+1)^2 + 2) + 17(k+1)^2(14(k+1)^3 +$$
$$10(k+1)) - 15(k+1)(10(k+1)^2 + 2) +$$
$$5(6(k+1)) =$$
$$66(k+1)^9 \tag{72}$$

$$455F_{12}(k) = (k+2)(2k+3)(105(k+1)^5(k+2)^5 -$$
$$525(k+1)^4(k+2)^4 + 1\ 435(k+1)^3(k+2)^3 -$$
$$2\ 360(k+1)^2(k+2)^2 + 2\ 073(k+1)(k+2) - 691) -$$

$$- k(2k + 1)(105k^5(k + 1)^5 - 525k^4(k + 1)^4 +$$

$$1\ 435k^3(k + 1)^3 - 2\ 360k^2(k + 1)^2 +$$

$$2\ 073k(k + 1) - 691) =$$

$$105(k + 1)^5((k + 2)^6(2k + 3) - k^6(2k + 1)) -$$

$$525(k + 1)^4((k + 2)^5(2k + 3) -$$

$$k^5(2k + 1)) + 1\ 435(k + 1)^3((k + 2)^4 \times$$

$$(2k + 3) - k^4(2k + 1)) -$$

$$2\ 360(k + 1)^2 \times ((k + 2)^3(2k + 3) - k^3(2k + 1)) +$$

$$2\ 073(k + 1)((k + 2)^2(2k + 3) -$$

$$k^2(2k + 1)) - 691((k + 2)(2k + 3) -$$

$$k(2k + 1)) =$$

$$105(k + 1)^5(26(k + 1)^6 + 110(k + 1)^4 +$$

$$54(k + 1)^2 + 2) - 525(k + 1)^4 \times$$

$$(22(k + 1)^5 + 60(k + 1)^3 + 14(k + 1)) +$$

$$1\ 435(k + 1)^3(18(k + 1)^4 + 28(k + 1)^2 + 2) -$$

$$2\ 360(k + 1)^2(14(k + 1)^3 + 10(k + 1)) +$$

$$2\ 073(k + 1)(10(k + 1)^2 + 2) -$$

$$691(6(k + 1)) = 2\ 730(k + 1)^{11} \tag{73}$$

$$15F_{14}(k) = (k + 2)(2k + 3)(3(k + 1)^6(k + 2)^6 -$$

$$21(k + 1)^5(k + 2)^5 + 84(k + 1)^4 \times$$

$$(k + 2)^4 - 220(k + 1)^3(k + 2)^3 +$$

$$359(k + 1)^2(k + 2)^2 - 315(k + 1)(k + 2) +$$

$$105) - k(2k + 1)(3k^6(k + 1)^6 -$$

$$21k^5(k + 1)^5 + 84k^4(k + 1)^4 -$$

$$220k^3(k + 1)^3 + 359k^2(k + 1)^2 -$$

$$315k(k + 1) + 105) =$$

$$3(k + 1)^6((k + 2)^7(2k + 3) - k^7(2k + 1)) -$$

$$21(k + 1)^5((k + 2)^6(2k + 3) - k^6(2k + 1)) +$$

$$84(k + 1)^4((k + 2)^5(2k + 3) - k^5(2k + 1)) -$$

$$220(k + 1)^3((k + 2)^4(2k + 3) -$$

$$k^4(2k + 1)) + 359(k + 1)^2((k + 2)^3 \times$$

$$(2k + 3) - k^3(2k + 1)) - 315(k + 1)((k + 2)^2 \times$$

$$(2k + 3) - k^2(2k + 1)) + 105((k + 2) \times$$

$$(2k + 3) - k(2k + 1)) =$$

$$3(k + 1)^6(30(k + 1)^7 + 182(k + 1)^5 +$$

$$154(k+1)^3 + 18(k+1)) - 21(k+1)^5 \times$$
$$(26(k+1)^6 + 110(k+1)^4 + 54(k+1)^2 + 2) +$$
$$84(k+1)^4(22(k+1)^5 + 60(k+1)^3 +$$
$$14(k+1)) - 220(k+1)^3(18(k+1)^4 +$$
$$28(k+1)^2 + 2) + 359(k+1)^2(14(k+1)^3 +$$
$$10(k+1)) - 315(k+1)(10(k+1)^2 + 2) +$$
$$105(6(k+1)) =$$
$$90(k+1)^{13} \tag{74}$$

$$85 F_{16}(k) = (k+2)(2k+3)(15(k+1)^7(k+2)^7 -$$
$$140(k+1)^6(k+2)^6 + 770(k+1)^5 \times$$
$$(k+2)^5 - 2\,930(k+1)^4(k+2)^4 +$$
$$7\,595(k-1)^3(k+2)^3 - 12\,370(k+1)^2 \times$$
$$(k+2)^2 + 10\,851(k+1)(k+2) - 3\,617) -$$
$$k(2k+1)(15k^7(k+1)^2 - 140k^6(k+1)^6 +$$
$$770k^5(k+1)^5 - 2\,930k^4(k+1)^4 +$$
$$7\,595k^3(k+1)^3 - 12\,370k^2(k+1)^2 +$$
$$10\,851k(k+1) - 3\,617) =$$
$$15(k+1)^7((k+2)^8(2k+3) - k^8(2k+1)) -$$
$$140(k+1)^6((k+2)^7(2k+3) - k^7(2k+1) +$$
$$770(k+1)^5((k+2)^6(2k+3) - k^6(2k+1)) -$$
$$2\,930(k+1)^4((k+2)^5(2k+3) -$$
$$k^5(2k+1)) + 7\,595(k+1)^3((k+2)^4 \times$$
$$(2k+3) - k^4(2k+1)) - 12\,370(k+1)^2 \times$$
$$((k+2)^3(2k+3) - k^3(2k+1)) +$$
$$10\,851(k+1)((k+2)^2(2k+3) -$$
$$k^2(2k+1)) - 3\,617((k+2)(2k+3) - k(2k+1)) =$$
$$15(k+1)^7(34(k+1)^8 + 280(k+1)^6 +$$
$$364(k+1)^4 + 88(k+1)^2 + 2) =$$
$$140(k+1)^6(30(k+1)^7 + 182(k+1)^5 +$$
$$154(k+1)^3 + 18(k+1)) + 770(k+1)^5 \times$$
$$(26(k+1)^6 + 110(k+1)^4 + 54(k+1)^2 + 2) -$$
$$2\,930(k+1)^4(22(k+1)^5 + 60(k+1)^3 +$$
$$14(k+1)) + 7\,595(k+1)^3(18(k+1)^3 +$$
$$14(k+1)) + 7\,595(k+1)^3(18(k+1)^4 +$$
$$28(k+1)^2 + 2) - 12\,370(k+2)^2 \times$$

$$(14(k+1)^3 + 10(k+1) + 10\,851(k+1) \times$$
$$(10(k+1)^2 + 2) - 3\,617(6(k+1))) =$$
$$510(k+1)^{15} \tag{75}$$

$$665F_{18}(k) = (k+2)(2k+3)(105(k+1)^8(k+2)^8 -$$
$$1\,260(k+1)^7(k+2)^7 + 9\,114(k+1)^6(k+2)^6 -$$
$$47\,418(k+1)^5(k+2)^5 + 178\,227(k+1)^4(k+2)^4 -$$
$$460\,810(k+1)^3(k+2)^3 + 750\,167(k+1)^2(k+2)^2 -$$
$$658\,005(k+1)(k+2) + 219\,335) - k(2k+1) \times$$
$$(105k^8(k+1)^8 - 1\,260k^7(k+1)^7 + 9\,114k^6(k+1)^6 -$$
$$47\,418k^5(k+1)^5 + 178\,227k^4(k+1)^4 -$$
$$460\,810k^3(k+1)^3 + 750\,167k^2(k+1)^2 -$$
$$658\,005k(k+1) + 219\,335) =$$
$$105(k+1)^8((k+2)^9(2k+3) - k^9(2k+1)) -$$
$$1\,260(k+1)^7((k+2)^8(2k+3) - k^8(2k+1)) +$$
$$9\,114(k+1)^6((k+2)^7(2k+3) - k^7(2k+1)) -$$
$$47\,418(k+1)^5((k+2)^6(2k+3) - k^6(2k+1)) +$$
$$178\,227(k+1)^4((k+2)^5(2k+3) - k^5(2k+1) -$$
$$460\,810(k+1)^3((k+2)^4(2k+3) - k^4(2k+1)) +$$
$$750\,167(k+1)^2((k+2)^3(2k+3) - k^3(2k+1)) -$$
$$658\,005(k+1)((k+2)^2(2k+3) - k^2(2k+1)) +$$
$$219\,335((k+2)(2k+3) - k(2k+1))) =$$
$$105(k+1)^8(38(k+1)^9 + 408(k+1)^7 +$$
$$756(k+1)^5 + 312(k+1)^3 + 22(k+1)) -$$
$$1\,260(k+1)^7(34(k+1)^8 + 280(k+1)^6 +$$
$$364(k+1)^4 + 88(k+1)^2 + 2) + 9\,114(k+1)^6 \times$$
$$(30(k+1)^7 + 182(k+1)^5 + 154(k+1)^3 +$$
$$18(k+1)) - 47\,418(k+1)^5(26(k+1)^6 +$$
$$110(k+1)^4 + 54(k+1)^2 + 2) +$$
$$178\,227(k+1)^4(22(k+1)^5 + 60(k+1)^3 +$$
$$14(k+1)) - 460\,810(k+1)^3(18(k+1)^4 +$$
$$28(k+1)^2 + 2) + 750\,167(k+1)^2(14(k+1)^3 +$$
$$10(k+1)) - 658\,005(k+1)(10(k+1)^2 + 2) +$$
$$219\,335(6(k+1)) = 3\,990(k+1)^{17} \tag{76}$$

$$1\,155F_{20}(k) = (k+2)(2k+3)(165(k+1)^9(k+2)^9 -$$
$$2\,475(k+1)^8(k+2)^8 + 22\,770(k+1)^7 \times$$

$(k + 2)^7 - 155\ 100(k + 1)^6(k + 2)^6 +$
$795\ 795(k + 1)^5(k + 2)^5 - 2\ 981\ 895 \times$
$(k + 1)^4(k + 2)^4 + 7\ 704\ 835(k + 1)^3 \times$
$(k + 2)^3 - 12\ 541\ 460(k + 1)^2(k + 2)^2 +$
$11\ 000\ 493(k + 1)(k + 2) - 3\ 666\ 831) -$
$k(2k + 1)(165k^9(k + 1)^9 - 2\ 475k^8 \times$
$(k + 1)^8 + 22\ 770k^7(k + 1)^7 - 155\ 100k^6 \times$
$(k + 1)^6 + 795\ 795k^5(k + 1)^5 -$
$2\ 981\ 895k^4(k + 1)^4 + 7\ 704\ 835k^3 \times$
$(k + 1)^3 - 12\ 541\ 460k^2(k + 1)^2 +$
$11\ 000\ 493k(k + 1) - 3\ 666\ 831) =$
$165(k + 1)^9((k + 2)^{10}(2k + 3) - k^{10} \times$
$(2k + 1)) - 2\ 475(k + 1)^8((k + 2)^9 \times$
$(2k + 3) - k^9(2k + 1)) + 22\ 770(k + 1)^7 \times$
$((k + 2)^8(2k + 3) - k^8(2k + 1)) -$
$155\ 100(k + 1)^6((k + 2)^7(2k + 3) -$
$k^7(2k + 1)) + 795\ 795(k + 1)^5 \times$
$((k + 2)^6(2k + 3) - k^6(2k + 1)) -$
$2\ 981\ 895(k + 1)^4((k + 2)^5(2k + 3) -$
$k^5(2k + 1)) + 7\ 704\ 835(k + 1)^3 \times$
$((k + 2)^4(2k + 3) - k^4(2k + 1)) -$
$12\ 541\ 460(k + 1)^2((k + 2)^3(2k + 3) -$
$k^3(2k + 1)) + 11\ 000\ 493(k + 1)((k + 2)^2 \times$
$(2k + 3) - k^2(2k + 1)) - 3\ 666\ 831 \times$
$((k + 2)(2k + 3) - k(2k + 1)) =$
$165(k + 1)^9(42(k + 1)^{10} + 570(k + 1)^8 +$
$1\ 428(k + 1)^6 + 900(k + 1)^4 +$
$130(k + 1)^2 + 2) - 2\ 475(k + 1)^8 \times$
$(38(k + 1)^9 + 408(k + 1)^7 + 756(k + 1)^5 +$
$312(k + 1)^3 + 22(k + 1)) +$
$22\ 770(k + 1)^7(34(k + 1)^8 + 280(k + 1)^6 +$
$364(k + 1)^4 + 88(k + 1)^2 + 2) -$
$155\ 100(k + 1)^6(30(k + 1)^7 + 182(k + 1)^5 +$
$154(k + 1)^3 + 18(k + 1)) +$
$795\ 795(k + 1)^5(26(k + 1)^6 + 110 \times$

$$(k + 1)^4 + 54(k + 1)^2 + 2) - 2\ 981\ 895 \times$$
$$(k + 1)^4(22(k - 1)^5 + 60(k + 1)^3 +$$
$$14(k + 1)) + 7\ 704\ 835(k + 1)^3 \times$$
$$(18(k + 1)^4 + 28(k + 1)^2 + 2) - 12\ 541\ 460 \times$$
$$(k + 1)^2(14(k + 1)^3 + 10(k + 1)) +$$
$$11\ 000\ 493(k + 1)(10(k + 1)^2 + 2) -$$
$$3\ 666\ 831(6(k + 1)) =$$
$$6\ 930(k + 1)^{19} \qquad (77)$$

于是由式(68) ~ (77)知,对 $1 \le l \le 10$ 有

$$F_{2l}(k) = 6(k + 1)^{2l-1} \qquad (78)$$

即当 $1 \le l \le 10$ 时有

$$(k + 2)(2k + 3)f_{2l}((k + 1)(k + 2)) =$$
$$k(2k + 1)f_{2l}(k(k + 1)) + 6(k + 1)^{2l-1} \qquad (79)$$

由此式及归纳假设知,对 $1 \le l \le 10$ 有

$$S_{2l}(k + 1) = S_{2l}(k) + (k + 1)^{2l} =$$
$$\frac{(2k + 1)\bar{k}f_{2l}(\bar{k})}{6} + (k + 1)^{2l} =$$
$$\frac{(k + 1)(k(2k + 1)f_{2l}(k(k + 1)) + 6(k + 1)^{2l-1})}{6} =$$
$$\frac{(k + 1)(k + 2)(2k + 3)f_{2l}((k + 1)(k + 2))}{6} =$$
$$\frac{(2(k + 1) + 1)(\overline{k + 1})f_{2l}(\overline{k + 1})}{6} \qquad (80)$$

这证明了本定理之结论对 $n = k + 1$ 也成立. 从而此定理结论对一切正整数 n 皆成立.

为了讨论一般情形下 $S_k(n)$ 的表示公式的形状及性质,我们给出以下的引理.

引理 1 设 n 和 k 都是正整数,则有

$$2\sum_{i=1}^{k}\binom{2k}{2i - 1}S_{2i-1}(n) = (n + 1)^{2k} + n^{2k} -$$
$$1 - 2kn(n + 1) \quad (k \ge 2) \qquad (81)$$

$$2\sum_{i=1}^{k}\binom{2k + 1}{2i}S_{2i}(n) = (n + 1)^{2k+1} + n^{2k+1} - 2n - 1 \qquad (82)$$

证 我们对 n 使用数学归纳法来分别证明式(81)与(82). 当 $n = 1$ 时,由于 $S_{2i-1}(1) = 1$,因此式(81)两边分别为 $2\sum_{i=2}^{k}\binom{2k}{2i - 1}$ 和 $2^{2k} - 4k$,又由于

$$2^{2k} - 4k = (1 + 1)^{2k} - (1 - 1)^{2k} - 2\binom{2k}{1} =$$

$$\sum_{i=0}^{2k}\binom{2k}{i} - \sum_{i=0}^{2k}(-1)^i\binom{2k}{i} - 2\binom{2k}{1} =$$

$$2\sum_{i=1}^{k}\binom{2k}{2i-1} - 2\binom{2k}{1} = 2\sum_{i=2}^{k}\binom{2k}{2i-1}$$

故式(81) 对 $n = 1$ 成立. 现在我们假设当 $n = l(l \geq 1)$ 时式(81) 成立, 即

$$2\sum_{i=1}^{k}\binom{2k}{2i-1}S_{2i-1}(l) = (l+1)^{2k} + l^{2k} - 1 - 2kl(l+1)$$

则当 $n = l + 1$ 时, 我们有

$$2\sum_{i=2}^{k}\binom{2k}{2i-1}S_{2i-1}(l+1) = 2\sum_{i=2}^{k}\binom{2k}{2i-1}S_{2i-1}(l) +$$

$$2\sum_{i=2=1}^{k}\binom{2k}{2i-1}(l+1)^{2i-1} =$$

$$(l+1)^{2k} + l^{2k} - 1 - 2kl(k+l) +$$

$$2\sum_{i=1}^{k}\binom{2k}{2i-1}(l+1)^{2i-1} - 2\binom{2k}{1}(l+1) =$$

$$(l+1)^{2k} - 1 - 2k(l+1)(l+2) + ((l+1) - 1)^{2k} +$$

$$2\sum_{i=1}^{k}\binom{2k}{2i-1}(l+1)^{2i-1} =$$

$$(l+1)^{2k} - 1 - 2k(l+1)(l+2) + \sum_{i=0}^{2k}(-1)^i\binom{2k}{i}(l+1)^i +$$

$$2\sum_{i=1}^{k}\binom{2k}{2i-1}(l+1)^{2i-1} =$$

$$(l+1)^{2k} - 1 - 2k(l+1)(l+2) + \sum_{i=0}^{2k}\binom{2k}{i}(l+1)^i =$$

$$(l+1)^{2k} - 1 - 2k(l+1)(l+2) +$$

$$((l+1) + 1)^{2k}$$

故式(81) 对 $l + 1$ 也成立, 因而式(81) 得证.

当 $n = 1$ 时, 由于 $S_{2i}(1) = 1$, 因而式(82) 两边分别为 $2\sum_{i=1}^{k}\binom{2k+1}{2i}$ 和 $2^{2k+1} - 2$, 又由于

$$2\sum_{i=1}^{k}\binom{2k+1}{2i} = 2\sum_{i=0}^{k}\binom{2k+1}{2i} - 2 =$$

$$\sum_{i=0}^{2k+1}\binom{2k+1}{i} + \sum_{i=0}^{2k+1}(-1)^i\binom{2k+1}{i} - 2 =$$

$$(1 + 1)^{2k+1} + (1 - 1)^{2k+1} - 2 =$$
$$2^{2k+1} - 2$$

所以式(82)对 $n = 1$ 成立. 现在我们假设当 $n = l(l \geqslant 1)$ 时式(82)成立,即

$$2 \sum_{i=1}^{k} \binom{2k + 1}{2i} S_{2i}(l) = (l + 1)^{2k+1} + l^{2k-1} - 2l - 1$$

则当 $n = l + 1$ 时有

$$2 \sum_{i=1}^{k} \binom{2k + 1}{2i} S_{2i}(l + 1) = 2 \sum_{i=1}^{k} \binom{2k + 1}{2i} S_{2i}(l) +$$
$$2 \sum_{i=1}^{k} \binom{2k + 1}{i} (l + 1)^{2i} =$$
$$(l + 1)^{2k+1} + l^{2k+1} - 2l - 1 +$$
$$2 \sum_{i=0}^{k} \binom{2k + 1}{2i} (l + 1)^{2i} - 2 =$$
$$(l + 1)^{2k+1} + ((l + 1) - 1)^{2k+1} -$$
$$2(l + 1) - 1 + 2 \sum_{i=0}^{k} \binom{2k = 1}{2i} (l + 1)^{2i} =$$
$$(l + 1)^{2k+1} - 2(l + 1) - 1 +$$
$$\sum_{i=0}^{2k+1} (-1)^{2k+1-i} \binom{2k + 1}{2i} (l + 1)^{i} +$$
$$2 \sum_{i=0}^{k} \binom{2k + 1}{2i} (l + 1)^{2i} =$$
$$(l + 1)^{2k+1} - 2(l + 1) - 1 + \sum_{i=0}^{2k+1} \binom{2k + 1}{i} (l + 1) =$$
$$(l + 1)^{2k+1} - 2(l + 1) - 1 + ((l + 1) + 1)^{2k+1}$$

即式(82)对 $l + 1$ 也成立,于是引理得证.

以下我们约定记号 $P_i(k, x)$ 表示 x 的 k 次有理多项式,其中 $1 \leqslant i \leqslant 2$,关于 $S_k(n)$ 的一般性质我们有以下的结论.

定理7 令 $\bar{n} = n(n + 1)$, $\bar{m} = 2n + 1$,则有

$$S_{2k-1}(n) = \bar{n}^2 P_1(k - 2, \bar{n}) (k \geqslant 2) \tag{83}$$
$$S_{2k}(n) = \bar{m}\bar{n}P_2(k - 1, \bar{n}) \tag{84}$$

证 我们首先对 k 使用数学归纳法来证明下面两个等式,又令 $P_i(k, x)$ 为 x 的 k 次有理多项式,其中 $3 \leqslant i \leqslant 6$

$$(n + 1)^{2k} + n^{2k} - 1 - 2k\bar{n} = \bar{n}^2 P_3(k - 2, \bar{n}) (k \geqslant 2) \tag{85}$$
$$(n + 1)^{2k+1} + n^{2k+1} - 2n - 1 = \bar{m}\bar{n}P_4(k - 1, \bar{n}) \tag{86}$$

当 $k = 2$ 时,我们有

$$(n+1)^4 + n^4 - 1 - 4\bar{n} = n^4 + 4n^3 + 6n^2 + 4n + 1 + n^4 - 1 - 4\bar{n} =$$
$$2n^4 + 4n^3 + 2n^2 + 4n^2 + 4n - 4\bar{n} =$$
$$2n^2(n+1)^2 + 4n(n+1) - 4\bar{n} = 2\bar{n}^2$$

即式(85)对 $k = 2$ 成立,现在我们假设式(85)当 $k = 2, \cdots, l$ 时成立,则当 $k = l+1$ 时,我们有

$$(n+1)^{2(l+1)} + n^{2(l+1)} - 1 - 2(l+1)\bar{n} =$$
$$(n+1)^{2l}(n+1)^2 + n^{2l}n^2 - 1 - 2l\bar{n} - 2\bar{n} =$$
$$(n+1)^{2l}((n+1)n + (n+1)) + n^{2l}(n(n+1) - n) - 1 - 2l\bar{n} - 2\bar{n} =$$
$$\bar{n}n(n+1)^{2l} + (n+1)(n+1)^{2l} + \bar{n}n n^{2l} - n n^{2l} - 1 - 2l\bar{n} - 2\bar{n} =$$
$$\bar{n}[(n+1)^{2l} + n^{2l} - 1 - 2l\bar{n}] + \bar{n} + 2l\bar{n}^2 +$$
$$n(n+1)^{2l} + (n+1)^{2l} - n n^{2l} - 1 - 2l\bar{n} - 2\bar{n} =$$
$$\bar{n} \cdot \bar{n}^2 P_3(l-2, \bar{n}) + 2l\bar{n}^2 + [(n+1)^{2l} + n^{2l} - 1 - 2l\bar{n}] +$$
$$n(n+1)^{2l} - n^{2l} - n n^{2l} - \bar{n} =$$
$$\bar{n}^2[\bar{n}P_3(l-2, \bar{n}) + 2l + P_3(l-2, \bar{n})] + \bar{n}[(n-1)^{2l-1} n^{2l-1} - 1]$$

于是我们只须在归纳假设的条件下去证明

$$(n+1)^{2l-1} - n^{2l-1} - 1 = \bar{n}P_5(l-2, \bar{n}) \tag{87}$$

下面就用归纳法来证明式(87),当 $l = 2$ 时,由于

$$(n+1)^3 - n^3 - 1 = 3n^2 + 3n = 3\bar{n}$$

故式(87)对 $l = 2$ 成立,假设式(87)对 $l-1(l \geqslant 3)$ 成立,即

$$(n+1)^{2l-3} - n^{2l-3} - 1 = \bar{n}P_5(l-3, \bar{n})$$

则由上式和式(85)的归纳假设,我们有

$$(n+1)^{2l-1} - n^{2l-1} - 1 = (n+1)^{2l-2}(n+1) - n^{2l-2}[(n+1) - 1] - 1 =$$
$$\bar{n}n(n+1)^{2l-3} + (n+1)^{2l-2} - \bar{n}n n^{2l-3} + n^{2l-2} - 1 =$$
$$\bar{n}[(n+1)^{2l-3} - n^{2l-3} - 1] + \bar{n} + [(n+1)^{2l-2} +$$
$$n^{2l-2} - 1 - 2(l-1)\bar{n}] + 2(l-1)\bar{n} =$$
$$\bar{n} \cdot \bar{n}P_5(l-3, \bar{n}) + \bar{n}^2 P_3(l-3, \bar{n}) + (2l-1)\bar{n}$$

故式(87)对 l 也成立,于是式(85)得证.

现在我们来证明式(83),由式(81)与(85)有

$$2\sum_{i=2}^{k}\binom{2k}{2i-1}S_{2i-1}(n) = (n+1)^{2k} + n^{2k} - 1 - 2k\bar{n} =$$
$$\bar{n}^2 P_3(k-2, \bar{n}) \tag{88}$$

当 $k = 2$ 时由式(88)有 $8S_3(n) = \bar{n}^2 P_3(0, \bar{n})$,故式(83)对 $k = 2$ 成立. 若式(83)对 $k = 2, \cdots, l$ 皆成立,则当 $k = l+1$ 时,由式(88)我们有

$$2\sum_{i=2}^{l+1}\binom{2l+1}{2i-1}S_{2i-1}(n) = \bar{n}^2 P_3(l-1, \bar{n})$$

50

即

$$2\binom{2l+2}{2l+1}S_{2l+1}(n) = \bar{n}P_3(l-1,\bar{n}) - 2\sum_{i=2}^{l}\binom{2l+2}{2i-1}S_{2i-4}(n) =$$

$$\bar{n}^2 P_3(l-1,\bar{n}) - 2\sum_{i=2}^{l}\binom{2l+2}{2i-1}P_i(i-2,\bar{n})\bar{n}^2 =$$

$$\bar{n}\Big[P_3(l-1,\bar{n}) - 2\sum_{2i=1}^{l}\binom{2l+2}{2i-1}P_1(i-2,\bar{n})\Big]$$

故式(83)对 $l+1$ 仍成立. 因而式(83)得证.

下面我们来证明式(86),当 $k=1$ 时,由于

$$(n+1)^{2+1} + n^{2+1} - 2n - 1 =$$
$$[(n+1)+n][(n+1)^2 - n(n+1) + n^2] - (2n+1) =$$
$$(2n+1)(2n^2 + 2n + 1 - \bar{n} - 1) =$$
$$\bar{m}[2n(2n+1) - \bar{n}] = \overline{mn}$$

故式(86)当 $k=1$ 时成立. 现在假设式(86)对 $k=1,\cdots,l$ 成立,则当 $k=l+1$ 时有

$$(n+1)^{2(l+1)+1} + n^{2(l+1)+1} - 2n - 1 =$$
$$(n+1)^{2l+1}[n(n+1) + (n+1)] + n^{2l+1}[n(n+1) - n] - (2n+1) =$$
$$\bar{n}[(n+1)^{2l+1} + n^{2l+1} - \bar{m}] + \overline{nm} + n(n+1)^{2l+1} + (n+1)^{2l+1} - n^{2l+2} - \bar{m} =$$
$$\bar{n} \cdot \overline{mn}P_4(l-1,\bar{n}) + \overline{mn} + [(n+1)^{2l+1} + n^{2l+1} - \bar{m}] + \bar{n}(n-1)^{2l} - n^{2l+1} - n^{2l+2} =$$
$$\overline{mn}[\bar{n}P_4(l-1,\bar{n}) + 1] + \overline{mn}P_4(l-1,\bar{n}) + \bar{n}[(n+1)^{2l} - n^{2l}]$$

于是我们只须在归纳假设的条件下去证明

$$(n+1)^{2l} - n^{2l} = \bar{m}P_6(l-1,\bar{n}) \tag{89}$$

当 $l=1$ 时,由于 $(n+1)^2 - n^2 = 2n+1 = \bar{m}$,故式(89)对 $l=1$ 成立,若式(89)对 $l-1(l \geqslant 2)$ 成立,则由式(86)和(89)的归纳假设,对 l 我们有

$$(n+1)^{2l} - n^{2l} = (n+1)^{2l-1}(n+1) - n^{2l-1}[(n+1) - 1] =$$
$$n(n+1)^{2l-1} + (n+1)^{2l-1} - (n+1)^{2l-1}(n+1) + n^{2l-1} =$$
$$\bar{n}[(n+1)^{2l-2} - n^{2l-2}] + [(n+1)^{2l-1} + n^{2l-1} - \bar{m}] + \bar{m} =$$
$$\bar{n} \cdot \overline{m}P_6(l-2,\bar{n}) + \overline{mn}P_4(l-2,\bar{n}) + \bar{m} =$$
$$\bar{m}[\bar{n}P_6(l-2,\bar{n}) + \bar{n}P_4(l-2,\bar{n}) + 1]$$

即式(89)对 l 也成立,从而式(86)得证.

由于式(82)和(86),我们有

$$2\sum_{i=1}^{k}\binom{2k+1}{2i}S_{2i}(n) = (n+1)^{2k+1} + n^{2k+1} - \bar{m} =$$

$$\overline{mn}P_4(k-1,\bar{n}) \tag{90}$$

当 $k = 1$ 时，由于 $2\binom{2+1}{2}S_2(n) = (n+1)^3 + n^3 - \overline{m} = 2n^2 \times (n+1) + n(n+1) = 2n\overline{n} + \overline{n} = \overline{mn}$，故式(84)对 $k = 1$ 成立. 现在假定式(84)对 $k = 1, \cdots, l$ 皆成立，则当 $k = l+1$ 时由式(90)有

$$2\sum_{i=1}^{l+1}\binom{2(l+1)-1}{2i}S_{2i}(n) = \overline{mn}P_4(l, \overline{n})$$

即

$$2\binom{2l+3}{2l+2}S_{2(l+1)}(n) = \overline{mn}P_4(l, \overline{n}) - 2\sum_{i=1}^{l}\binom{2l+3}{2i}S_{2i}(n) =$$

$$\overline{mn}P_4(l, \overline{n}) - 2\sum_{i=1}^{l}\binom{2l+3}{2i}\overline{mn}P_2(i-1, \overline{n}) =$$

$$\overline{mn}\left[P_4(l, \overline{n}) - 2\sum_{i=1}^{l}\binom{2l+3}{2i}P_2(i-1, \overline{n})\right]$$

显然，括号里是 $\overline{n}$ 的 l 次有理多项式，故式(84)对 $k = l+1$ 也成立，故式(84)得证，这就完成了定理7的证明.

习　　题

1. 试用数学归纳法证明斐波那契数列的如下通项公式：对 $n \geq 1$ 有

$$F_n = \frac{(1+\sqrt{5})^n - (1-\sqrt{5})^n}{2^n\sqrt{5}} \tag{91}$$

并证明，对 $n \geq 1$ 有

$$F_n = \left[\left(\frac{1+\sqrt{5}}{2}\right)^n \Big/ 2\right] + C_n \tag{92}$$

其中 $[a]$ 表示不超过 a 的最大整数，$C_n = 1$ 或 0 视 n 为奇数或偶数而定.

2. 试用数学归纳法证明鲁卡斯数列的如下通项公式：对 $n \geq 1$ 有

$$L_n = \frac{(1+\sqrt{5})^n + (1-\sqrt{5})^n}{2^n} \tag{93}$$

以及

$$L_n = \left[\left(\frac{1+\sqrt{5}}{2}\right)^n\right] + (-1)^n + C_n \tag{94}$$

其中 C_n 定义与上一题同.

3. 试证明以下结果：

$(1)\, F_{n+1}^2 - F_n F_{n+2} = (-1)^n \,(n \geq 1)$ $\tag{95}$

$(2) F_1 F_2 + F_2 F_3 + \cdots + F_{2n-1} F_{2n} = F_{2n}^2 (n \geqslant 1)$ (96)

$(3) F_1 F_2 + F_2 F_3 + \cdots + F_{2n} F_{2n+1} = F_{2n+1}^2 - 1 (n \geqslant 1)$ (97)

$(4) n F_1 + (n-1) F_2 + \cdots + 2 F_{n-1} + F_n = F_{n+4} - (n+3)(n \geqslant 1)$ (98)

$(5) F_{nm} \geqslant F_n^m (n \geqslant 1, m \geqslant 1)$ (99)

$(6) F_{2n} = L_n F_n (n \geqslant 1)$ (100)

$(7) F_3 + F_6 + \cdots + F_{3n} = (F_{3n+2} - 1)/2 (n \geqslant 1)$ (101)

4. 证明：对任何正整数 n 及 m 都有

$$F_m \mid F_{mn} \tag{102}$$

5. 设 k 为一个正整数,证明

$$(F_{4k}, F_{4k+2}) = 1 \tag{103}$$

6. 设 n 为一个正整数,证明

(1)$2 \mid F_n$ 成立之充分必要条件为 $3 \mid n$;

(2)$3 \mid F_n$ 成立之充分必要条件为 $4 \mid n$.

7. (算术平均与几何平均) 设 $a_1, a_2, \cdots, a_n$ 为 n 个非负实数,证明

$$(a_1 a_2 \cdots a_n)^{\frac{1}{n}} \leqslant \frac{a_1 + a_2 + \cdots + a_n}{n} \tag{104}$$

8. 设有两堆棋子,数目不相等,两人游戏,每人可以从任一堆里任取几颗,但不能同时在两堆里取,规定取得最后一颗者胜. 证明先取者可以必胜.

9. 证明:

(1) 设 $p > 2$ 为素数, r 为自然数,则 $n = p \cdot 2^r$ 当 $p = 2^{r+1} - 1$ 时为完全数,当 $p > 2^{r+1} - 1$ 时为不足数,而当 $p < 2^{r+1} - 1$ 时为过剩数.

(2) 设 r 为自然数, $p > 2$ 为素数, q 为素数,则当 $p \neq q$ 且 $\frac{1}{q} + 2(p^r - 1)/(p^{r+1} - 1) = 1$ 时, $n = qp^r$ 为一个完全数,而当 $p \neq q$ 且 $\frac{1}{q} + 2(p^r - 1)/(p^{r+1} - 1) > 1$ 时, $n = qp^r$ 为一个过剩数. 当 $p \neq q$ 且 $\frac{1}{q} + 2(p^r - 1)/(p^{r+1} - 1) < 1$ 时, $n = qp^r$ 为一个不足数.

平方剩余

在本书第 I 、II 册中,我们向读者介绍了利用同余式的理论来求解一次同余方程及一次同余方程组的问题,本章要进一步讨论二次同余方程求解的问题.

11.1 平方剩余的概念

给定一个 $n > 1$ 次整系数多项式

$$f(x) = a_n x^n + \cdots + a_1 x + a_0$$

如果有整数 x_0 使得

$$f(x_0) \equiv 0 (\bmod m)$$

成立,我们就说 x_0 是同余方程

$$f(x) \equiv 0 (\bmod m) \tag{1}$$

的一个解. 根据第 4 章中所述同余式的性质容易看出,当 x_0 为式(1) 的一个解时,则一切满足

$$x_1 \equiv x_0 (\bmod m) \tag{2}$$

的整数 x_1 也都是式(1) 的解. 以后,对模 m 来说,我们把所有具有性质(2) 的式(1) 的解合在一起,称为式(1) 的一个解 $(\bmod m)$.

54

在这一节里,我们的目的就是要研究具有一般形式的一元二次同余方程

$$ax^2 + bx + c \equiv 0 (\bmod m) \tag{3}$$

其中 $a \not\equiv 0(\bmod m)$,且不妨设 $a > 0$. 用 $4a$ 同时乘以式(3)两边,我们得到

$$4a^2x^2 + 4abx + 4ac \equiv 0 (\bmod 4am) \tag{4}$$

设 x_0 是式(3)的一个解,即有 $m \mid (ax_0^2 + bx_0 + c)$,从而也有 $(4am) \mid (4a^2x_0^2 + 4abx_0 + 4ac)$,这表明 x_0 也一定是式(4)的一个解. 反过来,如果 x_1 是式(4)的一个解,就有 $(4am) \mid (4a^2x_1^2 + 4abx_1 + 4ac)$,于是有 $m \mid (ax_1^2 + bx_1 + c)$,从而 x_1 也是式(3)的一个解. 但是要注意,式(3)的解是以 m 为模,而式(4)的解是以 $4am$ 为模,也就是说,式(3)的每一个解 $(\bmod m)$,对应于式(4)的 $4a$ 个互不同余的解 $(\bmod 4am)$. 详细来说,就是:如果 x_0 为式(3)的一个解 $(\bmod m)$,那么

$$x_0, x_0 + m, \cdots, x_0 + (4a - 1)m$$

对于式(3)是与 x_0 同余 $(\bmod m)$ 的同一个解 $(\bmod m)$,而对式(4)来说,则是 $4a$ 个互不同余的解 $(\bmod 4am)$.

注意到

$$4a^2x^2 + 4abx + 4ac = (2ax + b)^2 + (4ac - b^2)$$

并记 $y = 2ax + b, D = b^2 - 4ac$,则方程(4)就变形为

$$y^2 \equiv D (\bmod 4am) \tag{5}$$

由上述讨论可以看出,如果 x_0 是同余方程(3)的一个解 $(\bmod m)$,那么 $y = 2ax_0 + b$ 就是同余方程(5)的一个解 $(\bmod 4am)$,所以,如果同余方程(5)没有解,那么同余方程(3)也一定没有解. 如果 y_1 是式(5)的一个解,又注意到

$$y = 2ax + b$$

我们知道,如果 $(2a) \nmid (y_1 - b)$,则式(4)没有与 y_1 相应的解,如果 $(2a) \mid (y_1 - b)$,那么

$$x_1 = (y_1 - b) \mid (2a)$$

恰为同余方程(4)的一个与 y_1 相对应的解. 这样,我们就可以从式(5)的全部解中找出式(4)的全部解,因而也就得出式(3)的全部解了. 于是,求解一般形状的二次同余方程(3)的问题就转化为形如

$$y^2 \equiv a (\bmod m) \tag{6}$$

的特殊类型的二次同余方程的求解问题,再设

$$m = p_1^{\alpha_1} \cdots p_s^{\alpha_s} (s \geq 1, \alpha_1 \geq 1, \cdots, \alpha_s \geq 1, p_1 < \cdots < p_s)$$

是 m 的标准分解式,由同余式的性质知道,同余方程(6)与下列同余方程组等价

$$x^2 \equiv a (\bmod p_1^{\alpha_1})$$
$$\cdots \tag{7}$$
$$x^2 \equiv a (\bmod p_s^{\alpha_s})$$

于是,我们可以首先来研究形如

$$x^2 \equiv a(\bmod\ p^\alpha) \tag{8}$$

的二次同余方程,其中 p 是一个素数,α 是一个正整数,设 $a = p^\beta u$, $p \nmid u$,则式(8)变为

$$x^2 \equiv p^\beta u(\bmod\ p^\alpha) \tag{9}$$

下面我们分两种情形对式(9)进行讨论.

情形一. 设 $\beta \geqslant \alpha$,由式(9)得到

$$x^2 \equiv a(\bmod\ p^\alpha) \tag{10}$$

(1)当 $\alpha = 2k$(k 是一个正整数)时,式(10)的解为

$$0, p^k, p^{k+1}, \cdots, p^{2k-1}(\bmod\ p^\alpha) \tag{11}$$

(2)当 $\alpha = 2k+1$(这里 k 是一个非负整数)时,式(10)的解为

$$0, p^{k+1}, p^{k+2}, \cdots, p^{2k}(\bmod\ p^\alpha) \tag{12}$$

情形二. 设 $0 \leqslant \beta < \alpha$.

(1)当 $\beta = 2k$ 时,由式(9)知道,应有 $p^k \mid x$,令 $x = p^k y$,并将它代入式(9),得到

$$p^\beta y^2 \equiv p^\beta u(\bmod\ p^\alpha)$$

此即

$$y^2 \equiv u(\bmod\ p^{\alpha-\beta}), p \nmid u \tag{13}$$

(2)如果 $\beta = 2k+1$,则必有 $p^k \mid x$,令 $x = p^k y$ 代入式(9)得到

$$p^{2k} y^2 \equiv p^{2k+1} u(\bmod\ p^\alpha)$$

于是

$$y^2 \equiv pu(\bmod\ p^{\alpha-2k})$$

由于 $\alpha - 2k > \alpha - \beta \geqslant 1$,故由上式知道,必有 $p \mid y$,令 $y = pt$,代入 $y^2 \equiv pu(\bmod\ p^{\alpha-2k})$ 得到

$$p^2 t^2 \equiv pu(\bmod\ p^{\alpha-2k})$$

也就是

$$pt^2 \equiv u(\bmod\ p^{\alpha-\beta})$$

我们仍有 $\alpha - \beta \geqslant 1$,故上式表明 $p \mid u$,但这是与 u 的定义相矛盾的,从而此时式(9)无解.

综上所述,即得下面的结果.

引理 1 假设 p 是一个素数,α 是一个自然数,$a = p^\beta u$, $\beta \geqslant 0$, $p \nmid u$,那么,当 $\beta \geqslant \alpha$ 时,同余方程(8)一定有解,当 $0 \leqslant \beta < \alpha$ 且 β 为奇数时式(8)没有解,当 $0 \leqslant \beta < \alpha$ 且 β 为偶数时,式(8)可以变为形如(13)的同余方程.

定义 1 假设 a 和 m 都是整数,$m > 0$,并且 $(a, m) = 1$,则当

$$x^2 \equiv a(\bmod\ m) \tag{14}$$

有解时,我们称 a 为模 m 的平方剩余(或二次剩余),而当式(14)无解时,称 a 为模 m 的平方非剩余(或二次非剩余).

显然,如果 $1,2,\cdots,m$ 中与 m 互素的数为

$$a_1,a_2,\cdots,a_{\varphi(m)}$$

那么 $a_1^2,a_2^2,\cdots,a_{\varphi(m)}^2$ 都一定是模 m 的平方剩余,不过其中有可能有关于模 m 同余的.

11.2　以素数为模的平方剩余

在上一节里,我们从解一般的一元二次同余方程出发,引入了平方剩余这个非常重要的概念. 在本章及下一章里,我们将要详细介绍关于平方剩余的性质及其计算问题,个别较复杂的计算,放在本章后的习题中介绍. 本节先讨论以素数 p 为模的情形.

如果 $p=2$,那么它的简化剩余系中恰只有 $a=1$ 这一个元,并且显然 1 是 $p=2$ 的平方剩余. 以后,我们仅对奇素数 p 进行讨论.

引理 2　设 $f(x)=a_nx^n+\cdots+a_1x+a_0$ 是一个 $n\geq 1$ 次整系数多项式, $a_n\not\equiv 0(\bmod\ p)$, p 是一个奇素数,那么同余方程式

$$f(x)\equiv 0(\bmod\ p)\tag{15}$$

的解的个数不超过它的次数 n.

证　我们使用反证法,假设式(15)的解的个数超过 n,设

$$x\equiv\alpha_i(\bmod\ p)(i=1,2,\cdots,n,n+1)$$

是式(15)的 $n+1$ 个模 p 互不同余的解,由多项式的带余除法可得

$$f(x)=(x-\alpha_1)f_1(x)+r$$

其中 $f_1(x)$ 是一个首项系数为 a_n 的 $n-1$ 次多项式,而 r 是一个常数,由假设,有 $f(\alpha_1)\equiv 0(\bmod\ p)$. 故由上式得到 $r\equiv 0(\bmod\ p)$,因此对任何整数 x 都有

$$f(x)\equiv(x-\alpha_1)f_1(x)(\bmod\ p)\tag{16}$$

成立,令 $x=\alpha_i(i=1,2,\cdots,n)$ 得到

$$0\equiv f(\alpha_i)\equiv(\alpha_i-\alpha_1)f_1(\alpha_i)(\bmod\ p)$$

但是 $\alpha_i\not\equiv\alpha_1(\bmod\ p)(i=2,\cdots,k)$,而 p 是素数,故由上式得到

$$f_i(\alpha_i)\equiv 0(\bmod\ p)(i=2,\cdots,n)$$

这就说明 $x\equiv\alpha_i(\bmod\ p)(i=2,\cdots,n)$ 是 $f_1(x)\equiv 0(\bmod\ p)$ 的解,类似上边的过程可以得到

$$f_1(x)\equiv(x-\alpha_2)f_2(x)(\bmod\ p)\tag{17}$$

并且有

$$f_2(\alpha_i) \equiv 0 \pmod{p} \quad (i = 3, \cdots, n)$$

继续做下去,我们就可得到

$$\begin{cases} f_2(x) \equiv (x - \alpha_3) f_3(x) \pmod{p} \\ \quad\vdots \\ f_{n-1}(x) \equiv (x - \alpha_n) a_n \pmod{p} \end{cases} \tag{18}$$

由式(16),(17),(18)以及同余式的性质,立刻得到

$$f(x) \equiv a_n (x - \alpha_1)(x - \alpha_2) \cdots (x - \alpha_n) \pmod{p} \tag{19}$$

由于我们有 $f(\alpha_{n+1}) \equiv 0 \pmod{p}$,故由(19)式有

$$\alpha_n (\alpha_{n+1} - \alpha_1)(\alpha_{n-1} - \alpha_2) \cdots (\alpha_{n+1} - \alpha_n) \equiv 0 \pmod{p}$$

又 p 是一个素数,$a_n \not\equiv 0 \pmod{p}$,所以一定有一个 $\alpha_i (1 \leqslant i \leqslant n)$ 使得 $\alpha_{n+1} - \alpha_i \equiv 0 \pmod{p}$,这与我们一开始的假设相矛盾,至此本引理得证.

引理 3 如果 a 是模 p 的平方剩余,那么同余方程

$$x^2 \equiv a \pmod{p} \tag{20}$$

有且只有两个互不同余的解 $\pmod{p}$.

证 由上一节的定义 1 知道,一定有整数 x_1 存在,它能够使得

$$x_1^2 \equiv a \pmod{p}$$

成立,于是也有

$$(-x_1)^2 \equiv a \pmod{p}$$

成立,这就表明 $-x_1$ 也是式(20)的一个解,并且容易证明,x_1 与 $-x_1$ 必然互不同余 $\pmod{p}$. 事实上,若 $x_1 \equiv -x_1 \pmod{p}$,则我们就有 $2x_1 \equiv 0 \pmod{p}$,也就是 $p \mid (2x_1)$,但是,我们已经知道 p 是一个奇素数,于是由 $p \mid (2x_1)$ 得到 $p \mid x_1$,这样由 $x_1^2 \equiv a \pmod{p}$ 就得到 $p \mid a$. 这明显与 a 是模 p 的平方剩余相矛盾. 最后,由引理 2 我们知道,任意一个以素数为模的 n 次同余方程至多有 n 个解 $\pmod{p}$,故式(20)有且只有两个互不同余的解 $\pmod{p}$.

引理 4 模 p 的二次剩余及二次非剩余各有 $(p-1)/2$ 个.

证 显然,如果同余方程(20)有解,那么它的解一定在下列 $p-1$ 个数中

$$\pm 1, \pm 2, \cdots, \pm(p-1)/2 \tag{21}$$

但是(21)中诸数的平方是下列 $(p-1)/2$ 个数

$$1^2, 2^2, \cdots, \left(\frac{p-1}{2}\right)^2 \tag{22}$$

现在要来证明(22)中的数两两互不同余 $\pmod{p}$,否则,假设有整数 l, k 使 $1 \leqslant l < k \leqslant (p-1)/2$,且 $k^2 \equiv l^2 \pmod{p}$,则我们有

$$(k+l)(k-l) \equiv 0 \pmod{p} \tag{23}$$

但由于

$$2 \leqslant 2l < k+l < p-1$$

$$1 \leqslant k - l \leqslant (p-1)/2 - 1 < p - 1$$

所以式(23)不可能成立,这个矛盾就说明,必然要有

$$k^2 \not\equiv l^2 (\bmod p)$$

由上述讨论可以看出,模 p 的任意一个平方剩余必然与(22)中的某一个数同余 $(\bmod p)$,并且,(22)中的 $(p-1)/2$ 个数是两两互不同余的 $(\bmod p)$,又显然 (22)中的每一个数都是模 p 的平方剩余,于是(22)中的 $(p-1)/2$ 个数恰好是模 p 的全部二次剩余,而 p 的简化剩余系中其余 $(p-1)/2$ 个数恰好是模 p 的全部二次非剩余.

定理 1 (欧拉(Euler)判别准则)

如果 a 是模 p 的平方剩余,那么

$$a^{\frac{p-1}{2}} \equiv 1 (\bmod p) \tag{24}$$

如果 b 是模 p 的平方非剩余,那么

$$b^{\frac{p-1}{2}} \equiv -1 (\bmod p) \tag{25}$$

证 当 a 是模 p 的平方剩余时,由定义 1 知道,存在一个整数 n,使得

$$a \equiv n^2 (\bmod p)$$

两边取 $(p-1)/2$ 次方即得

$$a^{\frac{p-1}{2}} \equiv n^{p-1} (\bmod p)$$

由 $(a,p)=1$ 得到 $(n,p)=1$,由第 5 章第 5 节的费马定理以及上面的同余式,得到

$$a^{\frac{p-1}{2}} \equiv 1 (\bmod p)$$

由于 $(1,p)=1,(2,p)=1,\cdots,(p-1,p)=1$,所以由费尔马定理得到

$$1^{p-1} \equiv 1 (\bmod p), 2^{p-1} \equiv 1 (\bmod p), \cdots,$$
$$(p-1)^{p-1} \equiv 1 (\bmod p)$$

又对任何满足 $1 \leqslant l < k \leqslant p-1$ 的整数 l 和 k,明显有 $l \not\equiv k (\bmod p)$,所以,模 p 的简化剩余系 $1,2,3,\cdots,p-1$ 是同余方程 $x^{p-1} \equiv 1 (\bmod p)$ 的 $p-1$ 个解 $(\bmod p)$. 又由引理 2 知道 $x^{p-1} \equiv 1 (\bmod p)$ 至多有 $p-1$. 因此,由上述讨论可以知道同余方程 $x^{p-1} \equiv 1 (\bmod p)$ 恰好有 $p-1$ 个解,这 $p-1$ 个就是 $1,2,\cdots,p-1$,由于

$$x^{p-1} - 1 = (x^{\frac{p-1}{2}} + 1)(x^{\frac{p-1}{2}} - 1) \equiv 0 (\bmod p)$$

我们知道,同余方程

$$x^{\frac{p-1}{2}} \equiv 1 (\bmod p) \tag{26}$$

与

$$x^{\frac{p-1}{2}} \equiv -1 (\bmod p) \tag{27}$$

必须各有$(p-1)/2$个解,这是因为,由引理2知道式(26)和(27)的解的个数都不超过$(p-1)/2$.但由前面的讨论知道,它们的解的个数的和是$p-1$.如果式(26)和(27)中某一个解的个数小于$(p-1)/2$,则另一个必须大于$(p-1)/2$.这是不可能的,因此式(26)和(27)的解的个数都是$(p-1)/2$.又已知凡p的平方剩余必是式(26)的解,而一个整数不可能同时满足式(26)及(27).否则就会有$1 \equiv -1 \pmod p$,即$2 \equiv 0 \pmod p$.但$p \geqslant 3$,因而是不可能的.因此凡p的平方非剩余,一定都是(27)的解,这就完成了定理的证明.

引理5 对于同一个素数模p而言有:

任何两个平方剩余的乘积仍然是一个平方剩余;

一个平方剩余和一个平方非剩余的乘积是一个平方非剩余;

任何两个平方非剩余的乘积必然是一个平方剩余.

证 设a_1和a_2都是平方剩余,由定义1知道,一定存在有两个整数n_1,n_2使得分别有

$$n_1^2 \equiv a_1, n_2^2 \equiv a_2 \pmod p$$

成立,于是有

$$(n_1 n_2)^2 \equiv a_1 a_2 \pmod p$$

这就说明$a_1 a_2$是一个平方剩余.

我们已经知道$1,2,\cdots,p-1$是模p的一个简化剩余系,设a为一个二次剩余,于是当然有$p \nmid a$,也就是$(p,a)=1$,因而我们知道

$$a,2a,\cdots,(p-1)a \tag{28}$$

仍然是模p的一个简化剩余系.由引理4知道在$1,2,\cdots,p-1$中有$(p-1)/2$个是模p的平方剩余,设为$a_1,\cdots,a_{(p-1)/2}$,另外的$(p-1)/2$个是平方非剩余,记之为$c_1,\cdots,c_{(p-1)/2}$.由上面证明的第一个结论知,$aa_1,\cdots,aa_{(p-1)/2}$都是平方剩余.由于(28)仍然是一个简化剩余系,故其中也应该恰好有$(p-1)/2$个平方剩余及$(p-1)/2$个平方非剩余,因此$ac_1,\cdots,ac_{(p-1)/2}$一定恰好是模p的平方非剩余,这就证明了我们的第二个结论.

现在设b是一个平方非剩余,由定义1我们有$p \nmid b$,故

$$b,2b,\cdots,(p-1)b \tag{29}$$

恰好是模p的一个简化剩余系.于是由引理4知道,其中分别有$(p-1)/2$个平方剩余(记为$a_1,\cdots,a_{(p-1)/2}$)及$(p-1)/2$个平方非剩余(记为$c_1,\cdots,c_{(p-1)/2}$),由上面证明的第二个结论知道,$ba_1,\cdots,ba_{(p-1)/2}$恰好是(29)中的全部$(p-1)/2$个平方非剩余,于是$bc_1,\cdots,bc_{(p-1)/2}$都是模p的平方剩余,这就完成了本引理的证明.

11.3　勒让德符号

在上一节中,我们导出了欧拉判别准则,这个定理虽然非常重要,但当 p 比较大时,要应用这个判别法来判别一个整数 $a,(a,p)=1$ 是否为模 p 的平方剩余却是不实际的, 因为这要涉及冗长的计算, 为了克服这个困难, 勒让德(Legendre)就引进了一个新的工具——勒让德符号,由于这个工具的引入,使我们获得了一个便于实际计算的简便判别方法.

定义 2　设 a 是一个整数,$p \nmid a$,定义

$$\left(\frac{a}{p}\right) = \begin{cases} 1, & \text{如果 } a \text{ 是模 } p \text{ 的二次剩余} \\ -1, & \text{如果 } a \text{ 是模 } p \text{ 的二次非剩余} \end{cases}$$

则我们称 $\left(\dfrac{a}{p}\right)$ 为 a 关于 p 的勒让德符号,a 与 p 分别叫做勒让德符号的分子与分母. 故当 $p \nmid n$ 时恒有 $\left(\dfrac{n^2}{p}\right) = 1$. 特别地有 $\left(\dfrac{1}{p}\right) = 1$. 如果我们能够算出 $\left(\dfrac{a}{p}\right)$ 的值是 1 还是 -1,则我们就能够确定同余方程 $x^2 \equiv a(\bmod p)$ 是有解还是没有解. 由定义 2 及定理 1,我们有

$$\left(\frac{a}{p}\right) \equiv a^{\frac{p-1}{2}} (\bmod p) \tag{30}$$

引理 6　当素数 $p \geqslant 2$ 及 $a_1 \equiv a_2(\bmod p)$ 时,有

$$\left(\frac{a_1}{p}\right) = \left(\frac{a_2}{p}\right)$$

证　由式(30)我们有

$$\left(\frac{a_1}{p}\right) \equiv a_1^{\frac{a-1}{2}} \equiv a_2^{\frac{p-1}{2}} \equiv \left(\frac{a_2}{p}\right) (\bmod p)$$

由此得到 $\left(\dfrac{a_1}{p}\right) - \left(\dfrac{a_2}{p}\right) \equiv 0(\bmod p)$,但由于 $\left| \left(\dfrac{a_1}{p}\right) - \left(\dfrac{a_2}{p}\right) \right| \leqslant 2$,而 $p \geqslant 3$,故必须有 $\left(\dfrac{a_1}{p}\right) = \left(\dfrac{a_2}{p}\right)$,这正是我们所要证明的结论.

引理 7　当素数 $p \geqslant 3$ 并且整数 $a = a_1 a_2 \cdots a_n$ 时,我们有

$$\left(\frac{a}{p}\right) = \left(\frac{a_1}{p}\right) \left(\frac{a_2}{p}\right) \cdots \left(\frac{a_n}{p}\right) \tag{31}$$

证　仍然由式(30),我们有

$$\left(\frac{a}{p}\right) \equiv a^{\frac{p-1}{2}} = a_1^{\frac{p-1}{2}} a_2^{\frac{p-1}{2}} \cdots a_n^{\frac{p-1}{2}} \equiv$$

61

$$\left(\frac{a_1}{p}\right)\left(\frac{a_2}{p}\right)\cdots\left(\frac{a_n}{p}\right)\pmod{p}$$

于是得到

$$\left(\frac{a}{p}\right) - \left(\frac{a_1}{p}\right)\left(\frac{a_2}{p}\right)\cdots\left(\frac{a_n}{p}\right) \equiv 0 \pmod{p}$$

但易见

$$\left|\left(\frac{a}{p}\right) - \left(\frac{a_1}{p}\right)\left(\frac{a_2}{p}\right)\cdots\left(\frac{a_n}{p}\right)\right| \leqslant 2$$

而 $p \geqslant 3$,所以必须有

$$\left(\frac{a}{p}\right) = \left(\frac{a_1}{p}\right)\left(\frac{a_2}{p}\right)\cdots\left(\frac{a_n}{p}\right)$$

这就是我们所要证明的结果.

引理 8 对素数 $p \geqslant 3$,我们有

$$\left(\frac{-1}{p}\right) = (-1)^{\frac{p-1}{2}}$$

证 由式(30) 我们有

$$\left(\frac{-1}{P}\right) \equiv (-1)^{\frac{p-1}{2}} \pmod{p}$$

又明显有

$$\left|\left(\frac{-1}{p}\right) - (-1)^{\frac{p-1}{2}}\right| \leqslant 2$$

所以由 $p \geqslant 3$ 就得到,必须有

$$\left(\frac{-1}{p}\right) = (-1)^{\frac{p-1}{2}}$$

成立,于是本引理得证.

由引理 8 我们知道,当 $p \equiv 1 \pmod{4}$ 时,-1 是模 p 的平方剩余,而当 $p \equiv 3 \pmod{4}$ 时,-1 是模 p 的平方非剩余.

11.4 互反定律

这里我们先引进一个数论中常用的符号 $[x]$,它表示不大于 x 的最大整数,其中 x 是任意实数,这样我们就有

$$x = [x] + \{x\}$$

其中 $0 \leqslant \{x\} < 1$ 称为 x 的小数部分,例如:$\left[\frac{5}{2}\right] = 2$,$\left[\frac{1}{2}\right] = 0$,$[-2.1] = -3$,等等.

假设 ρ 是一个奇素数,则对任意一个整数 n,都一定存在有一个整数 u_n(并且还是唯一的),它能够使得 $n = a_n p + u_n, 0 \leqslant u_n < p, a_n$ 为整数.

我们称 u_n 为 n 关于模 p 的最小非负剩余,我们还定义

$$r_n = \begin{cases} u_n, & \text{当 } 0 \leqslant u_n < \dfrac{p}{2} \text{ 时} \\ u_n - p, & \text{当 } \dfrac{p}{2} < u_n < p \text{ 时} \end{cases}$$

并称 r_n 是 n 关于模 p 的最小剩余.

引理9 (高斯(Gauss)引理) 假设 p 是一个奇素数,n 是一个整数,$p \nmid n$,又设在 $(p-1)/2$ 个整数

$$n, 2n, \cdots, \frac{(p-1)}{2}n$$

中,对于模 p 的最小剩余为

$$r_1, r_2, \cdots, r_\lambda, -r_1, \cdots, -r_\mu \tag{31}$$

其中 $1 \leqslant r_i < \dfrac{p}{2}(1 \leqslant i \leqslant \lambda), 1 \leqslant r_j < \dfrac{p}{2}(1 \leqslant j \leqslant \mu)$,则我们有

$$\left(\frac{n}{p}\right) = (-1)^\mu$$

证 我们有 $\lambda + \mu = (p-1)/2$,由于(31)中的数对于模 p 来说都是互不同余的,故在 $r_1, r_2, \cdots, r_k$ 中任取两个数,这两个数都是不相等的. 同样地,$r_1, \cdots, r_\mu$ 中的任意两个数也都是不相等的. 现在我们来证明,在

$$r_1, \cdots, r_\lambda \tag{32}$$

中任意取出一个数 r_1,而从

$$r_1, \cdots, r_\mu \tag{33}$$

中任意取出一个数 r_j 都有 $r_i \not\equiv r_j$. 用反证法,如果 $r_i = r_j$,由式(31)知道,存在有两个整数 $a, b, 1 \leqslant a \leqslant \dfrac{p-1}{2}, 1 \leqslant b \leqslant \dfrac{p-1}{2}$,它们使得

$$an \equiv r_i(\bmod p), \quad bn \equiv -r_j(\bmod p)$$

成立,于是有

$$(a+b)n \equiv r_i - r_j \equiv 0(\bmod p)$$

但 $p \nmid n$,于是必有 $p \mid (a+b)$,这明显与

$$2 \leqslant a+b \leqslant p-1$$

相矛盾,由此可知

$$r_1, \cdots, r_\lambda, r_1, \cdots, r_\mu$$

恰好是 $1, 2, \cdots, (p-1)/2$ 的一个排列,于是

$$n \cdot 2n \cdot \cdots \cdot \left(\frac{p-1}{2}\right)n \equiv (-1)^\mu r_1 \cdots r_\lambda \cdot r_1 \cdots r_\mu \equiv$$

$$(-1)^{\mu}1 \cdot 2 \cdots \left(\frac{p-1}{2}\right) \pmod{p}$$

注意到 $p \nmid \left(\frac{p-1}{2}\right)!$ 即得

$$n^{\frac{p-1}{2}} \equiv (-1)^{\mu} \pmod{p}$$

再由式(30)即得本引理的结论.

引理 10 设 p 是一个奇素数,那么

$$\left(\frac{2}{p}\right) = (-1)^{(p^2-1)/8}$$

也就是说,当 $p \equiv 1$ 或 $-1 \pmod 8$ 时,2 是模 p 的平方剩余,而当 $p \equiv 3$ 或 $-3 \pmod 8$ 时,2 是模 p 的平方非剩余.

证 在引理 9 中取 $n = 2$,这时式(31)中的数就是

$$2, 4, \cdots, p-1$$

由 $2x < \frac{p}{2}$ 解得 $x < \frac{p}{4}$,所以此时 $\lambda = \left[\frac{p}{2}\right]$,于是 $\mu = \frac{p-1}{2} = \left[\frac{p}{4}\right]$,从而有

$$\mu = \begin{cases} 2n, & \text{当 } p = 8n+1 \text{ 时} \\ 2n+1, & \text{当 } p = 8n+3 \text{ 时} \\ 2n+1, & \text{当 } p = 8n+5 \text{ 时} \\ 2n+2, & \text{当 } p = 8n+7 \text{ 时} \end{cases}$$

$$(-1)^{\frac{p^2-1}{8}} = \begin{cases} 1, & \text{当 } p = 8n+1 \text{ 时} \\ -1, & \text{当 } p = 8n+3 \text{ 时} \\ -1, & \text{当 } p = 8n+5 \text{ 时} \\ 1, & \text{当 } p = 8n+7 \text{ 时} \end{cases} \tag{34}$$

由此并根据高斯引理即得本引理的结论.

定理 2 (二次互反定律)设 p 和 q 是两个不同的奇素数,则有

$$\left(\frac{p}{q}\right)\left(\frac{q}{p}\right) = (-1)^{p'q'}$$

其中

$$p' = (p-1)/2, q' = (q-1)/2$$

特别地,当 p 与 q 中至少有一个形如 $4n+1$ 时,就有 $2 \mid p'q'$,从而 $\left(\frac{p}{q}\right) = \left(\frac{q}{p}\right)$;当 p 和 q 都是形如 $4n+3$ 的素数时,有 $\left(\frac{p}{q}\right) = -\left(\frac{q}{p}\right)$.

证 当 $1 \leq k \leq p$ 时,我们有

$$kq = p\left[\frac{kq}{p}\right] + u_k \quad (1 \leq u_k \leq p-1) \tag{35}$$

设在 $u_1,\cdots,u_{p'}$ 中,有 λ 个小于 $p/2$,有 μ 个大于 $p/2$,且设小于 $p/2$ 的那 λ 个数是 $v_1,\cdots,v_\lambda$,而大于 $p/2$ 的那 μ 个数是 $w_1,\cdots,w_\mu$,记

$$A = v_1 + v_2 + \cdots + v_\lambda, B = w_1 + w_2 + \cdots + w_\mu$$

由式(35)有

$$\frac{(p^2-1)q}{8} = \frac{p'(p'+1)q}{2} = \sum kq = p\sum_{k=1}^{p'}\left[\frac{kq}{p}\right] + A + B \qquad (36)$$

令 $-r'_i = w_i - p(1 \le i \le \mu)$,易见 $v_1,\cdots,v_\lambda,r'_1,\cdots,r'_\mu$ 是 $1,2,\cdots,p'$ 的一个排列,故有

$$A + \mu p - B = A + \sum_{i=1}^{\mu}(p-w) = A + \sum_{i=1}^{\mu}r'_i = \sum_{n=1}^{p'}n =$$

$$\frac{p'(p'+1)}{2} = \frac{p-1}{2} \cdot \frac{p+1}{4} = \frac{p^2-1}{8} \qquad (37)$$

由式(36)与(37),我们有

$$\frac{(p^2-1)(q-1)}{8} = \frac{(p^2-1)q}{8} = \frac{p^2-1}{8} =$$

$$p\sum_{k=1}^{p^s}\left[\frac{kq}{p}\right] + A + B - A - \mu p + B =$$

$$p\sum_{k=1}^{p}\left[\frac{kq}{p}\right] + 2B - \mu p \qquad (38)$$

令 $p = 2s + 1$,则易见

$$p^2 = (2s+1)^2 = 4s(s+1) + 1 = 8 \cdot \frac{s(s+1)}{2} + 1 \equiv 1(\bmod 8)$$

于是得到 $8 \mid (p^2-1)$,而 $2 \mid (q-1)$,故式(38)的左端是一个偶数,从而由式(38)得到

$$p \cdot \sum_{k=1}^{p'}\left[\frac{kq}{p}\right] - \mu p \equiv 0(\bmod 2)$$

故由引理 9 得到

$$\left(\frac{q}{p}\right) = (-1)^\mu = (-1)^{\sum\limits_{k=1}^{p'}\left[\frac{kq}{p}\right]} \qquad (39)$$

同理,我们可以证明

$$\left(\frac{p}{q}\right) = (-1)^{\sum\limits_{h=1}^{q'}\left[\frac{hp}{q}\right]} \qquad (40)$$

于是

$$\left(\frac{p}{q}\right)\left(\frac{q}{p}\right) = (-1)^{\sum\limits_{k=1}^{p'}\left[\frac{kq}{p}\right] + \sum\limits_{h=1}^{q'}\left[\frac{hp}{q}\right]} \qquad (41)$$

剩下只须证明

65

$$\sum_{k=1}^{p'} \left[\frac{kq}{p} \right] + \sum_{h=1}^{q'} \left[\frac{hp}{q} \right] = \frac{(p-1)(q-1)}{4} \tag{42}$$

我们先来研究形状为

$$\frac{k}{p} - \frac{h}{q} \tag{43}$$

的数,其中 $1 \le k \le p', 1 \le h \le q'$,容易看出,形如(43)的数共有 $p', q' = \frac{(p-1)(q-1)}{4}$ 个. 由于 $\frac{k}{p} - \frac{h}{q} = 0$ 就会推出 $kq = ph$,又因 $(p,q) = 1$,所以由 $kq = ph$ 就得到 $p \mid k$,这明显与 $1 \le k \le p'$ 相矛盾. 因此形如(43)的每一个数都不等于 0.

如果 $\frac{k}{p} - \frac{h}{q} > 0$,就有 $h < \frac{kq}{p}$,对固定的 k,有 $\left[\frac{kq}{p} \right]$ 个 h 使之为正值,因此(43)中共有 $\sum_{k=1}^{n} \left[\frac{kq}{p} \right]$ 个正数.

类似地,容易证出,形如(43)的数中共有 $\sum_{h=1}^{q'} \left[\frac{hp}{q} \right]$ 个为负值,结合以上所证明的结论就知道式(42)成立. 这就完成了定理的证明.

例 1　解同余式

$$x^2 \equiv -1\ 457 (\bmod 2\ 389)$$

这里 2 389 是一个素数.

解　我们有 $-1\ 457 = (-1)(31)(47)$.

由 $2\ 389 = 4 \times 597 + 1$,有 $\left(\frac{-1}{2\ 389} \right) = 1$,由 $2\ 389 = 31 \times 77 + 2, 31 \equiv -1 (\bmod 8)$ 有(注意 $2\ 389 \equiv +1 (\bmod 4)$)

$$\left(\frac{31}{2\ 389} \right) = \left(\frac{2\ 389}{31} \right) = \left(\frac{2}{31} \right) = 1$$

类似地有

$$\left(\frac{47}{2\ 389} \right) = \left(\frac{2\ 389}{47} \right) = \left(\frac{39}{47} \right) = \left(\frac{3}{47} \right) \left(\frac{13}{47} \right)$$

$$\left(\frac{3}{47} \right) = -\left(\frac{47}{3} \right) = -\left(\frac{2}{3} \right) = 1$$

$$\left(\frac{13}{47} \right) = \left(\frac{47}{13} \right) = \left(\frac{8}{13} \right) = \left(\frac{2}{13} \right) = -1$$

合之得

$$\left(\frac{-1\ 457}{2\ 389} \right) = \left(\frac{-1}{2\ 389} \right) \left(\frac{31}{2\ 389} \right) \left(\frac{47}{2\ 389} \right) = -1$$

故所给同余方程没有整数解.

例 2 求奇素数 p 使得

$$x^2 \equiv 5(\bmod\ p) \tag{44}$$

化解.

解 由 $5 \equiv 1(\bmod\ 4)$ 及定理 2 知

$$\left(\frac{5}{p}\right) = \left(\frac{p}{5}\right)$$

于是,当 $p \equiv 1$ 或 $-1(\bmod\ 5)$ 时 $\left(\frac{p}{5}\right) = 1$. 此时式(44) 有解,当 $p \equiv 2$ 或

$-2(\bmod\ 5)$ 时 $\left(\frac{p}{5}\right) = -1$,此时式(44) 没有解.

例 3 试证明形状为 $4n + 1$ 的素数有无穷多个.

证 用反证法,设形状为 $4n + 1$ 的素数只有有限个,不妨设是以下 r 个

$$p_1 < p_2 < \cdots < p_r$$

令 $Q = (2p_1 \cdots p_r)^2 + 1$,显然 $Q > 1$,于是 Q 必有素因子,设素数 $p \mid Q$,则有

$$-1 \equiv (2p_1 \cdots p_i)^2(\bmod\ p)$$

从而 -1 是模 p 的平方剩余,故必有 $p \equiv 1(\bmod\ 4)$,显然 $p \neq p_i(1 \leqslant i \leqslant r)$,否则由 $p \mid Q$ 就有 $p \mid 1$,这是不可能的,这就说明除了 $p_1, \cdots, p_r$ 以外,还有一个形状为 $4n + 1$ 的素数,这与一开始的假设相矛盾. 而这个矛盾就说明只有有限个 $4n + 1$ 型的素数的假定是不对的,于是,本例题得证.

例 4 求奇素数 p 使

$$x^2 + 3 \equiv 0(\bmod\ p) \tag{45}$$

有解.

解 由 p 是一个奇素数及引理 8 和定理 2 我们有

$$\left(\frac{-3}{p}\right) = \left(\frac{-1}{p}\right)\left(\frac{3}{p}\right) =$$

$$(-1)^{\frac{p-1}{2}}(-1)^{\frac{p-1}{2}}\left(\frac{p}{3}\right) = \left(\frac{p}{3}\right)$$

于是当 $p \equiv 1(\bmod\ 3)$ 时,有 $\left(\frac{-3}{p}\right) = \left(\frac{1}{3}\right) = 1$,也就是说式(45) 有解. 而当 $p \equiv -1(\bmod\ 3)$ 时,有 $\left(\frac{-3}{p}\right) = \left(\frac{-1}{3}\right) = (-1)^{\frac{3-1}{2}} = -1$,也就是说式(45) 无解. 另外对 $p = 3$,式(45) 明显也有解.

例 5 证明形状为 $6n + 1$ 的素数的个数无穷.

证 我们仍然使用反证法,设只有 r 个形如 $6n + 1$ 的素数 $p_1 < p_2 < \cdots < p_r$. 考虑自然数

$$Q = (2p_1 \cdots p_r)^2 + 3 > 1$$

于是一定存在有素数 $p \mid Q$，即有
$$(2p_1 \cdots p_r)^2 + 3 \equiv 0 (\bmod\ p)$$
这就是说同余方程 $x^2 + 3 \equiv 0 (\bmod\ p)$ 有解. 故由例 4 可知，必定有 $p \equiv 1 (\bmod\ 3)$ 或 $p = 3$.

由 $p_i \equiv 1 (\bmod\ 6)(1 \leqslant i \leqslant r)$ 及同余式的性质，易知 $(2p_1 \cdots p_r)^2 + 3 \equiv 1 (\bmod\ 3)$. 因此 $p \neq 3$，又如果 p 是奇素数，则必定还有 $p \equiv 1 (\bmod\ 2)$，故由 $p \equiv 1 (\bmod\ 3)$ 及 $p \equiv 1 (\bmod\ 2)$ 得到 $p \equiv 1 (\bmod\ 6)$，这就是说整除 Q 的素数 p 必然是 $6n + 1$ 型的，但显然有 $p \neq p_i (1 \leqslant i \leqslant r)$，这是一个矛盾.

11.5 雅可比符号

在计算勒让德符号时，必须把分子分解成素因数的乘积，然后才能应用互反定律. 当分子和分母都是很大的整数时，要把分子分解成素因数，就会在一定程度上给计算带来困难. 为了能够较快地计算出勒让德符号的数值，雅可比 (Jacobi) 就引进了一个新的符号.

定义 3 设 $n \geqslant 3$ 是一个奇数，$n = p_1 p_2 \cdots p_m$，这里 $p_1, \cdots, p_m$ 都是素数，其中可以有重复出现的（例如 $75 = 3 \times 5 \times 5$）. 对满足 $(a, m) = 1$ 的整数 a，定义雅可比符号 $\left(\dfrac{a}{n}\right)$ 的意义为

$$\left(\frac{a}{n}\right) = \left(\frac{a}{p_1}\right) \cdots \left(\frac{a}{p_m}\right)$$

上式右边的符号 $\left(\dfrac{a}{p_i}\right)$ $(i = 1, \cdots, m)$ 都是勒让德符号.

由定义 3 可知，当 $(a, n) = 1$ 时恒有 $\left(\dfrac{a^2}{n}\right) = 1$，特别地有 $\left(\dfrac{1}{n}\right) = 1$，但这里有两点值得特别注意：

(1) 当 $(a, n) = 1$ 时，如果有

$$\left(\frac{a}{n}\right) = -1 \tag{46}$$

那么 a 一定是模 n 的平方非剩余. 因为，如果不然的话，设 a 是模 n 的平方剩余，也就是说同余方程
$$x^2 \equiv a (\bmod\ n)$$
有解，从而对每个 $i = 1, \cdots, m$，同余方程
$$x^2 \equiv a (\bmod\ p_i)$$
也有解，即有 $\left(\dfrac{a}{p_i}\right) = 1 (i = 1, \cdots, m)$，由定义 3 就有

$$\left(\frac{a}{n}\right) = \left(\frac{a}{p_1}\right) \cdots \left(\frac{a}{p_m}\right) = 1$$

这与式(46)相矛盾.

（2）当$(a,n)=1$时,如果有

$$\left(\frac{a}{n}\right) = 1 \tag{47}$$

这一般并不能说明a是模n的平方剩余,例如,不论a取什么数值,只要$7 \nmid a$就有

$$\left(\frac{a}{49}\right) = \left(\frac{a}{7}\right)\left(\frac{a}{7}\right) = 1$$

但我们不能说,任何整数a,只要不能被7整除,那么a都是模49的平方剩余. 但是当n是一个奇素数,而雅可比符号$\left(\frac{a}{n}\right)=1$成立时,那么$a$一定是模$n$的平方剩余.

引理11　设n是一个大于1的奇数,而$(a,n)=1$,则当$a_1 \equiv a_2(\mathrm{mod}\ n)$时,有

$$\left(\frac{a_1}{n}\right) = \left(\frac{a_2}{n}\right)$$

证　设$n = p_1 \cdots p_m$,其中$p_1,\cdots,p_m$都是素数,由$a_1 \equiv a_2(\mathrm{mod}\ n)$得到

$$a_1 \equiv a_2(\mathrm{mod}\ p_k)(1 \leqslant k \leqslant m)$$

故由定义3及引理6,我们有

$$\left(\frac{a_1}{n}\right) = \left(\frac{a_1}{p_1}\right) \cdots \left(\frac{a_1}{p_m}\right) = \left(\frac{a_2}{p_1}\right) \cdots \left(\frac{a_2}{p_m}\right) = \left(\frac{a_2}{n}\right)$$

于是本引理得证.

引理12　当$a = a_1 \cdots a_k$而$n \geqslant 3$为奇数时,我们有

$$\left(\frac{a}{n}\right) = \left(\frac{a_1}{n}\right) \cdots \left(\frac{a_k}{n}\right)$$

其中$a_1,\cdots,a_k$都是整数.

证　令$n = p_1 \cdots p_m$, $p_1,\cdots,p_m$都是素数,由定义3及引理7我们有

$$\left(\frac{a}{n}\right) = \left(\frac{a}{p_1}\right) \cdots \left(\frac{a}{p_m}\right) = \left(\frac{a_1}{p_1}\right) \cdots \left(\frac{a_k}{p_1}\right) \cdots \left(\frac{a_1}{p_m}\right) \cdots \left(\frac{a_k}{p_m}\right) =$$

$$\left(\frac{a_1}{p_1}\right) \cdots \left(\frac{a_1}{p_m}\right) \cdots \left(\frac{a_k}{p_1}\right) \cdots \left(\frac{a_k}{p_m}\right) =$$

$$\left(\frac{a_1}{n}\right) \cdots \left(\frac{a_k}{n}\right)$$

这正是我们要证明的结论.

引理13　当$n \geqslant 3$是一个奇数时,我们有

$$\left(\frac{-1}{n}\right) = (-1)^{\frac{n-1}{2}}$$

证 设 $n = p_1 \cdots p_m$，每个 $p_i(1 \le i \le m)$ 皆为奇素数，由定义 3，我们有

$$\left(\frac{-1}{n}\right) = \left(\frac{-1}{p_1}\right) \cdots \left(\frac{-1}{p_m}\right) = (-1)^{\frac{p_1-1}{2}} \cdots (-1)^{\frac{p_m-1}{2}}$$

故剩下来需要证明

$$\frac{p_1-1}{2} + \cdots + \frac{p_m-1}{2} \equiv \frac{n-1}{2} = \frac{p_1 \cdots p_m - 1}{2} (\bmod 2) \tag{48}$$

我们对 m 用数学归纳法来证明式(48)成立. 当 $m = 1$ 时,显然式(44)是成立的,现在考虑 $m = 2$ 的情形.

由于 p_1, p_2 都是奇数,当然有 $2 \mid (p_i - 1)(i = 1, 2)$,于是

$$(p_1 - 1)(p_2 - 1) \equiv 0 (\bmod 4)$$

这就是

$$(p_1 - 1) + (p_2 - 1) \equiv p_1 p_2 - 1 (\bmod 4)$$

两边除以 2 即得

$$\frac{p_1-1}{2} + \frac{p_2-1}{2} \equiv \frac{p_1 p_2 - 1}{2} (\bmod 2)$$

这说明 $m = 2$ 时式(48)也能成立. 现在设对 $m = k$(其中 k 是一个正整数)的情形式(48)已经成立,则由上面所证及归纳法假设,我们有

$$\sum_{i=1}^{k+1} \frac{p_i-1}{2} = \sum_{i=1}^{k} \frac{p_i-1}{2} + \frac{p_{k+1}-1}{2} \equiv$$

$$\frac{p_1 \cdots p_k - 1}{2} + \frac{p_{k+1}-1}{2} \equiv$$

$$\frac{(p_1 \cdots p_k)p_{k-1} - 1}{2} (\bmod 2) \tag{49}$$

(注意在证明式(48)成立时,并没有用到诸 p_i 为素数的条件,只用到 p_i 为奇数就够了,故在式(49)中的最后一步可以利用 $m = 2$ 时的结论.) 这就证明了引理的结论.

引理 14 设 $n \ge 3$ 是一个奇数,那么

$$\left(\frac{2}{n}\right) = (-1)^{\frac{1}{8}(n^2-1)}$$

证 由定义 3 及勒让德符号的性质有

$$\left(\frac{2}{n}\right) = \left(\frac{2}{p_1}\right) \cdots \left(\frac{2}{p_m}\right) = (-1)^{\frac{1}{8}(p_1^2-1)} \cdots (-1)^{\frac{1}{8}(p_m^2-1)}$$

于是,剩下来只需要证明

$$\frac{1}{8}(p_1^2 - 1) + \cdots + \frac{1}{8}(p_m^2 - 1) \equiv$$

$$\frac{1}{8}(p_1^2\cdots p_m^2 - 1)\,(\bmod\,2)\tag{50}$$

实际上,与式(48)类似,式(50)对 $p_i(1 \leqslant i \leqslant m)$ 为奇数就能成立. 我们仍然使用数学归纳法来证明. 当 $m = 1$ 时显然成立. 当 $m = 2$ 时,由于 $p_i \geqslant 3(i = 1,2)$ 为奇数,故有

$$p_i^2 - 1 = (2k_i + 1)^2 - 1 = 8 \cdot \frac{k_i(k_i + 1)}{2} \equiv 0(\bmod\,8)$$

所以

$$(p_1^2 - 1)(p_2^2 - 1) \equiv 0(\bmod\,16)$$

此即

$$p_1^2 p_2^2 - 1 \equiv (p_2^2 - 1) + (p_2^2 - 1)(\bmod\,16)$$

于是得到

$$\frac{p_1^2 p_2^2 - 1}{8} \equiv \frac{p_1^2 - 1}{8} + \frac{p_2^2 - 1}{8}(\bmod\,2)$$

这就证明了 $m = 2$ 时式(50)成立. 现在设 $m = k$ 时式(50)成立,则当 $m = k + 1$ 时,由数学归纳法假设以及 $m = 2$ 时的结论有

$$\sum_{i=1}^{k+1} \frac{p_i^2 - 1}{8} = \sum_{i=1}^{k} \frac{p_i^2 - 1}{8} + \frac{p_{k+1}^2 - 1}{8} \equiv$$

$$\frac{(p_1\cdots p_k)^2 - 1}{8} + \frac{p_{k+1}^2 - 1}{8} \equiv$$

$$\frac{(p_1\cdots p_k p_{k+1})^2 - 1}{8}(\bmod\,2)$$

这就完成了本引理的证明.

定理 3 设 m 和 n 是两个大于 1 的奇数,$(m,n) = 1$,则我们有

$$\left(\frac{m}{n}\right)\left(\frac{n}{m}\right) = (-1)^{\frac{n-1}{2}\cdot\frac{m-1}{2}}$$

证 设 $m = p_1\cdots p_s, n = q_1\cdots q_l$,则由雅可比符号及勒让德符号之性质有

$$\left(\frac{m}{n}\right)\left(\frac{n}{m}\right) = \left(\frac{p_1}{q_1}\right)\cdots\left(\frac{p_1}{q_l}\right)\cdots\left(\frac{p_s}{q_1}\right)\cdots$$

$$\left(\frac{p_s}{q_l}\right)\left(\frac{q_1}{p_1}\right)\cdots\left(\frac{q_l}{p_1}\right)\cdots\left(\frac{q_1}{p_s}\right)\cdots\left(\frac{q_l}{p_s}\right) =$$

$$\left(\frac{p_1}{q_1}\right)\left(\frac{q_1}{p_1}\right)\cdots\left(\frac{p_1}{q_l}\right)\left(\frac{q_l}{p_1}\right)\cdots$$

$$\left(\frac{p_s}{q_1}\right)\left(\frac{q_1}{p_s}\right)\cdots\left(\frac{p_s}{q_l}\right)\left(\frac{q_l}{p_s}\right) =$$

$$(-1)^{\left(\frac{p_1-1}{2}\cdot\frac{q_1-1}{2}+\cdots+\frac{p_1-1}{2}\cdot\frac{q_l-1}{2}\right)+\cdots+\left(\frac{p_s-1}{2}\cdot\frac{q_1-1}{2}+\cdots+\frac{p_s-1}{2}\cdot\frac{q_l-1}{2}\right)} =$$

$$(-1)^{\left(\frac{p_1-1}{2}+\cdots+\frac{p_s-1}{2}\right)\left(\frac{q_1-1}{2}+\cdots+\frac{q_l-1}{2}\right)} =$$

$$(-1)^{\frac{p_1\cdots p_s-1}{2}\cdot\frac{q_1\cdots q_l-1}{2}} =$$

$$(-1)^{\frac{m-1}{2}\cdot\frac{n-1}{2}}$$

这就完成了定理的证明.

例 6 讨论同余方程

$$x^2 \equiv -286 (\bmod 4\,272\,943) \tag{51}$$

是否有解, 其中 4 272 943 是一个素数.

解 记 $p = 4\,272\,943$, 由引理 7 我们有

$$\left(\frac{-286}{p}\right) = \left(\frac{-1}{p}\right)\left(\frac{2}{p}\right)\left(\frac{143}{p}\right)$$

由于 $4\,272\,943 \equiv 7(\bmod 8)$, 所以我们有

$$\left(\frac{-1}{p}\right) = -1, \left(\frac{2}{p}\right) = 1$$

从而

$$\left(\frac{-286}{P}\right) = -\left(\frac{143}{p}\right)$$

由于 $143 = 4 \times 35 + 3, p = 3(\bmod 4)$, 故由定理 3 有

$$\left(\frac{143}{p}\right) = -\left(\frac{p}{143}\right)$$

再由 $p = 143 \times 29\,880 + 103$ 得到

$$\left(\frac{p}{143}\right) = \left(\frac{103}{143}\right)$$

再由定理 3 以及 $103 = 3(\bmod 4), 143 \equiv 3(\bmod 4)$ 有

$$\left(\frac{103}{143}\right) = -\left(\frac{143}{103}\right) = -\left(\frac{40}{103}\right) = -\left(\frac{2^2 \times 2 \times 5}{103}\right) =$$

$$-\left(\frac{2 \times 5}{103}\right) = -\left(\frac{2}{103}\right)\left(\frac{5}{103}\right) = -\left(\frac{5}{103}\right) =$$

$$-\left(\frac{103}{5}\right) = -\left(\frac{3}{5}\right) = 1$$

于是有

$$\left(\frac{-286}{p}\right) = 1$$

也就是说式(51) 有解.

习　　题

1. 证明 $x^2 + 1$ 的奇素因子必有 $4k + 1$ 之形状.

2. 证明 $x^2 - 2$ 的奇素因子必有 $8k \pm 1$ 之形状.

3. 设 $n \geq 1$, 且 $4n + 3$ 与 $8n + 7$ 都是素数, 证明

$$M_{4n+3} = 2^{4n+3} - 1$$

必非素数.

4. 求以 3 为二次剩余之素数 $p \geq 5$.

5. 求以 10 为二次剩余之素数 p.

6. 求以 6 为二次剩余之素数 p.

7. 若 q 为自然数, $p = 4q + 1$ 为素数, 证明 q 必为 p 之平方剩余.

8. 若 q 为自然数, $p = 4q + 3$ 为素数, 证明 2 与 $2q + 1$ 必不能同为 p 之平方剩余或平方非剩余.

9. 解同余方程 $x^2 \equiv 59 \pmod{125}$.

10. 证明: 不定方程

$$p = x^2 = 2y^2$$

(p 为奇素数) 有自然数解之充分与必要条件为 $\left(\dfrac{-2}{p}\right) = 1$.

11. 证明: 不定方程

$$p = x^2 + 3y^2$$

($p \geq 3$ 为素数) 有自然数解之充分及必要条件为 $\left(\dfrac{-3}{p}\right) = 1$.

12. 定义第 m 个费马数为

$$F_m = 2^{2^m} + 1$$

证明: 若 $p \mid F_m$, 则必有正整数 k 使 $p = 2^{m+2}k + 1$ (对 $m \geq 2$).

13. 设 $p \geq 3$ 为素数, 证明下述结论成立:

(1) 当 $p \equiv 1 \pmod 4$ 时, $\displaystyle\sum_{r=1}^{p-1} r\left(\frac{r}{p}\right) = 0$.

(2) 当 $p \equiv 1 \pmod 4$ 时, $\displaystyle\sum_{\substack{r=1 \\ \left(\frac{r}{p}\right)=1}}^{p-1} = \frac{p(p-1)}{4}$.

(3) 当 $p \equiv 3 \pmod 4$ 时, $\displaystyle\sum_{r=1}^{p-1} r^2\left(\frac{r}{p}\right) = p\sum_{r=1}^{p=1} r\left(\frac{r}{p}\right)$.

(4) 当 $p \equiv 1 \pmod 4$ 时, $\displaystyle\sum_{r=1}^{p-1} r^3 \left(\frac{r}{p}\right) = \frac{3}{2} p \sum_{r=1}^{p-1} r^2 \left(\frac{r}{p}\right)$.

(5) 当 $p \equiv 3 \pmod 4$ 时, $\displaystyle\sum_{r=1}^{p-1} r^4 \left(\frac{r}{p}\right) = 2p \sum_{r=1}^{p-1} r^3 \left(\frac{r}{p}\right) - p^2 \sum_{r=1}^{p-1} r^2 \left(\frac{r}{p}\right)$.

14. 设 $p \geqslant 5$ 且 $p \equiv 3 \pmod 4$, 证明 p 的全部二次剩余之和能被 p 整除.

15. 设 $p \geqslant 3$, 试计算下式之值:
$$\left(\frac{1 \cdot 2}{p}\right) + \left(\frac{2 \cdot 3}{p}\right) + \cdots + \left(\frac{(p-2)(p-1)}{p}\right)$$

16. 证明: 对素数 $p \equiv 1, 5, 17, 25, 37, 41 \pmod{42}$, 同余方程 $x^2 \equiv 21 \pmod p$ 有解.

17. 求 m 的一切值, 使同余式
$$x^2 \equiv 6 \pmod m$$
可能有解.

18. 证明: 形如 $8k + 7$ 的素数个数无穷.

19. 证明: 形如 $8k + 3$ 的素数个数无穷.

20. 证明: 形如 $8k + 5$ 的素数个数无穷.

21. 设 p 为奇素数, $p \nmid a$, l 为正整数, 证明同余式 $x^2 \equiv a \pmod{p^l}$ 有解的必要充分条件为
$$\left(\frac{a}{p}\right) = 1$$

22. 设 α 及 β 为只取值 ± 1 的整数, 令 $N(\alpha, \beta)$ 记 $1, 2, \cdots, p-2$ 中使同时有
$$\left(\frac{x}{p}\right) = \alpha, \left(\frac{x+1}{p}\right) = \beta$$
成立的那种 x 的个数, $p \geqslant 3$. 证明:

(1) $4N(\alpha, \beta) = \displaystyle\sum_{x=1}^{p-2} \left\{ 1 + \alpha \left(\frac{x}{p}\right) \right\} \left\{ 1 + \beta \left(\frac{x+1}{p}\right) \right\}$.

(2) $4N(\alpha, \beta) = p - 2 - \beta - \alpha\beta - \alpha \left(\dfrac{-1}{p}\right)$.

(3) $N(1, 1) = \dfrac{p - 4 - \left(\frac{-1}{p}\right)}{4}$, $N(-1, 1) = N(-1, 1) = \dfrac{p - 2 + \left(\frac{-1}{p}\right)}{4}$,

$N(1, -1) = 1 + N(1, 1)$.

23. 证明: 对每个素数 p, 存在整数 x, y 使
$$x^2 + y^2 + 1 \equiv 0 \pmod p$$

平方剩余的计算方法

12.1 素数模的情形

第 11 章讨论的方法,对判别素数模的二次同余方程

$$x^2 \equiv a(\bmod p) \qquad (1)$$

是否有解给出了一个切实可行的算法,但是如果我们已经判定出式(1)有解,究竟怎样具体求出其解,却还没有给出实际的求解方法. 下面我们将给出求解的方法.

情形 1 设 $p \equiv 3(\bmod 4)$.

因为已知式(1)有解,故有 $\left(\dfrac{a}{p}\right) = 1$. 由欧拉判别准则,我们有

$$a^{\frac{p-1}{2}} \equiv 1(\bmod p)$$

两边同时乘以 a 得到

$$a^{\frac{p+1}{2}} \equiv a(\bmod p) \qquad (2)$$

由 $p \equiv 3(\bmod 4)$ 知道 $\dfrac{p+1}{4}$ 是一个整数. 因此,令

$$x_0 \equiv a^{\frac{p+1}{4}}(\bmod p)$$

则由式(2)就有

$$x_0^2 \equiv a(\bmod p)$$

所以, $\pm x_0$ 就是原同余方程的解.

例1 试解同余方程

$$x^2 \equiv 73(\bmod 127) \tag{3}$$

解 首先易知 $p = 127$ 是一个素数,并且有 $p \equiv 3(\bmod 4)$, $73 \equiv 1(\bmod 8)$, 由勒让德符号及雅可比符号的性质我们有

$$\left(\frac{73}{127}\right) = \left(\frac{127}{73}\right) = \left(\frac{54}{73}\right) = \left(\frac{2}{73}\right)\left(\frac{3}{73}\right)^3 =$$

$$\left(\frac{3}{73}\right) = \left(\frac{73}{3}\right) = \left(\frac{1}{3}\right) = 1$$

因此式(3)有解,由上面关于情形 1 的讨论,立即得到原同余方程的解是

$$x_0 \equiv \pm 73^{\frac{127+1}{4}} = \pm 73^{32} \equiv \pm (5\ 329)^{16} \equiv \pm (-5)^{16} \equiv$$

$$\pm (390\ 625)^2 \equiv \pm (-27)^2 \equiv \pm 729 \equiv \mp 33(\bmod 127)$$

情形2 设 $p \equiv 5(\bmod 8)$.

由式(1)有解,我们有

$$a^{\frac{p-1}{2}} \equiv 1(\bmod p)$$

就是

$$\left(a^{\frac{p-1}{4}} - 1\right)\left(a^{\frac{p-1}{4}} + 1\right) \equiv 0(\bmod p)$$

如果有

$$a^{\frac{p-1}{4}} \equiv 1(\bmod p)$$

两边同时乘以 a 得到

$$a^{\frac{1}{4}(p+3)} \equiv a(\bmod p) \tag{4}$$

由于 $p \equiv 5(\bmod 8)$,所以 $p + 3$ 是 8 的倍数,也就是说 $\frac{1}{8}(p+3)$ 是一个整数,取

$$x_0 \equiv \pm a^{\frac{p+3}{8}}(\bmod p) \tag{5}$$

由式(4)立即得到

$$x_0^2 \equiv a(\bmod p)$$

于是此时式(1)的解可由式(5)给出.

如果有

$$a^{\frac{p-1}{4}} \equiv -1(\bmod p)$$

同上法定义 x_0 就会有

$$x_0^2 \equiv -a(\bmod p) \tag{6}$$

由 $p \equiv 5(\bmod 8)$ 知道 -1 是模 p 的平方剩余,我们现在来求同余方程

$$y^2 \equiv -1(\bmod p) \tag{7}$$

的解. 由第 13 章第 1 节之威尔逊(Wilson) 定理,我们有

$$-1 \equiv (p-1)! = 1 \cdot 2 \cdot \cdots \cdot \frac{p-1}{2} \cdot \frac{p+1}{2} \cdot \cdots \cdot (p-1) \equiv$$

$$1 \cdot 2 \cdot \cdots \cdot \frac{p-1}{2} \cdot (-1) \cdot \frac{p-1}{2} \cdot \cdots \cdot (-2) \cdot (-1) =$$

$$(-1)^{\frac{p-1}{2}} \cdot \left(\left(\frac{p-1}{2} \right)! \right)^2 = \left(\left(\frac{p-1}{2} \right)! \right)^2 (\bmod p)$$

于是式(7) 的解是

$$y_0 \equiv \pm \left(\frac{p-1}{2} \right)! \ (\bmod p)$$

这样,由式(6) 就得到

$$(y_0 x_0)^2 = y_0^2 x_0^2 \equiv (-1)(-a) = a(\bmod p)$$

也就是说,$z_0 \equiv \pm x_0 y_0 \equiv \pm \left(\frac{p-1}{2} \right)! \cdot a^{\frac{p+3}{8}}(\bmod p)$ 就是同余方程式(1) 的解.

例 2 求解同余方程

$$x^2 \equiv 5(\bmod 29)$$

解 首先由

$$\left(\frac{5}{29} \right) = \left(\frac{29}{5} \right) = \left(\frac{4}{5} \right) = \left(\frac{2}{5} \right)^2 = 1$$

知道所给同余方程一定有解,由于 $29 \equiv 5(\bmod 8)$,于是由上面所证即得其解为

$$x \equiv \pm \left(\frac{29-1}{2} \right)! \cdot 5^{\frac{29+3}{8}} =$$

$$\pm (14!) \cdot 5^4 \equiv$$

$$\equiv (3\ 628\ 800)(11)(12)(13)(14)(625) \equiv$$

$$\pm (11)(12)(13)(14)(16) =$$

$$\pm 384\ 384 \equiv \pm 18(\bmod 29)$$

情形 3 设素数 $p = 4n+1, n = 2^\lambda u, u$ 是奇数,$\lambda > 0, a$ 是模 p 的平方剩余,b 是模 p 的平方非剩余,所以有

$$p = 4 \cdot 2^\lambda u + 1$$

若有

$$a^u \equiv +1 \ 或 -1(\bmod p)$$

那么式(1) 的解是

$$x \equiv \pm a^{\frac{u+1}{2}}(\bmod p) \tag{8}$$

或者

$$x \equiv \pm a^{\frac{u+1}{2}} b^n (\bmod p) \tag{9}$$

如果有

$$a^u \not\equiv \pm 1 (\bmod p)$$

那么在

$$1,2,\cdots,2^\lambda - 1$$

这些数内必有一数 h,它能够使得

$$(b^{2u})^h \equiv -a^u \text{ 或 } +a^u (\bmod p)$$

这时式(1) 的解是

$$x \equiv \pm a^{\frac{u+1}{2}} b^{n-uh} (\bmod p) \tag{10}$$

或者是

$$x \equiv \pm a^{\frac{u+1}{2}} b^{2n-uh} (\bmod p) \tag{11}$$

证 由 b 是模 p 的平方非剩余知,应有 $(b,p) = 1$,应用第 5 章第 5 节的欧拉 - 费马定理,我们有

$$b^{p-1} = b^{4n} = b^{4\cdot 2^\lambda u} = (b^{2u})^{2^{\lambda+1}} \equiv 1 (\bmod p) \tag{12}$$

设 m 是最小的正整数,能使

$$(b^{2u})^m \equiv 1 (\bmod p) \tag{13}$$

成立,则必有 $m \mid 2^{\lambda+1}$. 因为,若不然,则可设 $2^{\lambda+1} = mq + r$,其中 q 和 r 都是整数 $(0 < r < m)$,这样,由式(12) 和式(13) 就可得到

$$(b^{2u})^r \equiv (b^{2u})^r (b^{2u})^{mq} = (b^{2u})^{2^{\lambda+1}} \equiv 1 (\bmod p)$$

但这明显与 m 的最小性假设相矛盾. 如果 $m < 2^{\lambda+1}$,则易见 m 必能除尽 2^λ,另一方面,因 b 是模 p 的平方非剩余,故由欧拉判别准则我们有

$$b^{\frac{p-1}{2}} = b^{2n} = b^{2\cdot 2^\lambda u} = (b^{2u})^{2^\lambda} \equiv -1 (\bmod p)$$

这就说明 m 不能小于或者等于 2^λ,故得 $m = 2^{\lambda+1}$,因而在下列各数

$$b^{2u},(b^{2u})^2,\cdots,(b^{2u})^{2^{\lambda+1}} \tag{14}$$

内没有两个数对模 p 是同余的,因若 $1 \leqslant l < k \leqslant 2^{\lambda+1}$,并且有

$$(b^{2u})^k \equiv (b^{2u})^l (\bmod p)$$

则得

$$(b^{2u})^{k-l} \equiv 1 (\bmod p)$$

这显然是不可能的,因为 $0 < k - l < 2^{\lambda+1}$.

由式(12) 知,式(14) 中的数显然都是同余方程

$$x^{2^{\lambda+1}} \equiv 1 (\bmod p) \tag{15}$$

的解,且由式(14) 中的数两两对模 p 的不同余性知这些数就是式(15) 的全部解. 因为

$$(b^{2u})^{2^\lambda} \equiv -1 (\bmod p)$$

所以式(14) 中的数也可以写成

$$b^{2u},(b^{2u})^2,\cdots,(b^{2u})^{2^\lambda}, -b^{2u},\cdots, -(b^{2u})^{2^\lambda}$$

78

或

$$\pm b^{2u}, \ \pm (b^{2u})^2, \cdots, \ \pm (b^{2u})^{2^\lambda} \qquad (16)$$

由于 a 是模 p 的平方剩余,故有

$$a^{\frac{p-1}{2}} = a^{2n} = a^{2 \cdot 2^\lambda u} = (a^u)^{2^{\lambda+1}} \equiv 1 (\bmod \ p)$$

从而知, a^u 也是式(15) 的一个根,因此, a^u 一定与式(16) 中的一个数同余 $(\bmod \ p)$.

如果

$$a^u \equiv - (b^{2u})^{2^\lambda} \equiv 1(\bmod \ p)$$

则由

$$a^{u+1} = (a^{\frac{u+1}{2}})^2 \equiv a(\bmod \ p)$$

得式(1) 的解为

$$x \equiv \pm a^{\frac{u+1}{2}} (\bmod \ p)$$

若有

$$a^u \equiv (b^{2u})^{2^\lambda} \equiv - 1(\bmod \ p)$$

则由

$$a^{u+1} \equiv - a(\bmod \ p)$$

以及

$$b^{2n} \equiv - 1(\bmod \ p)$$

得到

$$a^{u+1} b^{2n} = (a^{\frac{u+1}{2}} b^n)^2 \equiv a(\bmod \ p)$$

所以式(1) 的解是

$$x \equiv \pm a^{\frac{u+1}{2}} b^n(\bmod \ p)$$

如果 $1 \leqslant h < 2^\lambda$,并且

$$a^u \equiv - (b^{2u})^h(\bmod \ p)$$

则以 b^{2n-2uh} 乘此式后,得

$$a^u b^{2n-2uh} \equiv - b^{2n} \equiv 1(\bmod \ p)$$

故由

$$a^{u+1} b^{2n-2uh} = (a^{\frac{u+1}{2}} b^{n-uh})^2 \equiv a(\bmod \ p)$$

得知式(1) 的根是

$$x \equiv \pm a^{\frac{u+1}{2}} b^{n-uh}(\bmod \ p)$$

如果 $1 \leqslant h < 2^\lambda$,且

$$a^u \equiv (b^{2u})^h(\bmod \ p)$$

则以 b^{4n-2uh} 乘此式,得到

79

$$a^u b^{4n-2uh} \equiv b^{4n} \equiv 1 \pmod{p}$$

故由

$$a^{u+1} b^{4n-2uh} = (a^{\frac{u+1}{2}} b^{2n-uh})^2 \equiv a \pmod{p}$$

得式(1)的根是

$$x \equiv \pm a^{\frac{u+1}{2}} b^{2n-uh} \pmod{p}$$

从上面的讨论我们看到,在表达式(1)的解的式子里含有 n,u,a,b,h 这些数. n,u,a 都是已有的数,b 也容易找到,惟独 h 需要从小于 2^λ 的正整数中去寻找,如果 λ 不太大. 这也比较容易,但当 λ 相当大的时候,采用一一试验的方法去找,也有一定的困难,为了减少这个困难,我们给出下面的命题.

命题 在情形 3 的假设条件下,如果 $a^u \not\equiv \pm 1 \pmod{p}$,则必有一正整数 $\mu \le \lambda$,它能够使得

$$(a^u)^{2^\mu} \equiv -1 \pmod{p}$$

成立. 此时必有一奇数 $t(1 \le t < 2^\mu)$,使得 $2^{\lambda-\mu} \cdot t$ 就是情形 3 中的整数 h.

证 由 a 是模 p 的平方剩余知道

$$a^{\frac{p-1}{2}} = a^{2 \cdot 2^\lambda \mu} = (a^u)^{2^{\lambda+1}} \equiv 1 \pmod{p}$$

由此得到 $(a^u)^{2^\lambda} \equiv +1$ 或 $-1 \pmod{p}$. 若 $(a^u)^{2^\lambda} \equiv -1 \pmod{p}$,则 $\mu = \lambda$,若 $(a^u)^{2^\lambda} \equiv 1 \pmod{p}$,则必得 $(a^u)^{2^{\lambda-1}} \equiv 1$ 或 $-1 \pmod{p}$. 这样必得 $\mu = \lambda-1$ 或 $(a^u)^{2^{\lambda-1}} \equiv 1 \pmod{p}$,也就是 $(a^u)^{2^{\lambda-2}} \equiv -1$ 或 $+1 \pmod{p}$,如此继续做下去,最后得到 $(a^u)^2 \equiv -1$ 或 $+1 \pmod{p}$. 由此就得 $\mu = 1$ 或 $a^u \equiv \pm 1 \pmod{p}$. 但我们曾经假设 $a^u \not\equiv \pm 1 \pmod{p}$,故必有一整数

$$\mu = 1 \text{ 或 } 2 \text{ 或 } \cdots \text{ 或 } \lambda$$

它能够使得

$$(a^u)^{2^\mu} \equiv -1 \pmod{p}$$

在 $1,2,\cdots,2^\lambda-1$ 这些数内有下列 $2^{\mu-1}$ 个数

$$2^{\lambda-\mu}, 2^{\lambda-\mu} \cdot 3, 2^{\lambda-\mu} \cdot 5, \cdots, 2^{\lambda-\mu}(2^\mu-1)$$

因若 t 是奇数时,恒有

$$((b^{2u})^{2^{\lambda-\mu} \cdot t})^{2^\mu} = (b^{2 \cdot 2^\lambda u})^t \equiv (-1)^t = -1 \equiv \pmod{p}$$

故

$$(b^{2u})^{2^{\lambda-\mu}}, (b^{2u})^{2^{\lambda-\mu} \cdot 3}, (b^{2u})^{2^{\lambda-\mu} \cdot 5}, \cdots, (b^{2u})^{2^{\lambda-\mu} \cdot (2^\mu-1)}$$

这 $2^{\mu-1}$ 个数都是同余方程

$$x^{2^\mu} \equiv -1 \pmod{p}$$

的解. 这个同余方程有 2^μ 个解,另外的那 $2^{\mu-1}$ 个解是前述 $2^{\mu-1}$ 个解的负数,但由前面的讨论已经知道,a^u 是这个同余方程的解,故必有一奇数 t,能使

$$a^u \equiv +(b^{2u})^{2^{\lambda-\mu} \cdot t} \text{ 或 } -(b^{2u})^{2^{\lambda-\mu} \cdot t} \pmod{p}$$

也就是

$$(b^{2u})^{2^{\lambda-\mu}\cdot t} \equiv + a^u \ \text{或} - a^u(\bmod p)$$

故得 $h = 2^{\lambda-\mu} \cdot t.$ 于是本命题得证.

根据这个命题,当我们需要求出 h 时,可先在下列数

$$(a^u)^2, (a^u)^{2^2}, \cdots, (a^u)^{2^\lambda}$$

内寻找与 -1 同余的数 $(\bmod p)$,若有

$$(a^u)^{2^\mu} \equiv -1(\bmod p)$$

则必有

$$h = 2^{\lambda-\mu} \cdot t$$

然后从

$$(b^{2u})^{2^{\lambda-\mu}}, (b^{2u})^{2^{\lambda-\mu}\cdot 3}, \cdots, (b^{2u})^{2^{\lambda-\mu}\cdot(2\mu-1)}$$

也就是从下列数

$$b^{2^{\lambda-\mu+1}\cdot\mu}, (b^{2^{\lambda-\mu+1}\cdot u})^3, \cdots, (b^{2^{\lambda-\mu+1}\cdot u})^{2\mu-1}$$

内寻找与 $+a^u$ 或 $-a^u$ 同余的数 $(\bmod p)$. 这样就可找到整数 t,因而也就确定了 h.

例3 试解同余方程

$$x^2 \equiv 22(\bmod 29)$$

解 因为 29 是一个素数及

$$\left(\frac{22}{29}\right) = \left(\frac{2}{29}\right)\left(\frac{11}{29}\right) = -\left(\frac{11}{29}\right) = -\left(\frac{29}{11}\right) =$$

$$-\left(\frac{7}{11}\right) = \left(\frac{11}{7}\right) = \left(\frac{4}{7}\right) = 1$$

故原同余方程有解.

因 $29 = 4 \times 7 + 1$,故 $\dfrac{u+1}{2} = \dfrac{7+1}{2} = 4$,而

$$22^4 \equiv (-7)^4 \equiv 49^2 \equiv 20^2 \equiv (-9)^2 \equiv 81 \equiv 23(\bmod 29)$$

因为

$$(22)^7 \equiv (23)(22)(-9) \equiv -1(\bmod 29)$$

及

$$29 = 3 \times 8 + 5$$

所以 2 是 29 的平方非剩余,又因 $n = 7$,故得

$$b^n = 2^7 = 2^5 \times 2^2 = 32 \times 4 \equiv 3 \times 4 = 12(\bmod 29)$$

而由式(9) 我们有

$$x \equiv 23 \times 12 \equiv -6 \times 12 \equiv -72 \equiv -14(\bmod 29)$$

故原同余方程的解是

$$x \equiv \pm 14(\bmod 29)$$

例4 试解同余方程

$$x^2 \equiv -4 \pmod{41}$$

解 由于 41 是一个素数,易见 -1 和 4 都是模 41 的平方剩余,故 -4 也是模 41 的平方剩余,也就是说,原同余方程一定有解.

因为 $41 = 8 \times 5 + 1$,故 $u = 5, \dfrac{u+1}{2} = 3$,而

$$(-4)^3 = -64 \equiv -23 \equiv 18 \pmod{41}$$

因为

$$(-4)^5 \equiv (18)(16) \equiv 1 \pmod{41}$$

故由(8)式知道所求的根是

$$x \equiv \pm 18 \pmod{41}$$

例5 试解同余方程

$$x^2 \equiv 34 \pmod{257}$$

解 因为 257 是一个素数,我们有

$$\left(\frac{34}{257}\right) = \left(\frac{2}{257}\right)\left(\frac{17}{257}\right) = \left(\frac{17}{257}\right) =$$

$$\left(\frac{257}{17}\right) = \left(\frac{2}{17}\right) = 1$$

故原同余方程一定有解.

因为 $257 = 4 \times 2^6 + 1$,所以 $n = 2^6, \lambda = 6, u = 1, \dfrac{u+1}{2} = 1$,所以 $a^u = 34$. 又我们有

$$34^2 = 1\,156 \equiv 128 \pmod{257}$$
$$34^{2^2} \equiv 128^2 \equiv 16\,384 \equiv 193 \equiv -64 \pmod{257}$$
$$34^{2^3} \equiv (-64)^2 \equiv 4\,096 \equiv 241 \equiv -16 \pmod{257}$$
$$34^{2^4} \equiv (-16)^2 = 256 \equiv -1 \pmod{257}$$

所以

$$\mu = 4, \lambda - \mu = 6 - 4 = 2$$

故

$$h = 2^2 \cdot t = 4t, t \text{ 是奇数}$$

并且有

$$1 \leqslant t \leqslant 2^4 - 1 = 15.$$

因为 $257 = 12 \times 21 + 5$,故 3 是 257 的平方非剩余,从而有

$$(b^{2u})^h = (3^2)^{4t} = (3^8)^t$$

但是,我们有

$$3^8 \equiv 9^4 \equiv 81^2 = 6\,561 \equiv 136 \equiv -121 \pmod{257}$$

$$(3^8)^3 \equiv (-121)^3 = (14\ 641)(-121) \equiv (-8)(-121) \equiv$$
$$968 \equiv 197 \equiv -60 (\text{mod } 257)$$
$$(3^8)^5 \equiv (-8)(-60) = 480 \equiv -34 (\text{mod } 257)$$

所以必有 $t = 5$，从而 $h = 4t = 4 \times 5 = 20$
$$n - h = 2^6 - 20 = 44$$

因为
$$(3^8)^5 \equiv -34 (\text{mod } 257)$$

所以
$$3^{44} \equiv 3^4 \times 3^{40} \equiv 81 \times (-34) \equiv -2\ 754 \equiv$$
$$-184 \equiv 73 (\text{mod } 257)$$

而
$$34 \times 73 = 2\ 482 \equiv 169 \equiv -88 (\text{mod } 257)$$

故由式(10)知道原方程的解是
$$x \equiv \pm 88 (\text{mod } 257)$$

以 p^α 为模的情形，$p > 2, \alpha > 1$.

我们已经知道,怎样判别
$$x^2 \equiv a(\text{mod } p), (a, p) = 1$$
有解,如果有解,怎样把它求出. 在这一节里,我们来讨论,若 p 是奇素数,α 是大于 1 的整数,同余方程
$$x^2 \equiv a(\text{mod } p^\alpha), (\alpha, p) = 1 \tag{17}$$
什么时候有解,如果有解,怎样求出其解.

我们有下面的定理.

定理 1　如果式(1)有解,则式(17)也有解,并且恰有两个解. 我们还可由式(1)的解求出式(17)的解.

证　从前面几节的讨论我们已经知道如果式(17)有解,则它一定恰有两个解. 剩下来我们只须证明,从式(1)的解出发,一定有一种方法,可以求出式(17)的解,那么问题就解决了.

当 a 是某个整数的平方时,比如 $a = r^2$,那么无论 α 是任何正整数,以及 p 是任何奇素数,恒有
$$r^2 \equiv a(\text{mod } p^\alpha)$$
也就是说,式(17)一定有解.

当 a 不是平方数时,也就是说,a 不是任何整数的平方时,我们来介绍两种从式(1)的解来求式(17)的解的办法.

方法一. 渐进法. 设 $n \geqslant 1$ 是一个整数,若恒能从同余方程
$$x^2 \equiv a(\text{mod } p^n) \tag{18}$$

的解,求出同余方程

$$x^2 \equiv a(\bmod p^{n+1}) \qquad (19)$$

的解,则问题就可得到解决,假设

$$x \equiv r_n(\bmod p^n)$$

是式(18)的一个解,也就是说,整数

$$x = r_n + p^n y(y \text{ 是任意整数})$$

恒能满足式(18),如果其中有能够满足式(19)的,则应得

$$(r_n + p^n y)^2 \equiv a(\bmod p^{n+1})$$

也就是

$$r_n^2 + 2r_n p^n y + p^{2n} y^2 \equiv a(\bmod p^{n+1})$$

因为 $2n = n + n \geqslant n + 1$,故由上式得到

$$r_n^2 + 2r_n p^n y \equiv a(\bmod p^{n+1})$$

因为 r_n 是式(18)的解,所以有 $p^n \mid (a - r_n^2)$. 因而得

$$2r_n y \equiv \frac{a - r_n^2}{p^n}(\bmod p)$$

因为 $(2,p) = (r_n,p) = 1$,所以上边的一次同余式一定有一个根

$$y \equiv y_n(\bmod p)$$

所以有

$$y = y_n + pz(z \text{ 是任意整数})$$

进而有

$$x = r_n + p^n(y_n + pz) = r_n + p^n y_n + p^{n+1} z$$

若令

$$r_{n+1} = r_n + p^n y_n$$

则式(19)的解是

$$x \equiv \pm r_{n+1}(\bmod p^{n+1})$$

用这个办法由式(1)来求式(17)的解,必须依次解形如

$$2r_n y_n \equiv \frac{a - r_n^2}{p^n}(\bmod p)(n = 1,2,\cdots,\alpha - 1)$$

的同余式,求出 y_n 的数值,因此得到

$$r_{n+1} = r_n + p^n y_n$$

若 α 相当大时,则必须连续做 $\alpha - 1$ 次才能达到目的,所以这一方法不简捷,因此我们再提出下面的方法.

方法二:跃进法. 设 r 是式(1)的解,即

$$r^2 \equiv a(\bmod p)$$

所以得

$$r^2 - a = np(n \text{ 是整数})$$

由此得到

$$(r^2 - a)^\alpha = n^\alpha p^\alpha \equiv a(\bmod\ p^\alpha)$$

又我们有

$$(r + \sqrt{a})^\alpha = r^2 + \alpha r^{\alpha-1}\sqrt{a} + \binom{\alpha}{2}r^{\alpha-2}a + \cdots + (\sqrt{a})^\alpha =$$

$$t + u\sqrt{a}$$

这里 t 和 u 都是 r, a 的整系数多项式,故得

$$(r^2 - a)^\alpha = t^2 - au^2 \equiv 0(\bmod\ p^\alpha)$$

也就是

$$t^2 \equiv au^2(\bmod\ p^\alpha) \tag{20}$$

下面我们来证明

$$(t, p) = (u, p) = 1$$

设

$$t = \frac{1}{2}((r + \sqrt{a})^\alpha + (r - \sqrt{a})^\alpha) = f(a, r)$$

则易见有

$$t = f(a, r) \equiv f(r^2, r)(\bmod\ p)$$

而我们有

$$f(r^2, r) = \frac{1}{2}((r + r)^\alpha + (r - r)^\alpha) = 2^{\alpha-1} \cdot r^\alpha$$

所以有

$$t \equiv 2^{\alpha-1}r^\alpha(\bmod\ p)$$

因为 $(2, p) = (r, p) = 1$,故得 $(t, p) = 1$,而由式(20)又可得到 $(u, p) = 1$.

由 $(u, p) = 1$ 知,一定有一个整数 v,可使

$$uv \equiv 1(\bmod\ p^\alpha)$$

找出整数 v 后,用它去乘式(20),我们得到

$$t^2v^2 \equiv a(\bmod\ p^\alpha)$$

故(17)式的解是

$$x \equiv \pm tv(\bmod\ p^\alpha)$$

例6 试解同余方程

$$x^2 \equiv 13(\bmod\ 27)$$

解 易见 $27 = 3^3$,我们先解同余方程

$$x^2 \equiv 13(\bmod\ 3) \equiv 1(\bmod\ 3)$$

很明显, $r_1 = 1$ 就是这个同余方程的一个解.

85

（1）用渐进法,先从

$$2r_1y_1 = 2y_1 \equiv \frac{a - r_1^2}{3} = \frac{13 - 1}{3} = 4 \equiv 1 (\bmod 3)$$

得到

$$y_1 \equiv 2 (\bmod 3)$$

所以

$$r_2 = r_1 + py_1 = 1 + 3 \times 2 = 7$$

再从

$$2r_2y_2 = 14y_2 = \frac{13 - 49}{9} = -4 (\bmod 3)$$

得到

$$7y_2 \equiv -2 (\bmod 3)$$

也就是

$$y_2 \equiv -2 (\bmod 3)$$

所以

$$r_3 = r_2 = p^2 y_2 = 7 + 9 \times (-2) = -11$$

故原同余方程的解是

$$x \equiv \pm 11 (\bmod 27)$$

（2）用跃进法. 由

$$(1 + \sqrt{13})^3 = 1 + 3\sqrt{13} + 3 \times 13 + 13\sqrt{13} = 40 + 16\sqrt{13}$$

得到

$$40^2 \equiv 16^2 \times 13 (\bmod 27)$$

由

$$16v \equiv 1 (\bmod 27)$$

得到

$$5v \equiv 32v \equiv 2 (\bmod 27)$$

注意到$(5,27) = 1$,又得

$$-2v \equiv 25v \equiv 10 (\bmod 27)$$

也就是

$$v \equiv -5 (\bmod 27)$$

所以

$$40^2 \times 5^2 \equiv 13 (\bmod 27)$$

故原同余方程的解是

$$x \equiv \pm 40 \times 5 \equiv \pm 13 \times 5 \equiv \pm 65 \equiv \pm 11 (\bmod 27)$$

例 7　试解同余方程

$$x^2 \equiv 534 \pmod{625}$$

解　易见 $625 = 5^4$. 我们先解同余方程

$$x^2 \equiv 534 \equiv 4 \pmod 5$$

所以有

$$r_1 = 2$$

（1）用渐进法,先从

$$2r_1 y_1 = 4y_1 \equiv \frac{534 - 4}{5} = 106 \equiv 1 \pmod 5$$

得到

$$y_1 \equiv -1 \pmod 5$$

所以

$$r_2 = r_1 = py_1 = 2 + 5 \times (-1) = -3$$

又以

$$2r_2 y_2 = -6y_2 \equiv \frac{534 - 9}{25} = 21 \pmod 5$$

得到

$$y_2 \equiv -1 \pmod 5$$

所以

$$r_3 = r_2 + p^2 y_2 = -3 + 25 \times (-1) = -28$$

又从

$$2r_3 y_3 = -56y_3 \equiv \frac{534 - 28^2}{125} = -2 \pmod 5$$

得到

$$y_3 \equiv 2 \pmod 5$$

所以

$$r_4 = r_3 + p^3 y_3 = -28 + 125 \times 2 = 222$$

故原同余方程的解是

$$x \equiv \pm 222 \pmod{625}$$

（2）用跃进法,由

$$(r_1 + \sqrt{a})^4 = (2 + \sqrt{534})^4 = 2^4 + 4 \times 2^3 \times \sqrt{534} +$$
$$6 \times 2^2 \times 534 + 4 \times 2 \times 534 \times \sqrt{534} + 534^2 =$$
$$297\,988 + 4\,304\sqrt{534}$$

所以

$$297\,988^2 \equiv 4\,304^2 \times 534 \pmod{625}$$

也就是

$$488^2 \equiv (-71)^2 \times 534 (\bmod\ 625)$$
$$(-137)^2 \equiv (-71)^2 \times 534 (\bmod\ 625)$$
$$137^2 \equiv 71^2 \times 534 (\bmod\ 625)$$

而由

$$71v \equiv 1 (\bmod\ 625)$$

得到

$$-57v \equiv 568v \equiv 8 \times 71v \equiv 8 (\bmod\ 625)$$

注意到 $(11,625)=1$，由上式又可得到

$$-2v \equiv -627v = 11 \times (-57v) \equiv 11 \times 8 = 88 (\bmod\ 625)$$

也就是

$$v \equiv -44 (\bmod\ 625)$$

故原同余方程的解是

$$x \equiv \pm 137 \times 44 \equiv \pm 6\ 028 \equiv \mp 222 (\bmod\ 625)$$

12.2　以 2^α 为模的情形 $(\alpha \geqslant 1)$

在这一节里，我们来讨论形如

$$x^2 \equiv a (\bmod\ 2^\alpha)\ (\alpha \geqslant 1), (a,2)=1$$

的同余方程，我们的主要结果是下面的定理.

定理 2　(1) 对任何奇整数 a，同余方程

$$x^2 \equiv a (\bmod\ 2) \qquad\qquad (21)$$

有且只有一个解 $x \equiv 1 (\bmod\ 2)$.

(2) 如果 $a \equiv 3 (\bmod\ 4)$，则同余方程

$$x^2 \equiv a (\bmod\ 4) \qquad\qquad (22)$$

没有解. 如果 $a \equiv 1 (\bmod\ 4)$，则式(22) 有两个解，就是

$$x \equiv 1,3 (\bmod\ 4)$$

(3) 如果 $a \equiv 3,5,7 (\bmod\ 8)$，那么同余方程

$$x^2 \equiv a (\bmod\ 8) \qquad\qquad (23)$$

没有解. 如果 $a \equiv 1 (\bmod\ 8)$，则式(23) 有四个解，即

$$x \equiv 1,3,5,7 (\bmod\ 8)$$

(4) 如果 $\alpha > 3$，当 $a \equiv 3,5,7 (\bmod\ 8)$ 时，同余方程

$$x^2 \equiv a (\bmod\ 2^\alpha) \qquad\qquad (24)$$

没有解. 如果 $a \equiv 1 (\bmod\ 8)$，则式(24) 有四个解，求解的办法是：

若 $n \geqslant 3$，则在同余方程

$$x^2 \equiv a(\bmod 2^n) \tag{25}$$

的四个解当中,有两个就是同余方程

$$x^2 \equiv a(\bmod 2^{n+1}) \tag{26}$$

的解.

证 (1) 很明显 $x \equiv 1(\bmod 2)$ 是式(21)的根,且易见式(21)仅有此一个根.

(2) 容易看出,满足式(22)的整数 x 必须是奇数. 不妨设 $x = 2k + 1$,其中 k 是整数,则就得到 $x^2 = (2k + 1)^2 = 4k + 4k + 1 \equiv 1(\bmod 4)$. 所以,如果 $a \equiv 3(\bmod 4)$,那么式(22)就没有整数解. 如果 $a \equiv 1(\bmod 4)$,那么全体奇数都能满足式(22). 但明显地,以 4 为模的全体奇数只有两个不同的剩余类,就是与 1 同余的类(mod 4) 和与 3 同余的类(mod 4). 因此式(22)有两个解,它们是

$$x \equiv 1,3(\bmod 4)$$

(3) 我们知道,任意一个奇数总能够表示成为 $4n + 1$ 或 $4n - 1$ 的形式,其中 n 是整数,而

$$(4n \pm 1)^2 \equiv 1(\bmod 8)$$

所以如果 $a \equiv 3,5,7(\bmod 8)$,那么式(23)没有解. 如果 $a \equiv 1(\bmod 8)$,那么任意奇数都能满足式(23),但对模 8 来说,全体奇数共有四个不同的剩余类,它们是:与 1 同余的类,与 3 同余的类,与 5 同余的类,与 7 同余的类. 因此,式(23)有四个解,它们是

$$x \equiv 1,3,5,7(\bmod 8)$$

(4) 如果 $\alpha > 3$,并且整数 r 能够满足式(24),当然它也能满足式(23),故由(3)的讨论知,当式(24)有解时,必须有 $a \equiv 1(\bmod 8)$,也就是说,当 $a \equiv 3,5,7(\bmod 8)$ 时,式(24)没有解.

现在我们先来证明,如果式(24)有解,那么它有四个解,设 r 是式(24)的一个根,x 是式(24)的任一根,则我们有

$$x^2 \equiv a(\bmod 2^{\alpha}) \text{ 及 } r^2 \equiv a(\bmod 2^{\alpha})$$

于是得到

$$x^2 - r^2 \equiv 0(\bmod 2^{\alpha})$$

也就是

$$(x - r)(x + r) \equiv 0(\bmod 2^{\alpha})$$

因为 x 和 r 都必须是奇数,故得

$$\frac{x - r}{2} \cdot \frac{x + r}{2} \equiv 0(\bmod 2^{\alpha-2})$$

因为 $\frac{x - r}{2} + \frac{x + r}{2} = x$ 是奇数,故 $\frac{x - r}{2}$ 和 $\frac{x + r}{2}$ 这两个数中必有一个是奇数.

（1）设 $\dfrac{x+r}{2}$ 是奇数，则得

$$\frac{x-r}{2} \equiv 0 \pmod{2^{\alpha-2}}$$

$$x - r \equiv 0 \pmod{2^{\alpha-1}}$$

所以

$$x = r + t \cdot 2^{\alpha-1} \quad (t\,\text{为整数})$$

若 t 为偶数，则有

$$x \equiv r \pmod{2^{\alpha}}$$

若 t 为奇数，则有

$$x \equiv r + 2^{\alpha-1} \pmod{2^{\alpha}}$$

（2）设 $\dfrac{x-r}{2}$ 是奇数，则得

$$x + r \equiv 0 \pmod{2^{\alpha-1}}$$

所以

$$x = -r + t \cdot 2^{\alpha-1} \quad (t\,\text{是整数})$$

若 t 是偶数，则有 $x \equiv -r \pmod{2^{\alpha}}$，若 t 是奇数，则有

$$x \equiv -r + 2^{\alpha-1} \equiv -r - 2^{\alpha-1} \pmod{2^{\alpha}}$$

综上所述即知，任意根 x 只能和下列的四个数之一同余 $\pmod{2^{\alpha}}$

$$\pm r, \ \pm(r + 2^{\alpha-1})$$

这四个数对于模 2^{α} 来说，很明显是两两不同余的，又因为 r 能满足式(24)，故这四个数都能满足式(24)，所以说，如果式(24)有根，那么它恰有四个根.

最后，我们还需要证明，如果

$$a \equiv 1 \pmod 8$$

那么式(24)一定有解，为了这个目的，我们只要能够证明，恒能从式(25)的解求出式(26)的解就行了. 实际上，我们不但能够证明上述结论，而且还能证明，在式(25)的四个解当中，一定有两个就是式(26)的解.

设 r 是式(25)的一个根，则有

$$r^2 - a = k \cdot 2^n \quad (k\,\text{是整数})$$

如果 k 是偶数，设 $k = 2l$，l 是整数，则

$$r^2 - a = l \cdot 2^{n+1}$$

所以 r 也是式(26)的根.

如果 k 是奇数，则 $r + 2^{n-1}$ 必是式(26)的根，因为

$$(r + 2^{n-1})^2 - a = (r^2 - a) + r \cdot 2^n + 2^{2n-2} =$$
$$k \cdot 2^n + r \cdot 2^n + 2^{2n-2}$$

而 $2n - 2 = n + (n-2) \geqslant n + 1$，故由上式得到

$$(r + 2^{n-1})^2 - a \equiv (k + r) \cdot 2^n (\mathrm{mod}\ 2^{n+1})$$

即有

$$(r + 2^{n-1})^2 \equiv a(\mathrm{mod}\ 2^{n+1})$$

由上所述可知,如果 r 是式(25)的一个根,那么 r 和 $r + 2^{n-1}$ 这两个数必有一个是式(26)的根. 如果 r 是式(25)和(26)的根,当然 $-r$ 也是它们的根. 如果 $r + 2^{n-1}$ 是式(25)和(26)的根,当然 $-r - 2^{n-1}$ 也是它们的根. 这就说明,在式(25)的四个根中,必有两个是式(26)的根,至此本定理得证.

根据上述定理,解以 $2^{\alpha}(\alpha \geqslant 1)$ 为模的二次同余式的办法可以归纳如下:

(1) 在 $\alpha \leqslant 3$ 时, $x^2 \equiv a \equiv 1(\mathrm{mod}\ 2)$ 有一个根 $x \equiv 1(\mathrm{mod}\ 2)$, $x^2 \equiv a \equiv 3(\mathrm{mod}\ 4)$ 没有根.

$x^2 \equiv a \equiv 1(\mathrm{mod}\ 4)$ 有两个根 $x \equiv 1,3(\mathrm{mod}\ 4)$, $x^2 \equiv a \equiv 3,5,7(\mathrm{mod}\ 8)$ 没有根.

$x^2 \equiv a \equiv 1(\mathrm{mod}\ 8)$ 有四个根 $x \equiv 1,3,5,7(\mathrm{mod}\ 8)$.

(2) 在 $\alpha > 3$ 时,如果

$$a \equiv 3,5,7(\mathrm{mod}\ 8)$$

则式(24)没有根,如果

$$a \equiv 1(\mathrm{mod}\ 8)$$

则式(24)有四个根,根的求法是这样的.

首先,若 a 是某个整数的平方,比如说 $a = r^2$, r 是整数,则 $\pm r$ 就是式(24)的根,而另外的两个根是 $\pm(r + 2^{\alpha-1})$.

其次,设 a 不是任何整数的平方,因为已知 1,3,5,7 是以 8 为模的根,所以 1 或者 5 必然同时是以 16 为模的根,比方说 5 是以 16 为模的根,则 5 或者 $5 + 8 = 13$ 一定同时是以 32 为模的根. 如此继续下去,无论 α 有多么大,都可以逐步相当快地求出以 2^{α} 为模的二次同余式的根来.

例8 试解同余方程

$$x^2 \equiv 33(\mathrm{mod}\ 128)$$

解 我们有 $1^2 - 33 = -32$,所以 1 是以 32 为模的根,因此, $1 + 16 = 17$ 是以 64 为模的根,因为有

$$17^2 - 33 = 289 - 33 = 256$$

故 17 还是以 128 为模的根,而以 128 为模的另一个根是

$$17 + 64 = 81 \equiv -47(\mathrm{mod}\ 128)$$

故原同余方程的根是

$$x \equiv \pm 17,\ \pm 47(\mathrm{mod}\ 128)$$

例9 试解同余方程

$$x^2 \equiv 105(\mathrm{mod}\ 256)$$

解 由 $1^2 - 105 = -104 = -8 \times 13$ 知道 1 不是以 16 为模的根,故知 5 是以 16 为模的根,再由

$$5^2 - 105 = -80 = -16 \times 5$$

知道,5 不是以 32 为模的根,因而 $5 + 8 = 13$ 是以 32 为模的根,而由

$$13^2 - 105 = 169 - 105 = 64$$

知道 13 不但是以 32 为模的根,而且是以 64 为模的根,从而得 $13 + 32 = 45$ 是以 128 为模的根,因为

$$45^2 - 105 = 2\,025 - 105 = 1\,920 = 128 \times 15$$

所以 45 不是以 256 为模的根,因而 $45 + 64 = 109$ 是以 256 为模的根,以 256 为模的另一根是

$$109 + 128 = 237 \equiv -19 (\bmod\ 256)$$

故原同余方程的根是

$$x \equiv \pm 19,\ \pm 109 (\bmod\ 256)$$

12.3 以任意正整数为模的情形

在这一节里,我们来讨论形状为

$$x^2 \equiv a(\bmod\ m) \tag{27}$$

的同余式,这里 m 是任意的正整数,$(a,m) = 1$.

在解这样的同余方程时,我们应该首先计算一下雅可比符号 $\left(\dfrac{a}{m}\right)$ 等于什么. 如果 $\left(\dfrac{a}{m}\right) = -1$,那么式(27)一定没有解,我们就不再需要讨论了,如果 $\left(\dfrac{a}{m}\right) = 1$,则我们需要把 m 分解成素因子的乘积,假设有

$$m = 2^\alpha p_1^{\alpha_1} \cdots p_n^{\alpha_n}$$

其中 $p_1, \cdots, p_n$ 是互不相同的奇素数,这样,如果式(27)有解,当然下述 $n + 1$ 个同余式

$$\begin{cases} x^2 \equiv a(\bmod\ 2^\alpha) \\ x^2 \equiv a(\bmod\ p_1^\alpha) \\ \cdots \\ x^2 \equiv a(\bmod\ p_n^{\alpha_n}) \end{cases} \tag{28}$$

必须都有解,故 a 应该是 $2^\alpha, p_1, \cdots, p_n$ 这些数的平方剩余,这就是说

若 $\alpha = 1$,必须有 $a \equiv 1(\bmod\ 2)$,

若 $\alpha = 2$，必须有 $a \equiv 1 (\bmod 4)$，

若 $\alpha \geq 3$，必须有 $a \equiv 1 (\bmod 8)$．

另外还必须有

$$\left(\frac{a}{p_1}\right) = \left(\frac{a}{p_2}\right) = \cdots = \left(\frac{a}{p_n}\right) = 1$$

下面我们给出一个关于式(27)的解的个数的一个定理．

定理 3　若 $m = 2^{\alpha} p_1^{\alpha_1} \cdots p_n^{\alpha_n}$，而同余方程

$$x^2 \equiv a (\bmod m)，(a,m) = 1$$

有解，则它有

2^n 个解，当 $\alpha = 0$ 或 1 时，

2^{n+1} 个解，当 $\alpha = 2$ 时，

2^{n+2} 个解，当 $\alpha \geq 3$ 时．

证　因我们假定了式(27)有解，故式(28)中后面的 n 个同余式都必须有解．如果 $\alpha = 0$，则式(28)的解可以由下列形状的联立同余式组

$$\begin{cases} x \equiv r_1 (\bmod p_1^{\alpha_1}) \\ x \equiv r_2 (\bmod p_2^{\alpha_2}) \\ \cdots \\ x \equiv r_n (\bmod p_n^{\alpha_n}) \end{cases} \tag{29}$$

求出，这里 $r_1, r_2, \cdots, r_n$ 依次是式(28)中后面的几个同余方程的解．由式(28)中的后面的几个同余方程都两个解知道，共可组成 2^n 个形如式(29)的联立同余式组．但由孙子定理知道式(29)恒有解，这就证明了当 $\alpha = 0$ 时，式(27)共有 2^n 个解．

若 $\alpha = 1$，则在式(27)内还应添上同余式

$$x \equiv 1 (\bmod 2)$$

或者是

$$x \equiv 3 (\bmod 4)$$

所以这时式(27)解的个数应比 $\alpha = 0$ 的情形增加一倍，共有 2^{n+1} 个解．

若 $\alpha \geq 3$，则在式(29)中还应添上同余式

$$x^2 \equiv a (\bmod 2^{\alpha})$$

的四个解之一，类似前面的讨讨知道，此时式(27)共有 2^{n+2} 个解．至此本定理得证．

例 10　试求同余方程

$$x^2 \equiv 19 (\bmod 45)$$

的解．

解　很明显

$x^2 \equiv 19 \equiv 1 (\mathrm{mod}\, 9)$ 有两个根 $x \equiv \pm 1 (\mathrm{mod}\, 9)$，

$x^2 \equiv 19 \equiv 4 (\mathrm{mod}\, 5)$ 有两个根 $x \equiv \pm 2 (\mathrm{mod}\, 5)$，

又从

$$x \equiv a (\mathrm{mod}\, 9)\,, x \equiv b (\mathrm{mod}\, 5)$$

及孙子定理得到

$$x \equiv 5 \times 2a + 9 \times 4b = 10a + 36b (\mathrm{mod}\, 45)$$

故由

$$x \equiv 1 (\mathrm{mod}\, 9)\,, x \equiv 2 (\mathrm{mod}\, 5)$$

得到

$$x \equiv 10 + 72 = 82 \equiv - 8 (\mathrm{mod}\, 45)$$

再由

$$x \equiv 1 (\mathrm{mod}\, 9)\,, x \equiv - 2 (\mathrm{mod}\, 5)$$

得到

$$x \equiv 10 - 72 \equiv - 62 \equiv - 17 (\mathrm{mod}\, 45)$$

故原同余方程的解是

$$x \equiv \pm 8\,, \pm 17 (\mathrm{mod}\, 45)$$

习　　题

1. 判断以下各同余式是否可解,对于可解的,试求出其全部解:

(1) $x^2 \equiv 43 (\mathrm{mod}\, 109)$.

(2) $x^2 \equiv 247 (\mathrm{mod}\, 881)$.

(3) $x^2 \equiv 7 (\mathrm{mod}\, 83)$.

(4) $x^2 \equiv - 11 (\mathrm{mod}\, 59)$.

(5) $x^2 \equiv - 5 (\mathrm{mod}\, 243)$.

(6) $x^2 \equiv - 46 (\mathrm{mod}\, 121)$.

(7) $x^2 \equiv 41 (\mathrm{mod}\, 1\,024)$.

(8) $x^2 \equiv 34 (\mathrm{mod}\, 495)$.

(9) $x^2 \equiv 81 (\mathrm{mod}\, 729)$.

(10) $12x^2 - 11x - 1 \equiv 0 (\mathrm{mod}\, 30)$.

(11) $x^2 - 10x - 11 \equiv 0 (\mathrm{mod}\, 90)$.

原根与指数

13.1 原根(素数模的情形)

定义 1 设 h 为一个整数且 $(h,n)=1$,我们称满足
$$h^l \equiv 1 \pmod{n}$$
的最小正整数 l 为 h 关于模 n 之次数,也称为 h 之阶数 $(\bmod\ n)$,这里 n 为自然数.

例 1 取 $n=7, h=2$. 易见 $2^3 = 8 \equiv 1 \pmod{7}$,而对 $1 < k < 2$,皆有 $2^k \not\equiv 1 \pmod{7}$,于是 2 关于模 7 的次数为 3. 而对 $h=-2$,易算出有 $(-2)^6 = 64 \equiv 1 \pmod{7}$,而对 $1 < k < 5$,皆有 $(-2)^k \not\equiv 1 \pmod{7}$,于是 -2 关于模 7 的次数为 6.

定理 1 若 $h^m \equiv 1 \pmod{n}$,而 h 关于模 n 之次数为 l,则 $l \mid m$.

证 若 $l \nmid m$,则必有两个整数 q 及 r 使
$$m = ql + r, 1 < r < l - 1$$
于是我们有
$$h^r = h^{m-ql} \equiv h^m (h^l)^{-q} \equiv 1 \pmod{n}$$
但是 $1 < r < l - 1$,故与 l 为 h 关于模 n 之次数的假定矛盾.

推论 1 设 $(h,n)=1$ 且 h 关于 n 之次数为 l,则

95

$$l \mid \varphi(n)$$

这里欧拉函数 $\varphi(n)$ 定义为不超过 n 的全部自然数中与 n 互素的数的个数,即

$$\varphi(n) = \sum_{\substack{1 \leqslant r \leqslant n \\ (r,n)=1}} 1$$

证 由第 5 章第 2 节的欧拉 - 费马定理知,对任何 $h,(h,n)=1$,我们有

$$h^{\varphi(h)} \equiv 1 (\bmod n)$$

在定理 1 中取 $m = \varphi(n)$ 就得到要证的结论.

定义 2 设 $(h,n)=1$ 且 h 关于模 n 的次数恰为 $\varphi(n)$,则称 h 为模 n 的一个原根.

例 2 由 $\varphi(7)=6$ 及例 1 知道,-2 是模 7 的一个原根,而 2 不是模 7 的原根.

关于原根,有两个问题是我们首先关心的:

问题一:对给定的模 n,它有没有原根?

问题二:若模 n 有原根,它有多少个原根?

定理 2 设 p 为素数且 $p \nmid a_n$,而

$$f(x) = a_n x^n + a_{n-1} x^{n-1} + \cdots + a_0$$

为一整系数多项式,那么同余方程

$$f(x) \equiv 0 (\bmod p) \qquad (1)$$

的解数至多为 n 个(重解计算在内)$(\bmod p)$.

证 若 $n=1$,由 $p \nmid a_1$ 知,当 y 跑过模 p 之完全剩余系时,$a_1 y$ 也跑过模 p 的完全剩余系(见《初等数论(Ⅱ)》,第 5 章,引理 7),故必有自然数 b,使

$$a_1 b \equiv 1 (\bmod p)$$

于是容易直接验证,此时式(1)恰有一个解$(\bmod p)$,且这个解就是 $x \equiv -b a_0 (\bmod p)$.

现在假设 $n \geqslant 2$,且对任何次数 $\leqslant n-1$,首项系数不能被 p 整除的整系数多项式,都有要证的结论成立. 我们来考虑任何一个满足条件的 n 次多项式 $f(x)$.

情形一:若式(1)没有解,那么定理的结论对 $f(x)$ 已经成立.

情形二:若式(1)有一个解 $x \equiv a (\bmod p)$,由多项式除法知,必有常数 r_1 及一个 $n-1$ 次整系数多项式 $f_1(x)$ 使

$$f(x) = (x-a) f_1(x) + r_1 \qquad (2)$$

由 $f(a) \equiv 0 (\bmod p)$ 立即得到 $r_1 \equiv 0 (\bmod p)$,即有

$$f(x) \equiv (x-a) f_1(x) (\bmod p)$$

由式(2)容易看出,$f_1(x)$ 的首项系数仍为 $a_n, p \nmid a_n$. 由归纳假设知,同余方程

$$f_1(x) \equiv 0 (\bmod p)$$

至多有 $n-1$ 个解$(\bmod p)$(重解计算在内),于是定理的结论对任一个满足条

件的 n 次整系数多项式 $f(x)$ 也成立. 这就完成了定理的证明.

需要注意的是,当模是一个复合数的时候,上述定理的结论一般不成立.

例 3 $f(x) = x^4 - 1$,则同余方程

$$f(x) \equiv 0(\bmod 16)$$

有八个解 $x \equiv \pm 1, \pm 3, \pm 5, \pm 7(\bmod 16)$.

推论 1 (威尔逊定理)若 p 为素数,则

$$(p - 1)! \equiv -1(\bmod p)$$

证 若 $p = 2$,结论显然成立,故可设 $p \geqslant 3$ 为奇素数. 由费马小定理(详见《初等数论(Ⅱ)》,P9,定理2),对 $x = 1, 2, \cdots, p - 1$ 皆有

$$x^{p-1} \equiv 1(\bmod p)$$

成立,即同余方程

$$x^{p-1} - 1 \equiv 0(\bmod p)$$

恰有 $p - 1$ 个解 $1, 2, \cdots, p - 1(\bmod p)$. 由定理2的证明方法容易推出有

$$x^{p-1} - 1 \equiv (x - 1)(x - 2) \cdots (x - (p - 1))(\bmod p)$$

特别地,取 $x = 0$ 就得到

$$-1 \equiv (-1)^{p-1}(p - 1)! = (p - 1)! (\bmod p)$$

这正是要证明的结论.

为了进一步讨论高次同余方程的性质,我们需要下面的引理.

引理 1 设 $(a, b) = d$,则必有整数 x_0, y_0 使

$$d = ax_0 + by_0$$

证 考虑所有形如 $ax + by(x, y$ 为整数) 的整数组成的集合 D,D 中必有一个最小的正数 c. 我们先来证明 D 中任何整数都必为 c 的倍数. 设若结论不成立,则至少有 D 中一个整数 r 使 $c \nmid r$,我们不妨设 $r > 0$(否则 $-r$ 必也属于集合 D,这只要在 r 的表达式

$$r = ax' + by'$$

中将 x', y' 分别换成 $-x', -y'$ 就可看出),再由 c 的最小性有 $r > c$. 于是有 q, s 使

$$r = qc + s, 1 < s < c - 1$$

但是这样就有

$$s = r - qc = ax' + by' - q(ax'' + by'') =$$
$$a(x' - qx'') + b(y' + qy'')$$

于是应有 s 也属于 D,而这与 c 之最小性矛盾.

剩下要证,实际上 $c = d$,首先易见 a 与 b 都属于集合 D,于是也有 $c \mid a$ 及 $c \mid b$ 成立,从而有

$$c \mid (a, b) = d$$

反过来由 $d = (a,b)$ 有 $d \mid a$ 及 $d \mid b$,从而对任何 x,y,皆有 $d \mid (ax + by)$,特别也有 $d \mid c$,故 $c = d$.

定理 3 设 $k \geqslant 2$ 为自然数,则同余方程
$$x^k \equiv 1 \pmod p \tag{3}$$
之解数为 $(k, p-1)$,这里 p 为一个素数.

证 设 $d = (k, p-1)$,由引理 1 知必有两整数 s 及 t 使
$$sk + t(p-1) = d$$
若 x_0 为 (3) 的一个解,则必有
$$x_0^d = x_0^{sk} \cdot x_0^{t(p-1)} = (x_0^k)^s \cdot (x_0^{p-1})^t \equiv 1 \pmod p$$
于是 x_0 必也为
$$x^d \equiv 1 \pmod p \tag{4}$$
的解,反过来,设 x_0 为式 (4) 的一个解且 $k = dk_1$,则
$$x_0^k = (x_0^d)^{k_1} \equiv 1 \pmod p$$
于是 x_0 必也为式 (3) 的一个解.

剩下要证式 (4) 恰有 d 个解即可. 由定理 2 知,只需证明式 (4) 的根数 $\geqslant d$ 即可. 由费马小定理
$$x^{p-1} - 1 \equiv 0 \pmod p$$
的解数为 $p - 1$,又由定理 2,同余方程
$$\frac{x^{p-1} - 1}{x^d - 1} = (x^d)^{\frac{p-1}{d} - 1} + \cdots + x^d + 1 \equiv 0$$
的解数不超过 $p - 1 - d$,于是式 (4) 的解数不小于
$$(p-1) - (p-1-d) = d$$
这就证明了定理的结论.

引理 2 对任何自然数 n,有
$$\sum_{d \mid n} \varphi(d) = n$$

证 对任一个适合 $r \mid n$ 的自然数,将 $1, 2, \cdots, n$ 这几个自然数按照满足条件
$$(m, n) = r \tag{5}$$
归为一组,记为 S_r,显然对任两个适合
$$r_1 \mid n, r_2 \mid n, r_1 \neq r_2$$
的自然数 r_1 及 r_2,集合 S_{r_1} 与 S_{r_2} 中没有同样的自然数,于是
$$n = \sum_{r \mid n} \mid S_r \mid \quad (\mid S_r \mid \text{ 表示 } S_r \text{ 中自然数的个数}) \tag{6}$$
由式 (5) 有
$$\left(\frac{m}{r}, \frac{n}{r} \right) = 1$$

于是 S_r 中自然数的个数恰等于 $1,2,\cdots,\dfrac{n}{r}$ 诸数中与 $\dfrac{n}{r}$ 互素的数的个数,即

$$| S_r | = \varphi\left(\frac{n}{r}\right) \tag{7}$$

代入式(6) 就有

$$n = \sum_{r\mid n} \varphi\left(\frac{n}{r}\right)$$

改记 $d = \dfrac{n}{r}$,则由 r 与 d 同时经过 n 的一切正因子就得到引理之结论.

定理 4 设 p 为素数,h 为一整数,$p \nmid h$,且 h 关于模 p 的次数为 l,则对任何适合

$$(d,l) = 1$$

的整数 d,h^d 关于模 p 的次数也等于 l.

证 首先容易看出有

$$(h^d)^l = (h^l)^d \equiv 1(\bmod p)$$

剩下要证,对任何 $m(1 \leqslant m \leqslant l - 1)$,都有

$$(h^d)^m \not\equiv 1(\bmod p)$$

我们用反证法,如果存在一个 $m(1 \leqslant m \leqslant l - 1)$ 使

$$(h^d)^m \equiv 1(\bmod p)$$

由定理 1 就有 $l \mid dm$,再由 $(d,l) = 1$ 就推出 $l \mid m$,但这与 m 的定义矛盾.

推论 1 设 p 为素数,若 h 不被 p 整除,且 h 关于 p 的次数为 l,则在模 p 的一个完全剩余系中恰有 $\varphi(l)$ 个次数为 l 的数.

证 在 $1,2,\cdots,l$ 这 l 个数中,与 l 互素的恰有 $\varphi(l)$ 个,记它们为 $d_1,d_2,\cdots,d_{\varphi(l)}$. 由定理 4 知,以下 $\varphi(l)$ 个数

$$h^{d_1},h^{d_2},\cdots,h^{d_{\varphi(l)}} \tag{8}$$

关于模 p 的次数皆为 l. 下面来证式(8) 中这 $\varphi(l)$ 个数关于模 p 两两互不同余. 用反证法,设有 i,j,使

$$h^{d_i} \equiv h^{d_j},1 < i,j < \varphi(l)(\bmod p)$$

不妨设 $d_i > d_j$,于是

$$h^{d_i - d_j} \equiv 1(\bmod p)$$

于是由定理 1 有 $l \mid (d_i - d_j)$,但定义 $d_1,\cdots,d_{\varphi(l)}$ 是 $1,2,\cdots,l$ 中与 l 互素的数的全体,故不可能有 $l \mid (d_i - d_j)$. 剩下还要证明关于模 p 次数为 l 的任一整数 h_1 必与式(8) 中某一个数同余 $(\bmod p)$. 由于

$$x^l \equiv 1(\bmod p) \tag{9}$$

至多只能有 l 个解(定理 2),由 h 的次数为 l 知,以下 l 个数

$$h^1,h^2,\cdots,h^l \tag{10}$$

恰好是式(9)的全部 l 个互不同余的解(mod p),由于 h_1 次数也为 l,故 h_1 必也满足同余方程(9),于是必有某个 $j(1 \leqslant j \leqslant l)$,使

$$h_1 \equiv h^j (\bmod p)$$

我们只要证出必有 $(j,l)=1$ 即可. 如果不然,可设 $(j,l)=r>1, j=rj_1, l=rl_1, (j_1, l_1)=1$,于是

$$h_1^{l_1} \equiv h^{jl_1} = (h^l)^{j_1} \equiv 1(\bmod p)$$

但 $1 \leqslant l_1 < l$,这与 h_1 的次数为 l 矛盾.

定理 5 若 p 为素数,则模 p 必有原根存在,且恰好有 $\varphi(p-1)$ 个原根.

证 由费马小定理,若 $p \nmid h$,必有

$$h^{p-1} \equiv 1(\bmod p)$$

再由定理 1 知,必有 $l \mid (p-1)$,这里 l 设为 h 关于模 p 之次数. 反过来,对每个自然数 $l \mid (p-1)$,模 p 的简化剩余系 $1,2,\cdots,p-1$ 中或者没有次数为 l 的数,或者恰有 $\varphi(l)$ 个次数为 l 的数. 于是,如果 $1,2,\cdots,p-1$ 中没有原根存在,那么关于 p 以 $l \mid (p-1), 1 \leqslant l < p-1$ 为次数的数的总个数至多为(定理 4 推论 1)

$$M = \sum_{\substack{l \mid (p-1) \\ 1 \leqslant l < p-1}} \varphi(l)$$

个,由引理 2

$$M = \sum_{l \mid (p-1)} \varphi(l) - \varphi(p-1) = (p-1) - \varphi(p-1) < p-1$$

这是不可能的,因为 $1,2,\cdots,p-1$ 这 $p-1$ 个数皆与 p 互素,因此它们关于模 p 都有一个确定的次数存在,即应当有 $M=p-1$,这个矛盾证明了模 p 必有原根存在. 再由定理 4 之推论 1 即知,模 p 的原根恰有 $\varphi(p-1)$ 个.

例 4 取 $p=7, \varphi(p-1)=\varphi(6)=2$,于是模 7 恰有 2 个原根,计算表明这两个原根是 $g_1 \equiv 3$ 及 $g_2 \equiv 5(\bmod 7)$.

注 由定理 5 的证明容易看出成立以下更一般的结论.

定理 6 设 p 为素数,则对任一个自然数 $l, l \mid (p-1)$,模 p 恰有 $\varphi(l)$ 个次数为 l 的元存在.

例 5 取 $p=11$,则 $p-1=10$,注意到 10 以 $1,2,5,10$ 为其因数,而 $\varphi(1)=1, \varphi(2)=1, \varphi(5)=4, \varphi(10)=4$,故由定理 6 知,模 11 恰分别有 1 个一阶元,1 个二阶元,4 个五阶元及 4 个原根,计算给出

一阶元:1;

二阶元:10;

四阶元:3,4,5,9;

原根:2,6,7,8.

上面定理 4 之推论 1 的证明还给我们提供了一个当已知 p 的一个原根后,寻求 p 的全部原根的一个简便方法. 下面的例 6 说明了这个方法.

例6 设已知 2 是 $p = 13$ 的一个原根,试求 p 的全部原根.

解 由于 $\varphi(p-1) = \varphi(12) = \varphi(4)\varphi(3) = 2 \cdot 2 = 4$,故 13 恰有 4 个原根,再注意 $1, 2, \cdots, p-1 = 12$ 这 12 个自然数中与 12 互素的数恰有如下 4 个:$1, 5, 7, 11$. 于是下面 4 个数

$$2^1 \equiv 2, 2^5 \equiv 6, 2^7 \equiv 11, 2^{11} \equiv 7 \pmod{13}$$

恰好组成 13 的全部原根.

这一方法对求 p 的全部 l 阶元$(l \mid (p-1))$ 也完全适用. 由 $p-1 = 12$ 以 $1, 2, 3, 4, 6, 12$ 为其全部约数知,模 13 分别有 $\varphi(1) = 1$ 个一阶元,$\varphi(2) = 1$ 个二阶元,$\varphi(3) = 2$ 个三阶元,$\varphi(4) = 2$ 个四阶元,$\varphi(6) = 2$ 个六阶元及 $\varphi(12) = 4$ 个原根. 显然 1 为一阶元;$-1 \equiv 12$ 为二阶元;由 $3^3 \equiv 1$ 及 $3^2 \not\equiv 1 \pmod{13}$ 知 3 为其三阶元,注意到 $1, 2, 3$ 中与 3 互素的数是 $1, 2$,于是模 13 的全部三阶元为 3^1 及 $3^2 \equiv 9 \pmod{13}$. 由于 $5^2 \equiv -1, 5^3 \equiv -5$ 以及 $5^4 \equiv 1 \pmod{13}$,故 5 是 13 的一个四阶元,注意 $1, 2, 3, 4$ 中与 4 互素的数是 $1, 3$,故模 13 的全部四阶元为如下两个:$5^1, 5^3 \equiv 8 \pmod{13}$,注意到以上计算即知,剩下的 4 及 10 必恰为模 13 的全部六阶元.

原根的重要性,可以由如下关于简化剩余系用原根表示的结果看出来.

定理7 设 g 为素数 p 的一个原根,则如下 $p-1$ 个数

$$g^1, g^2, \cdots, g^{p-1} \tag{11}$$

恰好组成 p 的一个简化剩余系.

证 显然只要证出式(11)中任两数都不同余$\pmod p$ 即可. 用反证法,若有 $i, j (1 \leqslant i < j \leqslant p-1)$,使

$$g^i \equiv g^j \pmod p$$

就有

$$g^{j-i} \equiv 1 \pmod p$$

由定理 1 及 g 关于 p 的次数为 $p-1$ 就有

$$(p-1) \mid (j-i) \tag{12}$$

但 $1 \leqslant j - i \leqslant (p-1) - 1 = p - 2$,因而式(12)是不可能的,这就证明了我们的结论.

上面的定理 5 完全解决了当模 $n = p$ 为素数时,原根的存在性及其个数的问题,在下一节里我们要继续讨论当模 $n = p^s$ 为一个素数幂时原根的存在性.

13.2 原根(奇素数幂的情形)

设 $p \geqslant 3$ 为奇素数,$s \geqslant 2$,我们现在要来讨论模为形如 p^s 的奇素数幂的情

形时原根的存在性问题. 我们的想法是从 p 的原根出发构造出 p^s 的原根来.

先讨论 $s = 2$ 的最简单情形, 设 g 是模 p 的一个原根, 故

$$g^{p-1} \equiv 1 (\bmod\ p) \tag{13}$$

如果还有

$$g^{p-1} \equiv 1 (\bmod\ p^2) \tag{14}$$

那么 g 必定不是模 p^2 的原根, 因为如果 g 是 p^2 的原根, 必须有

$$g^{\varphi(p^2)} \equiv 1 (\bmod\ p^2) \tag{15}$$

且对任何自然数 $r, 1 \leqslant r < \varphi(p^2) = p(p-1)$,

$$g^r \equiv 1 (\bmod\ p^2) \tag{16}$$

不成立, 这与式(14)矛盾. 因此我们看出来, 如果 g 同时也是 p^2 的原根, 一个必要条件就是

$$g^{p-1} \not\equiv 1 (\bmod\ p^2) \tag{17}$$

那么, 当条件式(17)满足时, g 是否一定是 p^2 的原根了呢? 首先, 由欧拉 - 费马定理知道, 式(15)是成立的, 如果 g 不为 p^2 之原根, 必须有 $r, 1 \leqslant r < \varphi(p^2) = p(p-1)$, 使 g 关于模 p^2 的次数为 r

$$g^r \equiv 1 (\bmod\ p^2) \tag{18}$$

再利用上节定理1, 应有 $r \mid p(p-1)$.

注意 $p \geqslant 3$, 必有 $(p, p-1) = 1$, 因为若有 $m \geqslant 2$ 使

$$(p, p-1) = m$$

就有 $m \mid (p-(p-1))$, 即 $m \mid 1$, 这不可能. 于是必有

$$r = r_1 r_2, (r_1, r_2) = 1, r_1 \mid p, r_2 \mid (p-1)$$

故 $r_1 = 1$ 或 $r_1 = p$. 容易看出 $r_1 \neq 1$, 否则就有 $r \mid (p-1)$, 这样式(18)就与式(17)矛盾. 于是 $r = pr_2, r_2 \mid (p-1), 1 \leqslant r_2 < p-1$.

于是, 由式(18)就有

$$g^{pr_2} \equiv 1 (\bmod\ p) \tag{19}$$

注意到

$$g^p \equiv g (\bmod\ p)$$

由式(19)就推出

$$g^{r_2} \equiv 1 (\bmod\ p) \tag{20}$$

但 $1 \leqslant r_2 < p-1$, 就与 g 为模 p 之原根矛盾.

这样, 我们就证明了: 条件(17)也是 g 为模 p^2 的原根的充分条件. 这就是下面的.

定理8 若 g 为模 p 的一个原根, 那么当且仅当式(17)成立时, g 也是模 p^2 的一个原根.

例7 求出模 13^2 的一个原根来.

解　由上节例6,已知2是13的一个原根,计算给出

$$2^{12} = (128)(32) \equiv -(41)(32) = -(164)(8) \equiv$$
$$(5)(8) = 40(\bmod 13^2)$$

故由定理8知,2也必为模13^2的一个原根.

例8　已知$p = 29$,试求出$p^2 = 841$的一个原根.

解　我们来验证14是29的一个原根,由于

$$\varphi(p) = 28 = (4)(7) = (2)(14)$$

为验证14确为$p = 29$之原根,显然不需要验证对所有$m(1 \leqslant m < 28)$,有

$$14^m \not\equiv 1(\bmod 29)$$

而只需验证以下诸式即可(参见上节定理1)

$$14^2 \not\equiv 1, 14^4 \not\equiv 1, 14^7 \not\equiv 1, 14^{14} \not\equiv 1(\bmod 29) \tag{21}$$

计算给出

$$14^2 \equiv 22, 14^4 \equiv 22^2 \equiv (-7)^2 \equiv 22$$
$$14^7 \equiv (14)^4(14)^2(14) \equiv (20)(22)(14) \equiv 12$$
$$14^{14} \equiv (12)^2 \equiv -1(\bmod 29)$$

于是(21)中诸式确实成立,从而14必为模29的一个原根.

又计算给出

$$(14)^{28} = (196)^{14} = (38\ 416)^7 \equiv (571)^7 = (571)(326\ 041)^3 \equiv$$
$$(571)(574)^3 = (327\ 754)(329\ 476) \equiv (605)(645) =$$
$$390\ 225 \equiv 1(\bmod 29^2)$$

故14必不为模29^2的原根.为了从14作出29^2的一个原根,我们改为考虑$14 + 29 = 43$,由于

$$43 \equiv 14(\bmod 29)$$

故43仍是29的原根,但

$$(43)^{28} = (3\ 418\ 801)^7 \equiv (136)^7 = (136)(18\ 496)^3 \equiv$$
$$(136)(-6)^3 = -29\ 376 \equiv 59 \not\equiv 1(\bmod 29^2)$$

于是仍由定理8知,43为模29^2的一个原根.

上一例题的做法实际上是有普遍意义的,就是说,若g为模$p \geqslant 3$的一个原根,且

$$g^{p-1} \equiv 1(\bmod p^2)$$

那么$g + p$必为模p^2的一个原根.

由于已知对素数模p原根一定存在,因而上面的结果说明,对奇素数$p \geqslant 3$,模p^2的原根也一定存在.

令人惊奇的是,对一般的奇素数幂$p^s, s \geqslant 2$,条件(17)也是p的原根g仍为p^s原根的充要条件,且当g不满足式(17)时,仍可取$g + p$就得出p^s的一个原

根. 这就是下面的结果.

定理 9　设 p 为一个奇素数，$s \geq 2$ 为任一给定自然数，g 为模 p 的一个原根，那么：

（1）若

$$g^{p-1} \not\equiv 1 \pmod{p^2} \tag{17}$$

则 g 必为模 p^s 的一个原根；

（2）若

$$g^{p-1} \equiv 1 \pmod{p^2} \tag{22}$$

则 $g + p$ 必为模 p^s 的一个原根.

由是特别推出，$p^s(p \geq 3, s \geq 2)$ 必有原根存在.

证　我们首先用归纳法来证明，当式（17）成立时，对任何 $\alpha \geq 2$，都有

$$g^{\varphi(p^{\alpha-1})} \not\equiv 1 \pmod{p^\alpha} \tag{23}$$

由式（17）知，这对 $\alpha = 2$ 是成立的. 现在设式（23）对模 p^α 已经成立，由欧拉 - 费马定理有

$$g^{\varphi(p^{\alpha-1})} \equiv 1 \pmod{p^{\alpha-1}} \tag{24}$$

故可设

$$g^{\varphi(p^{\alpha-1})} = 1 + kp^{\alpha-1} \tag{25}$$

再由归纳假设知，必有 $p \nmid k$. 在式（25）两边同取 p 次方，我们得到

$$g^{\varphi(p^\alpha)} = g^{\varphi(p^{\alpha-1}) \cdot p} = (1 + kp^{\alpha-1})^p =$$

$$1 + kp^\alpha + \binom{p}{2} k^2 p^{2(\alpha-1)} + A \cdot p^{3(\alpha-1)} =$$

$$1 + kp^\alpha + \frac{(p-1)}{2} k^2 \cdot p^{2\alpha-1} + A \cdot p^{3(\alpha-1)} \tag{26}$$

其中 $\dfrac{(p-1)}{2} k^2$ 显然为整数，而且

$$A = \binom{p}{3} k^3 + \cdots + \binom{p}{p} k^p \cdot p^{(p-3)(\alpha-1)}$$

也显然为整数，由 $\alpha \geq 2$ 有

$$3(\alpha - 1) \geq 2\alpha - 1 \geq \alpha + 1$$

故由式（26）得到

$$g^{\varphi(p^\alpha)} \equiv 1 + kp^\alpha \pmod{p^{\alpha+1}} \tag{27}$$

由于 $p \nmid k$，故对模 $p^{\alpha+1}$ 也有（23）成立. 从而对任何 $\alpha \geq 2$，皆有式（23）成立.

现在设式（17）成立，要证 g 就是 p^s 的一个原根. 由欧拉 - 费马定理已有

$$g^{\varphi(p^s)} \equiv 1 \pmod{p^s}$$

若 g 不是 p^s 的原根，设 g 关于 p^s 的次数为 l，由定理 1 知，必定

$$l \mid \varphi(p^s) \text{ 且 } 1 \leqslant l < \varphi(p^s)$$

由于

$$\varphi(p^s) = p^{s-1}(p-1)$$

且对 $p \geqslant 3$ 有 $(p, p-1) = 1$,故必有

$$l = p^t l_1, 0, t \leqslant s-1, l_1 \mid (p-1)$$

如果 $0 \leqslant t \leqslant s-2$,那么必有 $l \mid \varphi(p^{s-1})$,由次数定义又有

$$g^l \equiv 1 \pmod{p^s} \tag{28}$$

记 $\varphi(p^{s-1}) = l \cdot m$,则

$$g^{\varphi(p^{s-1})} = (g^l)^m \equiv 1 \pmod{p^s}$$

而这与式(23) 矛盾,故只可能 $t = s-1$,即

$$l = p^{s-1} l_1, l_1 \mid (p-1)$$

由假设 $1 \leqslant l < \varphi(p^s)$ 知,必有 $1 \leqslant l_1 < p-1$,于是有 $n \geqslant 2$ 使

$$l_1 n = p-1$$

由式(28) 就有

$$g^{p^{s-1} l_1} \equiv 1 \pmod{p} \tag{29}$$

由于

$$g^{p^{s-1}} = (g^p)^{p^{s-2}} \equiv g^{p^{s-2}} \equiv \cdots \equiv g^p \equiv g \pmod{p}$$

由式(29) 就得到应有

$$g^{l_1} \equiv 1 \pmod{p}$$

但 $1 \leqslant l_1 < p-1$,这与 g 为模 p 之原根的假设矛盾. 这个矛盾说明"g 不是 p^s 原根"这一假设是不对的.

现在设(22) 成立,要证 $g+p$ 为模 p^s 的原根,为此,我们只要证出 $g+p$ 也是模 p 的原根,且对此原根有式(17) 成立就行了. 由

$$g + p \equiv g \pmod{p}$$

及 g 及 mod p 之原根知,$g+p$ 也为 mod p 之原根. 我们又有(按二项式定理展开,将展式中含 $p^2, p^3, \cdots, p^{p-1}$ 的项合并在一块)

$$(g+p)^{p-1} = g^{p-1} + (p-1)g^{p-2}p + Bp^2 =$$
$$g^{p-1} - pg^{p-2} + p^2(g^{p-2} + B) \equiv$$
$$g^{p-1} - pg^{p-2} \pmod{p^2} \equiv$$
$$1 - pg^{p-2} \pmod{p^2} \not\equiv$$
$$1 \pmod{p^2}$$

(因为 $p \nmid g$),这正是所要证明的.

这样我们就证明了当模为奇素数幂的情形,原根也一定存在.

至于模 p^s 的原根个数,有与素数模时类似的结果,即有

定理 10 若 p 为奇素数,$s \geqslant 2$ 为自然数,则 p^s 必恰有 $\varphi(\varphi(p^s)) =$

105

$\varphi(p^{s-1}(p-1))$ 个原根.

这个定理还可推广到任何有原根存在的模的情形,我们将在以后叙述这个推广的结果,并给出其证明.

13.3 原根(模为 $2^s p^k, p \geqslant 3$ 的情形)

先讨论 2^s 的情形.

$s = 1$ 时显然恰有一个原根,即 $g \equiv 1 (\bmod 2)$.

$s = 2$ 时显然也恰有一个原根,即 $g \equiv 3 (\bmod 4)$.

$s \geqslant 3$ 时,有下面的结论成立.

定理 11 设 $s \geqslant 3, 2 \nmid a$,则

$$a^{2^{s-2}} \equiv 1 (\bmod 2^s) \tag{30}$$

证 我们用对 s 的归纳法来证明.

设 $a = 2b + 1$,则

$$a^2 = (2b+1)^2 = 4b(b+1) + 1$$

由于 b 与 $b + 1$ 中必有一个是偶数,从而 $8 \mid 4b(b+1)$,因此

$$a^2 \cdot 1 (\bmod 2^3)$$

对任何奇数 a 皆成立,这证明了 $s = 3$ 时定理成立.

现在设对 $s = u$ 结论已成立,于是由式(30)有

$$a^{2^{u-2}} = 1 + m \cdot 2^n \tag{31}$$

两边平方即得

$$a^{2^{u-1}} = (1 + m \cdot 2^u) = 1 + m \cdot 2^{u+1} + m^2 \cdot 2^{2u} \tag{32}$$

由 $u \geqslant 3$ 有 $2u \geqslant u + 3$,故由式(32)就有

$$a^{2^{u-1}} \equiv 1 (\bmod 2^{u+1})$$

这表明定理对 $s = u + 1$ 也成立,故定理的结论对任何整数 $s \geqslant 3$ 皆成立.

由上述定理我们还可以推出,对 $s \geqslant 3$,模 2^s 没有原根存在,因为若 a 为 2^s 之原根,首先必须 $(a, 2^s) = 1$,即 $2 \nmid a$,但对这种 a,有式(30)成立,这里

$$2^{s-2} < 2^{s-1} = \varphi(2^s)$$

从而 a 关于 2^s 的次数至多为 2^{s-2},因而必不能为 2^s 的原根.

由此定理也不难推出,对形如 $n = 2^s p^k, s \geqslant 3, k \geqslant 1$ 的模 n 也必无原根存在. 这是因为,对任何奇数 $a, (a, p) = 1$ 有

$$\begin{cases} a^{\varphi(p^k)} \equiv 1 (\bmod p^k) \\ a^{2^{s-2}} \equiv 1 (\bmod 2^s) \end{cases}$$

于是同时有

$$\begin{cases} a^{2^{s-2}\varphi(p^k)} \equiv 1 \pmod{p^k} \\ a^{2^{s-2}\varphi(p^k)} \equiv 1 \pmod{2^s} \end{cases}$$

成立,注意到 $(2^s, p^k) = 1$,就有

$$a^{2^{s-2}\varphi(p^k)} \equiv 1 \pmod{2^s p^k} \qquad (33)$$

而

$$\varphi(2^s p^k) = \varphi(2^s)\varphi(p^k) = 2^{s-1}\varphi(p^k) > 2^{s-2}\varphi(p^k)$$

故式(33)表明,任一个奇数 a 都不可能是 $2^s p^k$ 的原根.

完全类似地可以证明:当 $p \geq 3, s = 2, k \geq 1$ 时,模 $2^s p^k$ 也没有原根. 这个结论的证明留给读者作为练习.

剩下要讨论 $n = 2p^s, s \geq 1$ 的情形. 这种情形,原根是存在的,而且我们还可以从 p^s 的原根来造出 $2p^s$ 的原根来,我们把这一想法总结成如下的定理.

定理 12 设 $p \geq 3$ 为素数,$s \geq 1$,g 为模 p^s 的一个原根,那么

(1) 当 $2 \nmid g$ 时,g 也必为 $2p^s$ 的原根,

(2) 当 $2 \mid g$ 时,$g + p^s$ 必为 $2p^s$ 的原根.

证 若 $2 \mid g$,则显然 $2 \nmid (g + p^s)$,由 $g \equiv g + p^s \pmod{p^s}$ 及 g 为 p^s 之原根知,$g + p^s$ 也为 p^s 之原根. 于是只要证明(1)成立就行了.

现在设 $2 \nmid g$,且 g 为 p^s 的一个原根,于是

$$g^{\varphi(p^s)} \equiv 1 \pmod{p^s} \qquad (34)$$

且对任何 $l, 1 \leq l < \varphi(p^s), l \mid \varphi(p^s)$,都有

$$g^l \not\equiv 1 \pmod{p^s} \qquad (35)$$

我们用反证法,若 g 不是 $2p^s$ 的原根,则必有 $l_0, 1 \leq l_0 < \varphi(2p^s) = \varphi(p^s)$,$l_0 \mid \varphi(2p^s) = \varphi(p^s)$,使

$$g^{l_0} \equiv 1 \pmod{2p^s}$$

于是有 $l = l_0$ 使 $1 \leq l_0 < \varphi(p^s), l_0 \mid \varphi(p^s)$,

$$g^{l_0} \equiv 1 \pmod{p^s}$$

这与 g 为 p^s 之原根矛盾.

13.4 原根(其他情形的讨论)

对一般复合模的情形,我们有下面的结果.

定理 13 若 $n = p_1^{s_1} p_2^{s_2} \cdots p_l^{s_l}, 3 \leq p_1 < p_2 < \cdots < p_l, l \geq 2, s_1 \geq 1, \cdots, s_1 \geq 1$,则 n 必无原根.

证 由欧拉 - 费马定理,对任何 $(a, n) = 1$ 的整数 a,同时有

$$a^{\varphi(p_1^{s_1})} \equiv 1 (\bmod\ p_1^{s_1})$$

$$\cdots$$

$$a^{\varphi(p_l^{s_l})} \equiv 1 (\bmod\ p_l^{s_l})$$

成立,取 m 为 $\varphi(p_1^{s_1}),\cdots,\varphi(p_l^{s_l})$ 的最小公倍数,则同时有

$$a^m \equiv 1 (\bmod\ p_1^{s_1})$$

$$\cdots$$

$$a^m \equiv 1 (\bmod\ p_l^{s_l})$$

于是

$$a^m \equiv 1 (\bmod\ n = p_1^{s_1} \cdots p_l^{s_l}) \tag{36}$$

由于 $p_1 \geqslant 3,\cdots,p_l > 3$,故 $2 \mid \varphi(p_1^{s_1}),\cdots,2 \mid \varphi(p_l^{s_l})$,从而

$$m \leqslant \frac{1}{2}\varphi(p_1^{s_1}) \cdot \varphi(p_2^{s_2}) \cdot \cdots \cdot \varphi(p_l^{s_l}) = \frac{1}{2}\varphi(n)$$

于是,存在自然数 $m,1 \leqslant m < \varphi(n)$,使

$$a^m \equiv 1 (\bmod\ n)$$

对任何与 n 互素的整数 a 成立,从而 a 必不能为 n 之原根.

综合第 $1 \sim 4$ 节所述,我们就证明了,自然数 n 有原根,当且仅当 n 有下列形状之一

$$n = 2,4,p^s,2p^s (p \geqslant 3,s \geqslant 1)$$

关于原根的个数,我们有以下一般性的结果.

定理 14 若模 n 有原根,则它必恰有 $\varphi(\varphi(n))$ 个不同余的原根 $(\bmod\ n)$,又若 g 为其一个原根,则下列数组

$$1,g,g^2,\cdots,g^{\varphi(n)-1} \tag{37}$$

恰好组成模 n 的一个简化剩余系,对 $n \geqslant 3$ 其中偶次的数恰为 n 的全部二次剩余,而奇次幂的数恰为 n 的全部二次非剩余. 又若 $1,2,\cdots,\varphi(n)$ 中与 $\varphi(n)$ 互素的 $q = \varphi(\varphi(n))$ 个数为

$$a_1 = 1,\cdots,a_q \tag{38}$$

那么以下 q 个数恰为 n 的全部原根

$$g^{a_1},\cdots,g^{a_q} \tag{39}$$

证 先证式(37)恰组成 n 的简化剩余系. 式(37)中每个数显然都与 n 互素,其个数恰为 $\varphi(n)$,故只需证出它们两两不同余 $(\bmod\ n)$ 即可. 用反证法,设有 $i,j,0 \leqslant i < j \leqslant \varphi(n) - 1$,使

$$g^i \equiv g^j (\bmod\ n)$$

则

$$g^{(j-i)} \equiv 1 (\bmod\ n)$$

但 $1 \leqslant j - i \leqslant \varphi(n) - 1$,这与 g 为 n 之原根矛盾.

由于 n 恰各有 $\varphi(n)/2$ 个二次剩余及二次非剩余 $(n \geqslant 3)$,而式(37)中偶次的数显然为二次剩余,其个数恰为 $\varphi(n)/2$ 个,故偶次的那 $\varphi(n)/2$ 个数恰为 n 之全部二次剩余,于是剩下的 $\varphi(n)/2$ 个奇次幂数恰为 n 之全部二次非剩余.

现来证明式(39)恰为 n 之全部不同余 $(\bmod n)$ 的原根集合. 先证式(39)中每个数皆为 n 之原根. 任取一个 $g^{a_i}(1 \leqslant i \leqslant \varphi(\varphi(n)))$ 来考虑.

显然只需证,对任何 $l, 1 \leqslant l < \varphi(n), l \mid (\varphi(n))$,都有

$$g^{a_i l} \not\equiv 1(\bmod n) \tag{40}$$

就行了. 如若不然,就有一个 $l_0, 1 \leqslant l_0 < \varphi(n), l_0 \mid \varphi(n)$,使

$$g^{a_i l_0} \equiv 1(\bmod n) \tag{41}$$

但 g 关于 n 的次数为 $\varphi(n)$(因 g 为 n 之原根),故由式(41)及定理 1 就有

$$\varphi(n) \mid a_i l_0$$

由 $(a_i, \varphi(n)) = 1$ 就有 $\varphi(n) \mid l_0$,这与 l_0 的定义矛盾. 这证明了式(39)中每个数皆为 n 之原根.

剩下还要证明 n 的任一原根必有式(39)的形状 $(\bmod n)$. 设 g_1 为 n 的另外一个与 g 不同余 $(\bmod n)$ 的原根,则

$$1, g_1^1, g_1^2, \cdots, g_1^{\varphi(n)-1}$$

恰也组成 n 的一个简化剩余系,于是 g_1 必与式(37)中某个数同余 $(\bmod n)$,即必有 $b, 1 < b \leqslant \varphi(n) - 1$ 使

$$g_1 \equiv g^b(\bmod n) \tag{42}$$

我们来证 $(b, \varphi(n)) = 1$ 就好了. 用反证法. 若不然,就有 $(b, \varphi(n)) = r > 1, b = rb_1, \varphi(n) = rc, (b_1, c) = 1$. 于是

$$g_1^c \equiv g^{bc} = b^{b_1 \varphi(n)} \equiv 1(\bmod n) \tag{43}$$

由于 $r > 1$,故 $c \mid \varphi(n)$,且 $1 \leqslant c < \varphi(n)$,因而式(43)与 g_1 为 n 之原根矛盾. 从而必有 $(b, \varphi(n)) = 1$. 这就完成了定理的证明.

13.5　指　　数

定义 3　设 n 为一自然数,它有一个原根 g,由定理 14,式(37)组成 n 的一个简化剩余系,于是对任一个整数 $a, (a, n) = 1$,恰有唯一的非负整数 $k, 0 \leqslant k \leqslant \varphi(n) - 1$,使

$$a \equiv g^k(\bmod n)$$

这个数 k 就称为 a 关于底 g 的指数 $(\bmod n)$,简记为

$$k = \text{ind}_g a$$

109

在不发生混淆时,也记为 $k = \text{ind } a$.

例 9　取 $n = 9$,由 $\varphi(9) = 6$ 及
$$2^2 \not\equiv 1, 2^3 \equiv 1 \pmod 9$$
知,2 必为 9 的一个原根. 我们有
$$2^0 \equiv 1, 2^1 \equiv 2, 2^2 \equiv 4, 2^3 \equiv 8, 2^4 \equiv 7, 2^5 \equiv 5$$
于是,对所给原根 $g \equiv 2 \pmod 9$,有
$$\text{ind } 1 = 0, \text{ind } 2 = 1, \text{ind } 4 = 2, \text{ind } 5 = 5, \text{ind } 7 = 4, \text{ind } 8 = 3$$
关于指数,有与对数类似的性质成立.

定理 15　设 g 为 $\bmod\, n$ 的一个原根,$(a, n) = (b, n) = 1$,则:(1) $\text{ind } 1 = 0$, $\text{ind } g = 1$,

(2) 若 $n \geqslant 3$,则 $\text{ind}(-1) = \varphi(n)/2$,

(3) $\text{ind}(ab) \equiv \text{ind } a + \text{ind } b \pmod{\varphi(n)}$,

特别地,对 $m \geqslant 1$ 有
$$\text{ind } a^m \equiv m\text{ind } a \pmod{\varphi(n)}$$

(4) 若 g_1 为 $\bmod\, n$ 的另一个原根,就有
$$\text{ind}_g a \equiv \text{ind}_{g_1} a \cdot \text{ind}_g g_1 \pmod{\varphi(n)}$$

证　我们只证 (2),(3) 及 (4).

(2) 由于 n 有原根,故 $n \geqslant 3$ 时只可能为以下形状之一:
$$n = 4, p \geqslant 3, p^s(p \geqslant 3, s \geqslant 2), 2p^s(p \geqslant 3, s \geqslant 1)$$
$n = 4$ 时,只有一个原根 $g \equiv 3 \pmod 4$,$\varphi(4)/2 = 1$,此时显然有 $-1 \equiv g \pmod 4$,即 $\text{ind}(-1) = \varphi(n)/2$.

$n = p \geqslant 3$ 时,由欧拉 – 费马定理有
$$g^{p-1} \equiv 1 \pmod p$$
此即
$$(g^{\frac{p-1}{2}} - 1)(g^{\frac{p-1}{2}} + 1) \equiv 0 \pmod p$$
由 g 为原根有
$$g^{\frac{p-1}{2}} \not\equiv 1 \pmod p$$
于是必有
$$g^{\frac{p-1}{2}} \equiv -1 \pmod p$$
故当 $n = p$ 时结论也成立.

现设 $n = p^s, p \geqslant 3, s \geqslant 2$. 仍由欧拉 – 费马定理有
$$g^{\varphi(p^s)} \equiv 1 \pmod{p^s}$$
由于 $\varphi(p^s) = p^{s-1}(p-1)$,故 $2 \mid \varphi(p^s)$,从而有
$$(g^{\frac{\varphi(p^s)}{2}} - 1)(g^{\frac{\varphi(p^s)}{2}+1}) \equiv 0 \pmod{p^s} \tag{44}$$

由 g 为 p^s 之原根知

$$g^{\frac{\varphi(p^s)}{2}} \not\equiv 1 (\bmod\ p^s)$$

如果有 $l, 1 \leqslant l \leqslant s-1$ 使

$$g^{\frac{\varphi(p^s)}{2}} \equiv 1 (\bmod\ p^l)$$

由式(44)又有

$$g^{\frac{\varphi(p^s)}{2}} \equiv -1 (\bmod\ p^{s-l}) \qquad\qquad (45)$$

由于 $l \geqslant 1, s-l \geqslant 1$，由上两式就推出

$$1 \equiv -1 (\bmod\ p)$$

而这不可能,因此只可能 $g^{\frac{\varphi(p^s)}{2}} \equiv -1 (\bmod\ p^s)$,这证明了当 $n = p^s (p \geqslant 3, s \geqslant 2)$ 时结论也成立.

现设 $n = 2p^s, g$ 为 n 之原根,注意到必有 $2 \nmid g$,又由 $\varphi(2p^s) = \varphi(p^s)$ 容易看出, g 也必为 p^s 之原根. 由上面对 $p^s (p \geqslant 3, s \geqslant 1)$ 的结论的证明知道有

$$g^{\frac{\varphi(2p^s)}{2}} = g^{\frac{\varphi(p^s)}{2}} \equiv -1 (\bmod\ p^s)$$

又由 $2 \nmid g$ 有

$$g^{\frac{\varphi(2p^s)}{2}} \equiv -1 (\bmod\ 2)$$

合之得 $g^{\frac{\varphi(2p^s)}{2}} \equiv -1 (\bmod\ 2p^s)$,这就证明了对 $n = 2p^s$ 的情形也有 $\mathrm{ind}(-1) = \varphi(2p^s)/2$ 成立.

(3) 设 a, b 及 ab 关于 g 的指数分别为 $\mathrm{ind}\ a, \mathrm{ind}\ b$ 及 $\mathrm{ind}(ab)$,我们就有

$$a \equiv g^{\mathrm{ind}\ a} (\bmod\ n) \qquad\qquad (46)$$
$$b \equiv g^{\mathrm{ind}\ b} (\bmod\ n) \qquad\qquad (47)$$
$$ab \equiv g^{\mathrm{ind}(ab)} (\bmod\ n) \qquad\qquad (48)$$

由式(46)及(47)有

$$ab \equiv g^{\mathrm{ind}\ a + \mathrm{ind}\ b} (\bmod\ n) \qquad\qquad (49)$$

由式(48)及(49)有

$$g^{\mathrm{ind}\ a + \mathrm{ind}\ b - \mathrm{ind}(ab)} \equiv 1 (\bmod\ n) \qquad\qquad (50)$$

由于 g 为 n 之原根,即 g 关于 n 的次数为 $\varphi(n)$,由式(50)及定理 1 即得

$$\mathrm{ind}\ a + \mathrm{ind}\ b - \mathrm{ind}(ab) \equiv 0 (\bmod\ \varphi(n))$$

这证明了(3).

(4) 我们有

$$a \equiv g^{\mathrm{ind}_g a} (\bmod\ n) \qquad\qquad (51)$$
$$a \equiv g_1^{\mathrm{ind}_{g_1} a} (\bmod\ n) \qquad\qquad (52)$$
$$g_1 \equiv g^{\mathrm{ind}_g g_1} (\bmod\ n) \qquad\qquad (53)$$

将式(53)代入(52)得

$$a \equiv g^{(\mathrm{ind}_{g_1}a)(\mathrm{ind}_g g_1)} (\bmod\ n) \qquad (54)$$

由式(51)及(54)得到

$$g^{\mathrm{ind}_g a} \equiv g^{(\mathrm{ind}_{g_1}a)(\mathrm{ind}_g g_1)} (\bmod\ n)$$

此即

$$g^{\mathrm{ind}_g a - (\mathrm{ind}_{g_1}a)(\mathrm{ind}_g g_1)} \equiv 1 (\bmod\ n)$$

再由 g 为原根立即推出欲证之结论成立.

注 性质(4)也称为"换底公式".

在本章末尾,我们列出了所有小于 50 的素数 p,它们的最小原根 g 以及每个 $a(p \nmid a)$ 关于 g 的指数. 为了说明指数的应用,我们给出以下的例子.

例 10 (解一次同余式)设 n 为自然数,它有一个原根,$(a,n)=(b,n)=1$. 求解同余式

$$ax \equiv b(\bmod\ n) \qquad (55)$$

解 显然对式(55)的解 x 也有 $(x,n)=1$,否则就有 $d>1,d=(x,n)$,从而必也有 $d \mid b$,于是 $(b,n) \geqslant d > 1$,矛盾. 故由定理 15 的(3)就有

$$\mathrm{ind}_g a + \mathrm{ind}_g x \equiv \mathrm{ind}_g b(\bmod\ \varphi(n)) \qquad (56)$$

在 g 给定后,可查指数表得到 $\mathrm{ind}_g a$ 及 $\mathrm{ind}_g b$ 之值,代入式(56)后,即求出 $\mathrm{ind}_g x$ 之值(注意应取 $0 \leqslant \mathrm{ind}_g x \leqslant \varphi(n)-1$). 由此再查指数表即可求出解 x 来了. 这个方法对解形如

$$x^k \equiv a(\bmod\ n)$$

的同余方程也能应用,当然其中的 n 也必须有原根且 $(a,n)=1$.

例 11 求解同余式

$$9x \equiv 13(\bmod\ 43)$$

解 查本章末尾的表知,可取 43 的一个原根为

$$g \equiv 3(\bmod\ 43)$$

又查表得

$$\mathrm{ind}_g 9 = 2, \mathrm{ind}_g 13 = 32$$

故解得

$$\mathrm{ind}_g x \equiv \mathrm{ind}_g 13 - \mathrm{ind}_g 9 = 30(\bmod\ \varphi(43))$$

于是有

$$\mathrm{ind}_g x = 30$$

再查表得

$$x \equiv 11(\bmod\ 43)$$

例 12 求解高次同余方程

$$x^6 \equiv 11(\bmod\ 19)$$

解　仍由定理 15 的(3),可将上式化为关于指数的等价同余方程

$$6\mathrm{ind}_g x \equiv \mathrm{ind}_g 11(\mathrm{mod}\ \varphi(19))$$

查表知可取 $g \equiv 2(\mathrm{mod}\ 19)$,从而由表中查得

$$\mathrm{ind}_g 11 = 12$$

代入上同余方程得

$$6\mathrm{ind}_g x \equiv 12(\mathrm{mod}\ 18)$$

消去公因子 6,即得

$$\mathrm{ind}_g x \equiv 2(\mathrm{mod}\ 3)$$

于是有 6 个解

$$\mathrm{ind}_g x = 2,5,8,11,14,17$$

再查指数表得相应的 6 个解为

$$x \equiv 4,13,9,15,6,10(\mathrm{mod}\ 19)$$

例 13　(指数式同余方程)求解

$$25^x \equiv 17(\mathrm{mod}\ 47)$$

解　查表知,可取 47 的一个原根为 $g \equiv 5(\mathrm{mod}\ 47)$,于是有

$$\mathrm{ind}\ 25 = 2, \mathrm{ind}\ 17 = 16$$

代入原方程得

$$5^{2x} \equiv 5^{16}(\mathrm{mod}\ 47)$$

即

$$5^{2x-16} \equiv 1(\mathrm{mod}\ 47)$$

由于 5 为原根,即 5 关于 47 的次数恰为 $\varphi(47) = 46$,由定理 1 有

$$2x - 16 \equiv 0(\mathrm{mod}\ 46)$$

消去公因子 2 即得

$$x \equiv 8(\mathrm{mod}\ 23)$$

于是所求解有两个(mod 46),即

$$x \equiv 8,8 + 23 = 31(\mathrm{mod}\ 46)$$

注　请读者自行验证 $x \equiv 8,31(\mathrm{mod}\ 46)$ 确为原给同余方程的解.

13.6　原根及指数的其他应用

在拙著《初等数论(Ⅱ)》第 6 章,我们讨论了循环小数的某些性质,我们先来回忆一下几个简单定义.下面考虑十进制小数为例.

定义 4　设 $a_i(i = 1,2,3,\cdots)$ 为一个不大于 9 的非负整数,如果在小数 $0.a_1a_2a_3\cdots$ 中任取一个 a_j,都一定存在一个自然数 $k > j$,使 $a_k \geq 1$,我们就称所

给的小数 $0.a_1a_2a_3\cdots$ 为一个无限小数.

对任何既约分数,都可分成整数部分加上一个真分数(这真分数当然也是既约的),于是我们只需研究真分数化成小数的问题即可. 一个既约真分数具备什么条件才能化成有限小数,这由下面的结果给出.

引理3 设 a,b 皆为自然数,$a<b,(a,b)=1$. 如果有素数 $p\mid b,p\nmid 10$,则 $\dfrac{a}{b}$. 必不能化成有限小数,若 $b=2^\alpha 5^\beta,\alpha\geq 0,\beta\geq 0$,则 $\dfrac{a}{b}$ 必能化为有限小数.

证 详见拙著《初等数论》Ⅱ,第 6 章第 1 节引理 1.

定义5 设 $0.a_1a_2a_3\cdots$ 为一个无限小数,如果存在两个整数 $s\geq 0,t\geq 1$,使对任何 $i=1,2,\cdots,t$ 以及任何 $k=0,1,2,\cdots$,皆有

$$a_{s+i}=a_{s+kt+i}$$

成立,就称它是一个循环小数,并将它简化记为

$$0.a_1\cdots a_s\dot{a}_{s+1}\cdots\dot{a}_{s+t}$$

设 s_0 是满足条件的 s 中的最小者,t_0 是满足条件的 t 中最小者,那么,当 $s_0=0$ 时,称为一个纯循环小数,$s_0\geq 1$ 时则称为一个混循环小数,t_0 则称为循环节 $\dot{a}_{s+1}\cdots\dot{a}_{s+t}$ 的长度.

关于一个既约真分数何时可表为何种循环小数,我们有以下的结果.

引理4 设 $1\leq a<b,(a,b)=1$,且有

$$b=2^\alpha 5^\beta b_1,\alpha\geq 0,\beta\geq 0,(b_1,10)=1,b_1>1$$

又设 10 关于模 b_1 的次数为 h,那么

(1)当 $\alpha=\beta=0$ 时,$\dfrac{a}{b}$ 可化为一个纯循环小数,且循环节的长度恰为 h,即

$$\frac{a}{b}=0.\dot{a}_1\cdots\dot{a}_h$$

(2)当 $\mu=\max(\alpha,\beta)\geq 1$ 时,$\dfrac{a}{b}$ 可化为一个混循环小数,其中不循环的数字恰有 μ 个,而循环节的长度恰为 h,即

$$\frac{a}{b}=0.a_1\cdots a_\mu\dot{a}_{\mu+1}\cdots\dot{a}_{\mu+h}$$

证 详见上述同一书,第 6 章第 1 节.

下面我们要进一步研究一个特别有趣的例子.

例14 试将 $\dfrac{1}{7},\dfrac{2}{7},\dfrac{3}{7},\dfrac{4}{7},\dfrac{5}{7},\dfrac{6}{7}$ 化成小数.

解 由上面的两个引理我们知道,这 6 个真分数都可化为纯循环小数,由于

$$10^2\equiv 2,10^3\equiv 20\equiv -1,10^6\equiv 1\,(\mathrm{mod}\ 7) \tag{57}$$

114

故知 10 关于 7 的次数为 6,因此这些分数化成的纯循环小数中都恰有 6 位数字组成的循环节. 计算给出

$$\frac{1}{7} = 0.\dot{1}4285\dot{7}, \qquad \frac{2}{7} = 0.\dot{2}8571\dot{4}, \qquad \frac{3}{7} = 0.\dot{4}2857\dot{1}$$

$$\frac{4}{7} = 0.\dot{5}7142\dot{8}, \qquad \frac{5}{7} = 0.\dot{7}1428\dot{5}, \qquad \frac{6}{7} = 0.\dot{8}5714\dot{2}.$$

这组小数的循环节出现了一个很有趣的现象,即每个小数的循环节都由同样的六个数字 1,4,2,8,5,7 组成. 如果按照 $\frac{1}{7}$ 的循环节中

$$1 \to 4 \to 2 \to 8 \to 5 \to 7$$

的顺序,添上从 7 到 1 这一箭头,我们就得到一个圆圈(见图 1). 对照 $\frac{2}{7}, \frac{3}{7}, \frac{4}{7}, \frac{5}{7}, \frac{6}{7}$ 的循环节中数字排列次序,我们发现它们都有与图 1 一样的排列次序,只不过它们各从这六个数字中不同的数字开始罢了,例如 $\frac{2}{7}$ 是从数字 2 开始,$\frac{3}{7}$ 是从数字 4 开始,…

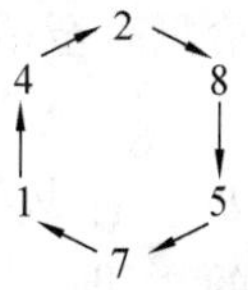

图 1

我们的问题是:对于什么样的自然数 $b > 1$,$\frac{1}{b}, \frac{2}{b}, \cdots, \frac{b-1}{b}$ 的小数有与上例类似的性质呢?

定义 6 设给出由 m 个不同自然数(也可以是 m 个不同的整数)组成的两个排列

$$a_1 a_2 \cdots a_m$$
$$b_1 b_2 \cdots b_m$$

将它们分别按照

$$a_1 \to a_2 \to \cdots \to a_m \to a_1$$
$$b_1 \to b_2 \to \cdots \to b_m \to b_1$$

做成两个圆圈,如果得到的圆圈中诸数字间有完全一样的顺序,则称此二排列仅相差一个循环排列.

例 15 在例 14 中出现的由 1,4,2,8,6,7 六个数字组成的六个排列

$$142867, \quad 714286, \quad 671428,$$
$$867142, \quad 286714, \quad 428671,$$

仅相差一个循环排列.

关于上面提出的问题,有下面的结果.

定理 16 如果 b 为一个素数且 10 为 b 的一个原根,那么

$$\frac{1}{b}, \frac{2}{b}, \cdots, \frac{b-1}{b} \tag{58}$$

的循环节都由 $b-1$ 个数字组成,且它们仅相差一个循环排列.

证　对每个 $1 \leqslant j \leqslant b-1$,显然有 $(j,b)=1$. 由引理 4 知,式(58)中每个分数化为小数时必都是纯循环小数,且循环节长度都为 $b-1$,记

$$\frac{1}{b} = 0.\dot{a}_1 a_2 \cdots \dot{a}_{b-1} \tag{59}$$

如果 $\{x\}$ 表示 x 的小数部分,由式(59)容易看出,对任何整数 $m \geqslant 0$,皆有

$$\left\{ \frac{10^m}{b} \right\} = \left\{ \frac{10^{m+b-1}}{b} \right\}$$

于是对整数 $m \geqslant 0$,数集

$$\left\{ \frac{10^m}{b} \right\} \quad (m = 0,1,2,\cdots) \tag{60}$$

中恰只有至多 $b-1$ 个互不相同的数,再由 10 为 b 之原根知

$$10^0 = 1,10,10^2,\cdots,10^{b-2}$$

这 $b-1$ 个数关于模 b 两两互不同余,于是在数集(60)中恰好有 $b-1$ 个互不相同的数,即

$$\left\{ \frac{1}{b} \right\}, \left\{ \frac{10}{b} \right\}, \cdots, \left\{ \frac{10^{b-2}}{b} \right\} \tag{61}$$

一方面,我们知道

$$1,10,\cdots,10^{b-2}$$

恰好跑过 b 的简化剩余系 $1,2,\cdots,b-1$,于是数列(61)恰好是下列数组的一个排列

$$\frac{1}{b}, \frac{2}{b}, \cdots, \frac{b-1}{b}$$

另一方面,由数列(61)及式(59)容易看出,数列(61)中每个数都是一个纯循环小数,皆以 $b-1$ 为其循环节长度,且都与 $\frac{1}{b}$ 的循环节中同样的 $b-1$ 个数字由相差一个循环排列而组成,这正是所要证明的.

更一般地,我们有下面的结果.

定理 17　设 b 为自然数,$b \geqslant 3$,$(b,10)=1$,又设 10 关于 b 的次数为 t_0,再记以下 t_0 个数

$$10^0 = 1,10^1,\cdots,10^{t_0-1}$$

关于模 b 的最小正剩余分别为

$$r_1 = 1, r_2, \cdots, r_{t_0}$$

那么,以下 t_0 个分数

$$\frac{r_1}{b}, \frac{r_2}{b}, \cdots, \frac{r_{t_0}}{b}$$

表成小数时,不但循环节长度都为 t_0,且它们的循环节都由同样的 t_0 个数字组

成,只不过相互相差一个循环排列.

这个定理可以按照上一定理的证法去做,这里不再赘述,我们把它留给读者作为一个练习.

推论 1 设 $b \geq 3$ 为自然数,$(b,10)=1$,且 10 关于 b 的次数为 t_0,那么在

$$\frac{1}{b}, \frac{2}{b}, \cdots, \frac{b-1}{b}$$

中一定恰可以找出 t_0 个分数,它们的循环节由同样的 t_0 个数字经循环排列而构成.

例 16 $b=21$,计算给出 $t_0=6$,注意到

$$10^0=1,10,10^2,10^3,10^4,10^5$$

这 6 个数字关于 21 的最小正剩余分别为

$$1,10,16,13,4,19$$

于是以下 6 个分数

$$\frac{1}{21}, \frac{10}{21}, \frac{16}{21}, \frac{13}{21}, \frac{4}{21}, \frac{19}{21}$$

展成小数时,其循环节中 6 个数字组成的集合为同一集合,且相互仅相差一个循环排列,实际计算给出

$$\frac{1}{21}=0.\dot{0}4761\dot{9}, \qquad \frac{10}{21}=0.\dot{4}7619\dot{0}, \qquad \frac{16}{21}=0.\dot{7}6190\dot{4},$$

$$\frac{13}{21}=0.\dot{6}1904\dot{7}, \qquad \frac{4}{21}=0.\dot{1}9047\dot{6}, \qquad \frac{19}{21}=0.\dot{9}0476\dot{1}$$

小于 50 的奇素数 p,最小原根及指数表

(表 1)

(1)$p=3,g=2$

a	1	2
ind	0	1

(2)$p=5,g=2$

a	1	2	3	4
ind	0	1	3	2

(3)$p=7,g=3$

a	1	2	3	4	5	6
ind	0	2	1	4	5	3

(4)$p=11,g=2$

a	1	2	3	4	5	6	7	8	9	10
ind	0	1	8	2	4	9	7	3	6	5

(5)$p=13,g=2$

a	1	2	3	4	5	6	7	8	9	10	11	12
ind	0	1	4	2	9	5	11	3	8	10	7	6

(6)$p=17,g=3$

117

a	1	2	3	4	5	6	7	8	9	10	11	12	13	14	15	16
ind	0	14	1	12	5	15	11	10	2	3	7	13	4	9	6	8

（7）$p = 19, g = 2$

a	1	2	3	4	5	6	7	8	9
ind	0	1	13	2	16	14	6	3	8

a	10	11	12	13	14	15	16	17	18
ind	17	12	15	5	7	11	4	10	9

（8）$p = 23, g = 5$

a	1	2	3	4	5	6	7	8	9	10	11
ind	0	2	16	4	1	18	19	6	10	3	9

a	12	13	14	15	16	17	18	19	20	21	22
ind	20	14	21	17	8	7	12	15	5	13	11

（9）$p = 29, g = 2$

a	1	2	3	4	5	6	7	8	9	10	11	12	13	14
ind	0	1	5	2	22	6	12	3	10	23	25	7	18	13

a	15	16	17	18	19	20	21	22	23	24	25	26	27	28
ind	27	4	21	11	9	24	17	26	20	8	16	19	15	14

（10）$p = 31, g = 3$

a	1	2	3	4	5	6	7	8	9	10	11	12	13	14	15
ind	0	24	1	18	20	25	28	12	2	14	23	19	11	22	21

a	16	17	18	19	20	21	22	23	24	25	26	27	28	29	30
ind	6	7	26	4	8	29	17	27	13	10	5	3	16	9	15

（11）$p = 37, g = 2$

a	1	2	3	4	5	6	7	8	9	10	11	12
ind	0	1	26	2	23	27	32	3	16	24	30	28

a	13	14	15	16	17	18	19	20	21	22	23	24
ind	11	33	13	4	7	17	35	25	22	31	15	29

a	25	26	27	28	29	30	31	32	33	34	35	36
ind	10	12	6	34	21	14	9	5	20	8	19	18

（12）$p = 41, g = 6$

a	1	2	3	4	5	6	7	8	9	10	11	12	13	14
ind	0	26	15	12	22	1	39	38	30	8	3	27	31	25

a	15	16	17	18	19	20	21	22	23	24	25	26	27
ind	37	24	33	16	9	34	14	29	36	13	4	17	5

a	28	29	30	31	32	33	34	35	36	37	38	39	40
ind	11	7	23	28	10	18	19	21	2	32	35	6	20

(13) $p = 43, g = 3$

a	1	2	3	4	5	6	7	8	9	10	11	12	13	14
ind	0	27	1	12	25	28	35	39	2	10	30	13	32	20

a	15	16	17	18	19	20	21	22	23	24	25	26	27	28
ind	26	24	38	29	19	37	36	15	16	40	8	17	3	5

a	29	30	31	32	33	34	35	36	37	38	39	40	41	42
ind	41	11	34	9	31	23	18	14	7	4	33	22	6	21

(14) $p = 47, g = 5$

a	1	2	3	4	5	6	7	8	9	10	11
ind	0	18	20	36	1	38	32	8	40	19	7

a	12	13	14	15	16	17	18	19	20	21	22	23	24
ind	10	11	4	21	26	16	12	45	37	6	25	5	28

a	25	26	27	28	29	30	31	32	33	34	35
ind	2	29	14	22	35	39	3	44	27	34	33

a	36	37	38	39	40	41	42	43	44	45	46
ind	30	42	17	31	9	15	24	13	43	41	23

习　　题

1. 设 $l \geq 3$，证明 5 对于模 2^l 的次数为 2^{l-2}.

2. 设 $l \geq 3$，证明：对任一奇数 a，必有一个整数 $b(0 \leq b < 2^{l-2})$ 使

$$a \equiv (-1)^{\frac{a-1}{2}} 5^b (\bmod 2^l)$$

3. 设 p 为奇素数，$a > 1$ 为整数，证明：

(1) $a^p - 1$ 的奇素因子是 $a - 1$ 的因子，或者是形如 $2px + 1$ 的整数，其中 x 是整数；

(2) $a^p + 1$ 的奇素因子是 $a + 1$ 的因子，或者是形如 $2px + 1$ 的整数，其中 x 是整数.

4. 解下列同余式

(1) $8x \equiv 7 (\bmod 43)$，

(2) $x^8 \equiv 17 (\bmod 43)$，

(3) $8^x \equiv 4 (\bmod 43)$.

5. 证明：m 为素数之充要条件为，存在一个整数 a 使 a 关于模 m 的次数为

$m - 1$.

6. 设 g 为奇素数 p 的一个原根, 证明: 当 $p \equiv 1 \pmod 4$ 时 $-g$ 也为 p 的一个原根, 而当 $p \equiv 3 \pmod 4$ 时, $-g$ 的次数为 $(p-1)/2$.

7. 证明: 若 $p = 2^n + 1 (n \geq 2)$ 为一个素数, 则 3 必为 p 的一个原根.

8. 设 q 为一个奇素数, $p = 4q + 1$ 也为一个素数, 证明: 2 必为 p 的一个原根.

9. (第 8 题的另一解法)

设 q 为一个奇素数, $p = 4q + 1$ 也为一个素数.

(1) 证明同余式 $x^2 \equiv -1 \pmod p$ 恰有两个解, 每个解都是 p 的平方非剩余;

(2) 证明除去上述两解外, p 的其他二次非剩余皆为 p 的原根.

(3) 试求 $p = 29$ 的全部原根.

10. (第 9 题的推广)

设 q 为一个奇素数, $p = 2^n q + 1$ 也为一个素数. 证明: p 的每个满足

$$a^{2^n} \not\equiv 1 \pmod p$$

的平方非剩余 a 皆为 p 的一个原根.

11. 设 $m \geq 3$ 为整数, m 有一个原根, $(a, m) = 1$, 证明:

(1) a 为 m 之平方剩余的充分必要条件是

$$a^{\varphi(m)/2} \equiv 1 \pmod m$$

(2) 若 a 为 m 之平方剩余, 则同余式

$$x^2 \equiv a \pmod m$$

恰有两个解;

(3) 恰有 $\varphi(m)/2$ 个 $\bmod m$ 互不相同且皆与 m 互素的整数, 它们为 m 的全部平方剩余.

12. 设 $m \geq 3$, $(a, m) = 1$, a 为 m 之平方剩余. 证明: 同余式 $x^2 \equiv a \pmod m$ 恰有两解的充分与必要条件为: m 有原根.

13. 设 $S_n(p) = \sum_{k=1}^{p-1} k^n$, 这里 p 为奇素数, $n \geq 2$, 证明

$$S_n(p) \equiv \begin{cases} 0 \pmod p, & \text{若 } n \not\equiv 0 \pmod{p-1} \\ -1 \pmod p, & \text{若 } n \equiv 0 \pmod{p-1} \end{cases}$$

14. 证明: 模 p 的原根之和同余于 $\mu(p-1) \pmod p$, 这里 $\mu(n)$ 为麦比乌斯 (Möbius) 函数.

15. 如果 p 为一个大于 3 的素数, 证明模 p 的原根之积同余于 $1 \pmod p$.

16. 设 $p = 2^{2^k} + 1$ 为一个素数, 证明 p 的全部二次非剩余恰为 p 的全部原根.

17. 设 $p = 2^{2^k} + 1$ 为一个素数, 试证明 7 是 p 的一个原根的条件.

18. 设 p 为一个奇素数, 设 $(h, p) = 1$

$$S(h) = \{h^n : 1 \leqslant n \leqslant p - 1, (n, p - 1) = 1\}$$

我们知道,当 h 为 p 的一个原根时,$S(h)$ 中 $\varphi(p-1)$ 个数两两不同余 $\bmod\, p$,且恰为 p 的全部原根. 试证明:当且仅当 $p \equiv 3 (\bmod\, 4)$ 时,存在一个整数 h,它不是 p 的原根,但由它作出的 $S(h)$ 中 $\varphi(p-1)$ 个数是两两互不同余的 $(\bmod\, p)$.

19. 已知素数 $p = 71$ 以 7 为一个原根,试求 71 的所有原根,并求出 p^2 及 $2p^2$ 的一个原根来.

20. 求出 $x^n \equiv a(\bmod\, p)$, $p \nmid a$, $n < p$, 对模 p 有 n 个解的充要条件.

21. 设 $a + b = p$, p 为奇素数,证明

$$\text{ind}\, a - \text{ind}\, b \equiv \frac{p - 1}{2} (\bmod\, p - 1)$$

表正整数为平方和及华林问题介绍

14.1　素数表为平方和

在这一节里,我们要研究素数可以表成 n 个正整数的平方和这一问题. 首先我们证明下面的简单结论.

定理1　任何一个形如 $4k+3$ 的素数都不能表示成为两个整数的平方和.

证　设 x 为一个整数,那么,当 $x=2k$ 为偶数时 $x^2=4k^2\equiv 0(\bmod 4)$,而当 $x=2k+1$ 为奇数时,我们有 $x^2=4k(k+1)+1\equiv 1(\bmod 4)$,因此,对任给的两个整数 x,y,我们总有

$$x^2+y^2=\begin{cases}0(\bmod 4), & \text{若}2\mid x,2\mid y,\\ 1(\bmod 4), & \text{若}2\mid xy,2\nmid(x,y)\\ 2(\bmod 4), & \text{若}2\nmid xy\end{cases}$$

这表明,对任何整数 x,y 及任何素数 $p\equiv 3(\bmod 4)$,我们都有

$$p\not\equiv x^2+y^2(\bmod 4)$$

当然更不能有 x_0,y_0 使 $p=x_0^2+y_0^2$ 了.

下面要证,形如 $4k+1$ 的素数总可以表为两个整数之平方和. 为此,先给出以下几个引理.

引理 1　设素数 $p \equiv 1 (\bmod 4)$，记 $q = (p - 1)/2$ 及 $a = q!$，则 $a^2 \equiv -1 (\bmod p)$.

证　由威尔逊定理有

$$(p - 1)! \equiv -1 (\bmod p) \tag{1}$$

另一方面，我们有

$$(p - 1)! = 1 \cdot 2 \cdots \left(\frac{p - 1}{2}\right)\left(\frac{p + 1}{2}\right) \cdots (p - 2)(p - 1) \equiv$$

$$1 \cdot 2 \cdots \left(\frac{p - 1}{2}\right)(-1)\left(\frac{p - 1}{2}\right) \cdots (-1)(2) \cdot (-1)(1) \equiv$$

$$(-1)^{\frac{p-1}{2}} \cdot a^2 = a^2 (\bmod p) \tag{2}$$

其中用到 $p \equiv 1 (\bmod 4)$ 这一条件，由式(1)与(2)就证明了引理的结论.

引理 2　设 p 为一个素数，m 为整数，$p \nmid m$，证明，必存在整数 x, y，使

$$mx \equiv y (\bmod p) \tag{3}$$

$$1 \le x < \sqrt{p} \quad 1 \le y < \sqrt{p} \tag{4}$$

证　考虑当 t, u 分别取遍 $0, 1, \cdots, [\sqrt{p}]$ 这 $[\sqrt{p}] + 1$ 个整数时 $mt + u$ 所形成的集合. 由于 t 与 u 各取 $[\sqrt{p}] + 1$ 个值，因此相应就得到 $mt + u$ 的 $([\sqrt{p}] + 1)^2$ 个值，注意到

$$([\sqrt{p}] + 1)^2 > (\sqrt{p})^2 = p$$

但模 p 的完全剩余系中恰只有 p 个不同的类，由抽屉原则，必至少有两组数 t_1, u_1 及 t_2, u_2 使 $mt_1 + u_1$ 与 $mt_2 + u_2$ 在模 p 的同一个剩余类中，即

$$mt_1 + u_1 \equiv mt_2 + u_2 (\bmod p) \tag{5}$$

由于 t_1, u_1 与 t_2, u_2 是两对不同的数，故不可能同时有

$$t_1 = t_2, u_1 = u_2$$

成立.

(1) 若 $t_1 = t_2$，由式(5)就有

$$u_1 \equiv u_2 (\bmod p) \tag{6}$$

不妨设 $u_1 \ge u_2$，于是有 $0 \le u_1 - u_2 \le [\sqrt{p}] < p$，于是式(6)仅当 $u_1 = u_2$ 时才能成立，但这是不可能的.

(2) 若 $u_1 = u_2$，由式(5)就有

$$m(t_1 - t_2) \equiv 0 (\bmod p)$$

再由 $p \nmid m$ 就有 $t_1 - t_2 \equiv 0 (\bmod p)$，由与上面同样的理由，我们推出有 $t_1 = t_2$，但这是不可能的.

由上面所证，我们知道必有

$$t_1 \ne t_2, u_1 \ne u_2$$

123

不妨设 $t_1 > t_2$，记 $t_1 - t_2 = x, u_2 - u_1 = y$，则有

$$1 \leqslant x \leqslant [\sqrt{p}] < \sqrt{p}, 1 \leqslant |y| \leqslant [\sqrt{p}] < \sqrt{p}$$

且

$$mx \equiv y \pmod{p}$$

这正是所要证明的.

现在我们可以来证明这一节的主要结果了.

定理 2　若 $p \equiv 1 \pmod 4$ 为一个素数，则它必可表为两个整数的平方和.

证　由引理 2 我们知道，必有整数 $x, y, 1 \leqslant x < \sqrt{p}, 1 \leqslant |y| < \sqrt{p}$，使对给定的 $m, p \nmid m$ 有

$$mx \equiv y \pmod{p}$$

特别取 $m = a$，这里 a 的定义见引理 1，我们就有

$$p \mid (ax - y)$$

于是也有

$$p \mid (ax - y)(ax + y)$$

此即

$$a^2 x^2 - y^2 \equiv 0 \pmod{p}$$

定义 $x_0 = x, y_0 = |y|$，上式表明

$$a^2 x_0^2 - y_0^2 \equiv 0 \pmod{p} \tag{7}$$

且

$$1 \leqslant x_0 < \sqrt{p}, 1 \leqslant y_0 < \sqrt{p} \tag{8}$$

再由引理 1 代入式 (7)，我们得到

$$x_0^2 + y_0^2 \equiv 0 \pmod{p} \tag{9}$$

即有 k 使

$$x_0^2 + y_0^2 = pk$$

但由式 (8) 知 $2 \leqslant x_0^2 + y_0^2 < 2p$，故必定 $k = 1$，这正是所要证明的.

14.2　正整数表为两个平方和

在上一节里，我们证明了每个形如 $4k + 1$ 之素数必可以表成两个自然数之平方和. 在这一节里，我们要讨论什么样的正整数（不一定是素数）可以表示成为两个整数的平方和问题.

引理 3　设 x_1, x_2, y_1, y_2 为任意整数，则有

$$(x_1^2 + y_1^2)(x_2^2 + y_2^2) = (x_1 x_2 + y_1 y_2)^2 + (x_1 y_2 - x_2 y_1)^2 \tag{10}$$

证　两边展开即得证.

式(10)告诉我们,如果 m_1,m_2 为两正整数,它们都能表示成为两整数之平方和,那么 m_1,m_2 也必能表示成为两整数之平方和.设 n 是任一个给定的正整数,它有分解式

$$n = m^2 n_1, \mu(n_1) \neq 0 \tag{11}$$

这里 μ 为麦比乌斯函数,它定义为

$$\mu(r) = \begin{cases} 1, & r = 1 \\ (-1)^l, & r \text{ 为 } l \text{ 个不同素数的乘积} \\ 0, & r \text{ 能被一个素数的平方整除} \end{cases} \tag{12}$$

于是式(11)就是说,m^2 为 n 的最大平方因子,而 n_1 中不再含有任何素数的平方因子了.由于 $m^2 = m^2 + 0^2$ 显然为两整数 m 及 0 的平方和,由引理3知,只要 n_1 能表成两整数之平方和,那么 n 也就必可表为两整数之平方和了.由 n_1 无平方因子知,必有分解式

$$n_1 = p_1 \cdots p_s, s \geq 1, p_t < \cdots < p_s \tag{13}$$

如果每个 $p_i (1 \leq i \leq s)$ 都是形如 $4k+1$ 之素数,或其中最小的 $p_1 = 2 = 1^2 + 1^2$,那么由上节之定理2知,每个 $p_i (1 \leq i \leq s)$ 都可表为两正整数之平方和,对这些平方和反复应用引理3,容易看出 n 必为两整数之平方和.

反过来我们自然要问:n 如能表为两整数之平方和,n_1 的分解式(13)中每个素因子是否都一定要是形如 $4k+1$ 之素数不可呢?答案是肯定的.下面我们来证,如果式(13)的分解式中有一个素因子是形如 $4k+3$ 的,且 n 仍能表成两整数之平方和,我们会从中推出矛盾来.

不妨设有素数 $p_0 = 4k+3, p_0 \mid n_1$,于是有自然数 $t, 2 \nmid t$,使 $p_0^t \uparrow n$(这里 $\uparrow$ 表示 $p_0^t \mid n$ 但 $p_0^{t-1} \nmid n$).又设有整数 x, y 使

$$n = x^2 + y^2 \tag{14}$$

令 $(x,y) = d$,则有 $x = dx_1, y = dy_1, (x_1, y_1) = 1$,于是

$$n = d^2(x_1^2 + y_1^2)$$

由于 $2 \nmid t$,故必有 $p_0 \mid (x_1^2 + y_1^2)$,而且显然 $p_0 \nmid x_1$,否则必也有 $p_0 \mid y_1$,这与 $(x_1, y_1) = 1$ 矛盾,即有

$$x_1^2 + y_1^2 \equiv 0 (\bmod p_0), p_0 \nmid x_1 y_1 \tag{15}$$

由 $p_0 \nmid x_1$ 知,必存在 $x_2, p_0 \nmid x_2$ 使

$$x_1 x_2 \equiv 1 (\bmod p_0) \tag{16}$$

于是由式(15),(16)就有

$$0 \equiv x_2^2(x_1^2 + y_1^2) = (x_1 x_2)^2 + (x_2 y_1)^2 \equiv$$
$$1 + (x_2 y_1)^2 (\bmod p_0)$$

这表明 -1 应为 p_0 之平方剩余,而这与 $p_0 \equiv 3(\bmod 4)$ 矛盾.综上所述,我们就

证明了下面的结论.

定理3 设 $n = m^2 n_1, \mu(n_1) \neq 0$,那么,正整数 n 可以表为两整数的平方和之充分必要条件是:只要素数 $p \mid n_1$,就必有 $p \equiv 1 \pmod 4$.

14.3 拉格朗日的四平方定理

通过上面两节的讨论,我们看到,并非每个正整数都可表为两个平方数之和. 例如,形如 $4k + 3$ 的素数就不可能表成两个整数之平方和. 那么人们自然会问:每个正整数是否可以表为 3 个整数的平方和呢? 答案是否定的,因为我们容易找出这样一个反面的例子来.

例如取 $n = 15$,它只有以下几种方法分解成整数的平方和的形式

$$15 = 3^2 + 2^2 + 1^2 + 1^2 = 2^2 + 2^2 + 2^2 + 1^2 + 1^2 + 1^2 =$$
$$2^2 + 2^2 + 1^2 + 1^2 + 1^2 + 1^2 + 1^2 + 1^2 + 1^2 = \cdots =$$
$$\underbrace{1^2 + 1^2 + \cdots + 1^2}_{15}$$

其中最少需要 4 个平方和. 这启发我们考虑任一正整数是否可用 4 个平方和表出的问题. 这个问题的答案是肯定的. 为证明这个定理,我们先叙述一个引理,以使问题得到简化.

引理4 设 $x_1, x_2, y_1, y_2, z_1, z_2, w_1, w_2$ 皆为整数,则有

$$(x_1^2 + y_1^2 + z_1^2 + w_1^2)(x_2^2 + y_2^2 + z_2^2 + w_2^2) =$$
$$(x_1 x_2 + y_1 y_2 + z_1 z_2 + w_1 w_2)^2 +$$
$$(x_1 y_2 - y_1 x_2 + z_1 w_2 - w_1 z_2)^2 +$$
$$(x_1 z_2 - z_1 x_2 + w_1 y_2 - y_1 w_2)^2 +$$
$$(x_1 w_2 - w_1 x_2 + y_1 z_2 - z_1 y_2)^2$$

证 两边展开即可验证其正确性了.

我们知道,每一个正整数都可以分解成若干个素数的幂的乘积,再由引理 4 容易看出,只要能证明每个素数都可以表示成 4 个整数的平方和,那么每个正整数就一定可以表成为 4 个整数的平方和了,这就是下面的.

定理4 每个素数都能表示成 4 个整数的平方和.

证 由于 $2 = 1^2 + 1^2 + 0^2 + 0^2$,结论对 $p = 2$ 显然已成立,故不妨可以设 $p \geqslant 3$.

考虑 $(p+1)/2$ 个整数 $x^2 (0 \leqslant x \leqslant (p-1)/2)$ 及另外 $(p+1)/2$ 个整数 $-1 - y^2 (0 \leqslant y \leqslant (p-1)/2)$ 所组成的集合 S. 显然 S 中一共恰有 $(p+1)/2 + (p+1)/2 = p+1$ 个数,由于模 p 的完全剩余系中恰有 p 个数,因此 S 中必至少

有两个数对模 p 属于同一个剩余类. 但由于诸数 $x^2(0 \leqslant x \leqslant (p-1)/2)$ 对模 p 两两互不同余, 诸数 $-1-y^2(0 \leqslant y \leqslant (p-1)/2)$ 对模 p 也两两互不同余, 因此必存在一个 x_0 及一个 y_0, $0 \leqslant x_0 \leqslant (p-1)/2$, $0 \leqslant y_0 \leqslant (p-1)/2$, 使

$$x_0^2 \equiv -1 - y_0^2 (\bmod p)$$

于是有整数 m 使

$$x_0^2 + y_0^2 + 1 = mp \qquad (17)$$

并且还有 $1 \leqslant m \leqslant (1 + 2\left(\dfrac{p-1}{2}\right)^2)/p < p^2/p = p$, 于是 p 有一个正的倍数可以表成 4 个整数之平方和, 我们设 $m_1 p$ 是 p 的能表为 4 个整数平方和的最小正倍数, 设表示法为

$$m_1 p = x_1^2 + x_2^2 + x_3^2 + x_4^2 \quad (1 \leqslant m_1 \leqslant p-1) \qquad (18)$$

我们来证必有 $m_1 = 1$. 首先来证 $2 \nmid m_1$. 用反证法, 若 $2 \mid m_1$, 由式 (18) 知只有以下三种可能情形:

(1) $2 \mid (x_1, x_2, x_3, x_4)$,

(2) $2 \nmid x_1 x_2 x_3 x_4$,

(3) $x_i(1 \leqslant i \leqslant 4)$ 中有两个奇数, 两个偶数, 不妨设

$$2 \mid (x_1, x_2), 2 \nmid x_3 x_4$$

在以上三情形中的每一情形, 易见 $x_1 + x_2, x_1 - x_2, x_3 + x_4, x_3 - x_4$ 皆为偶数, 且

$$\frac{1}{2} m_1 p = \left(\frac{x_1 + x_2}{2}\right)^2 + \left(\frac{x_1 - x_2}{2}\right)^2 + \left(\frac{x_3 + x_4}{2}\right)^2 + \left(\frac{x_3 - x_4}{2}\right)^2$$

这与关于 m_1 的最小性假设矛盾, 这矛盾就说明了 "$2 \mid m_1$" 的假设是错误的.

再用反证法证明 $m_1 = 1$. 如果不然, 就有 $m_1 \geqslant 3$. 而且不难证明 $m_1 \nmid (x_1, x_2, x_3, x_4)$, 否则就有

$$m_1^2 \mid (x_1^2 + x_2^2 + x_3^2 + x_4^2)$$

此即表明 $m_1^2 \mid m_1 p$, 但这与 $3 \leqslant m_1 \leqslant p-1$ 矛盾. 这证明了不可能同时有

$$x_1 \equiv x_2 \equiv x_3 \equiv x_4 \equiv 0 (\bmod m_1) \qquad (19)$$

对每个 $x_i(1 \leqslant i \leqslant 4)$, 总有整数 $y_i(1 \leqslant i \leqslant 4)$, 使

$$y_i \equiv x_i (\bmod m_1), \ |y_i| < \frac{1}{2} m_1 (1 \leqslant i \leqslant 4) \qquad (20)$$

再由关于式 (19) 的讨论及式 (20), 就有

$$1 \leqslant y_1^2 + y_2^2 + y_3^2 + y_4^2 < 4(\frac{1}{2} m_1)^2 = m_1^2 \qquad (21)$$

由式 (18) 及 (20) 又有

$$y_1^2 + y_2^2 + y_3^2 + y_4^2 \equiv x_1^2 + x_2^2 + x_3^2 + x_4^2 \equiv 0 (\bmod m_1) \qquad (22)$$

由式 (21) 与 (22) 知, 必有正整数 m_2 使

$$y_1^2 + y_2^2 + y_3^2 + y_4^2 = m_1 m_2 (1 \leqslant m_2 < m_1) \tag{23}$$

由式(18)及(23),并利用引理4就得到

$$
\begin{aligned}
m_1^2 m_2 p &= (m_1 m_2)(m_1 p) = \\
&(y_1^2 + y_2^2 + y_3^2 + y_4^2)(x_1^2 + x_2^2 + x_3^2 + x_4^2) = \\
&z_1^2 + z_2^2 + z_3^2 + z_4^2 =
\end{aligned} \tag{24}
$$

其中

$$
\begin{cases}
z_1 = x_1 y_1 + x_2 y_2 + x_3 y_3 + x_4 y_4 \\
z_2 = x_1 y_2 - x_2 y_1 - x_3 y_4 - x_4 y_3 \\
z_3 = x_1 y_3 - x_3 y_1 + x_4 y_2 - x_2 y_4 \\
z_4 = x_1 y_4 - x_4 y_1 + x_2 y_3 - x_3 y_2
\end{cases} \tag{25}
$$

由式(25)及(20),(18)容易看出有

$$z_1 \equiv x_1^2 + x_2^2 + x_3^2 + x_4^2 \equiv 0$$
$$z_2 \equiv x_1 x_2 - x_2 x_1 + x_3 x_4 - x_4 x_3 \equiv 0 (\bmod m_1)$$
$$z_3 \equiv x_1 - x_3 - x_3 x_1 + x_4 x_2 - x_2 x_4 \equiv 0$$
$$z_4 \equiv x_1 x_4 - x_4 x_1 + x_2 x_3 - x_3 x_2 \equiv 0 (\bmod m_1)$$

再由式(24)就得到,有整数 w_1, w_2, w_3, w_4 使

$$m_2 p = w_1^2 + w_2^2 + w_3^2 + w_4^2 \tag{26}$$

这里 $w_i = z_i / m_1$,由于 $1 \leqslant m_2 < m_1$,式(26)与 m_1 的最小性矛盾,这一矛盾就证明了"$m_1 \geqslant 3$"的假定是错误的,于是定理的结论成立.

由定理4及引理4立即推出以下著名的拉格朗日(Lagrange)定理成立.

定理5 (拉格朗日)每个正整数都能表示成为四个整数的平方和.

14.4 华林问题简介

上节中证明的拉格朗日定理是 1770 年华林的著名猜测的一个特例. 华林猜测说:"凡正整数必可表为四个平方和之和,必可表为九个非负整数的立方数之积,必可表为十九个非负整数的四次方之和,…". 就是说,每给一个正整数 k,必有一个只与 k 有关的正整数 $s(k)$ 存在,使每一正整数皆可表成 $s(k)$ 个 k 次方数之和. 若用 $g(k)$ 记有这性质的 $s(k)$ 的最小者,华林猜测就是说 "$g(2) = 4, g(3) = 9, g(4) = 19, \cdots$".

华林提出这一猜测的同一年,拉格朗日就证明了上面的定理6,即 $g(2) = 4$. 1909 年,威弗里奇(Wieferich)证明了 $g(3) = 9$. 在此之前,人们仅对 $k = 3, 4, 5, 6, 7, 8, 10$ 证明了 $g(k)$ 之存在,只是在 1909 年,希尔伯特(Hilbert)才首次对任意的 k 证明了 $g(k)$ 的存在性. 以后,人们就不断致力于求 $g(k)$ 之精确值.

1936 年 ～ 1940 年，由于迪克森（Dickson），皮莱（Pillai），鲁布干弟（Rubugunday）及尼文（Niven）等人的先后努力,证明了以下结果.

定理 6 若 $k \geqslant 7$,且

$$\left(\frac{3}{2}\right)^k - \left[\left(\frac{3}{2}\right)^2\right] \leqslant 1 - \left(\frac{1}{2}\right)^k \left\{\left[\left(\frac{3}{2}\right)^k\right] + 3\right\} \tag{27}$$

那么就有

$$g(k) = 2^k + \left[\left(\frac{3}{2}\right)^k\right] - 2 \tag{28}$$

1940 年,皮莱证明了 $g(6) = 73$,1965 年,陈景润证明了 $g(5) = 37$.

1957 年,马勒（Mahter）证明了,除了至多有限个 k 的值外,式（27）都是成立的,可惜他的方法不能算出使式（27）可能不成立的 k 的上界. 1964 年,施泰姆勒（Stemmler）用计算机计算证明了,式（27）对于 $4 \leqslant k \leqslant 200\ 000$ 的 k 都是成立的. 因此,到目前为止,除了尚未证明式（27）是否对所有 $k \geqslant 4$ 都成立外,华林问题 $g(k)$ 已基本上算是解决了. 关于 $g(4) = 19$,已经于最近获得了证明.

关于华林问题,还有另外一些重要的内容及重要方法（例如哈代（Hardy）与李特伍德（Littlewood）的工作及维诺格拉朵夫（Виноградов）,华罗庚等人的工作等等）,这些出色的工作对整个解析数论的发展有着巨大的影响. 但由于篇幅所限,不能在此一一介绍,希望详细了解华林问题历史的读者,可以看爱立生（Ellison）发表在《美国数学月刊》（Amer. Math. Monthly）1971 年七十八期上第十到第三十六页的介绍文章.

下面,我们要用初等数论的办法给出有关华林问题中 $g(k)$ 估计的几个简单结果. 这些结果虽很粗糙,但是可以提供我们解决问题的一些简单易行的方法.

定理 7 对 $k \geqslant 2$ 恒有

$$g(k) \geqslant 2^k + \left[\left(\frac{3}{2}\right)^k\right] - 2 \tag{29}$$

证 让我们考虑正整数

$$n_k = 2^k \left[\left(\frac{3}{2}\right)^k\right] - 1$$

显然有

$$n_k \leqslant 2^k \left(\frac{3}{2}\right)^k - 1 = 3^k - 1$$

因此 n_k 只可能表示成若干个 2^k 及若干个 1^k 之和. 容易看出,表示法中含 2^k 的项数越多,则 n_k 表成 k 次幂之和的总项数就越少,故使 n_k 表成 k 次幂之和的项数最小的表示法应为

$$n^k = \underbrace{2^k + \cdots + 2^k}_{\left[\left(\frac{3}{2}\right)^k\right] - 1 \text{个}} + \underbrace{1^k + \cdots + 1^k}_{2^k - 1 \text{个}}$$

其总项数为 $\left[\left(\dfrac{3}{2}\right)^{k}\right] + 2^{k} - 2$,这就证明了恒有

$$g(k) \geqslant 2^{k} + \left[\left(\dfrac{3}{2}\right)^{k}\right] - 2$$

定理 8   我们有 $g(4) \leqslant 50$.

证   我们先来证明下面的恒等式:

$$
\begin{aligned}
6(a^{2} + b^{2} + c^{2} + d^{2})^{2} = &(a + b)^{4} + (a - b)^{4} + (c + d)^{4} + \\
&(c - d)^{4} + (a + c)^{4} + (a - c)^{4} + \\
&(b + d)^{4} + (b - d)^{4} + (a + d)^{4} + \\
&(a - d)^{4} + (b + c)^{4} + (b - c)^{4}
\end{aligned}
\tag{30}
$$

注意到

$$
\begin{aligned}
(a + b)^{4} + (a - b)^{4} = &a^{4} + 4a^{3}b + 6a^{2}b^{2} + 4ab^{3} + b^{4} + \\
&a^{4} - 4a^{3}b + 6a^{2}b^{2} - 4ab^{3} + b^{4} = \\
&2a^{4} + 12a^{2}b^{2} + 2b^{4}
\end{aligned}
$$

又我们有

$$(c + d)^{4} + (c - d)^{4} = 2c^{4} + 12c^{2}d^{2} + 2d^{4}$$
$$(a + c)^{4} + (a - c)^{4} = 2a^{4} + 12a^{2}c^{2} + 2c^{4}$$
$$(b + d)^{4} + (b - d)^{4} = 2b^{4} + 12b^{2}d^{2} + 2d^{4}$$
$$(a + d)^{4} + (a - d)^{4} = 2a^{4} + 12a^{2}d^{2} + 2d^{4}$$
$$(b + c)^{4} + (b - c)^{4} = 2b^{4} + 12b^{2}c^{2} + 2c^{4}$$

以上 6 个式子两边分别相加,就证明了式(30).

任给一个正整数 n,若 $1 \leqslant n \leqslant 50$,当然 n 可以表成 50 个整数的四次方之和;若 $51 \leqslant n \leqslant 95$,则有

$$n = 48 + (n - 48) = 2^{4} + 2^{4} + 2^{4} + \underbrace{1^{4} + \cdots + 1^{4}}_{n - 48 \text{个}}$$

于是 n 可表成为 $(n - 48) + 3 \leqslant 95 - 45 \leqslant 50$ 个四次幂之和. 若 $n \geqslant 95$,我们有 $n = 6N + t$,其中 $N \geqslant 2$ 为整数而 $t = 0,1,2,16,17,81$(注意 $0,1,2,16,17,81$ 恰好构成模 6 的一个完全剩余系). 注意

$$1 = 0^{4} + 1^{4}, 2 = 1^{4} + 1^{4}, 16 = 0^{4} + 2^{4}$$
$$17 = 1^{4} + 2^{4}, 81 = 0^{4} + 3^{4}$$

因此,t 总可以表示成为两个整数的四次幂之和,对非负整数 N,由拉格朗日定理知,必有 4 个非负整数 $x_{1}, x_{2}, x_{3}, x_{4}$,使得 $N = x_{1}^{2} + x_{2}^{2} + x_{3}^{2} + x_{4}^{2}$,于是

$$6N = 6x_{1}^{2} + 6x_{2}^{2} + 6x_{3}^{2} + 6x_{4}^{2}$$

再由拉格朗日定理知,对每个非负整数 $x_{i}, 1 \leqslant i \leqslant 4$,必存在 4 个非负整数 $a_{1}(i), a_{2}(i), a_{3}(i), a_{4}(i)$,使

$$x_{i} = a_{1}^{2}(i) + a_{2}^{2}(i) + a_{3}^{2}(i) + a_{4}^{2}(i)$$

利用恒等式(30)即得,对每个 $i,1 \leqslant i \leqslant 4,6x_i^2$ 皆可表示成为 12 个非负整数的四次幂之和. 于是,$6N = 6x_1^2 + 6x_2^2 + 6x_3^2 + 6x_4^2$ 可以表示成为 $(4)(12) = 48$ 个非负整数的四次幂之和,于是 $n = 6N + t$ 可以表示成为 50 个非负整数的四次幂之和,这就证明了 $g(4) \leqslant 50$.

定理 9 我们有 $g(8) \leqslant 42\ 273$.

证 首先,应用比较系数法成直接展开,容易验证以下的恒等式成立

$$5\ 040(a^2 + b^2 + c^2 + d^2)^4 = 6 \sum (2a)^8 + 60 \sum (a \pm b)^8 +$$

$$\sum (2a \pm b \pm c)^8 + 6 \sum (a \pm b \pm c \pm d)^8 \qquad (31)$$

其中和式 $\sum (2a)^8$ 表示 a 经过集合 $\{a,b,c,d\}$ 中每个元素求和,其余和式的意义类推,易见,式(31)右方一共有

$$6\binom{4}{1} + 60\binom{4}{2}(2) + \binom{4}{1}\binom{3}{2}(2^2) + 6\binom{4}{4}(2^3) = 840$$

个整数的八次方.

任取一个非负整数 n,必有整数 $q \geqslant 0$ 及整数 $r,0 \leqslant r \leqslant 5\ 039$,使得 $n = 5\ 040q + r$ 成立.

首先看 r,由于 $0 \leqslant r \leqslant 5\ 039 < 3^8$,所以 r 若表成非负整数的八次方之和,那它只能表成若干个 2^8 及若干个 1^8 之和,设

$$r = 2^8 k + 1, k \geqslant 0, 0 \leqslant 1 \leqslant 2^8 - 1 = 255$$

则易见 $k = \left[\dfrac{r}{2^8}\right] \leqslant \left[\dfrac{5\ 039}{2^8}\right] = 19$.

(1) 若 $(2^8)(19) \leqslant r \leqslant 5\ 039$,则显然应有 $k = 19$. 于是 $l = r - (2^8)(19) \leqslant 5\ 039 - (256)(19) = 175$. 于是 $r = (19)2^8 + l$ 可以表成至多 $19 + 175 = 194$ 个非负整数的八次幂之和.

(2) 若 $0 \leqslant r < (2^8)(19)$. 此时显然有 $k \leqslant 18$. 于是 $r = 2^8 k + l$ 可以表成至多 $k + l \leqslant 18 + 255 = 273$ 个非负整数的八次幂之和.

再来研究 $5\ 040q$. 由定理 8,q 可以表示成 $g(4)$ 个(定理 8 表明 $g(4)$ 是存在的且 $g(4) \leqslant 50$)非负整数 $x_1 \cdots x_{g(4)}$ 的四次幂之和,故有

$$5\ 040q = 5\ 040x_1^4 + \cdots + 5\ 040x_{g(4)}^4$$

由拉格朗日定理,每个 $x_i, 1 \leqslant i \leqslant g(4)$,均可表成四个非负整数之平方和 $x_i = y_{i1}^2 + y_{i2}^2 + y_{i3}^2 + y_{i4}^2$. 再由恒等式(31)即得,对每个 $i(1 \leqslant i \leqslant g(4))$,数 $5\ 040x_i^4 = 5\ 040(y_{i1}^2 + y_{i2}^2 + y_{i3}^2 + y_{i4}^2)^4$ 皆可表为 840 个非负整数之八次幂之和,因此,$5\ 040q$ 可以表示成 $g(4),840$ 个非负整数的八次方之和,于是 $n = 5\ 040q + r$ 可以表示成至多

$$g(4)(840) + 273 \leqslant (50)(840) + 273 = 42\ 273$$

个非负整数的八次方之和,这就完成了定理 9 的证明.

14.5 带正负号的华林问题

下面介绍带正负号的华林问题,我们用 $v(k)$ 表示使得对于任一正整数 n,方程
$$n = \pm x_1^k \pm x_2^k \pm \cdots \pm x_s^k$$
都有解的 s 的最小值,显然我们有
$$v(k) \leqslant g(k)$$
本节中,我们要证明关于 $k = 2,3,4$ 及 5 时 $v(k)$ 的界限的几个结论. 为此,首先我们要证明下面几个引理.

引理 5 令 $\Delta f(x) = f(x + 1) - f(x)$,当 $m \geqslant 1$ 时,就定义 $\Delta^{m+1} f(x) = \Delta(\Delta^m f(x))$,其中 $f(x)$ 是 k 次整系数多项式,则当 $k \geqslant 1$ 时,我们有
$$\Delta^{k-1} x^k = (k!)x + d$$
其中 d 是一个整数.

证 任何一个首项系数为 a 的 $k \geqslant 2$ 次多项式 $f(x)$ 显然总可以表示成下述形式
$$f(x) = ax^k + bx^{k-1} + f_1(x)$$
其中 $f_1(x)$ 为一个 $k - 2$ 次多项式,由定义我们有
$$\Delta f(x) = f(x + 1) - f(x) =$$
$$a\big[(x+1)^k - x^k\big] + b\big[(x+1)^{k-1} - x^{k-1}\big] + f_1(x+1) - f_1(x) =$$
$$kax^{k-1} + f_2(x)$$
其中 $f_2(x)$ 是一个 $k - 2$ 次多项式,反复应用这种办法,即可证明本引理之结论.

引理 6 当 $k \geqslant 2$ 时,我们有
$$v(k) \leqslant 2^{k-1} + \frac{1}{2}k!$$

证 由 $\Delta x^k = (x + 1)^k - x^k$ 即得
$$\Delta^2 x^k = \Delta((x+1)^k - x^k) = \Delta(x+1)^k - \Delta x^k =$$
$$(x+2)^k - (x+1)^k - (x+1)^k + x^k$$
继续用此法做下去,我们容易看出 $\Delta^{k-1} x^k$ 是 2^{k-1} 个整数的 k 次幂的代数和. 对于任意一个整数 n,由于 $(n - d)/k!$(其中 d 的定义见引理 1)总可以表示成为一个整数 x 与另一个数 $r(|r| \leqslant \frac{1}{2})$ 的和,即有
$$\frac{n-d}{k!} = x + r, \ |r| \leqslant \frac{1}{2}$$

于是 $n - d = (k!\ )x + r(k!\ )$，令 $l = r(k!\ )$，则我们有

$$n - d = x(k!\ ) + l \tag{32}$$

从式(2)我们知道，l 是一个整数，又因为

$$|l| = |r|\,k!\ \leqslant \frac{1}{2}k!$$

即 l 可以表示成为不多于 $\frac{1}{2}k!$ 个整数的 k 次幂的代数和，故由引理 1 有

$$n = x(k!\ ) + d + l = \Delta^{k-1}x^k + l$$

于是 n 可以表示成为至多 $2^{k-1} + \frac{1}{2}k!$ 个整数的 k 次幂的代数和，于是即得引理之结论.

定理 10 $v(2) = 3$.

证 由引理 2 我们有

$$v(2) \leqslant 2 + \frac{1}{2}2!\ = 3 \tag{33}$$

若 $2\mid(x,y)$ 若 $2\nmid xy$，则 $4\mid(x^2 - y^2)$，而当 $2\mid xy$ 且 $2\nmid(x,y)$ 时，$2\nmid(x^2 - y^2)$. 因此，6 不能表示成为两个整数的平方差. 同理，6 也不能表示成为两个整数的平方和，也就是说，6 不能表示成两个平方数的代数和，即 $v(2) \neq 2$，又因为 $v(2)$ 不能小于 2，故必 $v(2) \geqslant 3$，合起来我们就得到

$$v(2) = 3$$

这就证明了定理 10.

定理 11 $v(3) = 4$ 或 5.

证 由于 $n^3 - n = (n-1)n(n+1)$，故 $6\mid(n^3 - n)$，我们令

$$n^3 - n = 6x$$

其中 x 是一个整数，于是我们有

$$n = n^3 - 6x = n^3 - (x+1)^3 - (x-1)^3 + 2x^3$$

即是说，任一个整数 n 都可以表示成为 5 个整数的三次幂的代数和，于是

$$v(3) \leqslant 5 \tag{34}$$

对于任一个整数 y，总有 $y \equiv 0,1$ 或 $2(\bmod 3)$，由此即得

$$y^3 \equiv 0,1 \text{ 或 } -1(\bmod 9)$$

因此形如 $9m \pm 4$ 的数一定不可能表示成三个立方数的代数和，因此

$$v(3) \geqslant 4 \tag{35}$$

由式(34)与(35)两式即知，$v(3)$ 的值或为 4，或为 5.

引理 7 我们有以下恒等式成立：

$$48x + 4 = 2(2x + 3)^4 + (2x + 6)^4 + 2(2x^2 + 8x + 11)^4 -$$
$$(2x^2 + 8x + 10)^4 - (2x^2 + 8x + 12)^4 \tag{36}$$

$$48x - 14 = 2(2x + 5)^4 + (2x + 8)^4 + (x^2 + 6x + 9)^4 +$$
$$(x^2 + 6x + 12)^4 - (x^2 + 6x + 8)^4 -$$
$$(x^2 + 6x + 13)^4 \tag{37}$$

$$24x = (4y + 11)^4 + (2y - 87)^4 + (y - 9)^4 + (y - 41)^4 +$$
$$(y + 83)^4 + (y + 125)^4 + (y^2 + 603)^4 + (y^2 + 625)^4 -$$
$$(y^2 + 602)^4 - (y^2 + 626)^4 \tag{38}$$

其中 $y = x - 10\ 319\ 691$

$$24x - 8 = (4y + 11)^4 + (2y - 87)^4 + (y + 883)^4 +$$
$$(y - 933)^4 + (y - 975)^4 + (y + 1\ 017)^4 +$$
$$(y^2 + 39\ 851)^4 + (y^2 + 39\ 873)^4 -$$
$$(y_2 + 39\ 850)_4 - (y_2 + 39\ 874)_4 \tag{39}$$

其中 $y = x - 120\ 858\ 614\ 086$.

证 我们先证式(36),令

$$a = 2x^2 + 8x$$

则(36)式右边等于

$$2(4x^2 + 12x + 9)^2 + (4x^2 + 24x + 36)^2 + 2(a + 11)^4 -$$
$$(a + 10)^4 - (a + 12)^4 =$$
$$2(2a - 4x + 9)^2 + (2a + 8x + 36)^2 + (2a + 21) \times$$
$$((a + 11)^2 + (a + 10)^2) - (2a + 23)((a + 12)^2 + (a + 11)^2) =$$
$$8a^2 - 8a(4x - 9) + 2(4x - 9)^2 + 4a^2 + 4a(8x + 36) +$$
$$(8x + 36)^2 + 2a((a + 10)^2 - (a + 12)^2) + 21(a + 10)^2 -$$
$$2(a + 11)^2 - 23(a + 12)^2 =$$
$$12a^2 + 8a(4x + 18 - 4x + 9) + 2(4x - 9)^2 + (8x + 36)^2 +$$
$$2a(-4a - 44) + 21(2a + 22)(-2) - 2(a + 11)^2 - 2(a + 12)^2 =$$
$$12a^2 + (8)(27a) + 2(4x - 9)^2 + (8x + 36)^2 + (a + 11) \times$$
$$(-8a - 84 - 2a - 22) - 2(a + 12)^2 =$$
$$12a^2 + 216a + 2(4x - 9)^2 + (8x + 36)^2 - 10a^2 -$$
$$216a - 1\ 166 - 2a^2 - 48a - 288 =$$
$$32x^2 - 144x + 162 + 64x^2 + 576x + 1\ 296 - 1\ 166 -$$
$$96x^2 - 384x - 288 = 48x + 4$$

故式(36)得证

再来证明式(37)成立,令

$$a = x^2 + 6x + 10$$

则式(37)右边等于

$$2(4x^2 + 20x + 25)^2 + (4x^2 + 32x + 64)^2 + (a - 1)^4 +$$

$$(a + 2)^4 - (a - 2)^4 - (a + 3)^4 =$$
$$2(4a - 4x - 15)^2 + (4a + 8x + 24)^2 + (2a - 3) \times$$
$$((a - 1)^2 + (a - 2)^2) - (2a + 5)((a + 3)^2 + (a + 2)^2) =$$
$$32a^2 - 16a(4x + 15) + 2(4x + 15)^2 + 16a^2 + 8a(8x + 24) +$$
$$(8x + 24)^2 + 2a((a - 1)^2 + (a - 2)^2 - (a + 3)^2 - (a + 2)^2) -$$
$$3(a - 1)^2 - 3(a - 2)^2 - 5(a + 3)^2 - 5(a + 2)^2 =$$
$$48a^2 - 48a + 2(4x + 15)^2 + (8x + 24)^2 - 16a(2a + 1) -$$
$$3a^2 + 6a - 3 - 3a^2 + 12a - 12 - 5a^2 - 30a - 45 - 5a^2 - 20a - 20 =$$
$$-96a + 2(4x + 15)^2 + (8x + 24)^2 - 3 - 12 - 45 - 20 =$$
$$-96x^2 - 576x - 960 + 32x^2 + 240x + 450 + 64x^2 + 384x + 576 - 80 =$$
$$48x - 14$$

故式(37)成立.

现在来证式(38)成立

式(38)右边是 y 的多项式,容易求得:

y^8 的系数为

$$1 + 1 - 1 - 1 = 0$$

y^6 的系数为

$$4(603 + 625 - 602 - 626) = 0$$

y^4 的系数为

$$4^4 + 2^4 + 4 + 6(603)^2 + 6(625)^2 - 6(602)^2 - 6(626)^2 =$$
$$256 + 20 + 6(1\ 205 - 1\ 251) = 0$$

y^3 的系数为

$$4(4^3(11) - 2^3(87) - 9 - 41 - 83 + 125) = 0$$

y^2 的系数为

$$6(4^2 \cdot 11^2 + 2^2 \cdot 87^2 + 9^2 + 41^2 + 83^2) +$$
$$4(603^3 + 625^3 - 602^3 - 626^3) = 0$$

y 的系数为

$$4(4(11)^3 - 2(87)^3 - 9^3 - 41^3 - 83^3 + 125) = 24$$

常数项为

$$11^4 + 87^4 + 9^4 + 41^4 + 83^4 + 125^4 + 603^4 +$$
$$625^4 - 602^4 - 626^4 = 247\ 672\ 584$$

又显然式(38)右边不含 y^7 及 y^5 项,故式(38)右边等于

$$24y + 247\ 672\ 584 = 24(x - 10\ 319\ 691) + 247\ 672\ 584 = 24x$$

这证明了式(38)成立.

最后来证明式(39)成立,式(39)右边是 y 的多项式,其中

y^8 的系数为
$$4(39\ 851 + 39\ 873 - 39\ 850 - 39\ 874) = 0$$
y^4 的系数为
$$4^4 + 2^4 + 4 + 6(39\ 851^2 + 39\ 873^2 - 39\ 850^2 -$$
$$39\ 874^2) = 6(46 - 46) = 0$$
y^3 的系数为
$$4(4^3 \cdot (11) - 2^3 \cdot (87) + 883 - 933 - 975 + 1\ 017) = 0$$
y^2 的系数为
$$6(4^2 \cdot 11^2 + 2^2 \cdot 87^2 + 883^2 + 933^2 + 975^2 + 1\ 017^2) +$$
$$4(39\ 851^3 + 39\ 873^3 - 39\ 850^3 - 39\ 874^3) =$$
$$(24)(916\ 826) - 24(916\ 826) = 0$$
y 的系数为
$$4(4 \cdot (11)^3 - 2(87)^3 + (883)^3 - (933)^3 -$$
$$- (975)^3 + (1\ 017)^3) = 24$$

常数项为
$$11^4 + 87^4 + 883^4 + 933^4 + 975^4 + 1\ 017^4 + 39\ 851^4 + 39\ 873^4 - 39\ 850^4 -$$
$$39\ 874^4 =$$
$$11^4 + 87^4 + (900 - 17)^4 + (900 + 33)^4 + (100 - 25)^4 + (1\ 000 + 17)^4 +$$
$$(39\ 851^2 + 39\ 850^2)(39\ 851 + 39\ 850) - (39\ 873^2 + 39\ 874^2)(39\ 873 + 39\ 874) =$$
$$11^4 + 87^4 + 2(900)^4 + 4(900)^3(16) + 6(900)^2 \times$$
$$(17^2 + 33^2) + 4(900)(33^3 - 17^3) + 33^4 + 17^4 + 2(1\ 000)^4 -$$
$$4(1\ 000)^3(8) + 6(1\ 000)^2(17^2 + 25^2) - 4(1\ 000) \times$$
$$(25^3 - 17^3) + 17^4 + 25^4 - (39\ 851 + 39\ 850) \times$$
$$(39\ 873 + 39\ 850 + 39\ 874 + 39\ 851)(23) -$$
$$(39\ 873^2 + 39\ 874^2)(46) =$$
$$14\ 641 + 57(10)^6 + 28\ 976 + 1\ 312\ 200(10)^6 +$$
$$46\ 656(10)^6 + 6\ 697(10)^6 + 80\ 000 + 111(10)^6 +$$
$$686\ 400 + 10^6 + 185\ 921 + 83\ 521 + 2(10)^{12} - 32(10)^9 +$$
$$5\ 484(10)^6 - 42(10)^6 - 848\ 000 + 83\ 521 + 390\ 625 -$$
$$292\ 287(10)^6 - 796\ 104 - 146\ 270(10)^6 - 432\ 230 =$$
$$2\ 900\ 606\ 738\ 056.$$

又显然式(39)右边不含 y^7 及 y^5 的项,故式(39)右边等于
$$24y + 2\ 900\ 606\ 738\ 056 =$$
$$24(x - 120\ 858\ 614\ 086) + 2\ 900\ 606\ 738\ 056 = 24x - 8$$

这证明了(39)式成立. 于是,我们就完成了引理的证明.

下面我们要给出 $v(4)$ 的上界与下界.

定理 12 $v(4)$ 的值或为 9,或为 10.

证 我们首先来证明

$$v(4) \leqslant 10 \tag{40}$$

对任意整数 n,若 $8 \mid n$,可设 $n = 8m$,m 为整数.

若 $m \equiv 0 \pmod 3$,设 $m = 3x$(x 为整数),则 $n = 24x$,由式(38)知 n 可以表示成为 10 个整数的四次幂的代数和.

若 $m \equiv 1 \pmod 3$,设 $m = 3x + 1$(x 为整数),则 $n = 24x + 8 = -(24(-x) - 8)$,由式(39)知,$n$ 可以表示成为 10 个整数四次幂的代数和.

若 $m \equiv 2 \pmod 3$,设 $m = 3k + 2$(k 为整数),于是有 $n = 24k + 16$.

(1) 若 $2 \mid k$,令 $k = 2x$,则

$$n = 48x + 16 = (48x + 14) + 1^4 + 1^4 =$$
$$-(48(-x) - 14) + 1^4 + 1^4$$

故由式(37)可知,n 可以表成 10 个整数四次幂的代数和.

(2) 若 $2 \nmid k$,令 $k = 2x + 1$,则

$$n = 48x + 40 = 48(x + 1) - 8 = 24(2(x + 1)) - 8$$

故由式(39)可知,n 可以表成 10 个整数的四次幂的代数和.

综上所述知,当 $8 \mid n$ 时,n 可表为 10 个整数的四次幂的代数和.

若 $8 \nmid n$,可设

$$n = 8l + a$$

这里 l, a 皆为整数,且 $1 \leqslant a \leqslant 7$,由于总有

$$l = 6z + b$$

这里 z, b 皆为整数,且 $-3 \leqslant b \leqslant 2$,于是有

$$n = 48z + 8b + a$$

令 $r = 8b + a$ 得到

$$n = 48z + r$$

容易看出有 $-23 \leqslant r \leqslant 23$.

容易验证,当 $-23 \leqslant r \leqslant 23$ 且 $8 \nmid r$ 时,总有 3 个整数 x_1, x_2, x_3 存在,使得

$$r \pm r_1^4 \pm r_2^4 \pm r_3^4 \equiv \pm 4(或 \pm 14)\pmod{48} \tag{41}$$

这是因为,由 $2^4 \equiv 16$,及 $3^4 \equiv 33 \pmod{48}$ 有

当 $r = 1$ 时

$$r + 1^4 + 1^4 + 1^4 \equiv 4 \pmod{48} \tag{42}$$

当 $r = 9$ 时

$$r + 3^4 + 1^4 + 1^4 \equiv -4 \pmod{48} \tag{43}$$

当 $r = 14$ 时

$$r - 0^4 - 0^4 - 0^4 \equiv 14 \pmod{48} \qquad (44)$$

当 $r = 18$ 时

$$r - 2^4 + 1^4 + 1^4 \equiv 4 \pmod{48} \qquad (45)$$

当 $r = 23$ 时

$$r - 3^4 - 3^4 - 1^4 \equiv 4 \pmod{48} \qquad (46)$$

在式(42)到(46)中,通过增加或减少各同余式左边的 1^4,可以找到 3 个整数 x_1, x_2, x_3,使得当 $1 \leqslant r \leqslant 23$ 使 $8 \nmid r$ 时式(41)成立.

将这些同余式都乘以 -1,就知道存在整数 x_1, x_2, x_3,使得当 $-23 \leqslant r \leqslant -1$ 且 $8 \nmid r$ 时也有式(41)成立. 即总可以找到整数 x_1, x_2, x_3,使式(41)成立. 于是有

$$r \pm 4(\text{或} \pm 14) = 48z_1 \pm x_1^4 \pm x_2^4 \pm x_3^4$$

其中 z_1 为整数,故

$$n = 48z + r = (48z \mp 4(\text{或} \mp 14) + (r \pm 4(\text{或} \pm 4))) =$$
$$(48(z + z_1) \mp 4(\text{或} \mp 14)) \pm x_1^4 \pm x_2^4 \pm x_3^4$$

由引理 3 得知,n 必可表为 10 个整数的四次幂之代数和,这就证明了(40)式.

我们再来证明

$$v(4) \geqslant 9 \qquad (47)$$

我们知道,恒有

$$y^4 \equiv \begin{cases} 0 \pmod{16}, & y \equiv 0 \pmod 2 \\ 1 \pmod{16}, & y \equiv 1 \pmod 2 \end{cases}$$

以及

$$-y^4 \equiv \begin{cases} 0 \pmod{16}, & y \equiv 0 \pmod 2 \\ -1 \pmod{16}, & y \equiv 1 \pmod 2 \end{cases}$$

因此形如 $16x + 8$ 的整数至少要表示成 8 个整数的四次幂之代数和,且每项必须同号.

取 $x = 1$ 得,24 表为整数的四次幂的代数和时,每项必为正值,于是使表示项数最小的表示方法为

$$24 = 2^4 + 8 \times 1^4$$

即 24 不能表成 $\leqslant 8$ 个整数的四次幂之代数和,即

$$v(4) \geqslant 9$$

这就证明了定理的结论.

引理 8 我们有

$$720x - 360 = x^5 + (x-1)^5 + (x-4)^5 +$$
$$(x+3)^5 - 2(x+2)^5 - 2(x-3)^5 \qquad (48)$$

证 (48)式右边是 x 的一个多项式,其中,x^5 项之系数为 $1 + 1 + 1 + 1 -$

$2 - 2 = 0$, x^4 项系数为 $(5)(-1 - 4 + 3 - (2) + (2)(3)) = 0$, x^3 项系数为

$$(10)(1 + 4^2 + 3^2 - (2)(2)^2 - (2)(3)^2) = 0$$

x^2 项系数为 $10(-1 - 4^3 + 3^3 - (2)2^3 + (2)3^3) = 0$, x 项系数为 $(5)(1 + 4^4 + 3^4 - (2)(2^4) - (2)(3^4)) = 720$, 常数项为 $-(1 + 4^5 - 3 + (2)(2^5) - (2)(3^5)) = -360$, 因此式(48) 两边相等.

引理 9 设 a_1 和 a_2 都是整数, 而 m_1 和 m_2 都是正整数并且满足条件 $(m_1, m_2) = 1$, 则一定存在一个整数 a, 使得

$$a \equiv a_1 (\mathrm{mod}\ m_1), a \equiv a_2 (\mathrm{mod}\ m_2)$$

证 由于 $(m_1, m_2) = 1$, 故存在整数 x_1 及 y_1, 使得

$$x_1 m_1 + y_1 m_2 = 1$$

从而有

$$a_2 - a_1 = (a_2 - a_1)(x_1 m_1 + y_1 m_2) =$$
$$x_1 (a_2 - a_1) m_1 - y_1 (a_1 - a_2) m_2$$

取 $x = x_1(a_2 - a_1)$, $y = y_1(a_1 - a_2)$, 则我们有

$$x m_1 - y m_2 = a_2 - a_1$$

即有

$$x m_1 + a_1 = y m_2 + a_2$$

特别取 $a = a_1 + x m_1$, 由上式即得到

$$a \equiv a_1 (\mathrm{mod}\ m_1), a \equiv a_2 (\mathrm{mod}\ m_2)$$

这就完成了引理的证明.

引理 10 对于任意的整数 n, 一定存在有两个整数 a, b, 使得

$$n \equiv a^5 + b^5 (\mathrm{mod}\ 720)$$

证 由显然的同余关系 $1 \equiv 0^5 + 1^5 (\mathrm{mod}\ 16)$, $3 \equiv 0^5 + 3^5 (\mathrm{mod}\ 16)$, $5 \equiv 0^5 + 5^5 (\mathrm{mod}\ 16)$, $7 \equiv 0^5 + 7^5 (\mathrm{mod}\ 16)$ 知, 对任意整数 r, $-8 \leqslant r < 8$, 一定存在两个整数 c, d, 使得 $r \equiv c^5 + d^5 (\mathrm{mod}\ 16)$, 这里还用到了显然的等式 $2 = 1 + 1$, $4 = 3 + 1, 6 = 5 + 1, 8 = 7 + 1$, 由于任何整数必属模 16 的某个剩余类, 于是由以上结果知, 对任何整数 n, 必存在两个整数 a_1, b_1 使

$$n \equiv a_1^5 + b_1^5 (\mathrm{mod}\ 16)$$

同理, 由 $1 \equiv 0^5 + 1^5$, $2 \equiv 1^5 + 1^5$, $3 \equiv 4^5 + 2^5$, $4 \equiv 2^5 + (-1)^5 (\mathrm{mod}\ 9)$ 即得, 对任何整数 n, 也必存在两个整数 a_2, b_2, 使得

$$n \equiv a_2^5 + b_2^5 (\mathrm{mod}\ 9)$$

同理, 由 $1 \equiv 0^5 + 1^5$, $2 \equiv 1^5 + 1^5 (\mathrm{mod}\ 5)$ 知, 又必存在两个整数 a_3, b_3, 使得

$$n \equiv a_3^5 + b_3^5 (\mathrm{mod}\ 5)$$

由引理 5, 可以找到两个整数 a_4, b_4, 使

$$a_4 \equiv a_1 (\mathrm{mod}\ 16), a_4 \equiv a_2 (\mathrm{mod}\ 9)$$

$$b_4 \equiv b_1(\bmod 16), b_4 \equiv b_2(\bmod 9)$$

于是由式(19)与(20)得到

$$n \equiv a_1^5 + b_1^5 \equiv a_4^5 b_4^5(\bmod 16)$$

$$n \equiv a_2^5 + b_2^5 \equiv a_4^5 b_4^5(\bmod 9)$$

于是有(因(16.9) = 1)

$$n \equiv a_4^5 + b_4^5(\bmod 144)$$

再由引理5,必存在两个整数a,b,使得

$$a \equiv a_3(\bmod 5), a \equiv a_4(\bmod 144)$$

$$b \equiv b_3(\bmod 5), b \equiv b_4(\bmod 144)$$

于是得到

$$n \equiv a_3^5 + b_3^5 \equiv a^5 + b^5(\bmod 5)$$

$$n \equiv a_4^5 + b_4^5 \equiv a^5 + b^5(\bmod 144)$$

这就推出

$$n \equiv a^5 + b^5(\bmod 720)$$

定理13 我们有 $5 \leqslant v(5) \leqslant 10$.

证 先来证明 $v(5) \leqslant 10$.

设 n 为任给一个整数,对整数 $360 + n$,由引理6知,必有整数 a,b,使得

$$360 + n \equiv a^5 + b^5(\bmod 720)$$

这就是说,存在整数 x 使

$$n = a^5 + b^5 + 720x - 360$$

又由引理4知,$720x - 360$ 总可以表示成8个整数的5次幂之代数和,因此 n 可以表为10个整数的5次幂之代数和,即 $v(5) \leqslant 10$.

再来证明 $v(5) \geqslant 5$.

由于 $2^5 \equiv -1, 3^5 \equiv 1, 4^5 \equiv 1, 5^5 \equiv 1(\bmod 11)$,故对任何整数 $r, |r| \leqslant 5$,必有

$$r^5 \equiv 0, 1, -1(\bmod 11)$$

习   题

1. 证明:如果 $8 \mid (a^2 + b^2 + c^2 + d^2)$,那么 a, b, c, d 必都为偶数.

2. 证明:正整数 m 能表为两平方数之差

$$m = a^2 - b^2$$

的充分与必要条件是,m 能表成两数之积,此两数或同为奇数,或同为偶数.

3. 证明:任意一个整数的立方都是两个平方数的差.

4. 证明具有下述性质的三数组无穷:这 3 个数是 3 个相连的整数,其中的两个皆可表为两平方数之和.

5. 求所有具有下列性质的正整数 x,y,z,w:

(1) x,y,z,w 是一个等差级数的相邻四项;

(2) $x^3 + y^3 + z^3 = w^3$.

*6. 证明不存在具有以下性质的正整数 x,y,z,w,t:

(1) x,y,z,w,t 是一个等差级数的相邻五邻;

(2) $x^3 + y^3 + z^3 + w^3 = t^3$.

7. 求使 $x^2 - 60$ 为平方数的正整数 x.

8. 求使 $x^2 - 5$ 及 $x^2 + 5$ 都为平方数的正整数 x.

9. 试证 $x^n + 1 = y^{n+1}$ 没有正整数解,这里

$$n \geqslant 2 \quad (x, n+1) = 1$$

10. 试证不定方程 $x^2 - 3y^n = -1$(n 为正整数) 没有正整数解.

11. 证明:每个正整数 n 皆可表成

$$n = x^2 + y^2 - z^2$$

的形状,这里 x,y,z 为非负整数.

12. 证明:对任意正整数 n,不定方程

$$x^2 + y^2 = z^n$$

恒有整数解.

*13. 证明:不定方程

$$3^x + 4^y = 5^z$$

仅有正整数解 $x = y = z = 2$.

*14. 设正整数 m 有标准分解式

$$m = 2^{\alpha_0} p_1^{\alpha_1} \cdots p_s^{\alpha_s}$$

这里 $p_1, \cdots, p_s$ 为不同的奇素数,$\alpha_0 \geqslant 0, \alpha_1 \geqslant 1, \cdots, \alpha_s \geqslant 1. s \geqslant 1$,或者 $m = 2^{\alpha_0}$,$\alpha_0 \geqslant 0$. 证明:m 可表为两个互素的平方数之和

$$m = x^2 + y^2 \quad (x, y) = 1$$

的充分必要条件是:

(1) 在 $m = 2^{\alpha_0}$ 的情形,$\alpha_0 = 0$ 或 $\alpha_0 = 1$,

(2) 在 $m = 2^{\alpha_0} p_1^{\alpha_1} \cdots p_s^{\alpha_s}$ 的情形,$\alpha_0 = 0$ 或 1,且

$$p_i \equiv 1 \pmod 4 \quad i = 1, \cdots, s$$

而且,在情形(1),相应的表为两互素平方数之表示法为 1 个,在情形(2),相应的表为两互素平方数之表示法为 2^{s-1} 个.

15. 证明:边长为整数的直角三角形,当斜边长与一直角边长为 1 时,它的 3 个边长可表作

$$2b + 1, 2b^2 + 2b, 2b^2 + 2b + 1$$

其中 b 是任意正整数.

16. 证明:不定方程

$$x^2 + (x + 1)^2 = ky^2 \quad (k \geqslant 2)$$

有正整数解的必要条件是: -1 为模 k 之平方剩余,但这条件不是充分的.

17. 设 n 为正整数,证明不定方程

$$x^n + y^n = z^n (n \geqslant 2)$$

不存在适合 $0 < x < n, 0 < y < n$ 的正整数解.

18. 证明:

(1) 一个正整数可以表示成两个平方数之和的充分必要条件是:这个数的两倍也有此性质.

(2) 设 p 为奇素数,则

$$\frac{2}{p} = \frac{1}{x} + \frac{1}{y}$$

恒有满足 $x \neq y$ 的正整数解,且表示法只有一种.

19. (1) 证明:若 $7 \mid n, 7^2 \nmid n$,则 n 不能表为两个平方数的和.

(2) 设 m, n 都是可以表为两平方数之和的整数,且 $m \mid n$,证明 $\frac{n}{m}$ 也可表为两平方数之和.

(3) 设 m, n 都是可以表为两互素的平方数之和的整数,且 $m \mid n$,证明 $\frac{n}{m}$ 也可表为两互素的平方数之和.

20. (1) 证明:若 $n = a^2 + b^2 = c^2 + d^2$,则

$$n = \frac{[(a - c)^2 + (b - d)^2][(a + c)^2 + (b - d)^2]}{4(b - d)^2}$$

因此,若 n 可用两种不同方式表为两平方数之和,则 n 必为复合数.

(2) 已知有

$$533 = 23^2 + 2^2 = 22^2 + 7^2, 1\,073 = 32^2 + 7^2 = 28^2 + 17^2$$

试将 533 与 1 073 分解因子.

21. 设 s 与 k 皆为正整数,我们用符号

$$[a_1, \cdots, a_s]_k = [b_1, \cdots, b_s]_k$$

来表示满足

$$\begin{cases} a_1 + \cdots + a_s = b_1 + \cdots + b_s \\ \qquad\qquad \vdots \\ a_1^k + \cdots + a_s^k = b_1^k + \cdots + b_s^k \\ a_1^{k+1} + \cdots + a_s^{k+1} \neq b_1^{k+1} + \cdots + b_s^{k+1} \end{cases} \tag{49}$$

的非负整数解. 证明:对任何整数 $d \neq 0$ 都有

$$[a_1 + d, \cdots, a_s + d, b_1, \cdots, b_s]_{k+1} = [a_1, \cdots, a_s, b_1 + d, \cdots, b_s + d]_{k+1} \quad (50)$$

22. 证明:

$$[0,3]_1 = [1,2]_1 \qquad\qquad (51)$$

$$[1,2,6]_2 = [0,4,5]_2 \qquad\qquad (52)$$

$$[0,4,7,11]_3 = [1,2,9,10]_3 \qquad\qquad (53)$$

23. 证明:

$$[1,2,10,14,18]_4 = [0,4,8,16,17]_4 \qquad\qquad (54)$$

$$[0,4,9,17,22,26]_5 = [1,2,12,14,24,25]_5 \qquad\qquad (55)$$

$$[0,4,9,23,27,41,46,50]_7 =$$
$$[1,2,11,20,30,39,48,49]_7 \qquad\qquad (56)$$

24. 证明:

$$[0,18,27,58,64,89,101]_6 =$$
$$[1,13,38,44,75,84,102]_6 \qquad\qquad (57)$$

容斥原理及应用

15.1　集合的基本知识

为了介绍容斥原理,我们首先需要介绍一些有关集合论的基本知识.

我们称所研究的每一个对象为一个"元素",那里所研究的、具有某种特定性质且能相互区分的元素的总体称为一个"集合". 例如:不超过100的自然数全体组成一个集合,这个集合由 $1,2,\cdots,100$ 这一百个元素组成,这里每个元素是一个数,且此集合中只有有限个元素,我们称它是一个有限集. 再加:由全体偶自然数组成的集合,其中每个元素是一个偶自然数,它的个数有无穷多个,我们称它是一个无限集. 再如:区间$(0,1)$ 中所有点的集合也是一个无限集合,而此集合的每个元素是 $(0,1)$ 中的一个点. 集合通常用大写字母表示,其元素则常用小写字母表示. 本章之集合均指有限集.

若元素 a 在集合 A 中,就说 a 属于 A,记为 $a \in A$,或 $A \ni a$. 若 a 不在 A 中,就说 a 不属于 A,记为 $a \notin A$,或 $a \bar{\in} A$. 或 $A \bar{\ni} a$,或 $A \ni\!\!\!/\, a$. 一个集合,如果它里面什么元素也没有,就称它是空集,空集通常用字母 $\varnothing$ 表示.

如果 A 与 B 是两个集合,且 A 中每个元素也都是 B 的一个元素,那么就称 A 是 B 的一个子集合,记为 $A \subset B$(也说成"A 包含在 B 中" 或"B 包含了 A"),若 A 中至少有一个元素不属于 B,就说成"A 不被 B 包含",或"A 不是 B 的子集合",记为 $A \not\subset B$. 如果 $A \subset B$,同时 $B \subset A$,就说 A 与 B 相等,记为 $A = B$. 在提到集合时,通常不考虑其中元素的顺序,例如:

$$A = \{1,2,3\} \text{ 与 } B = \{2,1,3\}$$

是相等的集合. 如果不加声明,集合中的元素都认为是互不相同的.

集合的包含关系有如下性质:

(1)$A \subset A$;

(2) 若 $A \subset B$ 且 $B \subset C$,那么 $A \subset C$.

下面来介绍集合的几种最基本的运算.

两个集合的并(也称为"和"):

设 B 与 C 为两个集合,由 B 和 C 中元素全体组成的集合 A 称为 B 与 C 的并,记为

$$A = B \cup C$$

注意,A 中不含重复元素,例如:

$$B = \{1,3,5\}, C = \{2,3,4\}$$

则

$$B \cup C = \{1,2,3,4,5\}$$

两个集合的交(也称为"积"):

由同时属于 B 及 C 的那些元素组成的集合,称为 B 与 C 的交集,记为

$$A = B \cap C$$

例如:$B = \{1,3,5\}, C = \{2,3,4\}$,则 $B \cap C = \{3\}$.

两个集合的差:

由属于 B 且不属于 C 的那些元素组成的集合,称为 B 与 C 的差集,记为

$$A = B - C(\text{或} B/C)$$

例如:$B = \{1,3,5\}, C = \{2,3,4\}$,则 $B - C = \{1,5\}$.

集合的余集:

若 S 为一集合,B 为 S 的一个子集合,由属于 S 但不属于 B 的元素组成的集合,称为 B 关于 S 的余集,记为 $\bar{B}$,显然 $\bar{B} = S - B$.

显然有,当 $B \subset S, C \subset S$ 时,$B - C = B \cap \bar{C}$.

当 A 为一个有限集时,$|A|$ 表示 A 中元素的个数.

15.2 容斥原理

在计算一个集合的元素个数时,我们经常发现直接求解比较复杂,而用间接方法去算常常比较简单.例如,设要计算 1 到 600 这六百个自然数中不能被 6 整除的整数个数,要直接计算,就比较复杂,因为一个数不能被 6 整除有以下三种可能情形:(1)它被 2 整除,但不被 3 整除;(2)它被 3 整除,但不被 2 整除;(3)它既不被 2 整除,也不被 3 整除.这三种可能性中,除(1)与(2)不相重叠外,(1)与(3)有相重叠的情形出现,(2)与(3)也有相重叠的情形出现.按这种想法去做,既要保证不遗漏,又要保证没有重复计算,需要多加小心.现在我们考虑与要解的问题相反的问题:1 到 600 中有多少个数能被 6 整除?这个问题比原来的问题要简单得多,我们容易算出,恰有 $\left[\dfrac{600}{6}\right] = 100$ 个(这里 $[x]$ 表示不超过 x 的最大整数).于是 1 到 600 中不能被 6 整除的数就有 $600 - 100 = 500$ 个.

这个例子所用到的间接计算方法可以叙述如下:设 S 为一个集合,A 为 S 的一个子集合,那么

$$|A| = |S| - |\bar{A}| \tag{1}$$

也就是

$$|\bar{A}| = |S| - |A| \tag{2}$$

下面来讨论上例的一个简单推广.

设 S 是一个有限集合,P_1 及 P_2 为两个不同的性质,S 中每个元素可能同时具有性质 P_1 及 P_2,也可能只有此两性质之一,也可能既不具有性质 P_1,也不具有性质 P_2.问题是要求出 S 中既不具有性质 P_1,也不具有性质 P_2 的那种元素的个数.

设 A_1 为 S 中具有性质 P_1 的元素组成之子集合,A_2 为 S 中具有性质 P_2 的元素组成之子集合.由定义,$\bar{A}_1 \cap \bar{A}_2$ 就是既无性质 P_1,又无性质 P_2 的元素组成的子集合,问题是怎样求 $|\bar{A}_1 \cap \bar{A}_2|$.我们可以从 $|S|$ 中分别去掉具有性质 P_1 的元素个数 $|A_1|$ 及具有性质 P_2 的元素个数 $|A_2|$,但这样一来,S 中同时有性质 P_1 及 P_2 的那种元素就被计算了两次,因此还要被上 S 中同时具有性质 P_1 及 P_2 的元素个数 $|A_1 \cap A_2|$,这就给出公式

$$|\bar{A}_1 \cap \bar{A}_2| = |S| - |A_1| - |A_2| + |A_1 \cap A_2| \tag{3}$$

现在来把容斥原理推广到一般的情形中去.设 S 为一个集合,$P_1, \cdots, P_m$ 是 m 个(不同的)性质.S 中每个元素可能具有这些性质的一部分或者全部,也可

能不具有这 m 个性质中任一个性质. 令 $A_i(i = 1,2,\cdots,m)$ 是 S 中具有性质 $P_i(i = 1,\cdots,m)$ 的元素全体所组成的子集合. 于是 $A_i \cap A_j$ 是 S 中同时具有性质 P_i 及 P_j 的元素全体组成的子集合;而 $A_i \cap A_j \cap A_k$ 是 S 中同时具有性质 P_i,P_j,P_k 的元素全体所组成之子集合;…. 最后,$\bar{A}_1 \cap \bar{A}_2 \cap \cdots \cap \bar{A}_m$ 是 S 中不具有 $P_1,\cdots,P_m$ 中任一个性质的元素全体所组成的子集合,则我们有如下的

定理 1

$$| \bar{A}_1 \cap \bar{A}_2 \cap \cdots \cap \bar{A}_m | = | S | - \Sigma | A_i | + \Sigma | A_i \cap A_j | -$$

$$\Sigma | A_i \cap A_j \cap A_k | + \cdots + (-1)^m | A_1 \cap A_2 \cap \cdots \cap A_m | \qquad (4)$$

其中第一个和式取遍 $1,\cdots,m$ 中所有整数;第二个和式取遍所有形如 $(i,j)(i \neq j,1 \leq i \leq m,1 \leq j \leq m)$ 的整数对;……

证 设 Q 为一个元素,它具有 k_0 个性质. 于是它在 $| S |$ 中出现一次,在 $\Sigma | A_i |$ 中出现 k_0 次,在 $\Sigma | A_i \cap A_j |$ 中出现 $\binom{k_0}{2}$ 次,…,在 $\Sigma | A_{i_1} \cap A_{i_2} \cap \cdots \cap A_{ik_0} |$ 中出现 $\binom{k_0}{k_0}$ 次 $(0 \leq k_0 \leq m)$.

于是,当 $k_0 \geq 1$ 时,Q 在式(4) 右方出现次数为

$$1 - \binom{k_0}{1} + \binom{k_0}{2} - \cdots + (-1)^{k_0} \binom{k_0}{k_0} = (1 - 1)^{k_0} = 1$$

而当 $k_0 = 0$ 时,Q 只在 S 中出现一次,在其他和式项中均不出现,故此时它在式(4) 右方恰好出现一次. 这正是所要证明的结论.

推论 集合 S 中至少具有性质 $P_1,\cdots,P_m$ 中的一个性质的元素个数为

$$| A_1 \cup A_2 \cup \cdots \cup A_m | = \Sigma | A_i | - \Sigma | A_i \cap A_j | +$$

$$\Sigma | A_i \cap A_j \cap A_k | - \cdots + (-1)^{m+1} | A_1 \cap A_2 \cap \cdots \cap A_m | \qquad (5)$$

证 我们有

$$| A_1 \cup A_2 \cup \cdots \cup A_m | = | S | - | B |$$

这里

$$B = \overline{A_1 \cup A_2 \cup \cdots \cup A_m}$$

应用集合相等的定义容易直接证明

$$B = \bar{A}_1 \cap \bar{A}_2 \cap \cdots \cap \bar{A}_m$$

于是再应用上述定理就立即推出式(5).

15.3　容斥原理的应用

例 1　求 1 到 1 000 中不能被 5,也不能被 6 及 8 整除的整数的个数.

解　我们用记号 $\text{LCM}\{a_1,\cdots,a_m\}$ 表示 n 个整数 $a_1,\cdots,a_n$ 的最小公倍数. 令 S 表示由 1 到 1 000 这几个自然数都组成的集合. 性质 P_1 为"一个整数可以被 5 整除"这一性质,P_2 表示"一个整数可以被 6 整除"这一性质,P_3 表示"一个整数可以被 8 整除"这一性质. $A_i(i=1,2,3)$ 为 S 中具有性质 P_i 的整数所成之子集合. 注意到

$$|A_1| = \left[\frac{1\ 000}{5}\right] = 200$$

$$|A_2| = \left[\frac{1\ 000}{6}\right] = 166$$

$$|A_3| = \left[\frac{1\ 000}{8}\right] = 125$$

由于 $\text{LCM}\{5,6\} = 30$,故

$$|A_1 \cap A_2| = \left[\frac{1\ 000}{30}\right] = 33$$

由于 $\text{LCM}\{5,8\} = 40$,故

$$|A_1 \cap A_3| = \left[\frac{1\ 000}{40}\right] = 25$$

由于 $\text{LCM}\{6,8\} = 24$,故

$$|A_2 \cap A_3| = \left[\frac{1\ 000}{24}\right] = 41$$

由于 $\text{LCM}\{5,6,8\} = 120$,故

$$|A_1 \cap A_2 \cap A_3| = \left[\frac{1\ 000}{120}\right] = 8$$

于是,由定理 1 知道,S 中既不能被 5 整除,又不能被 6 或 8 整除的数的个数为

$$|\bar{A}_1 \cap \bar{A}_2 \cap \bar{A}_3| = |S| - |A_1| - |A_2| - |A_3| + |A_1 \cap A_2| + |A_1 \cap A_3| +$$
$$|A_2 \cap A_3| - |A_1 \cap A_2 \cap A_3| =$$
$$1\ 000 - 200 - 166 - 125 + 33 + 25 + 41 - 8 = 600$$

例 2　设 $a_1,\cdots,a_n$ 为 n 个非负整数,则

$$\max\{a_1,\cdots,a_n\} = \sum_i a_i - \sum_{i,j} \min\{a_i,a_j\} + \cdots +$$
$$(-1)^{n+1}\min\{a_1,\cdots,a_n\}$$

证　记 $\max\{a_1,\cdots,a_n\} = M_n$. 任取一个自然数 $N > M_n$. 令 S 为由 $1,2,\cdots,N$ 所组成的集合,令性质 $P_i(1 \leq i \leq n)$ 为"一个自然数不大于 a_i". 具有性质 P_i 的元素全体形成之子集记为 $A_i(1 \leq i \leq n)$,则 A_i 是 S 中不大于 a_i 的数的全体所成之子集. 于是 $\bar{A}_1 \cap \bar{A}_2 \cap \cdots \cap \bar{A}_n$ 为 S 中同时大于 $a_1,\cdots,a_n$ 的数所成之子集,于是显然有

$$|\bar{A}_1 \cap \bar{A}_2 \cap \cdots \cap \bar{A}_n| = N - \max\{a_1,\cdots,a_n\} \tag{6}$$

另一方面,由
$$|A_i| = a_i,$$
$$|A_i \cap A_j| = \min\{a_i, a_j\},$$
$$\cdots$$
$$|A_1 \cap A_2 \cap \cdots \cap A_n| = \min\{a_1, a_2, \cdots, a_n\}$$

由定理 1 有
$$N - \max\{a_1, a_2, \cdots, a_n\} = N - \sum_i a_i +$$
$$\sum_{i,j} \min\{a_i, a_j\} - \cdots + (-1)^n \min\{a_1, a_2, \cdots, a_n\}$$

消去 N 即得欲证之结果.

例 3 设 $b_1, b_2, \cdots, b_m$ 为 m 个非负整数,用 $(b_{i_1}, \cdots, b_{i_s})$ 表示 $b_{i_1}, \cdots, b_{i_s}$ 这 S 个数的最大公约数,则
$$\mathrm{LCM}\{b_1, b_2, \cdots, b_m\} = b_1 \cdots b_m (b_1, b_2)^{-1} \cdots (b_{m-1}, b_m)^{-1} \cdot$$
$$(b_1, b_2, b_3), \cdots, (b_1, b_2, \cdots, b_m)^{(-1)^{m+1}}$$

其中 $(\alpha_1, \cdots, \alpha_s)$ 为 $\alpha_1, \cdots, \alpha_s$ 之最大公约数.

证 由定义,$\mathrm{LCM}\{b_1, b_2, \cdots, b_m\}$ 是能被 $b_1, \cdots, b_m$ 整除的最小正整数,如果设它们有分解式
$$\begin{cases} b_1 = p_1^{a_1^{(1)}} \cdots p_n^{a_n^{(1)}}, a_1^{(1)} \geqslant 0, \cdots, a_n^{(1)} \geqslant 0 \\ \cdots \\ b_m = p_1^{a_1^{(m)}} \cdots p_n^{a_n^{(m)}}, a_1^{(m)} \geqslant 0, \cdots, a_n^{(m)} \geqslant 0 \end{cases}$$

那么就有以下公式成立
$$\mathrm{LCM}\{b_1, \cdots, b_m\} = p_1^{\alpha_1} \cdots p_n^{\alpha_n}$$

其中
$$a_j = \max\{a_j^{(1)}, \cdots, a_j^{(m)}\}, j = 1, \cdots, n$$

由例 2 的结果,我们有
$$a_j = \sum_i a_j^{(i)} - \sum_{i_1, i_2} \min\{a_j^{(i_1)}, a_j^{(i_2)}\} + \cdots +$$
$$(-1)^{m+1} \min\{a_j^{(1)}, \cdots, a_j^{(m)}\}, j = 1, \cdots, n$$

再注意到
$$(b_{i_1}, \cdots, b_{i_s}) = p_1^{c_1} \cdots p_n^{c_n}$$

其中
$$c_j = \min\{a_j^{(i_1)}, \cdots, a_j^{(i_s)}\}, j = 1, \cdots, n$$

我们很容易看出有
$$p_1^{\alpha_1} \cdots p_n^{\alpha_n} = p_1^{\sum_i \alpha^{(i)}} \cdots p_n^{\sum_i \alpha_n^{(i)}} \cdot p_1^{-\sum \min\{\alpha^{(i_1)} \cdot a^{(i_2)}\}} \cdots p_n^{-\sum \min\{\alpha_n^{(i_1)} \cdot a^{(i_2)}\}_n} \cdots$$

149

$$p_1^{(-1)^{m+1}\min|\alpha_1^{(1)},\cdots,\alpha_1^{(m)}|}\cdots p_n^{(-1)^{m+1}\min|\alpha_n^{(1)},\cdots,\alpha_n^{(m)}|} =$$
$$(b_1\cdots b_m)\cdot(b_1,b_2)^{-1}\cdots(b_{m-1},b_m)^{-1}\cdots(b_1,b_2,\cdots,b_m)^{(-1)^{m+1}}$$

这正是所要证明的.

例4 （欧拉 φ 函数的计算公式）

欧拉 φ 函数在 n 所取的值 $\varphi(n)$ 定义为 $1,2,\cdots,n$ 中与 n 互素的自然数的个数. 设 n 有标准分解式

$$n = p_2^{\alpha_1}\cdots p_s^{\alpha_s}$$

诸 $p_1,\cdots,p_s$ 为互不相同之素数,$\alpha_j \geq 1, 1 \leq j \leq s, s \geq 1.$

用 P_i 表示集合 $S = \{1,2,\cdots,n\}$ 中一个自然数能被 P_i 整除这一性质$(i = 1,\cdots,s)$. S 的具有性质 P_i 的子集记为 $A_i.$ 于是我们有

$$\varphi(n) = |\bar{A}_1 \cap \cdots \cap \bar{A}_s| = |S| - \sum_i |A_i| + \sum_{i,j}|A_i \cap A_j| - \cdots +$$
$$(-1)^s|A_1 \cap \cdots \cap A_s| =$$
$$n - \sum_i \frac{n}{p_i} + \sum_{i<j}\frac{n}{p_i p_j} - \cdots + (-1)^s\frac{n}{p_1\cdots p_s} =$$
$$n(1 - \frac{1}{p_1})\cdots(1 - \frac{1}{p_s}) = n\prod_{p|n}(1 - \frac{1}{p})$$

实例:由 $60 = 2^2 \cdot 3 \cdot 5$ 得

$$\varphi(60) = 60(1 - \frac{1}{2})(1 - \frac{1}{3})(1 - \frac{1}{5}) = 16$$

例5 （简化剩余系的分解）

设 S 为模 k 的一个简化剩余系,$d \mid k, d \geq 1$,那么 S 有如下两个分解性质:
(1)S 是 $\varphi(k)/\varphi(d)$ 个不相交集合的并

$$S = A_1 \cup \cdots \cup A_s, s = \frac{\varphi(k)}{\varphi(d)}, A_i \cap A_j = \varnothing (i \neq j)$$

且每个 A_i 都是模 d 的一个简化剩余系.

(2)S 是 $\varphi(d)$ 个不相交集合的并

$$S = B_1 \cup \cdots \cup B_l, l = \varphi(d), B_i \cap B_j = \varnothing (i \neq j)$$

每个子集 B_i 中恰有 $\varphi(k)/\varphi(d)$ 个数,这些数关于模 d 皆为同余.

说明 我们取 $k = 15, d = 3$ 为例说明之.

模 15 的一个简化剩余系由以下 $\varphi(15) = 8$ 个数组成:$S = \{1,2,4,7,8,11,13,14\}.$

它可以分成 $\varphi(15)/\varphi(3) = 4$ 个不相交的集 A_1,A_2,A_3,A_4,每个 A_i 组成模 3 的一个简化剩余系:

$$A_1 = \{1,2\}, A_2 = \{4,8\}, A_3 = \{7,11\}, A_4 = \{13,14\}$$

它又可以分成 $\varphi(3) = 2$ 个不相交的集 B_1,B_2, 每个 B_i 中恰有

$\varphi(15)/\varphi(3) = 4$ 个关于模 3 两两同余的数:

$$B_1 = \{1,4,7,13\}, B_2 = \{2,8,11,14\}$$

如果我们把这 8 个数排成图 1 的 4 行 2 列的矩形阵列(称为一个 4×2 矩阵),那么就可以清楚地看出,矩阵的每行组成模 3 的一个简化剩余系,而每列恰由关于模 3 同余的 4 个数组成.(请读者考虑取 $k = 15, d = 5$ 应如何分解.)

$$\begin{matrix} 1 & 2 \\ 4 & 8 \\ 7 & 11 \\ 13 & 14 \end{matrix} \quad \begin{matrix} A_1 \\ A_2 \\ A_3 \\ A_4 \end{matrix}$$
$$B_1 \quad B_2$$

图 1

证 由上面的例子容易看出,定理中两种分解有非常密切的关系,实际上从一种分解就可以给出另一种分解来,让我们先来证明(1)与(2)是等价的.

首先设(2)成立,即有

$$S = B_1 \cap \cdots \cap B_l, l = \varphi(d), B_i \cap B_j = \varnothing (i \neq j)$$

每个 B_i 中恰有 $\varphi(k)/\varphi(d)$ 个关于模 d 两两同余的数. 从 $B_1,\cdots,B_l$ 中各取一个数组成集合 A_1,再从 $B_1,\cdots,B_l$ 的剩下的数中各取一个组成集 $A_2,\cdots$,由于每个 B_i 中恰有 $\varphi(k)/\varphi(d)$ 个数,这样我们就得到 $\varphi(k)/\varphi(d)$ 个两两不相交的集 $A_1,\cdots,A_s, s = \varphi(k)/\varphi(d)$. 由于 $l = \varphi(d)$,且每个 B_i 中含有属于模 d 的简化剩余系中同一系中的 $\varphi(k)/\varphi(d)$ 个数,因而每个 A_i 都恰组成模 d 的一个简化剩余系,这就推出(1)也成立,从(1)推出(2),方法类似,我们不再详述了,留给读者做为一个练习.

由上面所证,我们知道,只需证明(2)成立就行了,设 S_d 为 S 中某 $\varphi(d)$ 个数组成的,模 d 的一个简化剩余系. 我们要从 S_d 出发将 S 按(1)的要求分组,任取一个数 $r \in S_d$,我们来证明 S 中恰好存在 $\varphi(k)/\varphi(d)$ 个模 k 互不同余的数 $n_1^{(r)},\cdots,n_s^{(r)}(s = \varphi(k)/\varphi(d))$ 使 $n_j^{(r)} \equiv r(\bmod d)$. 我们考虑模 k 的剩余类中如下 k/d 个整数

$$r + d, r + 2d, \cdots, r + \frac{k}{d}d \tag{7}$$

这 k/d 个整数是模 k 的完全剩余系中全部与 r 同余 $(\bmod d)$ 的数. 我们要来证明式(7)中与 k 互素的数恰有 $\varphi(k)/\varphi(d)$ 个.

因 $r \in S_d$,故 $(r,d) = 1$. 若 $p \mid k$ 且 $p \mid (r + td)(1 \leq t \leq k/d)$,那么必有 $p \nmid d$,因为否则 $p \mid r$,从而 $(d,r) \geq p$,这与 $(r,d) = 1$ 矛盾. 我们设整除 k 但不整除 d 的全部素数为 $p_1 < \cdots < p_m$. 用 D_i 表示式(7)中能被 p_i 整除的数形成的子集. 为计算 $\mid D_i \mid$,我们需要研究同余方程

$$r + xd \equiv 0(\bmod p_i) \quad (1 \leq x \leq k/d) \tag{8}$$

的解数. 由上面的讨论知道,必定有 $p_i \nmid d$,于是(8)对模 p_i 恰有唯一解,于是式(8)的总解数为

$$\mid D_i \mid = \frac{k/d}{p_i} \tag{9}$$

151

完全类似地可以证明

$$| D_i \cap D_j | = \frac{k/d}{p_i p_j}$$

等等. 于是,由容斥原理知,式(7)中与 k 互素的数的个数为

$$| \bar{D}_1 \cap \cdots \cap \bar{D}_m | = \frac{k}{d} - \frac{k}{d} \sum \frac{1}{p_i} + \frac{k}{d} \sum \frac{1}{p_i p_j} - \cdots +$$

$$(-1)^m \frac{k}{d} \cdot \frac{1}{p_1 \cdots p_m} =$$

$$\frac{k}{d}(1 - \frac{1}{p_1}) \cdots (1 - \frac{1}{p_m}) =$$

$$\frac{k}{d} \prod_{\substack{p \mid k \\ p \mid d}} (1 - \frac{1}{p}) =$$

$$\frac{k \prod\limits_{p \mid k} (1 - \frac{1}{p})}{d \prod\limits_{p \mid d} (1 - \frac{1}{p})}$$

由例 4 我们知道,分别有

$$k \prod_{p \mid k} (1 - \frac{1}{p}) = \varphi(k), \quad d \prod_{p \mid d} (1 - \frac{1}{p}) = \varphi(d)$$

这就证明了式(7)中与 k 互素的整数恰有 $\varphi(k)/\varphi(d)$ 个.

现在我们来证明 S 中不能有多于 $\varphi(k)/\varphi(d)$ 个数与 r 同余$(\bmod d)$,不然的话,由于 $r \in S_d$,故 r 有 $\varphi(d)$ 个值,合起来就会得到 S 有多于

$$\frac{\varphi(k)}{\varphi(d)} \cdot \varphi(d) = \varphi(k)$$

个值,这是不可能的.

最后我们来完成证明,如上所述,取定一个 S_d,令它的 $\varphi(d)$ 个数分别为 $r_1, \cdots, r_l (l = \varphi(d))$,对每一个 r_i,上面已证明了集合

$$r_i + d, r_i + 2d, \cdots, r_i + \frac{k}{d}d$$

中恰有 $\varphi(k)/\varphi(d)$ 个数与 k 互素且皆与 r_i 同余$(\bmod d)$,而且这就是 S 中与 k 互素且与 r_i 两两同余$(\bmod d)$ 的全部 $\varphi(k)/\varphi(d)$ 个互不同余的数$(\bmod k)$,记这组数为 B_i,显然 $i \neq j$ 时 B_i 与 B_j 互不相交,从 $B_1, \cdots, B_l$ 中每次各取一个元作成一个子集,这样就得到 $\varphi(k)/\varphi(d)$ 个子集 $A_1, \cdots, A_s (s = \varphi(k)/\varphi(d))$,每个 A_i 恰包含模 d 的一个简化剩余系,$i \neq j$ 时 $A_i \cap A_j = \varnothing$,这正是所要证明的.

例 6 (素数分布)

设 $\pi(x)$ 表示 $1, 2, \cdots, [x]$ 中的素数个数,例如:

$$\pi(3) = 2, \pi(5.1) = 3, \pi(\sqrt{85}) = 4, \cdots$$

试证明

$$\lim_{x \to +\infty} \frac{\pi(x)}{x} = 0$$

注 特别有

$$\lim_{x \to +\infty} \frac{\pi(n)}{n} = 0$$

这表明前 n 个自然数中的素数个数与 n 的比值接近于零,也即几乎所有整数都是复合数.

证 用 S 记 $1, 2, \cdots, [x]$ 所组成的自然数集合,显然 $|S| = [x]$. 以 $p_1 = 2 < p_2 < \cdots < p_r$ 表示前 r 个素数. 用 $A_i (1 \le i \le r)$ 表示 S 中能被素数 $p_i (1 \le i \le r)$ 整除的自然数个数,我们首先来求 S 中不能被 $p_1, \cdots, p_r$ 中任一素数所整除的自然数之个数,由容斥原理有

$$|\bar{A}_1 \cap \cdots \cap \bar{A}_r| = |S| - \Sigma |A_i| + \Sigma |A_i \cap A_j| - \cdots +$$
$$(-1)^r |A_1 \cap \cdots \cap A_r| =$$
$$[x] - \sum_{1 \le i \le r} \left[\frac{x}{p_i}\right] + \sum_{1 \le i < j \le r} \left[\frac{x}{p_i p_j}\right] - \cdots +$$
$$(-1)^r \left[\frac{x}{p_1 \cdots p_r}\right] \tag{10}$$

容易看出,S 中每个素数(除去含在 $p_1, \cdots, p_r$ 中的以外)都不能被 $p_1, \cdots, p_r$ 中任一个素数整除,而反过来,S 中不能被 $p_1, \cdots, p_r$ 中任一个素数整除的数未必就是一个素数,因此我们有

$$\pi(x) \le |\bar{A}_1 \cap \cdots \cap \bar{A}_r| + r \tag{11}$$

利用不等式

$$y - 1 < [y] < y + 1$$

及式(11),(10),我们得到

$$\pi(x) < (x + 1) - \sum_{1 \le i \le r} \left(\frac{x}{p_i} - 1\right) + \sum_{1 \le i < j \le r} \left(\frac{x}{p_i p_j} + 1\right) - \cdots +$$
$$(-1)^r \left(\frac{x}{p_1 \cdots p_r} + (-1)^r\right) + r =$$
$$x\left(1 - \frac{1}{p_1}\right) \cdots \left(1 - \frac{1}{p_r}\right) + \left(1 + \binom{r}{1} + \cdots + \binom{r}{r}\right) + r =$$
$$x \prod_{i=1}^{r} \left(1 - \frac{1}{p_i}\right) + 2^r + r \tag{12}$$

容易看出有(应用等比级数求和公式)

$$\prod_{p \le p_r} \left(1 - \frac{1}{p}\right)^{-1} = \prod_{p \le p_r} \left(1 + \frac{1}{p} + \frac{1}{p^2} + \cdots\right)$$

153

对每个 $p_j(1 \leqslant j \leqslant r)$，取 S_j 为满足

$$p_j^{s_j} \geqslant p_r$$

的最小自然数，则有（显然 $s_r = 1$）

$$\prod_{p \leqslant p_r} \left(1 - \frac{1}{p}\right)^{-1} \geqslant \left(1 + \frac{1}{p_1} + \cdots + \frac{1}{p_1^{s_1}}\right) \cdots$$
$$\left(1 + \frac{1}{p_{r-1}} + \cdots + \frac{1}{p_{r-1}^{s_{r-1}}}\right)\left(1 + \frac{1}{p_r}\right) \geqslant$$
$$1 + \frac{1}{2} + \frac{1}{3} + \cdots + \frac{1}{p_r} >$$
$$1 + \frac{1}{2} + \cdots + \frac{1}{r} \tag{13}$$

记 $e = 2.718\ 281\ 828\cdots$ 为自然对数的底，则有

$$e = \lim_{n \to \infty}\left(1 + \frac{1}{n}\right)^n \tag{14}$$

而且数列 $x_n = \left(1 + \frac{1}{n}\right)^n$ 是单调增加地趋于极限 e 的.

首先易见

$$x_n = 1 + n \cdot \frac{1}{n} + \frac{n(n-1)}{1 \cdot 2}\frac{1}{n^2} + \frac{n(n-1)(n-2)}{1 \cdot 2 \cdot 3}\frac{1}{n^3} + \cdots +$$
$$\frac{n(n-1)\cdots(n-n+1)}{1 \cdot 2 \cdots n}\frac{1}{n^n} =$$
$$1 + 1 + \frac{1}{2!}\left(1 - \frac{1}{n}\right) + \frac{1}{3!}\left(1 - \frac{1}{n}\right)\left(1 - \frac{2}{n}\right) + \cdots +$$
$$\frac{1}{n!}\left(1 - \frac{1}{n}\right)\left(1 - \frac{2}{n}\right)\cdots\left(1 - \frac{n-1}{n}\right) \tag{15}$$

当将 n 换为 $n+1$ 时，除了多出一项

$$\frac{1}{(n+1)!}\left(1 - \frac{1}{n+1}\right)\left(1 - \frac{2}{n+1}\right)\cdots\left(1 - \frac{n}{n+1}\right)$$

外，对应的每项都应从式（15）中的 $\frac{1}{k!}\left(1 - \frac{1}{n}\right)\cdots\left(1 - \frac{k-1}{n}\right)$ 换成 $\frac{1}{k!}\left(1 - \frac{1}{n+1}\right)\cdots\left(1 - \frac{k-1}{n+1}\right)$，因而恒有

$$x_n < x_{n+1} \quad (n = 1, 2, \cdots)$$

再由式（15）有

$$x_n \leqslant 1 + 1 + \frac{1}{2!} + \frac{1}{3!} + \cdots + \frac{1}{n!} < 1 + 1 + \frac{1}{2} + \frac{1}{2^2} + \cdots +$$
$$\frac{1}{2^{n-1}} < 2 + \sum_{m=1}^{\infty}\frac{1}{2^m} = 3$$

因此 x_n 是一个单调增加且有上界的数列,这样的数列一定有极限存在. 通常用 e 记这个特殊的极限值. 经计算知, e 的值如上所给, 且它还是自然对数的底.

由以上所证就有, 对任何自然数 n

$$(1 + \frac{1}{n})^n \leqslant e$$

即

$$1 + \frac{1}{n} \leqslant e^{\frac{1}{n}}$$

两边取自然对数, 即得

$$\ln(1 + \frac{1}{n}) \leqslant \frac{1}{n} \qquad (16)$$

分别取 $n = 1, 2, \cdots, r$ 代入, 我们得到

$$1 + \frac{1}{2} + \cdots + \frac{1}{r} \geqslant \ln\frac{2}{1} + \ln\frac{3}{2} + \cdots + \ln\frac{r+1}{r} =$$
$$\ln(r+1) > \ln r(\text{对} \ r \geqslant 2) \qquad (17)$$

由式 (12), (13), (17) 得到, 对 $r \geqslant 2$

$$\pi(x) < \frac{x}{\ln r} + 2^r + r \qquad (18)$$

特别地, 对于任给的 $\varepsilon > 0$, 我们可以取 r 适当大, 使 $\ln r > 2/\varepsilon$, 由式 (18) 就有

$$\frac{\pi(x)}{x} < \frac{\varepsilon}{2} + \frac{2^r + r}{x} < \frac{\varepsilon}{2} + \frac{2^{r+1}}{x}$$

固定 r 后, 再取 x 足够大, 可使

$$\frac{2^{r+1}}{x} < \frac{\varepsilon}{2}$$

于是 x 足够大起恒有

$$0 \leqslant \frac{\pi(x)}{x} < \varepsilon$$

这就证明了欲证之结论.

注 上例中所示方法就是古典的爱拉托塞尼(Eratosthenes)筛法. 实际上, 如果在式 (18) 中取 $r = \ln x$, 可以证明, 存在一个常数 $C > 0$, 使

$$\pi(x) \leqslant \frac{Cx}{\ln\ln x} \qquad (19)$$

这个结果虽然比用其他初等方法能得到的界

$$C_1 \frac{x}{\ln x} \leqslant \pi(x) \leqslant C_2 \frac{x}{\ln x}(C_1, C_2 \text{ 皆为正常数}) \qquad (20)$$

要弱得多, 但其方法本身却有着巨大的潜力. 近代筛法正是对这一古典筛法经过若干改进而得出的, 经过改进后的筛法已成为近代解析数论中最为有力, 最

为重要的方法之一. 有兴趣的读者可以看哈尔伯斯坦（H. Halberstam）及李希特（H. - E. Richert）的专著 Sieve Methods（《筛法》）一书.

习 题

1. 试求前 10^5 个正整数中不能被 7,11,13 整除的整数之个数.

2. 某校组织了数学、语文、外语三个课外活动小组,每个小组每周各活动两次,互不冲突. 每个同学可以自由参加其中一组,也可同时参加两组或同时参加三个组的活动. 参加课外小组的学生共有 1 200 人,其中有 550 个同学参加了数学组,460 个同学参加了语文组,350 个同学参加了外语组. 同时参加数学及外语两个组的有 100 人,同时参加数学及语文组的有 120 人,三个组都参加的有 140 人. 问:同时参加语文及外语两个组的有多少人？（编者注:此题疑有误.）

3. （更列问题之一）设有 n 个人,各标上从 1 到 n 这几个号码,另有 n 把椅子,也标上从 1 到 n 这 n 个号码. 问:这 n 个人坐在这 n 把椅子上且满足第 $i(i = 1,2,\cdots,n)$ 个人不坐第 i 把椅子的不同坐法有多少种？

4. （更列问题之二）试求 $\{1,2,\cdots,n\}$ 这 n 个数字的具有以下性质的无重复排列 $a_1 a_2 \cdots a_n$ 的个数:对任一个 $i,1 \leqslant i \leqslant n - 1$,有 $a_{i+1} \neq a_i + 1$.

5. （容斥原理的一个简单推广）

设 A 为一个有限集合,$R = \{P_1,P_2,\cdots,P_m\}$ 为由 m 个性质组成的一个有限集合. 设 $A_i(1 \leqslant i \leqslant m)$ 是 A 中具有性质 P_i 的所有元素所组成的子集合,则 A 中恰具有 R 中 r 个性质的那种元素的总个数 $A(r)$ 有计算公式($r \geqslant 0$)

$$A(r) = \binom{r}{r} \sum_{1 \leqslant i_1 < i_2 < \cdots < i_r \leqslant m} \mid A_{i_1} \cap A_{i_2} \cap \cdots \cap A_{i_r} \mid -$$

$$\binom{r+1}{r} \sum_{1 \leqslant j_1 < j_2 < \cdots < j_{r+1} \leqslant m} \mid A_{j_1} \cap A_{j_2} \cap \cdots \cap A_{j_{r+1}} \mid + \cdots +$$

$$(-1)^{m-r} \binom{m}{r} \mid A_1 \cap A_2 \cap \cdots \cap A_m \mid$$

*6. （k - 更列问题）

如果集合 $\{1,2,\cdots,n\}$ 的一个无重复排列

$$a_1 a_2 \cdots a_n$$

满足以下条件:

(1) 对 k 个下标 i 成立 $a_i \neq i$.

(2) 对剩下的 $n - k$ 个下标 j 成立 $a_j = j$,则称此排列为 $\{1,2,\cdots,n\}$ 的一个 k - 更列,集合 $\{1,2,\cdots,n\}$ 的全部 k - 更列的个数记为 $D_n(k)$,试求 $D_n(k)$ 之

值.

 *7. (Ménage 问题)

设有 n 对夫妻参加一个宴会,男女相间共同围坐在一个大圆桌四周,若限令同一对夫妻不得相邻而坐,问共可有多少种不同的坐法?

提示:(1) 请先研究 $1 \leqslant n \leqslant 4$ 这几个具体例子.

(2) 在考虑一般情形时,建议先确定圆桌的一个固定转动方向,并固定其中 n 个相间的座位给女宾就座. 记之为 $\bar{1}, \bar{2}, \cdots, \bar{n}$. 记她们的丈夫分别为 ①,②,$\cdots$, ⓝ 记第 $\bar{n}$ 位女宾与第 $\bar{1}$ 位女宾之间的座位为 n,对 $1 \leqslant i \leqslant n-1$,用 i 来记第 $\bar{i}$ 位女宾与第 $\overline{i+1}$ 位女宾之间那个座位. 考虑男宾①可以就座的位子有何限制,设男宾①的座位号为 a_i,试证当 $a_1, a_2, \cdots, a_n$ 符合要求时,下列矩阵

$$\begin{array}{ccccc} 1 & 2 & \cdots & n-1 & n \\ n & 1 & \cdots & n-2 & n-1 \\ a_1 & a_2 & \cdots & a_{n-1} & a_n \end{array} \qquad (21)$$

的任一列中 3 个数必无重复出现.

(3) 定义性质 $P_i (1 \leqslant i \leqslant n)$ 如下:

性质 $P_i : a_i = i-1$ 或 $a_i = i (2 \leqslant i \leqslant n)$,

性质 $P_1 : a_1 = n$ 或 $a_1 = 1$.

记具有性质 $P_j (1 \leqslant j \leqslant n)$ 的排列 $a_1 a_2 \cdots a_{n-1} a_n$ 的全体组成之集合为 A_j,证明

$$|A_j| = 2(n-1)!$$

进一步证明:

$|A_i \cap A_{i+1}| = 3(n-2)! \quad (1 \leqslant i \leqslant n-1)$,

$|A_1 \cap A_n| = 3(n-2)!$,

$|A_i \cap A_j| = 4(n-2)! \ (1 \leqslant i < j \leqslant n, j \neq i+1$ 且若 $i=1$,则 $j \neq n$).

由此证出

$$\sum_{1 \leqslant i \leqslant n} |A_i| = \frac{2n}{2n-1} \binom{2n-1}{1} \cdot (n-1)!$$

以及

$$\sum_{1 \leqslant i < j \leqslant n} |A_i \cap A_j| = \frac{2n}{2n-2} \binom{2n-2}{2} \cdot (n-2)!$$

(4) 最后来证明对 $1 \leqslant r \leqslant n$ 有

$$\sum_{1 \leqslant i_1 < i_2 < \cdots < i_r \leqslant n} |A_{i_1} \cap A_{i_2} \cap \cdots \cap A_{i_r}| = \frac{2n}{2n-r} \binom{2n-r}{r} \cdot (n-r)! \quad (22)$$

① 设集合

$$\bigcup_{1 \leqslant i_1 < i_2 < \cdots < i_r \leqslant n} (A_{i_1} \cap A_{i_2} \cap \cdots \cap A_{i_r})$$

中一个排列

$$a_1 a_2 \cdots a_n$$

满足某 r 个性质 $P_{i_1}, \cdots, P_{i_r}$，不妨（为什么？）设从这 r 个性质中选定的一个恰是 P_1，说明 a_1 可取 n 及 1 这两个可能的值.

情形一：若 $a_1 = n$，先证明：为了使 $a_1, a_2, \cdots, a_n$ 满足剩下的 $r-1$ 个性质，必须且只须从

$$1, 2; 2, 3; 3, 3; \cdots; n-2, n-2; n-1, n-1 \tag{23}$$

中选取 $r-1$ 两两在（23）中不相邻的数.

再证明：设给出 m 个数码 $1, 2, \cdots, m$，从中取出 k 个数来，其中任两数在 1, $2, \cdots, m$ 中皆不相邻，设 $f(m, k)$ 为这种 k 个数的子列取法总个数，则有递推公式

$$f(m, k) = f(m-1, k) + f(m-2, k-1) \tag{24}$$

再证 $1 \backslash m$ 时有

$$f\left(m, \frac{m+1}{2}\right) = 1 \tag{25}$$

然后由式（24）及关于 $m + k (1 \leqslant k \leqslant m/2)$ 的归纳法证明

$$f(m, k) = \binom{m-k+1}{k} \quad (1 \leqslant k \leqslant (m+1)/2) \tag{26}$$

（注意对 $k > (m+1)/2$ 有 $f(m, k) = 0$）.

在式（26）中取 $m = 2n-3$ 及 $k = r-1$ 就得到：$a_1 = n$ 时从式（23）中取出 $r-1$ 个满足要求的数组成的不同数组个数为

$$\binom{2n-r-1}{r-1}$$

情形二：若 $a_1 = 1$，式（23）变成

$$2, 3; 3, 3; \cdots; n-1, n-1; n \tag{27}$$

于是上述结论仍成立.

② 最后注意，第一个选取出来讨论的性质有 $2n$ 种方式，取出来的每组数

$$n \quad a_{j_1} \quad \cdots \quad a_{j_{r-1}}$$
$$\text{或} \quad 1 \quad a_{j_1} \quad \cdots \quad a_{j_{r-1}}$$

（各有 $\binom{2n-r-1}{r-1}$ 种这种排列）在按上法取出时，对应的 r 个性质都各重复了一次，于是总共重复了 r 次，而剩下的 $n-r$ 个数只需作无重复排列即可，这有 $(n-r)!$ 种可能，合以上所述即得式（22）.

最后由本章定理 1 即得 M_n 之公式.

参考答案

第9章

1. 证:当 $n = 1$ 时,结论显然成立. 现在假设对 $n = 1, \cdots, l(l \geqslant 1)$ 结论已经成立. 让我们来考虑 $n = l + 1$ 的情形. 也就是有 $l + 1$ 个非负实数 $x_1, x_2, \cdots, x_{l+1}$ 满足 $x_1 x_2 \cdots x_{l+1} = 1$. 我们分以下几种情形讨论:

情形一:至少有一个 $x_i = 1$,比方设 $x_{l+1} = 1$,此时就有 $x_1 \cdots x_l = x_1 \cdots x_l x_{l+1} = 1$,由归纳假设即得有 $x_1 + \cdots + x_l \geqslant 1$,于是 $x_1 + \cdots + x_i + x_{l+1} \geqslant l + 1$.

情形二:设 $x_1, \cdots, x_{l+1}$ 皆不等于 1. 由 $x_1 \cdots x_{l+1} = 1$ 容易看出,不可能 $x_1, \cdots, x_{l+1}$ 全都小于 1,或者全都大于 1. 于是不妨可以假设 $x_l < 1, x_{l+1} > 1$,对 $x_1, \cdots, (x_l x_{l+1})$ 这 l 个数应用归纳假设,我们得到
$$x_1 + x_2 + \cdots + (x_l x_{l+1}) \geqslant 1$$
由 $x_l < 1$ 及 $x_{l+1} > 1$ 容易得到有
$$x_l x_{l+1} < x_l + x_{l+1} - 1$$
由这两个不等式就推出有
$$x_1 + x_2 + \cdots + x_{l+1} > l + 1$$
这就证明了结论对 $n = l + 1$ 也成立. 于是要证的不等式对任何自然数 n 皆成立.

2. 证:由已知条件(1),可以假设 P 对以下这无穷多个自然数成立
$$(1 \leqslant) n_1 \leqslant n_2 \leqslant \cdots \leqslant n_m \leqslant \cdots$$
任取一个自然数 r,如果有自然数 i 存在使
$$r = n_i$$
则结论 P 对 r 已经成立,如若不然,则必有自然数 $l \geqslant 2$ 存在,使
$$n_{l-1} < r < n_l$$
因为 P 对 n_l 成立,由条件(2),P 对 $n_l - 1$ 也成立. 如此反复应用条件(2)$n_l - r$ 次,则得 P 对自然数 r 也成立. 这正是所要证明的.

3. 证:我们有
$$a_1 a_2 = \left(\frac{a_1 + a_2}{2}\right)^2 - \left(\frac{a_1 - a_2}{2}\right)^2 \leqslant \left(\frac{a_1 + a_2}{2}\right)^2$$
于是

$$a_1 a_2 a_3 a_4 \leqslant \left(\frac{a_1 + a_2}{2}\right)^2 \left(\frac{a_3 + a_4}{2}\right)^2 = \left\{\left(\frac{a_1 + a_2}{2}\right)\left(\frac{a_3 + a_4}{2}\right)\right\}^2 \leqslant$$

$$\left\{\left(\frac{\left(\frac{a_1 + a_2}{2}\right) + \left(\frac{a_3 + a_4}{2}\right)}{2}\right)^2\right\}^2 =$$

$$\left(\frac{a_1 + a_2 + a_3 + a_4}{4}\right)^4$$

设对 $m \geqslant 1$ 已有不等式

$$a_1 a_2 \cdots a_{2^m} \leqslant \left(\frac{a_1 + a_2 + \cdots + a_{2}m}{2^m}\right)^{2^m}$$

成立,那么仿上法易见

$$a_1 a_2 \cdots a_{2^{m+1}} = (a_1 \cdots a_{2^m})(a_{2^m+1} \cdots a_{2^{m+1}}) \leqslant$$

$$\left(\frac{a_1 + \cdots + a_{2^m}}{2^m}\right)^{2^m} \left(\frac{a_{2^m+1} + \cdots + a_{2^{m+1}}}{2^m}\right)^{2^m} =$$

$$\left\{\left(\frac{a_1 + \cdots + a_{2^m}}{2^m}\right)\left(\frac{a_{2^m+1} + \cdots + a^{2^{m+1}}}{2^m}\right)\right\}^{2^m} \leqslant$$

$$\left\{\frac{\left(\frac{a_1 + \cdots + a_{2^m}}{2^m}\right) + \left(\frac{a_{2^m+1} + \cdots + a_{2^{m+1}}}{2^m}\right)}{2}\right\}^{2^{m+1}} =$$

$$\left(\frac{a_1 + \cdots + a_{2^{m+1}}}{2^{m+1}}\right)^{2^{m+1}}$$

于是我们就证明了:对形如 $n = 2^m (m = 1, 2, \cdots)$ 的这无穷多个自然数,柯西不等式成立.

下面假设柯西不等式对自然数 $n \geqslant 2$ 是成立的,要来证明它对自然数 $n-1$ 也成立. 设给定 $n-1$ 个正数 $a_1, \cdots, a_{n-1} (n \geqslant 2)$. 为了利用对自然数 n 不等式成立这一条件,我们定义一个正数

$$a_n = (a_1 + \cdots + a_{n-1})/(n-1)$$

对 $a_1, \cdots, a_{n-1}, a_n$ 应用柯西不等式即得

$$a_1 \cdots a_{n-1} \frac{(a_1 + \cdots + a_{n-1})}{n-1} \leqslant$$

$$\left(\frac{a_1 + \cdots + a_{n-1} + \frac{(a_1 + \cdots + a_{n-1})}{n-1}}{n}\right)^n = \left(\frac{a_1 + \cdots + a_{n-1}}{n-1}\right)^n$$

由此即得

$$a_1 \cdots a_{n-1} \leqslant \left(\frac{a_1 + \cdots + a_{n-1}}{n-1}\right)^{n-1}$$

160

这表明柯西不等式对 $n-1$ 个正数的情形也成立,于是由上一题听反归纳法原理即知,柯西不等式对任何自然数 n 皆成立.

4. 证:先证 $n=2$ 的情形,即证

$$\frac{x_1 x_2}{(x_1 + x_2)^2} \leqslant \frac{(1 - x_1)(1 - x_2)}{[(1 - x_1) + (1 - x_2)]^2}$$

将上式通分并展开简化知就是要证明

$$x_1(1 - x_1)(x_2 - x_1) \leqslant x_2(1 - x_2)(x_2 - x_1)$$

情形一:若 $x_2 - x_1 \geqslant 0$,则只需证明

$$x_1(1 - x_1) \leqslant x_2(1 - x_2)$$

此即要证

$$x_2^2 - x_1^2 \leqslant x_2 - x_1$$

也即要证

$$x_2 + x_1 \leqslant 1$$

而这是显然成立的.

情形二:若 $x_2 - x_1 < 0$,则只需证明

$$x_2(1 - x_2) \leqslant x_1(1 - x_1)$$

由情形一的证明知(在情形一中将 x_1 与 x_2 交换即可)这不等式是成立的. 这就对 $n=2$ 证明了所给不等式是成立的.

当 $n = 2^2 = 4$ 时,注意到恒等式

$$\frac{x_1 x_2 x_3 x_4}{(x_1 + x_2 + x_3 + x_4)^4} = \frac{x_1 x_2}{(x_1 + x_2)^2} \cdot \frac{x_3 x_4}{(x_3 + x_4)^2}$$

$$\left\{ \frac{\left(\dfrac{x_1 + x_2}{2}\right)\left(\dfrac{x_3 + x_4}{2}\right)}{\left[\left(\dfrac{x_1 + x_2}{2}\right) + \left(\dfrac{x_3 + x_4}{2}\right)\right]^2} \right\}^2$$

利用 $n=2$ 的结论易分别有

$$\frac{x_1 x_2}{(x_1 + x_2)^2} \leqslant \frac{(1 - x_1)(1 - x_2)}{[(1 - x_1) + (1 - x_2)]^2}$$

$$\frac{x_3 x_4}{(x_3 + x_4)^2} \leqslant \frac{(1 - x_3)(1 - x_4)}{[(1 - x_3) + (1 - x_4)]^2}$$

$$\frac{\left(\dfrac{x_1 + x_2}{2}\right)\left(\dfrac{x_3 + x_4}{2}\right)}{\left[\left(\dfrac{x_1 + x_2}{2}\right) + \left(\dfrac{x_3 + x_4}{2}\right)\right]^2} \leqslant$$

$$\frac{\left(1 - \dfrac{x_1 + x_2}{2}\right)\left(1 - \dfrac{x_3 + x_4}{2}\right)}{\left[\left(1 - \dfrac{x_1 + x_2}{2}\right) + \left(1 - \dfrac{x_3 + x_4}{2}\right)\right]^2} =$$

$$\frac{\left[(1 - x_1) + (1 - x_2)\right]\left[(1 - x_3) + (1 - x_4)\right]}{\left[(1 - x_1) + (1 - x_2) + (1 - x_3) + (1 - x_4)\right]^2}$$

将以上三式代入所述恒等式右边,整理即得

$$\frac{x_1 x_2 x_3 x_4}{(x_1 + x_2 + x_3 + x_4)^4} \leqslant \frac{(1 - x_1)(1 - x_2)(1 - x_3)(1 - x_4)}{\left[(1 - x_1) + (1 - x_2) + (1 - x_3) + (1 - x_4)\right]^4}$$

这证明了所述不等式对 $n = 2^2$ 也成立.

现在设对 $n = 2^m$ 不等式已成立,则对 $n = 2^{m+1}$ 的情形,我们有

$$\frac{x_1 \cdots x_{2^{m+1}}}{(x_1 + \cdots + x_{2^{m+1}})^{2^{m+1}}} = \frac{x_1 \cdots x_{2^m}}{(x_1 + \cdots + x_{2^m})^{2^m}} \cdot \frac{x_{2^m + 1} \cdots x_{2^{m+1}}}{(x_{2^m + 1} + \cdots + x_{2^{m+1}})^{2^m}} \times$$

$$\left(\frac{\left(\dfrac{x_1 + \cdots + x_{2^m}}{2^m}\right)\left(\dfrac{x_{2^m + 1} + \cdots + x_{2^{m+1}}}{2^m}\right)}{\left[\left(\dfrac{x_1 + \cdots + x_{2^m}}{2^m}\right) + \left(\dfrac{x_{2^m + 1} + \cdots + x_{2^{m+1}}}{2^m}\right)\right]}\right)^{2^m} \leqslant$$

$$\frac{(1 - x_1) \cdots (1 - x_{2^m})}{\left[(1 - x_1) + \cdots + (1 - x_{2^m})\right]^{2^m}} \cdot \frac{(1 - x_{2^m + 1}) \cdots (1 - x_{2^{m+1}})}{\left[(1 - x_{2^m + 1}) + \cdots + (1 - x_{2^{m+1}})\right]^{2^m}} \times$$

$$\left(\frac{(2^m - x_1 - \cdots - x_{2^m})(2^m - x_{2^m + 1} - \cdots - x_{2^{m+1}})}{\left[(2^m - x_1 - \cdots - x_{2^m}) + (2^m - x_{2^m + 1} - \cdots - x_{2^{m+1}})\right]^2}\right)^{2^m} =$$

$$\frac{(1 - x_1) \cdots (1 - x_{2^{m+1}})}{\left[(1 - x_1) + \cdots + (1 + x_{2^{m+1}})\right]^{2^{m+1}}}$$

于是欲证之不等式对形如 $n = 2^r (r = 1, 2, \cdots)$ 的无穷多个自然数皆成立.

现在设所要证的不等式对 $n = l (l \geqslant 2)$ 成立,要来证明它对 $n = l - 1$ 也成立. 设任给出 $l - 1$ 个实数 $x_1, \cdots, x_{l-1}, 0 < x_i \leqslant 1/2, i = 1, \cdots, l - 1$,定义

$$x_l = (x_1 + \cdots + x_{l-1}) / (l - 1)$$

由假设,不等式当 $n = 1$ 时成立,于是就有

$$\frac{x_1 \cdots x_{l-1} x_l}{(x_1 + \cdots + x_{l-1} + x_l)^l} \leqslant \frac{(1 - x_1) \cdots (1 - x_{l-1})(1 - x_l)}{\left[(1 - x_1) + \cdots + (1 - x_{l-1}) + (1 - x_l)\right]^l}$$

注意到

$$x_1 + \cdots + x_{l-1} + x_l = \frac{l}{l - 1}(x_1 + \cdots + x_{l-1})$$

$$1 - x_l = \frac{1}{l - 1}\left[(1 - x_1) + \cdots + (1 - x_{l-1})\right]$$

我们就得到

$$\frac{x_1 \cdots x_{l-1}}{(x_1 + \cdots + x_{l-1})^{l-1}} \le \frac{(1 - x_1) \cdots (1 - x_{l-1})}{[(1 - x_1) + \cdots + (1 - x_{l-1})]^{l-1}}$$

这正是所要证明的.

由以上证明的结论,并利用第 2 题的反归纳法,立即得知所给不等式对一切自然数 n 皆成立.

5. 证:(1) 证法一:将恒等式

$(n + 1)^8 - n^8 = 8n^7 + 28n^6 + 56n^5 + 70n^4 + 56n^3 + 28n^2 + 8n + 1$

$n^8 - (n - 1)^8 = 8(n - 1)^7 + 28(n - 1)^6 + 56(n - 1)^5 + 70(n - 1)^4 +$
$\qquad 56(n - 1)^3 + 28(n - 1)^2 + 8(n - 1) + 1$

$\cdots$

$3^8 - 2^8 = 8(2)^7 + 28(2)^6 + 56(2)^5 + 70(2)^4 + 56(2)^3 +$
$\qquad 28(2)^2 + 8(2) + 1$

$2^8 - 1^8 = 8(1)^7 + 28(1)^6 + 56(1)^5 + 70(1)^4 + 56(1)^4 + 56(1)^3 +$
$\qquad 28(1)^2 + 8(1) + 1$

的两边分别相加容易得到

$$(n + 1)^8 - 1^8 = 8 \sum_{k=1}^{n} k^7 + 28 \sum_{k=1}^{n} k^6 + 56 \sum_{k=1}^{n} k^5 + 70 \sum_{k=1}^{n} k^4 +$$

$$56 \sum_{k=1}^{n} k^3 + 28 \sum_{k=1}^{n} k^2 + 8 \sum_{k=1}^{n} k + n$$

利用本章正文中的式(8) ～ (13)代入上式,我们不难算得所述公式成立.

证法二:用数学归纳法来证明.

当 $n = 1$ 时,所给公式显然成立.

假设公式对 $n = k$ 成立,即有

$$\sum_{m=1}^{k} m^7 = \frac{1}{24}(3k^8 + 12k^7 + 14k^6 - 7k^4 + 2k^2)$$

则我们有

$$\sum_{m=1}^{k+1} m^7 = \sum_{m=1}^{k} m^7 + (k + 1)^7 =$$

$$\frac{1}{24}(3k^8 + 12k^7 + 14k^6 - 7k^4 + 2k^2) + (k + 1)^7 =$$

$$\frac{1}{24}[3(k + 1)^8 + 12(k + 1)^7 + 14(k + 1)^6 - 7(k + 1)^4 +$$

$$2(k + 1)^2] + (k + 1)^7 - \frac{1}{24}[3(8k^7 + 28k^6 + 56k^5 + 70k^4 +$$

$$56k^3 + 28k^2 + 8k + 1) + 12(7k^6 + 21k^5 + 35k^4 + 35k^3 + 21k^2 +$$

$$7k + 1) + 14(6k^5 + 15k^4 + 20k^3 + 15k^2 + 6k + 1) - 7(4k^3 +$$

$$6k^2 + 4k + 1) + 2(2k + 1)] =$$

$$\frac{1}{24}[3(k+1)^8 + 12(k+1)^7 + 14(k+1)^6 - 7(k+1)^4 + 2(k+1)^2]$$

于是要证的第一个公式对 $n = k + 1$ 也成立,从而它对一切自然数 n 皆成立.最后注意到由正文定义 $\bar{n} = n(n+1)$ 有

$$\bar{n}^2(3\bar{n}^2 - 4\bar{n} + 2) = n^2(n+1)^2(3n^2(n+1)^2 - 4n(n+1) + 2) =$$
$$n^2(n^2 + 2n + 1)(3n^4 + 6n^3 - n^2 - 4n + 2) =$$
$$n^2(3n^6 + 12n^5 + 14n^4 - 7n^2 + 2)$$

这就完成了(1)题之证明.

第(2),(3)小题可以用完全相同的方法加以证明.关于本题中所给的两种不同方法的比较,有两点需要说明.第一,将每种证法详述出来可以看出,用数学归纳法的证明在本题中涉及的计算要稍简单些.第二,用归纳法证明,必须预先知道结论,而这是归纳法本身不便解决的,利用恒等式的证法则可以在并不知道结论的推理中给出这个结论来.一般说来,仅在已知结论或对结论有一个猜测的结果时,方可应用归纳法加以证明或验证其真伪.

(2) 由 $\bar{n} = n(n+1)$ 则有

$$(2n+1)\bar{n}(5\bar{n}^3 - 10\bar{n}^2 + 9\bar{n} - 3) =$$
$$(2n+1)n(n+1)(5n^3(n+1)^3 - 10n^2(n+1)^2 + 9n(n+1) - 3) =$$
$$n(2n^2 + 3n + 1)(5n^6 + 15n^5 + 5n^4 - 15n^3 - n^2 + 9n - 3) =$$
$$n(10n^8 + 45n^7 + 60n^6 - 42n^4 + 20n^2 - 3)$$

故只需对第一个等式用归纳法证明即可.

$n = 1$ 时结论显然成立,假设 $n = k$ 时有

$$\sum_{m=1}^{k} m^8 = \frac{1}{90}(10k^9 + 45k^8 + 60k^7 - 42k^5 + 20k^3 - 3k)$$

则 $n = k + 1$ 时有

$$\sum_{m=1}^{k+1} m^8 = \sum_{m=1}^{k} m^8 + (k+1)^8 =$$

$$\frac{1}{90}(10k^9 + 45k^8 + 60k^7 - 42k^5 + 20k^3 - 3k) + (k+1)^8 =$$

$$\frac{1}{90}[10(k+1)^9 + 45(k+1)^8 + 60(k+1)^7 - 42(k+1)^5 + 20(k+1)^3 -$$

$$3(k+1)] + (k+1)^8 - \frac{1}{90}[10(9k^8 + 36k^7 + 84k^6 + 126k^5 + 126k^4 +$$

$$84k^3 + 36k^2 + 9k + 1) + 45(8k^7 + 28k^6 + 56k^5 + 70k^4 + 56k^3 + 28k^2 +$$

$$8k + 1) + 60(7k^6 + 21k^5 + 35k^4 + 35k^3 + 21k^2 + 7k + 1) - 42(5k^4 +$$

$$10k^3 + 10k^2 + 5k + 1) + 20(3k^2 + 3k + 1) - 3] =$$

$$\frac{1}{90}[10(k-1)^9 + 45(k+1)^8 + 60(k+1)^7 - 42(k+1)^5 +$$

$$20(k+1)^3 - 3(k+1)]$$

这说明结论对 $n = k + 1$ 也成立. 于是对一切 $n \geq 1$ 皆成立.

（3）注意到

$$\overline{n}^2(2\overline{n}^3 - 5\overline{n}^2 + 6\overline{n} - 3) =$$

$$n^2(n+1)^2(2n^3(n+1)^3 - 5n^2(n+1)^2 + 6n(n+1) - 3) =$$

$$n^2(n^2 + 2n + 1)(2n^6 + 6n^5 + n^4 - 8n^3 + n^2 + 6n - 3) =$$

$$n^2(2n^8 + 10n^7 + 15n^6 - 14n^4 + 10n^2 - 3)$$

故只需对第一个等式用归纳法证明即可.

$n = 1$ 时结论显然成立,设当 $n = k$ 时有

$$\sum_{m=1}^{k} m^9 = \frac{1}{20}(2k^{10} + 10k^9 + 15k^8 - 14k^6 + 10k^4 - 3k^2)$$

则当 $n = k + 1$ 时有

$$\sum_{m=1}^{k+1} m^9 = \sum_{m=1}^{k} m^9 + (k+1)^9 =$$

$$\frac{1}{20}(2k^{10} + 10k^9 + 15k^8 - 14k^6 + 10k^4 - 3k^2) + (k+1)^9 =$$

$$\frac{1}{20}[2(k+1)^{10} + 10(k+1)^9 + 15(k+1)^8 - 14(k+1)^6 +$$

$$10(k+1)^4 - 3(k+1)^2] + (k+1)^9 =$$

$$-\frac{1}{20}[2(10k^9 + 45k^8 + 120k^7 + 210k^6 + 252k^5 + 210k^4 + 120k^3 +$$

$$45k^2 + 10k + 1) + 10(9k^8 + 36k^7 + 84k^6 + 126k^5 + 126k^4 + 84k^3 +$$

$$36k^2 + 9k + 1) + 15(8k^7 + 28k^6 + 56k^5 + 70k^4 + 56k^3 + 28k^2 + 8k + 1) -$$

$$14(6k^5 + 15k^4 + 20k^3 + 15k^2 + 6k + 1) + 10(4k^3 + 6k^2 + 4k + 1) -$$

$$3(2k + 1)] =$$

$$\frac{1}{20}[2(k+1)^{10} + 10(k+1)^9 + 15(k+1)^8 - 14(k+1)^6 +$$

$$10(k+1)^4 - 3(k+1)^2]$$

于是结论对 $n = k + 1$ 也成立,从而对一切自然数 n 皆成立.

第 10 章

1. 证:由于 $F_1 = F_2 = 1$,故本章式(91)对 $n = 1$ 成立,现在假设本章式(91)

165

对 $1 \leq n \leq k$ 皆已成立,我们来考虑 $n = k + 1$ 的情形. 由本章中式(8) 我们有

$$F_{k+1} = F_k + F_{k-1} =$$

$$\frac{(1 + \sqrt{5})^k - (1 - \sqrt{5})^k + 2(1 + \sqrt{5})^{k-1} - 2(1 - \sqrt{5})^{k-1}}{2^k \sqrt{5}} =$$

$$\frac{(1 + \sqrt{5})^{k+1}}{2^{k+1} \sqrt{5}} - \left(\frac{2}{1 + \sqrt{5}} - \frac{2(1 - \sqrt{5})^k}{(1 + \sqrt{5})^{k+1}} + \frac{4}{(1 + \sqrt{5})^2} - \frac{4(1 - \sqrt{5})^{k-1}}{(1 + \sqrt{5})^{k+1}} \right) =$$

$$\frac{(1 + \sqrt{5})^{k+1}}{2^{k+1} \sqrt{5}} - \left(1 - \frac{(1 - \sqrt{5})^{k-1}}{(1 + \sqrt{5})^{k+1}} (6 - 2\sqrt{5}) \right) =$$

$$\frac{(1 + \sqrt{5})^{k+1}}{2^{k+1} \sqrt{5}} - \left(1 - \frac{(1 - \sqrt{5})^{k+1}}{(1 + \sqrt{5})^{k+1}} \right) =$$

$$\frac{(1 + \sqrt{5})^{k+1} - (1 - \sqrt{5})^{k+1}}{2^{k+1} \sqrt{5}}$$

这证明了本章式(91) 对 $n = k + 1$ 也成立,于是本章式(91) 得证.

注意到 $n \geq 1$ 时有

$$\sqrt{5} - 1 > 0$$

以及

$$(\sqrt{5} - 1)^n < 2^n$$

于是恒有

$$0 < \frac{(\sqrt{5} - 1)^n}{\sqrt{5} \cdot 2^n} < 1$$

又因为 F_n 是正整数,故有本章式(92) 成立.

2. 证:由 $L_1 = 1, L_2 = 3$ 知,本章式(93) 对 $n = 1$ 成立. 现在假设本章式(93) 对 $1 \leq n \leq k$ 皆已成立,要来考虑 $n = k + 1$ 的情形. 由本章式(10) 以及归纳假设有

$$L_{k+1} = L_k + L_{k-1} =$$

$$\frac{(1 + \sqrt{5})^k + (1 - \sqrt{5})^k + 2(1 + \sqrt{5})^{k-1} + 2(1 - \sqrt{5})^{k-1}}{2^k} =$$

$$\frac{(1 + \sqrt{5})^{k+1}}{2^{k+1}} \left(\frac{2}{1 + \sqrt{5}} + \frac{4}{(1 + \sqrt{5})^2} + \frac{2(1 - \sqrt{5})^k + 4(1 - \sqrt{5})^{k-1}}{(1 + \sqrt{5})^{k+1}} \right) =$$

$$\frac{(1 + \sqrt{5})^{k+1}}{2^{k+1}} \left(1 + \frac{(1 - \sqrt{5})^{k+1}}{(1 + \sqrt{5})^{k+1}} \right) =$$

$$\frac{(1 + \sqrt{5})^{k+1} + (1 - \sqrt{5})^{k+1}}{2^{k+1}}$$

于是本章式(93)对 $n = k + 1$ 也成立,这就证明了本章式(93).

再注意到 $n \geqslant 1$ 时有

$$0 < \frac{(\sqrt{5} - 1)^n}{2^n} < 1$$

以及 L_n 是正整数,即由本章式(93)推出本章式(94)成立.

3. 证:

(1) 我们用数学归纳法来证明本章式(95). 由于

$$F_2^2 - F_1 F_3 = 1 - 2 = (-1)^1$$

故本章式(95)对 $n = 1$ 成立.

假设本章式(95)对 $n = k (k \geqslant 1)$ 已成立,即有

$$F_{k+1}^2 - F_k F_{k+2} = (-1)^k$$

本章式(8)及上式就有

$$F_{k+2}^2 - F_{k+1} F_{k+3} = F_{k+2}(F_k + F_{k+1}) - F_{k+1}(F_{k+1} + F_{k+2}) =$$
$$F_k F_{k+2} - F_{k+1}^2 = -(-1)^k = (-1)^{k+1}$$

这证明了本章式(95)对 $n = k + 1$ 也成立. 故本章式(95)对任何自然数皆成立.

(2) 仍用数学归纳法来证明本章式(96). 由于

$$F_1 = F_2 = 1, F_3 = 2, F_4 = 3$$

因此

$$F_1 F_2 = 1 = F_2^2$$
$$F_1 F_2 + F_2 F_3 + F_3 F_4 = 1 + 2 + 6 = 9 = F_4^2$$

故本章式(96)对 $n = 1$ 及 $n = 2$ 成立. 现在假设本章式(96)对 $n = k (k \geqslant 2)$ 已成立,即有

$$F_1 F_2 + F_2 F_3 + \cdots + F_{2k-1} F_{2k} = F_{2k}^2$$

则由本章式(8)以及上式就得到

$$F_1 F_2 + F_2 F_3 + \cdots + F_{2k-1} F_{2k} + F_{2k} F_{2k+1} + F_{2k+1} F_{2k+2} =$$
$$F_{2k}^2 + F_{2k} F_{2k+1} + F_{2k+1} F_{2k+2} =$$
$$F_{2k}(F_{2k} + F_{2k+1}) + F_{2k+1} F_{2k+2} =$$
$$F_{2k} F_{2k+2} + F_{2k+1} F_{2k+2} =$$
$$F_{2k+2}(F_{2k} + F_{2k+1}) =$$
$$F_{2k+2}^2$$

这证明了本章式(96)对 $n = k + 1$ 也成立,于是本章式(96)对任何自然数 n 皆成立.

(3) 仍用数学归纳法来证明,由于

$$F_1 = F_2 = 1, F_3 = 2, F_4 = 3, F_5 = 5$$

因而

$$F_1F_2 + F_2F_3 = 1 + 2 = 3 = F_3^2 - 1$$
$$F_1F_2 + F_2F_3 + F_3F_4 + F_4F_5 = 1 + 2 + 6 + 15 = 24 = F_5^2 - 1$$

即本章式(97)对 $n = 1$ 及 $n = 2$ 成立.

现在设本章式(97)对 $n = k(k \geqslant 2)$ 成立,即有
$$F_1F_2 + F_2F_3 + \cdots + F_{2k}F_{2k+1} = F_{2k+1}^2 - 1$$

那么由本章式(8)以及上式即得
$$F_1F_2 + F_2F_3 + \cdots + F_{2k}F_{2k+1} + F_{2k+1}F_{2k+2} + F_{2k+2}F_{2k+3} =$$
$$F_{2k+1}^2 - 1 + F_{2k+1}F_{2k+2} + F_{2k+2}F_{2k+3} =$$
$$F_{2k+1}(F_{2k+1} + F_{2k+2}) + F_{2k+2}F_{2k+3} - 1 =$$
$$F_{2k+3}(F_{2k+1} + F_{2k+2}) - 1 =$$
$$F_{2k+3}^2 - 1$$

这说明本章式(97)对 $n = k + 1$ 也成立. 于是本章式(97)得证.

(4) 由于
$$F_1 = F_2 = 1, F_3 = 2, F_4 = 3, F_5 = 5, F_6 = 8$$
因此
$$F_1 = 1 = F_5 - (1 + 3)$$
$$2F_1 + F_2 = 3 = 8 - (2 + 3) = F_6 - (2 + 3)$$

这说明本章式(98)对 $n = 1$ 及 $n = 2$ 皆成立.

现在假设本章式(98)对 $n = k(k \geqslant 2)$ 成立,即
$$kF_1 + (k - 1)F_2 + \cdots + 2F_{k-1} + F_k = F_{k+4} - (k + 3)$$

则由本章式(11),上式以及本章式(8)有
$$(k + 1)F_1 + kF_2 + \cdots + 2F_k + F_{k+1} =$$
$$(kF_1 + (k - 1)F_2 + \cdots + 2F_{k-1} + F_k) + (F_1 + F_2 + \cdots + F_{k+1}) =$$
$$F_{k+4} - (k + 3) + F_{k+3} - 1 =$$
$$F_{k+5} - (k + 1 + 3)$$

因而本章式(98)对 $n = k + 1$ 也成立. 于是本章式(98)对任何自然数 n 皆成立.

(5) 仍用归纳法证明之. 由于 $F_n = F_n$,故本章式(99)对 $m = 1$ 成立,这里我们用对于 m 的归纳法.

现在设本章式(99)对 $m = k$ 成立($k \geqslant 1$),即有
$$F_{nk} \geqslant F_n^k$$

则由本章式(25)以及上式有
$$F_{n(k+1)} = F_{nk+n} = F_{n-1}F_{nk} + F_nF_{nk+1} \geqslant F_nF_{nk+1} =$$
$$F_n(F_{nk} + F_{nk-1}) \geqslant F_nF_{nk} \geqslant$$
$$F_nF_n^k = F_n^{k+1}$$

这表明本章式(99)对 $m = k + 1$ 也成立. 故本章式(99)对任何自然数 m 及 n 皆

成立.

（6）由本章式（25）及本章式（20）就有
$$F_{2k} = F_{k-1}F_k + F_kF_{k+1} = F_k(F_{k-1} + F_{k+1}) = L_kF_k$$
这正是所要证明的本章式（100）.

（7）由于 $F_3 = 2, F_5 = 5, F_6 = 8, F_8 = 21$,故我们有
$$F_3 = 2 = (5 - 1)/2 = (F_5 - 1)/2$$
$$F_3 + F_6 = 10 = (21 - 1)/2 = (F_8 - 1)/2$$
这表明本章式（101）对 $n = 1$ 及 $n = 2$ 皆成立.下面假设本章式（101）对 $n = k(k \geqslant 1)$ 成立,即有
$$F_3 + F_6 + \cdots + F_{3k} = (F_{3k+2} - 1)/2$$
则由本章式（8）及上式我们有
$$F_3 + F_6 + \cdots + F_{3k} + F_{3(k+1)} = (F_{3k+2} - 1)/2 + F_{3(k+1)} =$$
$$\frac{2F_{3k+3} + F_{3k+2} - 1}{2} = \frac{F_{3k+3} + F_{3k+4} - 1}{2} = \frac{F_{3k+5} - 1}{2}$$

这表明本章式（101）对 $n = k + 1$ 也成立,做本章式（101）对一切正整数 n 皆成立.

4. 证:我们对 n 用归纳法进行证明.当 $n = 1$ 时,本章式（102）显然成立.

现在设对 $1 \leqslant n \leqslant k - 1$ 皆有本章式（102）成立（$k \geqslant 2$）,当 $n = k$ 时我们由本章式（25）有
$$F_{km} = F_{(k-1)m+m} = F_{(k-1)m-1}F_m + F_{(k-1)m}F_{m+1} \tag{1}$$
由归纳假设,我们有 $F_m \mid F_{(k-1)m}$,于是由式（1）知,F_m 整除式（1）之右边,即得 $F_m \mid F_{km}$.

这表明本章式（102）对 $n = k$ 仍成立,于是本章式（102）对任何正整数 n 及 m 皆成立.

证法二:$n = 1$ 时上面已验证成立,设本章式（102）对 $n = 1, \cdots, k - 1$ 都成立,下面要证本章式（102）对 $n = k$ 也成立.

对 $n \geqslant 1, m \geqslant 1$,由本章定理 4 中的两个计算公式,我们有
$$F_nL_m + F_mL_n = \frac{((1 + \sqrt{5})^n - (1 - \sqrt{5})^n)((1 + \sqrt{5})^m + (1 - \sqrt{5})^m)}{\sqrt{5} \cdot 2^{n+m}} +$$
$$\frac{((1 + \sqrt{5})^m - (1 - \sqrt{5})^m)((1 + \sqrt{5})^n + (1 - \sqrt{5})^n)}{\sqrt{5} \cdot 2^{n+m}} =$$
$$\frac{2((1 + \sqrt{5})^{n+m} - (1 - \sqrt{5})^{n+m})}{\sqrt{5} \cdot 2^{n+m}} = 2F_{n+m} \tag{2}$$
在本章式（2）中取 $n = (k - 1)m$ 即得
$$2F_{km} = 2F_{m+(k-1)m} = F_mL_{(k-1)m} + F_{(k-1)m}L_m \tag{3}$$

由归纳假设有 $F_m \mid F_{(k-1)m}$，又 $F_m \mid F_m$，故由本章式(3)即得到

$$F_m \mid 2F_{km}$$

若 F_m 为奇数，则上式给出 $F_m \mid F_{km}$.

若 F_m 为偶数，则由本章定理3的第二个结论，L_m 也为偶数.由归纳假设有 $F_m \mid F_{(k-1)m}$，而 F_m 为偶数，故此时 $F_{(k-1)m}$ 也为偶数，再由本章定理3的第二个结论又有 $L_{(k-1)m}$ 为偶数.于是式(3)可改写为

$$F_{km} = F_m \left(\frac{L_{(k-1)m}}{2} \right) + F_{(k-1)m} \left(\frac{L_m}{2} \right) \tag{4}$$

由上面所述知，这里的 $L_{(k-1)m}/2$ 与 $L_m/2$ 皆为整数，且 $F_m \mid F_{(k-1)m}$(归纳假设)，于是由式(4)即得，当 F_m 为偶数时也有 $F_m \mid F_{km}$，即本章式(64)对 $n=k$ 也成立，证毕.

5. 证:我们由定理4的计算公式有

$$F_{4k}^2 - F_{4k-2}F_{4k+2} = \left(\frac{1}{5 \cdot 2^{8k}} \right) \left(((1+\sqrt{5})^{4k} - (1-\sqrt{5})^{4k})^2 - ((1+\sqrt{5})^{4k-2} - \right.$$

$$(1-\sqrt{5})^{4k-2})((1+\sqrt{5})^{4k+2} - (1-\sqrt{5})^{4k+2})) =$$

$$\frac{(-2)(1+\sqrt{5})^{4k} \cdot (1-\sqrt{5})^{4k}}{5 \cdot 2^{8k}} +$$

$$\frac{(1+\sqrt{5})^{4k-2}(1-\sqrt{5})^{4k-2}((1+\sqrt{5})^4 + (1-\sqrt{5})^4)}{5 \cdot 2^{8k}} =$$

$$\frac{(-2) \cdot 4^{4k} + (4^{4k-2})(112)}{5 \cdot 2^{8k}} = 1 \tag{5}$$

利用此式立即可得 $(F_{4k}, F_{4k+2}) = 1$，因为若有

$$(F_{4k}, F_{4k+2}) > 1$$

不妨设有素数 $P \geq 2$，$P \mid F_{4k}$，$P \mid F_{4k+2}$，式(5)就有 $P \mid (F_{4k}^2 - F_{4k-2}F_{4k+2})$，于是 $P \mid 1$，这不可能，证毕.

证法三:由本章式(100)有

$$F_{4k} = L_{2k}F_{2k}$$
$$F_{4k+2} = L_{2k+1}F_{2k+1}$$

由本章定理2有

$$(F_{2k}, F_{2k+1}) = 1, (L_{2k}, L_{2k+1}) = 1 \tag{6}$$

又由本章式(20)有

$$L_{2k} = F_{2k-1} + F_{2k+1}$$

如果 $(L_{2k}, F_{2k+1}) > 1$，那么上式表明也有

$$(F_{2k-1}, F_{2k+1}) > 1$$

此即

$$(F_{2k-1}, F_{2k} + F_{2k-1}) > 1$$

也就是有

$$(F_{2k-1}, F_{2k}) > 1$$

而这与式(6)矛盾,于是只能$(L_{2k}, F_{2k+1}) = 1$,完全类似可证也有$(L_{2k+1}, F_{2k}) = 1$,于是推出

$$(F_{4k}, F_{4k+2}) = 1$$

6. 证:若$3 \mid n$,可设$n = 3m$,在本章式(102)中取$m = 3$,取n为这里的m即得$F_3 \mid F_{3m}$,即$F_3 \mid F_n$,由于$F_3 = 2$,故$2 \mid F_n$. 反过来,没有$2 \mid F_n$,我们要来证明必有$3 \mid n$.

不妨可设$n = 3k + l, 0 \leqslant l \leqslant 2$.

若$l = 1$,则$n = 3k + 1$,由$2 \mid F_n$就有$2 \mid F_{3k+1}$,又因为$2 = F_3, 3 \mid (3k)$,因而由本章式(102)又有$F_3 \mid F_{3k}$,即$2 \mid F_{3k}$,合起来有

$$2 \mid (F_{3k+1}, F_{3k})$$

这与本章定理2矛盾.

若$l = 2$,则$n = 3k + 2$,由$2 \mid F_n$就有$2 \mid F_{3k+2}$,另一方面由$3 \mid (3k + 3)$及本章式(102),又有$F_3 \mid F_{3k+3}$,即$2 \mid F_{3k+3}$,因此又有

$$2 \mid (F_{3k+2}, F_{3k+3})$$

这仍与本章定理2矛盾.

由上证知$2 \mid F_n$且$n = 3k + 1$时,$l \neq 1, 2$,故只能$l = 0$,于是$3 \mid n$.

现在设$4 \mid n$,由本章式(102)有$F_4 \mid F_n$,由$F_4 = 3$即得$3 \mid F_n$. 反过来,设$3 \mid F_n$,我们要来证明必有$4 \mid n$.

不妨设$n = 4k + l, 0 \leqslant l \leqslant 3$.

若$l = 1$,则由$3 \mid F_n$有$3 \mid F_{4k+1}$,又由本章式(102)有$F_4 \mid F_{4k}$,即$3 \mid F_{4k}$,因此有

$$3 \mid (F_{4k}, F_{4k+1})$$

这与本章定理2矛盾.

若$l = 2$,则由$3 \mid F_n$有$3 \mid F_{4k+2}$,由本章式(102)又有$F_4 \mid F_{4k}$,即$3 \mid F_{4k}$,因此有

$$3 \mid (F_{4k+2}, F_{4k})$$

这与上面第5题的结果矛盾.

若$l = 3$,则由$3 \mid F_n$有$3 \mid F_{4k+3}$,又由本章式(102)有$F_4 \mid F_{4(k+1)}$,即$2 \mid F_{4k+4}$,故有

$$3 \mid (F_{4k+3}, F_{4k+4})$$

这仍与本章定理2矛盾.

由以上所述知,只可能$l = 0$,即$4 \mid n$.

7. 证法一:(用数学归纳法)

当 $n = 1$ 时,结论显然成立,又如果 $a_1, a_2, \cdots, a_n$ 中有一个数为 0,则结论也显然成立,故不妨假设

$$0 < a_1 \leqslant a_2 \leqslant \cdots \leqslant a_n \tag{7}$$

如果 $a_1 = a_n$,那么由式(7)就有

$$a_1 = a_2 = \cdots = a_n$$

此时显然结论也已成立,故不妨可以假设

$$a_1 < a_n \tag{8}$$

设当 $n = k - 1$ 时结论成立,即有

$$(a_1 a_2 \cdots a_{k-1})^{\frac{1}{k-1}} \leqslant \frac{a_1 + a_2 + \cdots + a_{k-1}}{k - 1} \tag{9}$$

那么当 $n = k$ 时有

$$\frac{a_1 + a_2 + \cdots + a_k}{k} = \frac{(k - 1) \dfrac{a_1 + a_2 + \cdots + a_{k-1}}{k - 1} + a_k}{k} =$$

$$\frac{k \cdot \dfrac{a_1 + a_2 + \cdots + a_{k-1}}{k - 1} + a_k - \dfrac{a_1 + a_2 + \cdots + a_{k-1}}{k - 1}}{k} =$$

$$\frac{a_1 + a_2 + \cdots + a_{k-1}}{k - 1} + \frac{a_k - \dfrac{a_1 + a_2 + \cdots + a_{k-1}}{k - 1}}{k} \tag{10}$$

由式(7),(8)两式易见

$$\frac{a_1 + a_2 + \cdots + a_{k-1}}{k - 1} < \frac{(k - 1) a_k}{k - 1} = a_k$$

令

$$A = \frac{a_1 + a_2 + \cdots + a_{k-1}}{k - 1}, B = \frac{a_k - \dfrac{a_1 + a_2 + \cdots + a_{k-1}}{k - 1}}{k}$$

则 $A > 0, B > 0$,于是我们有(最后一步用到式(9))

$$\left(\frac{a_1 + a_2 + \cdots + a_k}{k} \right)^k = (A + B)^k > A^k + k A^{k-1} B =$$

$$\left(\frac{a_1 + a_2 + \cdots + a_{k-1}}{k - 1} \right)^k + k \left(\frac{a_1 + a_2 + \cdots + a_{k-1}}{k - 1} \right)^{k-1}$$

$$\left(\frac{a_k - \dfrac{a_1 + a_2 + \cdots + a_{k-1}}{k - 1}}{k} \right) = a_k \left(\frac{a_1 + a_2 + \cdots + a_{k-1}}{k - 1} \right)^{k-1} \geqslant (a_1 a_2 \cdots a_{k-1}) a_k$$

这表明原不等式对 $n = k$ 也成立,因此不等式对任何正整数 n 皆成立.

证法二:我们给出如下的反向归纳法原理.

定理

设 $a_1, a_2, \cdots, a_m, \cdots$ 是一列正整数, a_m 单调增加且超于无穷,如果

(1)命题 A 对这列正整数中每个 a_i 皆成立.

(2)在"$n = k + 1$ 时命题 A 成立"这一假定下可以推出"命题 A 对 $n = k$ 也成立",那么命题 A 对所有正整数 n 皆成立.

关于这个定理的证明,可以用反证法很容易导出,我们把它留给读者作为一个练习.

下面我们先用数学归纳法来证明所述不等式对 $n = 2^r (r = 1, 2, \cdots)$ 成立.

我们有 $(a_1^{\frac{1}{2}} - a_2^{\frac{1}{2}})^2 \geqslant 0$,此即

$$(a_1 a_2)^{\frac{1}{2}} \leqslant (a_1 + a_2)/2 \tag{11}$$

于是结论对 $r = 1$ 成立.

设结论对 $r = k$ 成立,即对任意 2^k 个非负整数有

$$(b_1 b_2 \cdots b_{2k})^{1/2^k} \leqslant \frac{b_1 + b_2 + \cdots + b_{2k}}{2^k} \tag{12}$$

则由式(11),(12)我们有

$$(a_1 a_2 \cdots a_{2k-1})^{1/2^{k+1}} =$$
$$((a_1 a_2 \cdots a_{2k})^{\frac{1}{2k}} (a_{2k+1} a_{2k+2} \cdots a_{2k+1})^{1/2^k})^{1/2} \leqslant$$
$$\frac{1}{2}((a_1 a_2 \cdots a_{2k})^{1/2^k} + (a_{2k+1} a_{2k+2} \cdots a_{2k+1})^{1/2^k}) \leqslant$$
$$\frac{1}{2}\left(\frac{a_1 + a_2 + \cdots + a_{2k}}{2^k} + \frac{a_{2k+1} + a_{2k+2} + \cdots + a_{2k+1}}{2^k}\right) =$$
$$\frac{a_1 + a_2 + \cdots + a_{2k+1}}{2^{k+1}}$$

这证明了结论对形如 $n = 2^r (r = 1, 2, \cdots)$ 这一列正整数都成立.

现在设 $n = k$ 时结论成立,即对任意 k 个非负整数有

$$(b_1 b_2 \cdots b_k)^{1/k} \leqslant \frac{b_1 + b_2 + \cdots + b_k}{k} \tag{13}$$

则特别取 $b_i = a_k (1 \leqslant i \leqslant k - 1)$ 以及

$$b_k = \frac{a_1 + a_2 + \cdots + a_{k-1}}{k - 1}$$

代入式(13)有

$$\frac{a_1 + a_2 + \cdots + a_{k-1}}{k - 1} = \frac{a_1 + a_2 + \cdots + a_{k-1} + b_k}{k} \geqslant$$
$$(a_1 a_2 \cdots a_{k-1} b_k)^{1/k} =$$

$$\left(a_1 a_2 \cdots a_{k-1} \frac{a_1 + a_2 + \cdots + a_{k-1}}{k-1}\right)^{1/k}$$

两边同除以 $\left(\dfrac{a_1 + a_2 + \cdots + a_{k-1}}{k-1}\right)^{1/k}$ 后再 k 次方即得结论对任意 $k-1$ 个非负整数也成立. 由上述定理,所给结论对任何正整数 n 皆成立.

8. 证:我们设两堆棋子数各为 n_1, n_2,记
$$n = n_1 + n_2$$
由于 $n_1 \neq n_2$,故不妨设 $1 \leqslant n_1 < n_2$,于是 $n \geqslant 3$.

若 $n = 3$,则必有 $n_1 = 1, n_2 = 2$,于是,先取者可在第二堆中取一粒,剩下每堆一粒,不论第二人怎样取,最后的棋子总是由先取者取到,故先取者可以必胜.

设对 $n \leqslant k(k \geqslant 3)$ 结论已成立,我们来考虑 $n = n_1 + n_2 = k + 1(1 \leqslant n_1 < n_2)$ 的情形. 设先取者为甲,后取者为乙.

甲可从第二堆中取出 $n_2 - n_1$ 粒棋子,剩下两堆中每堆各有 n_1 粒棋子,乙必须从某一堆中取出 l 粒,$1 \leqslant l \leqslant n_1$. 于是剩下两堆,一堆有 n_1 粒棋子,另一堆有 $n_1 - l$ 粒,显然
$$n_1 + (n_1 - l) \leqslant 2n_1 - 1 \leqslant n_1 + n_2 - 2 = k - 1$$

如果 $k = 3$,则 $n = n_1 + n_2 = k + 1 = 4$,此时只可能 $n_1 = 1, n_2 = 3$,甲先取 $3 - 1 = 2$ 粒后,剩下每堆有一粒,则易见甲必胜. 如果 $k \geqslant 4$,则 $k - 1 \geqslant 3$,于是上面的两次取法导致下列的游戏:有两堆棋子,各有 $m_1 = n_1 - l(1 \leqslant l \leqslant n_1)$ 粒及 $m_2 = n_1$ 粒,$m_1 + m_2 \leqslant k - 1$,当 $l = n_1$ 时甲已必胜无疑(甲只需将有 n_1 粒棋子的那唯一的一堆全部取走即可);若 $l < n_1$,则这正是上面归纳假设中假设过的先取者可必胜的情形,故此时甲仍可以必胜(注意甲、乙各取一次后仍轮到甲为先取者),这就完成了证明.

9. 证:(1) 容易看出,$n = p \cdot 2^r$ 的全部正因子是以下这 $2(r+1)$ 个数
$$1, 2, \cdots, 2^r$$
$$p, 2p, \cdots, 2^r p$$
于是有
$$\sigma(n) = (p+1)(1 + 2 + \cdots + 2^r) = (p+1)(2^{r+1} - 1)$$
当 $p = 2^{r+1} - 1$ 时我们有
$$\sigma(n) = p(p+1)$$
而
$$2n = p \cdot 2^{r+1} = p(p+1)$$
故此时 $\sigma(n) = 2n$,即 n 为(偶)完全数.

当 $p > 2^{r+1} - 1$ 时有
$$2^{r+1} < p + 1$$

即
$$(p + 1)2^{r+1} - p \cdot 2^{r+1} < p + 1$$
此即
$$(p + 1)(2^{r+1} - 1) < p \cdot 2^{r+1}$$
于是
$$\sigma(n) < 2n$$
故此时 $n = p \cdot 2^r$ 为一个不足数.

当 $p < 2^{r+1} - 1$ 时同上可证有
$$(p + 1)(2^{r+1} - 1) > p \cdot 2^{r+1}$$
即有
$$\sigma(n) > 2n$$
故此时 $n = p \cdot 2^r$ 为一个过剩数.

（2）qp^r 的正因数是以下 $2(r + 1)$ 个数
$$1, p, \cdots, p^r; q, qp, \cdots, qp^r$$
于是我们有
$$\sigma(qp^r) = (q + 1)(1 + p + \cdots + p^r) = (q + 1)\frac{p^{r+1} - 1}{p - 1}$$
于是，当 $\dfrac{1}{q} + 2\dfrac{p^r - 1}{p^{r+1} - 1} = 1$ 时有
$$\frac{q + 1}{q} = 2 - \frac{2(p^r - 1)}{p^{r+1} - 1} = \frac{2(p - 1)p^r}{p^{r+1} - 1}$$
即
$$(q + 1)(p^{r+1} - 1) = (p - 1) \cdot 2qp^r$$
于是
$$\sigma(qp^r) = 2(qp^r)$$
故此时 $n = qp^r$ 为一个完全数, 完全类似地可以证明, 当 $\dfrac{1}{q} + 2\dfrac{p^r - 1}{p^{r+1} - 1} > 1$ 时 qp^r

为一个过剩数, 而当 $\dfrac{1}{q} + 2\dfrac{p^r - 1}{p^{r+1} - 1} < 1$ 时, qp^r 为一个不足数.

第 11 章

1. 证: 设奇素数 $p \mid (x^2 + 1)$, 即整数 x 满足
$$x^2 + 1 \equiv 0 \pmod{p}$$
这表明 -1 为 p 之平方剩余, 由该章引理 7 即得, 必有 $p \equiv 1 \pmod 4$.

2. 证:设奇素数 $p \mid (x^2 - 2)$,即整数 x 满足
$$x^2 - 2 \equiv 0 \pmod{p}$$
这表明 2 是 p 之平方剩余,由该章引理 9 知,必有 $p \equiv \pm 1 \pmod 8$.

3. 记 $p = 8n + 7$,由该章引理 9 知,2 必为 p 之平方剩余,于是必有 x_0 使
$$x_0^2 \equiv 2 \pmod{p}$$
从而
$$M_{4n+3} = 2^{4n+3} - 1 \equiv x_0^{8n+6} - 1 = x_0^{p-1} - 1 \equiv 0 \pmod{p}$$
于是
$$p \mid M_q, \quad q = \frac{p-1}{2}$$

由于 $n = 1$ 时,$p = 15$ 不为素数,故必对 $n \geqslant 2$ 才有题给条件实现. 当 $n \geqslant 2$ 时有 $p \geqslant 23$,从而有
$$p(p - 12) \geqslant (23)(11) > 5$$
即有
$$p^2 - 4p + 3 > 8(p + 1)$$
此即
$$\frac{(p-1)(p-3)}{8} - 1 > p$$
由二项式定理易有
$$2^{4n+3} - 1 = (1 + 1)^{\frac{p-1}{2}} - 1 > \frac{\left(\frac{p-1}{2}\right)\left(\frac{p-1}{2} - 1\right)}{2} - 1 =$$
$$\frac{(p-1)(p-3)}{8} - 1$$
于是对 $n \geqslant 2$ 有
$$M_{4n+3} = 2^{4n+3} - 1 > 8n + 7$$
这表明 $n \geqslant 2$ 时,若 $(8n + 7) \mid M_{4n+3}$,则 $8n + 7$ 必为 M_{4n+3} 的一个真因子.

例:对 $n = 2, p = 23, q = 11$ 皆为素数,故 $23 \mid M_{11}$,完全类似地有 $n = 5, 20, 32, 44, 47, 59, 62$ 时分别有
$$47 \mid M_{23}, 167 \mid M_{83}, 263 \mid M_{131}, 359 \mid M_{179},$$
$$383 \mid M_{191}, 479 \mid M_{239}, 503 \mid M_{251}$$

注 1 条件 $q = 4n + 3$ 为素数在证明中没有用到,但是容易证明,如果 q 不是素数,则 M_q 肯定也不是一个素数. 这是因为若 $q = q_1 q_2, q_1 > 1, q_2 > 1$,则
$$M_q = (2^{q_1})^{q_2} - 1 = (2^{q_1} - 1)(2^{q_1(q_2-1)} + 2^{q_1(q_2-2)} + \cdots + 2^{q_1} + 1)$$
故为了使讨论 M_q 是否素数是有意义的,需附加 q 为素数这一条件.

注 2 形如 $M_q = 2^q - 1 (q$ 为素数) 的数称为梅森数,它与完全数问题有密

切的关系,我们简单介绍于下.

定义 $\sigma(n)$ 为 n 的所有正因数之和,若恰有

$$\sigma(n) = 2n$$

则称 n 为一个完全数,例如

$$\sigma(6) = 1 + 2 + 3 + 6 = 12$$

$$\sigma(28) = 1 + 2 + 4 + 7 + 14 + 28 = 56$$

故 6 与 28 是完全数,欧几里得早就证明过,若 $M_n = 2^n - 1$ 为一个素数,则 $\frac{1}{2}M_n(M_n + 1)$ 就是一个偶完全数,且任一偶完全数必有此形状. 于是,每个梅森素数就对应一个偶完全数.

现在已知最大的梅森素数是第 28 个梅森素数 $M_{86\,243}$.

到目前为止,偶完全数是否有无穷个及奇完全数是否存在仍是数论中没有解决的著名难题.

4. 解:我们有

$$\left(\frac{3}{p}\right) = (-1)^{\frac{p-1}{2}}\left(\frac{p}{3}\right)$$

易有

$$(-1)^{\frac{p-1}{2}} = \begin{cases} 1, & \text{当 } p \equiv 1 \pmod 4 \text{ 时} \\ -1, & \text{当 } p \equiv 3 \pmod 4 \text{ 时} \end{cases}$$

而另一方面有

$$\left(\frac{p}{3}\right) = \begin{cases} 1, & \text{当 } p \equiv 1 \pmod 3 \text{ 时} \\ -1, & \text{当 } p \equiv 2 \pmod 3 \text{ 时} \end{cases}$$

由

$$\begin{cases} p \equiv 1 \pmod 4 \\ p \equiv 1 \pmod 3 \end{cases}$$

得到

$$p \equiv 1 \pmod{12}$$

由

$$\begin{cases} p \equiv -1 \pmod 4 \\ p \equiv -1 \pmod 3 \end{cases}$$

得到

$$p \equiv -1 \pmod{12}$$

于是得到

$$\left(\frac{3}{p}\right) = \begin{cases} 1, & \text{当 } p \equiv \pm 1 \pmod{12} \text{ 时} \\ -1, & \text{当 } p \equiv \pm 5 \pmod{12} \text{ 时} \end{cases}$$

5. 解:我们有

$$\left(\frac{10}{p}\right) = \left(\frac{2}{p}\right)\left(\frac{5}{p}\right)$$

由本章例 2 有

$$\left(\frac{5}{p}\right) = \begin{cases} 1, & p \equiv \pm 1 \,(\bmod\, 5) \\ -1, & p \equiv \pm 2 \,(\bmod\, 5) \end{cases}$$

又由引理 9 有

$$\left(\frac{2}{p}\right) = \begin{cases} 1, & p \equiv \pm 1 \,(\bmod\, 8) \\ -1, & p \equiv \pm 3 \,(\bmod\, 8) \end{cases}$$

解以下诸同余式组

$$\begin{cases} p \equiv 1\,(\bmod\, 5) \\ p \equiv 1\,(\bmod\, 8) \end{cases}, \quad \begin{cases} p \equiv 1\,(\bmod\, 5) \\ p \equiv -1\,(\bmod\, 8) \end{cases}$$

$$\begin{cases} p \equiv -1\,(\bmod\, 5) \\ p \equiv 1\,(\bmod\, 8) \end{cases}, \quad \begin{cases} p \equiv -1\,(\bmod\, 5) \\ p \equiv -1\,(\bmod\, 8) \end{cases}$$

分别得到

$$p \equiv 1\,(\bmod\, 40),\, p \equiv 31\,(\bmod\, 40),$$
$$p \equiv 9\,(\bmod\, 40),\, p \equiv -1\,(\bmod\, 40)$$

于是对 $p \equiv \pm 1,\ \pm 9\,(\bmod\, 40)$，有 $\left(\dfrac{10}{p}\right) = 1$.

解下列同余式组：

$$\begin{cases} p \equiv 2\,(\bmod\, 5) \\ p \equiv 3\,(\bmod\, 8) \end{cases}, \quad \begin{cases} p \equiv 2\,(\bmod\, 5) \\ p \equiv -3\,(\bmod\, 8) \end{cases}$$

$$\begin{cases} p \equiv -2\,(\bmod\, 5) \\ p \equiv 3\,(\bmod\, 8) \end{cases}, \quad \begin{cases} p \equiv -2\,(\bmod\, 5) \\ p \equiv -3\,(\bmod\, 8) \end{cases}$$

分别得到 $p \equiv 27, -3, 3, -27\,(\bmod\, 40)$，于是又得知，当 $p \equiv \pm 27,\ \pm 3$ 时也有 $\left(\dfrac{10}{p}\right) = 1$.

合之即得，当且仅当

$$p \equiv \pm 1,\ \pm 3,\ \pm 9,\ \pm 13\,(\bmod\, 40)$$

时，p 以 10 为其平方剩余，完全类似地可以证明，当且仅当

$$p \equiv \pm 7,\ \pm 11,\ \pm 17,\ \pm 19\,(\bmod\, 40)$$

时，p 以 10 为其平方非剩余.

6. 解：我们有

$$\left(\frac{6}{p}\right) = \left(\frac{2}{p}\right)\left(\frac{3}{p}\right)$$

由引理 9 及第 4 题，分别有

$$\left(\frac{2}{p}\right) = \begin{cases} 1, & p \equiv \pm 1 (\bmod 8) \\ -1, & p \equiv \pm 3 (\bmod 8) \end{cases}$$

$$\left(\frac{3}{p}\right) = \begin{cases} 1, & p \equiv \pm 1 (\bmod 12) \\ -1, & p \equiv \pm 5 (\bmod 12) \end{cases}$$

于是,要$\left(\frac{6}{p}\right) = 1$,只须$\left(\frac{2}{p}\right)$与$\left(\frac{3}{p}\right)$同为1或同为$-1$,这就得到以下8个同余方程组:

$$\begin{cases} p \equiv 1 (\bmod 8) \\ p \equiv 1 (\bmod 12) \end{cases}, \quad \begin{cases} p \equiv 1 (\bmod 8) \\ p \equiv -1 (\bmod 12) \end{cases}, \quad \begin{cases} p \equiv -1 (\bmod 8) \\ p \equiv 1 (\bmod 12) \end{cases}$$

$$\begin{cases} p \equiv -1 (\bmod 8) \\ p \equiv -1 (\bmod 12) \end{cases}, \quad \begin{cases} p \equiv 3 (\bmod 8) \\ p \equiv 5 (\bmod 12) \end{cases}, \quad \begin{cases} p \equiv 3 (\bmod 8) \\ p \equiv -5 (\bmod 12) \end{cases}$$

$$\begin{cases} p \equiv -3 (\bmod 8) \\ p \equiv 5 (\bmod 12) \end{cases}, \quad \begin{cases} p \equiv -3 (\bmod 8) \\ p \equiv -5 (\bmod 12) \end{cases}$$

其中第二组按模4简化得到一个矛盾的同余式组$p \equiv 1 (\bmod 4)$,$p \equiv -1 (\bmod 4)$,故它无解;类似地,第3,5,8三组同余式也都无解.

由上面的第1,4,6,7组同余式得到以下是四组等价的同余式组:

$$\begin{cases} p \equiv 1 (\bmod 8) \\ p \equiv 1 (\bmod 3) \end{cases}, \quad \begin{cases} p \equiv -1 (\bmod 8) \\ p \equiv -1 (\bmod 3) \end{cases}$$

$$\begin{cases} p \equiv 3 (\bmod 8) \\ p \equiv -5 (\bmod 3) \end{cases}, \quad \begin{cases} p \equiv -3 (\bmod 8) \\ p \equiv 5 (\bmod 3) \end{cases}$$

解之得,当且仅当$p \equiv \pm 1, \pm 5 (\bmod 24)$时,$p$以6为平方剩余. 完全类似地,通过解剩下的同余式组可证,当且仅当$p \equiv \pm 7, \pm 11 (\bmod 24)$时,$p$以6为平方非剩余.

7. 证:因为$p \equiv 1 (\bmod 4)$,故-1必为p之平方剩余,即有整数x_0使

$$x_0^2 \equiv -1 (\bmod p)$$

另一方面,由$p = 4q + 1$也有

$$4q \equiv -1 (\bmod p)$$

因此有

$$x_0^2 \equiv 4q (\bmod p)$$

由于$2 \nmid p$,故必有y_0使$2y_0 \equiv 1 (\bmod p)$,于是

$$(x_0, y_0)^2 \equiv q(2y_0)^2 \equiv q (\bmod p)$$

这正是所要证明的.

8. 证:用反证法. 若2与$2q + 1$皆为p之平方剩余,或皆为p之平方非剩余,由本章引理4知,$2(2q + 1)$必为p之平方剩余,于是应有整数x_0使

$$2(2q + 1) \equiv x_0^2 (\bmod p)$$

注意到 $p = 4q + 3$,就有 $4q + 2 \equiv -1 (\mathrm{mod}\ p)$,合之即得
$$-1 \equiv x_0^2 (\mathrm{mod}\ p)$$

这表明 -1 为 p 之二次剩余,但这与 $p \equiv 3 (\mathrm{mod}\ 4)$ 相矛盾.因此 2 与 $2q + 1$ 不可能同为 p 之平方剩余或平方非剩余.

9. 解:首先,由 $59 \equiv 9 (\mathrm{mod}\ 5^2)$ 易见
$$x^2 \equiv 59 (\mathrm{mod}\ 5^2)$$

有解 $x \equiv \pm 3 (\mathrm{mod}\ 25)$,下面来求解
$$x^2 \equiv 59 (\mathrm{mod}\ 5^3)$$

(1) 令 $x = 25t + 3$,代入得
$$(25t + 3)^2 \equiv 59 (\mathrm{mod}\ 5^3)$$

故有
$$(6)(25)t \equiv 50 (\mathrm{mod}\ 5^3)$$

两边消去 5^2 得
$$6t \equiv 2 (\mathrm{mod}\ 5)$$

此即
$$t \equiv 2 (\mathrm{mod}\ 5)$$

代入 $x = 25t + 3$ 得一解为 $x = 25(5k + 2) + 3 \equiv 53 (\mathrm{mod}\ 5^3)$.

(2) 再令 $x = 25t - 3$,代入得
$$(25t - 3)^2 \equiv 59 (\mathrm{mod}\ 5^3)$$

展开得
$$(-6)(25)t \equiv 50 (\mathrm{mod}\ 5^3)$$

消去 25 得
$$-6t \equiv 2 (\mathrm{mod}\ 5)$$

此即
$$t \equiv -2 (\mathrm{mod}\ 5)$$

故得第二个解为 $x_2 = 25(5k - 2) - 3 \equiv -53 (\mathrm{mod}\ 5^3)$.

综上所述,所求解为 $x \equiv \pm 53 (\mathrm{mod}\ 5^3)$.

注 关于形如
$$f(x) \equiv 0 (\mathrm{mod}\ p^\alpha)$$

($f(x)$ 为一个 n 次整系数多项式,p 为素数,$\alpha \geq 1$)的高次同余方程求解问题,与对应同余方程
$$f(x) \equiv 0 (\mathrm{mod}\ p)$$

有密切的关系,因其涉及的知识较深,不再在这里赘述,有兴趣的读者可参看华罗庚教授著《数论导引》等专著.

10. 证:先证必要性.设该方程有解,那么必有 $(p, x) = (p, y) = 1$,因若不然,

比如 $p \mid x$，就推出也有 $p \mid y$，于是 $p = (px_1)^2 + 2(py_1)^2$，这是不可能的，于是必有 y_1 使 $p \nmid y_1$ 且 $yy_1 \equiv 1 \pmod{p}$，从而

$$(xy_1)^2 + 2(yy_1)^2 = py_1^2 \equiv 0 \pmod{p}$$

即

$$(xy_1)^2 + 2 \equiv 0 \pmod{p}$$

这表明 -2 为 p 之平方剩余，故 $\left(\dfrac{-2}{p}\right) = 1$.

再证充分性. 设有 $\left(\dfrac{-2}{p}\right) = 1$. 于是有整数 x，$\mid x \mid < \dfrac{p}{2}$，使 $x^2 + 2 \equiv 0 \pmod{p}$，注意到

$$0 < 2 + x^2 \leqslant 2 + \frac{1}{4}p^2 < p^2$$

因此必有正整数 m, x, y，使

$$x^2 + 2y^2 = mp \quad (1 \leqslant m \leqslant p - 1) \tag{1}$$

设 m_0 为使式(1)成立的最小的正整数，设相应的解为 x_0, y_0，即

$$x_0^2 + 2y_0^2 = m_0 p \quad (1 \leqslant m_0 \leqslant p - 1) \tag{2}$$

我们来证 $m_0 = 1$. 用反证法，设 $m_0 \geqslant 2$，考虑 m_0 为模的完全剩余系，易见必有整数 x_1, y_1 使

$$x_1 \equiv x_0, y_1 \equiv y_0 \pmod{m_0}$$

$$\mid x_1 \mid \leqslant \frac{m_0}{2}, \ \mid y_1 \mid \leqslant \frac{m_0}{2} \tag{3}$$

而且 x_1 与 y_1 不全为 0，因若不然，就有 $m_0 \mid x_0, m_0 \mid y_0$，从而由式(2)得 $m_0^2 \mid (m_0 p)$，即 $m_0 \mid p$，而 $1 \leqslant m_0 \leqslant p - 1$，这是不可能的. 式(3)得到

$$0 < x_1^2 + 2y_1^2 \leqslant \left(\frac{1}{4} + \frac{2}{4}\right)m_0^2 = \frac{3}{4}m_0^2 < m_0^2$$

另一方面，由式(3)与式(2)有

$$x_1^2 + 2y_1^2 \equiv x_0^2 + 2y_0^2 \equiv 0 \pmod{m_0} \tag{4}$$

故应有 $m_1 (1 \leqslant m_1 \leqslant m_0 - 1)$，使

$$x_1^2 + 2y_1^2 = m_0 m_1 \tag{5}$$

于是

$$m_0^2 m_1 p = (m_0 m_1)(m_0 p) = (x_1^2 + 2y_1^2)(x_0^2 + 2y_0^2) =$$
$$(x_0 x_1 + 2y_0 y_1)^2 + 2(x_0 y_1 - x_1 y_0)^2 \tag{6}$$

由式(3)知

$$x_0 x_1 + 2y_0 y_1 \equiv x_0^2 + 2y_0^2 \equiv 0 \pmod{m_0} \tag{7}$$

及

$$x_0 y_1 - x_1 y_0 \equiv x_0 y_0 - x_0 y_0 \equiv 0 \pmod{m_0} \tag{8}$$

于是

$$X = \frac{x_0 x_1 + 2 y_0 y_1}{m_0}, Y = \frac{x_0 y_1 - x_1 y_0}{m_0}$$

皆为整数,且使

$$m_1 p = X^2 + 2Y^2$$

成立,但这里 $1 \leqslant m_1 < m_0$,这与 m_0 的最小性矛盾. 这个矛盾说明"$m_0 \geqslant 2$"这一假定是错误的.

11. 证:必要性的证明与上题的完全相同,这里不再赘述,留给读者自己练习,下面来证充分性. 设有 $\left(\dfrac{-3}{p} \right) = 1$,于是有 $Z \left(| Z | < \dfrac{p}{2} \right)$ 使

$$Z^2 \equiv - 3 (\bmod\ p)$$

注意到 $0 < Z^2 + 3 < \dfrac{p^2}{4} + 3 < p^2$(因 $p \geqslant 3$),故有正整数 m, x, y 使

$$x^2 + 3y^2 = mp (1 \leqslant m < p) \tag{9}$$

仍设 m_0 是使式(9)成立的最小自然数,相应解记为 x_0, y_0,即

$$x_0^2 + 3y_0^2 = m_0 p (1 \leqslant m_0 < p) \tag{10}$$

我们来证必有 $m_0 = 1$. 仍用以证法,设 $m_0 \geqslant 2$,同上题做法,必有二不同时为零之整数 x_1, y_1 使

$$x_1 \equiv x_0, y_1 \equiv y_0 (\bmod\ m_0)$$

$$| x_1 | \leqslant \frac{1}{2} m_0, | y_1 | \leqslant \frac{1}{2} m_0 \tag{11}$$

于是

$$0 < x_1^2 + 3y_1^2 \leqslant \left(\frac{1}{4} + \frac{3}{4} \right) m_0^2 = m_0^2 \tag{12}$$

我们要来证明不可能有

$$x_1^2 + 3y_1^2 = m_0^2 \tag{13}$$

如果不然,则必定 $2 | m_0$ 且 $| x_1 | = | y_1 | = \dfrac{m_0}{2}$,由式(10)知,欲 m_0 为偶数,必 x_1, y_1 同为奇或同为偶数,再由式(11)知,x_0 与 y_0 也必须同为奇或同为偶数.

(1) 若 $2 | x_0, 2 | y_0$,由式(10)知,必 $4 | m_0$ 且

$$\left(\frac{x_0}{2} \right)^2 + 3 \left(\frac{y_0}{2} \right)^2 = \left(\frac{m_0}{4} \right) p$$

这与 m_0 的最小性矛盾.

(2) 若 $2 \nmid x_0, 2 \nmid y_0$,由于

$$x_0^2 + 3y_0^2 \equiv 1 + 3 \equiv 0 (\bmod\ 4)$$

故由式(10)必有 $4 | m_0$,于是 $2 | x_1, 2 | y_1$,这与式(11)矛盾.

故所取之 x_1, y_1 必满足

$$0 < x_1^2 + 3y_1^2 < m_0^2$$

于是由

$$x_1^2 + 3y_1^2 \equiv x_0^2 + 3y_0^2 \equiv 0 (\bmod m_0)$$

知,必有 $m_1(1 \leqslant m_1 < m_0)$ 使

$$x_1^2 + 3y_1^2 = m_0 m_1 \tag{14}$$

因此

$$m_0^2 m_1 p = (m_0 p)(m_0 m_1) = (x_0^2 + 3y_0^2)(x_1^2 + 3y_1^2) =$$
$$(x_0 x_1 + 3y_0 y_1)^2 + 3(x_0 y_1 - x_1 y_0)^2$$

由与上题相同的方法,从式(11)易证出

$$m_0 \mid (x_0 x_1 + 3y_0 y_1), m_0 \mid (x_0 y_1 - x_1 y_0)$$

因此有整数 $X = \dfrac{x_0 x_1 + 3y_0 y_1}{m_0}, Y = \dfrac{x_0 y_1 - x_1 y_0}{m_0}$,使

$$m_1 p = X^2 + 3Y^2$$

但 $0 < m_1 < m_0$,这又与 m_0 之最小性矛盾,故必有 $m_0 = 1$.

12. 证:设 $p \mid F_m$,显然 $p \neq 2$,可设 $p = 2^t h_1 + 1, t \geqslant 1, 2/h_t$. 由 $p \mid F_m$ 有

$$2^{2^m} \equiv -1 (\bmod p) \tag{15}$$

故

$$(2^{h_1})^{2^m} \equiv (-1)^{h_1} \equiv -1 (\bmod p) \tag{16}$$

而由费马小定理有(因 $p - 1 = 2^t h_1$)

$$(2^{h_1})^{2^t} \equiv 1 (\bmod p) \tag{17}$$

由式(16)与(17)有 $t \geqslant m + 1 \geqslant 3$,我们可以设

$$p = 2^{m+1} h + 1, h \text{ 可能奇也可能偶} \tag{18}$$

由于 $p \equiv 1 (\bmod 8)$,因此 2 为 p 之平方剩余,由欧拉判别法得到

$$1 \equiv 2^{\frac{p-1}{2}} = (2^h)^{2^m} (\bmod p)$$

由式(15)有

$$(-1)^h \equiv (2^h)^{2^m} (\bmod p)$$

由上两式得 $2 \mid h$,因此 $p = 2^{m+2} k + 1$.

13. 证:(1)注意到当 $r = 1, 2, \cdots, p - 1$ 时,$p - r$ 恰也过 $1, 2, \cdots, p - 1$,因此有

$$\sum_{r=t}^{p-1} \left(\frac{r}{p}\right) = \sum_{r=t}^{p-1} (p - r)\left(\frac{p-r}{p}\right) = \sum_{r=t}^{p-1} (p - r)\left(\frac{-r}{p}\right) =$$
$$\sum_{r=t}^{p-1} (p - r)\left(\frac{-1}{p}\right)\left(\frac{r}{p}\right) =$$

$$p \sum_{r=1}^{p-1} \left(\frac{r}{p}\right) - \sum_{r=1}^{p-1} r\left(\frac{r}{p}\right) = -\sum_{r=1}^{p-1} r\left(\frac{r}{p}\right)$$

因此移项即得证,上面用到两个性质:(1) 由 $p \equiv 1(\bmod 4)$ 知,(-1) 为 p 之二次剩余,因此 $\left(\frac{-1}{p}\right) = 1$;(2) 当 r 取 $1,2,\cdots,p-1$ 时,恰有 $\frac{p-1}{2}$ 个平方剩余及非剩余,因此

$$\sum_{r=t}^{p-1} \left(\frac{r}{p}\right) = 0$$

(2) 由于 $p - 1 \equiv -r$,由 $p \equiv 1(\bmod 4)$ 知,-1 为 p 之平方剩余,故当 r 也为 p 之平方剩余时,$p - r$ 也为平方剩余,因此

$$\sum_{\substack{r=1 \\ \left(\frac{r}{p}\right)=1}}^{p-1} = \sum_{\substack{r=1 \\ \left(\frac{r}{p}\right)=1}}^{p-1} (p - r) = p \sum_{\substack{r=1 \\ \left(\frac{r}{p}\right)=1}}^{p-1} 1 - \sum_{\substack{r=1 \\ \left(\frac{r}{p}\right)=1}}^{p-1} r = \frac{p(p-1)}{2} - \sum_{\substack{r=1 \\ \left(\frac{r}{p}\right)=1}}^{p-1} r$$

移项即得欲证之结论.

由(2) 特别得到,当 $p \equiv 1(\bmod 4)$ 时,有

$$\sum_{\substack{r=1 \\ \left(\frac{r}{p}\right)=1}}^{p-1} r \equiv 0(\bmod p) \qquad (19)$$

又由(1) 及(2) 这两个结论得到,当 $p \equiv 1(\bmod 4)$ 时

$$\sum_{\substack{r=1 \\ \left(\frac{r}{p}\right)=-1}}^{p-1} = \sum_{\substack{r=1 \\ \left(\frac{r}{p}\right)=1}}^{p-1} r = \frac{p(p-1)}{4} \equiv 0(\bmod p) \qquad (20)$$

(3) 同以上的方法,注意此时 -1 为 p 之平方非剩余,即得

$$\sum_{r=1}^{p-1} r^2\left(\frac{r}{p}\right) = \sum_{r=1}^{p-1} (p - r)^2\left(\frac{p-r}{p}\right) = \sum_{r=1}^{p-1} (p^2 - 2pr + r^2)$$

$$\left(\frac{-r}{p}\right) = -\sum_{r=1}^{p-1} (p^2 - 2pr + r^2)\left(\frac{r}{p}\right) =$$

$$2p \sum_{r=1}^{p-1} r\left(\frac{r}{p}\right) - \sum_{r=1}^{p-1} r^2\left(\frac{r}{p}\right)$$

移项即得欲证之结论.

(4) 同上法,注意此时 -1 为 p 之平方剩余,即得

$$\sum_{r=1}^{p-1} r^3\left(\frac{r}{p}\right) = \sum_{r=1}^{p-1} (p - r)^3\left(\frac{p-r}{p}\right) =$$

$$\sum_{r=1}^{p-1} (p^3 - 3p^2 r + 3pr^2 - r^3)\left(\frac{r}{p}\right) =$$

$$-3p^2 \sum_{r=1}^{p-1} r\left(\frac{r}{p}\right) + 3p \sum_{r=1}^{p-1} r^2\left(\frac{r}{p}\right) - \sum_{r=1}^{p-1} r^3\left(\frac{r}{p}\right) =$$

$$3p \sum_{r=1}^{p-1} r^2 \left(\frac{r}{p} \right) - \sum_{r=1}^{p-1} r^3 \left(\frac{r}{p} \right)$$

移项即得欲证之结论,其中用到第(1)个结论.

(5)方法与上相同,不再赘述,留给得自己练习.

14. 设 $p \geqslant 5$ 且 $p \equiv 3 \pmod 4$,则 p 以 $1^2, 2^2, \cdots, \left(\dfrac{p-1}{2} \right)^2$ 为其全部二次剩

余,于是问题化为证明

$$1^2 + 2^2 + \cdots + \left(\frac{p-1}{2} \right)^2 \equiv 0 \pmod p \tag{21}$$

但易有

$$1^2 + 2^2 + \cdots + \left(\frac{p-1}{2} \right)^2 = \frac{\left(\dfrac{p-1}{2} \right) \left(\dfrac{p+1}{2} \right) p}{6} = \frac{p(p^2-1)}{24} \tag{22}$$

由 $p \equiv 3 \pmod 4$ 可设 $p = 4k + 3$,于是

$$p^2 - 1 = (4k+3)^2 - 1 = 16k^2 + 24k + 8 = 8(2k^2+1) + 24k$$

由于 p 为素数且 $p = 4k + 3$,必 $3 \nmid k$,否则 $3 \mid p$,但 $p \geqslant 5$,这不可能. 而对 $k \equiv 1$,$2 \pmod 3$,皆有 $k^2 \equiv 1 \pmod 3$,因此恒有 $2k_2 + 1 \equiv 0 \pmod 3$,即 $24 \mid (p_2 - 1)$,再由式(22)即得式(21).

注 由第 13 题第(2)个结论知,本题之结论对形如 $4k + 1$ 之素数也成立,而且也可以用这里的证明方法给出 13 题(2)的另一种证法. 这留给读者自己练习. 但要注意,13 题中的证法不能用于这里 p 为 $4k + 3$ 形的情形. 综上所述得以下结论.

若 $p \geqslant 5$,则 p 的全部平方剩余之和能被 p 整除.

15. 解:为了解这一题,我们需要研究一般项为 $\left(\dfrac{n(n+1)}{p} \right)$ 的勒让德符号之性质,这里 $(n, p) = 1$.

由 (n, p) 互素,我们知道必存在一个整数 $r_n, p \nmid r_n$,使 $n r_n \equiv 1 \pmod p$,这个 r_n 我们称为 n 关于模 p 的逆元. 由勒让德符号的性质容易看出

$$\left(\frac{n(n+1)}{p} \right) = \left(\frac{n(n+nr_n)}{p} \right) = \left(\frac{n^2(1+r_n)}{p} \right) =$$

$$\left(\frac{n}{p} \right)^2 \left(\frac{1+r_n}{p} \right) = \left(\frac{1+r_n}{p} \right)$$

我们来证明,对 $n \not\equiv m \pmod p, p \nmid nm$,也一定有

$$r_n \not\equiv r_m \pmod p$$

即是说,模 p 的简化剩余系里不同的数必对应不同的逆元,我们用反证法,如果 $r_n \equiv r_m \pmod p$,两边同乘以 nm 得到

$$n(mr_m) \equiv m(nr_n) \pmod p$$

再由上面逆元的定义得到

$$n \equiv m \pmod p$$

这就引出了矛盾,这就证明了,当 n 经过 $1,2,\cdots,p-1$ 时,相应的逆元 r_n 也取遍 $1,2,\cdots,p-1 \pmod p$,只不过次序有改变而已. 又注意到由 $p-1 \equiv -1 \pmod p$ 立即得到

$$(p-1)^2 \equiv (-1)^2 \equiv 1 \pmod p$$

所以 $r_{p-1} = p-1$,于是当 n 取 $1,2,\cdots,p-2$ 时,n 的逆元 r_n 也恰好取 $1,2,\cdots,p-2 \pmod p$,只不过次序有改变而已. 因此得到

$$\left(\frac{1\cdot 2}{p}\right) + \left(\frac{2\cdot 3}{p}\right) + \cdots + \left(\frac{(p-2)(p-1)}{p}\right) =$$

$$\sum_{n=1}^{p-2}\left(\frac{1+r_n}{p}\right) = \sum_{r=1}^{p-2}\left(\frac{1+r}{p}\right) =$$

$$\sum_{r=1}^{p-1}\left(\frac{r}{p}\right) - \left(\frac{1}{p}\right)$$

由于在模 p 的一个缩系中,恰有 $\dfrac{p-1}{2}$ 个平方剩余及 $\dfrac{p-1}{2}$ 个平方非剩余,因此 $\sum\limits_{r=1}^{p-1}\left(\dfrac{r}{p}\right) = 0$,故所求和为 $-\left(\dfrac{1}{p}\right) = -1$.

16. 证:由 $21 \equiv 1 \pmod 4$ 及雅可比符号互倒率有

$$\left(\frac{21}{p}\right) = \left(\frac{p}{21}\right) = \left(\frac{p}{3}\right)\left(\frac{p}{7}\right)$$

我们已经知道

$$\left(\frac{p}{3}\right) = \begin{cases} 1, & p \equiv 1 \pmod 3 \\ -1, & p \equiv 1 \pmod 3 \end{cases}$$

又因 $p \equiv 1 \pmod 2$,故有

$$\left(\frac{p}{3}\right) = \begin{cases} 1, & p \equiv 1 \pmod 6 \\ -1, & p \equiv -1 \pmod 6 \end{cases} \tag{23}$$

再注意 7 恰以 $1, 2^2 = 4, 3^2 \equiv 2 \pmod 7$ 为平方剩余,而以 $3,5,6$ 为平方非剩余,因此有

$$\left(\frac{p}{7}\right) = \begin{cases} 1, & p \equiv 1, 2, -3 \pmod 7 \\ -1, & p \equiv 3, -2, -1 \pmod 7 \end{cases} \tag{24}$$

于是使 $\left(\dfrac{21}{p}\right) = 1$ 的 p 为以下各组同余式组解的解集合:

$$\begin{cases} p \equiv 1 \pmod 6 \\ p \equiv 1 \pmod 7 \end{cases}, \begin{cases} p \equiv 1 \pmod 6 \\ p \equiv 2 \pmod 7 \end{cases}, \begin{cases} p \equiv 1 \pmod 6 \\ p \equiv -3 \pmod 7 \end{cases}$$

$$\begin{cases} p \equiv -1(\bmod 6) \\ p \equiv 3(\bmod 7) \end{cases}, \begin{cases} p \equiv -1(\bmod 6) \\ p \equiv -2(\bmod 7) \end{cases}, \begin{cases} p \equiv -1(\bmod 6) \\ p \equiv -1(\bmod 7) \end{cases}$$

由第一组得解 $p \equiv 1(\bmod 42)$，由第六组得 $p \equiv -1(\bmod 42)$；第二组即为 $p + 5 \equiv 0(\bmod 6)$，$p + 5 \equiv 0(\bmod 7)$，因此解为 $p \equiv -5(\bmod 42)$；由第三组得 $p - 25 \equiv 0(\bmod 42)$，即 $p \equiv 25(\bmod 42)$；由第四组得 $p + 25 \equiv 0(\bmod 42)$，故得 $p \equiv -25(\bmod 42)$；由第五组得 $p - 5 \equiv 0(\bmod 42)$，即 $p \equiv 5(\bmod 42)$. 合起来就证明了当且仅当 $p \equiv \pm 1, \pm 5, \pm 17(\bmod 42)$ 时所给同余方程有解.

17. 解：若 m 为奇数，则 $x^2 \equiv 6(\bmod m)$ 有解之必要条件为 $\left(\dfrac{6}{m}\right) = 1$. 由勒让德符号性质有

$$\left(\frac{6}{m}\right) = \left(\frac{2}{m}\right)\left(\frac{3}{m}\right) = (-1)^{\frac{m^2-1}{8}} \cdot (-1)^{\frac{m-1}{2}}\left(\frac{m}{3}\right)$$

由于

$$(-1)^{\frac{m^2-1}{8}} = \begin{cases} 1, & m \equiv \pm 1(\bmod 8) \\ -1, & m \equiv \pm 3(\bmod 8) \end{cases}$$

$$(-1)^{\frac{m-1}{2}} = \begin{cases} 1, & m \equiv 1(\bmod 4) \\ -1, & m \equiv -1(\bmod 4) \end{cases}$$

$$\left(\frac{m}{3}\right) = \begin{cases} 1, & m \equiv 1(\bmod 3) \\ -1, & m \equiv -1(\bmod 3) \end{cases}$$

于是使 $\left(\dfrac{6}{m}\right) = 1$ 的 m 必为下列同余式组之诸解：

$$\begin{cases} m \equiv 1(\bmod 8) \\ m \equiv 1(\bmod 4), \\ m \equiv 1(\bmod 3) \end{cases} \begin{cases} m \equiv -1(\bmod 8) \\ m \equiv 1(\bmod 4) \\ m \equiv 1(\bmod 3) \end{cases}, \begin{cases} m \equiv 1(\bmod 8) \\ m \equiv -1(\bmod 4) \\ m \equiv -1(\bmod 3) \end{cases}$$

$$\begin{cases} m \equiv -1(\bmod 8) \\ m \equiv -1(\bmod 4), \\ m \equiv -1(\bmod 3) \end{cases} \begin{cases} m \equiv 3(\bmod 8) \\ m \equiv 1(\bmod 4) \\ m \equiv -1(\bmod 3) \end{cases}, \begin{cases} m \equiv 3(\bmod 8) \\ m \equiv -1(\bmod 4), \\ m \equiv 1(\bmod 3) \end{cases}$$

$$\begin{cases} m \equiv -3(\bmod 8) \\ m \equiv 1(\bmod 4), \\ m \equiv -1(\bmod 3) \end{cases} \begin{cases} m \equiv -3(\bmod 8) \\ m \equiv -1(\bmod 4) \\ m \equiv 1(\bmod 3) \end{cases}$$

其中第二，三，五，八组同余式组无解. 而由第一，四，六，七组分别解得

$$m \equiv 1, -1, -5, 5(\bmod 24)$$

即当 m 为奇数时，$\left(\dfrac{6}{m}\right) = 1$，必须 $m \equiv \pm 1, \pm 5(\bmod 24)$.

若 m 为偶数，可设 $m = 2^k n(k \geqslant 1, 2 \nmid n)$. 对 $x^2 \equiv 6(\bmod m)$ 可分解为

$$x^2 \equiv 6(\bmod 2^k) \tag{25}$$

187

$$x^2 \equiv 6 (\bmod\ n) \tag{26}$$

对式(26)，由上面所证知，式(26)有解之必要条件为

$$n \equiv \pm 1,\ \pm 5 (\bmod\ 24)$$

现考虑式(25). 当 $k = 1$ 时，式(25)显然有解 $x \equiv 0 (\bmod\ 2)$. 当 $k = 2$ 时，式(25)显然无解，于是 $k \geqslant 2$ 时式(25)皆无解. 合起来我们得到当 $m \equiv \pm 1,\ \pm 2,\ \pm 5$, $\pm 10 (\bmod\ 24)$ 时所给同余方程可能有解.

18. 证：设 N 是任给的一个正整数，$p_1, p_2, \cdots, p_s$ 是不超过 N 的一切形如 $8k + 7$ 的素数，记

$$q = (p_1 p_2 \cdots p_s)^2 - 2 \tag{27}$$

由于每个 p_j 都有形如 $8k + 7$ 之形状，因而都为奇素数，故 $p_1 p_2 \cdots p_s$ 也为奇数，记 $p_1 p_2 \cdots p_s = 2m + 1$，则

$$q = (2m + 1)^2 - 2 = 8 \cdot \frac{m(m + 1)}{2} - 1 \equiv 7 (\bmod\ 8) \tag{28}$$

如果 q 本身已是一个素数，则显然 $q \neq p_j$. $1 \leqslant j \leqslant s$，从而 $q > N$，这就证明 q 是比 N 大的一个形如 $8k + 7$ 之素数.

如果 q 不是素数，由上证，它是一个形如 $8k + 7$ 的奇数，设 p 为 q 的任一个奇素因子，则

$$(p_1 p_2 \cdots p_s)^2 \equiv 2 (\bmod\ p)$$

从而 2 必为 p 之平方剩余，因此必 $p \equiv \pm 1 (\bmod\ 8)$，但是如果 q 的奇素因子都形如 $8k + 1$，就推出 q 也有 $8k + 1$ 之形状，这与式(28)矛盾，因此，若 q 不是素数，则 q 必有至少一个形如 $8k + 7$ 的素因子，记为 p. 显然 $p \neq 2, p_1, p_2, \cdots, p_s$. 于是 $p > N$. 这就证明了对任给 N 皆有大于 N 的形如 $8k + 7$ 之素数存在.

19. 证：设 N 为任给的一个正整数，$p_1, \cdots, p_s$ 是不超过 N 的所有形如 $8k + 3$ 之素数，作

$$q = (p_1 p_2 \cdots p_s)^2 + 2$$

设 $p_j = 2m_j + 1$，易见

$$p_j^2 = (2m_j + 1)^2 = 8 \cdot \frac{m_j(m_j + 1)}{2} + 1 \equiv 1 (\bmod\ 8)$$

于是 $q \equiv 1^2 + 2 = 3 (\bmod\ 8)$.

如果 q 本身是一个素数，则必 $q > N$，问题已经证明了. 如果 q 本身不是素数，设 p 为 q 的任一个素因子，则有

$$(p_1 p_2 \cdots p_s)^2 \equiv - 2 (\bmod\ p)$$

故 $- 2$ 为 p 的一个二次剩余，由于

$$\left(\frac{-2}{p}\right) = \left(\frac{-1}{p}\right)\left(\frac{2}{p}\right) = (-1)^{\frac{p-1}{2} + \frac{p^2 - 1}{8}}$$

而

$$(-1)^{\frac{p-1}{2}} = \begin{cases} 1, & p \equiv 1 \pmod 4 \\ -1, & p \equiv -1 \pmod 4 \end{cases}$$

$$(-1)^{\frac{p^2-1}{8}} = \begin{cases} 1, & p \equiv \pm 1 \pmod 8 \\ -1, & p \equiv \pm 3 \pmod 8 \end{cases}$$

于是,使 $\left(\dfrac{-2}{p}\right) = 1$ 是下列同余式组的解集合:

$$\begin{cases} p \equiv 1 \pmod 4 \\ p \equiv 1 \pmod 8 \end{cases}, \begin{cases} p \equiv 1 \pmod 4 \\ p \equiv -1 \pmod 8 \end{cases}, \begin{cases} p \equiv -1 \pmod 4 \\ p \equiv 3 \pmod 8 \end{cases}, \begin{cases} p \equiv -1 \pmod 4 \\ p \equiv -3 \pmod 8 \end{cases}$$

其中第二、四组无解,由第一、三组分别解得 $p \equiv 1$ 及 $p \equiv 3 \pmod 8$. 但 q 的素因子不能全是形如 $8k+1$ 的,否则就有 $q \equiv 1 \pmod 8$,这与前证 $q \equiv 3 \pmod 8$ 矛盾. 记 p 是 q 的一个形如 $8k+3$ 的素因子,易见 $p \ne 2, p_1, p_2, \cdots, p_s$,因此 $p > N$,故对任给 N,都有大于 N 的形如 $8k+3$ 之素数存在,证毕.

20. 证:首先证明习题 1 的一个推广:若 $(x, y) = 1$,则 $x^2 + y^2$ 的素因子必有 $4k+1$ 元形状.

设 $p \mid (x^2 + y^2)$,显然 $p \nmid x$ 且 $p \nmid y$,因为若 $p \mid x$,则由于 $y^2 = (x^2 + y^2) - x^2$,故必也有 $p \mid y^2$,从而 $p \mid y$,这与 x 和 y 互素矛盾,同样可证 $p \nmid y$. 由 $(y, p) = 1$ 知,必有 y_1 使 $y_1 y \equiv 1 \pmod p$,于是

$$y_1^2 (x^2 + y^2) = (xy_1)^2 + (yy_1)^2 \equiv (xy_1)^2 + 1 \pmod p$$

即 -1 为 p 之平方剩余,因此必有 $p \equiv 1 \pmod 4$.

设 $p_1 = 3, p_2 = 5, \cdots, p_n$ 为前 n 个奇素数,作

$$q = p_1^2 p_2^2 \cdots p_n^2 + 2^2$$

显然 $(2, p_1 p_2 \cdots p_n) = 1$,由上证,$q$ 的素因子必有 $4k+1$ 之形状. 又注意到 $p_j^2 \equiv 1 \pmod 8$,就有 $q \equiv 5 \pmod 8$. 于是 q 的素因子不能全是 $8k+1$ 形的,即 q 至少应有一个 $8k+5$ 形的素因子 p,显然 $p > p_n$,这就完成了本题之证明.

21. 证:首先来证必要性,设 $x^2 \equiv a \pmod{p^l}$ 有解,于是这解也满足 $x^2 \equiv a \pmod p$,故 a 必为模 p 之平方剩余,从而 $\left(\dfrac{a}{p}\right) = 1$.

再来证明充分性. 设 $\left(\dfrac{a}{p}\right) = 1$,则 $x^2 \equiv a \pmod p$ 有解,记解为 x_0,则易有

$$(x_0^2 - a)^l \equiv 1 \pmod{p^l}$$

由二项式定理有

$$(x_0 + \sqrt{a})^l = x_0^l + l x_0^{l-1} \sqrt{a} + \frac{l(l-1)}{2!} x_0^{l-2} a + \cdots +$$

$$(\sqrt{a})^2 = t + v\sqrt{a}$$

其中 t 记展式中不含 $\sqrt{a}$ 的项之和,显然 t 与 v 皆为整数,同理易见有

$$(x_0 - \sqrt{a})^l = t - v\sqrt{a}$$

故有

$$(x_0^2 - a)^l = (x_0 + \sqrt{a})^l (x_0 - \sqrt{a})^l = t^2 - av^2 \equiv 0 (\bmod p^l)$$

我们有(利用 $x_0^2 \equiv a(\bmod p)$)

$$t = \frac{1}{2}\{(x_0 + \sqrt{a})^l + (x_0 - \sqrt{a})^l\} =$$

$$x_0^l + \binom{l}{2} x_0^{l-2} a + \binom{l}{4} x_0^{l-4} a^2 + \cdots \equiv$$

$$x_0^l + \binom{l}{2} x_0^l + (l_4) x_0^l + \cdots =$$

$$x_0^l \left(\binom{l}{0} + \binom{l}{2} + \binom{l}{4} + \cdots \right)(\bmod p)$$

由于 $\binom{l}{0} + \binom{l}{1} + \cdots + \binom{l}{l} = 2^l$,而 $\binom{l}{0} - \binom{l}{1} + \binom{l}{2} - \cdots = (1-1)^l = 0$,故有

$$\binom{l}{0} + \binom{l}{2} + \binom{l}{4} + \cdots = 2^{l-1}$$

于是得到

$$t \equiv 2^{l-1} x_0^l (\bmod p)$$

但 $p > 2, p \nmid x_0$,故必 $p \nmid t$,从而也有 $p \nmid v$. 于是必有 w 使 $wv \equiv 1(\bmod p^l)$,于是

$$0 \equiv w^2(t^2 - av^2) = (wt)^2 - a(wv)^2 \equiv$$
$$(wt)^2 - a(\bmod p^l)$$

故证得 wt 即为 $x^2 - a \equiv 0(\bmod p^l)$ 的解.

注 本题给出 $x_2 \equiv a(\bmod p_1)$ 有解时的一个解法. 它还可以从 $x^2 \equiv a(\bmod p)$ 解起,逐步求出所给模 p^l 时的解,这个方法详见华罗庚教授著《数论导引》第 2 章第 9 节.

22. 证:由定义有 $\alpha^2 = \beta^2 = 1$,因此有

$$\left(1 + \alpha\left(\frac{x}{p}\right)\right)\left(1 + \beta\left(\frac{x+1}{p}\right)\right) =$$

$$\begin{cases} (1 + \alpha^2)(1 + \beta^2) = 4, \text{当}\left(\frac{x}{p}\right) = \alpha, \text{且}\left(\frac{x+1}{p}\right) = \beta \text{ 时} \\ (1 - \alpha^2)(1 + \beta^2) = 0, \text{当}\left(\frac{x}{p}\right) = -\alpha, \text{且}\left(\frac{x+1}{p}\right) = \beta \text{ 时} \\ (1 + \alpha^2)(1 - \beta^2) = 0, \text{当}\left(\frac{x}{p}\right) = \alpha, \text{且}\left(\frac{x+1}{p}\right) = -\beta \text{ 时} \\ (1 - \alpha^2)(1 - \beta^2) = 0, \text{当}\left(\frac{x}{p}\right) = -\alpha, \text{且}\left(\frac{x+1}{p}\right) = -\beta \text{ 时} \end{cases}$$

于是立即得到第一个等式成立.

我们有

$$\sum_{x=1}^{p-2}\left(1+\alpha\left(\frac{x}{p}\right)\right)\left(1+\beta\left(\frac{x+1}{p}\right)\right)=$$

$$\sum_{x=1}^{p-2}1+\alpha\sum_{x=1}^{p-2}\left(\frac{x}{p}\right)+\beta\sum_{x=1}^{p-2}\left(\frac{x+1}{p}\right)+\alpha\beta\sum_{x=1}^{p-2}\left(\frac{x(x+1)}{p}\right)$$

我们容易有

$$\sum_{x=1}^{p-2}1=p-2,\sum_{x=1}^{p-2}\left(\frac{x}{p}\right)=-\left(\frac{p-1}{p}\right)+\sum_{x=1}^{p-1}\left(\frac{x}{p}\right)=-\left(\frac{-1}{p}\right)$$

$$\sum_{x=1}^{p-2}\left(\frac{x+1}{p}\right)=\sum_{x=1}^{p-2}\left(\frac{x+1}{p}\right)-\left(\frac{1}{p}\right)=\sum_{x=1}^{p-1}\left(\frac{x}{p}\right)-1=-1$$

以上用到了 p 恰有$(p-1)/2$ 个平方剩余及$(p-1)/2$ 个平方非剩余这一事实. 又由第 15 题有

$$\sum_{x=1}^{p-2}\left(\frac{x(x+1)}{p}\right)=-1$$

因此我们得到

$$4N(\alpha,\beta)=p-2-\alpha\left(\frac{-1}{p}\right)-\beta-\alpha\beta$$

这证明了第二个等式.

在第二个等式里分别取 $\alpha=\beta=1,\alpha=\beta=-1,\alpha=-1$ 及 $\beta=1,\alpha=1$ 及 $\beta=-1$ 就分别得到

$$N(1,1)=\frac{1}{4}\left(p-4-\left(\frac{-1}{p}\right)\right)$$

$$N(-1,-1)=N(-1,1)=\frac{1}{4}\left(p-2+\left(\frac{-1}{p}\right)\right)$$

$$N(1,-1)=1+N(1,1)$$

23. 证:我们分两种情形考虑.

情形一:$\left(\frac{-1}{p}\right)=-1$,这时在上题中取 $\alpha=1,\beta=-1$ 得到 $4N(\alpha,\beta)=p+1\geqslant4$,因此

$$N(\alpha,\beta)\geqslant1$$

这表明至少存在一个整数 $r(1\leqslant r\leqslant p-2)$,使同时有

$$\left(\frac{r}{p}\right)=\alpha=1,\left(\frac{r+1}{p}\right)=\beta=-1$$

成立. 再由 $\left(\frac{-1}{p}\right)=-1$ 就得到

$$\left(\frac{r}{p}\right) = 1, \left(\frac{-r-1}{p}\right) = 1$$

这就表明有整数 x 及 y 使

$$x^2 \equiv r, y^2 \equiv -r-1 \pmod{p}$$

相加即得

$$x^2 + y^2 + 1 \equiv 0 \pmod{p}$$

情形二:$\left(\frac{-1}{p}\right) = 1$,此时在上题中取 $\alpha = \beta = 1$,即得到

$$4N(\alpha, \beta) = p - 5$$

于是对 $p \geqslant 11$ 有

$$N(\alpha, \beta) > 1$$

这就是说,对 $p \geqslant 11$,至少有一个数 $r(1 \leqslant r \leqslant p-2)$,使同时有

$$\left(\frac{r}{p}\right) = 1, \left(\frac{r+1}{p}\right) = 1$$

又由 $\left(\frac{-1}{p}\right) = 1$ 知,也有

$$\left(\frac{r}{p}\right) = 1, \left(\frac{-r-1}{p}\right) = 1$$

于是存在 x, y 使

$$x^2 \equiv r, y^2 \equiv -r-1 \pmod{p}$$

相加即得

$$x^2 + y^2 + 1 \equiv 0 \pmod{p}$$

剩下还要讨论 $\left(\frac{-1}{p}\right) = 1$,且 $p \leqslant 7$ 的情形. 显然只有对 $p = 2$ 或 5 才有 $\left(\frac{-1}{p}\right) = 1$. 由

$$0^2 + 1^2 + 1^2 \equiv 0 \pmod{2}$$
$$2^2 + 0^2 + 1^2 \equiv 0 \pmod{5}$$

即知,对 $\left(\frac{-1}{p}\right) = 1$ 且 $p = 2, 5$ 结论也成立.

注　此题也可用抽屉原则直接证明,见该章习题.

第 12 章

1. 解:(1)43 与 109 皆为素数,由二次互反律算得

$$\left(\frac{43}{109}\right) = \left(\frac{109}{43}\right) = \left(\frac{23}{43}\right) = -\left(\frac{43}{23}\right) = -\left(\frac{4}{23}\right)\left(\frac{5}{23}\right) =$$

$$-\left(\frac{23}{5}\right) = -\left(\frac{3}{5}\right) = -\left(\frac{5}{3}\right) = -\left(\frac{2}{3}\right) = 1$$

故所给同余式可解. 我们有

$$109 \equiv 5(\bmod 8)$$

$$43^{(109-1)/4} = 43^{27} = 43(1\ 849)^{13} \equiv$$

$$43(-4)^{13} \equiv -(43)(4)(256)^3(\bmod 109) \equiv$$

$$46(38)^3 \equiv (4)(27) \equiv -1(\bmod 109)$$

由 $(109 - 1)/2 = 54$

$$\left[\frac{54}{2}\right] + \left[\frac{54}{2^2}\right] + \left[\frac{54}{2^3}\right] + \left[\frac{54}{2^4}\right] + \left[\frac{54}{2^5}\right] = 50$$

$$\left[\frac{54}{3}\right] + \left[\frac{54}{3^2}\right] + \left[\frac{54}{3^3}\right] = 26$$

$$\left[\frac{54}{5}\right] + \left[\frac{54}{5^2}\right] = 12$$

$$\left[\frac{54}{7}\right] + \left[\frac{54}{7^2}\right] = 8$$

$$\left[\frac{54}{11}\right] = 4, \left[\frac{54}{13}\right] = 4, \left[\frac{54}{17}\right] = 3, \left[\frac{54}{19}\right] = 2, \left[\frac{54}{23}\right] = 2$$

$$\left[\frac{54}{29}\right] = \left[\frac{54}{31}\right] = \left[\frac{54}{37}\right] = \left[\frac{54}{41}\right] = \left[\frac{54}{43}\right] = \left[\frac{54}{47}\right] = \left[\frac{54}{53}\right] = 1$$

故有

$$54! = 2^{50} \cdot 3^{26} \cdot 5^{12} \cdot 7^8 \cdot 11^4 \cdot 13^4 \cdot 17^3 \cdot 19^2 \cdot 23^2 \cdot 29 \cdot 31 \cdot 37 \cdot 41 \cdot 43 \cdot 47 \cdot 53$$

我们有

$$2^{50} = (256)^6 \cdot 4 \equiv (38)^6 \cdot 4 \equiv (27)^3 \cdot 4 \equiv 34(\bmod 109)$$

$$3^{26} = (243)^5 \cdot 3 \equiv (25)^5 \cdot 3 = (625)^2 \cdot 75 \equiv 73(\bmod 109)$$

$$5^{12} = (125)^4 \equiv (16)^4 = (256)^2 \equiv (38)^2 \equiv 27(\bmod 109)$$

$$7^8 = (2\ 401)^2 \equiv 9(\bmod 109)$$

$$11^4 = (121)^2 \equiv (12)^2 \equiv 35(\bmod 109)$$

$$13^4 = (169)^2 \equiv (60)^2 \equiv 3(\bmod 109)$$

$$17^3 = 4\ 913 \equiv 8(\bmod 109)$$

$$19^2 \equiv 34(\bmod 109)$$

$$23^2 \equiv -16(\bmod 109)$$

又有

$$(34)(73)(27)(9)(35)(3)(8)(34)(-16)(29)(31)(37)(41)(43)(47)(53) \equiv$$

$$33(\bmod 109)$$

此外,计算给出
$$43^{(109+3)/8} = 43^{14} \equiv (-4)^7 \equiv -34(\bmod\ 109)$$

故本题之解为
$$x \equiv \pm(33)(34) \equiv \pm 32(\bmod\ 109)$$

(2) 本题中 881 是素数且 $881 \equiv 1(\bmod\ 4)$,设 $881 = 4 \cdot 2^\lambda u + 1, 2 \nmid u$,则有 $\lambda = 2, u = 55$. 又有 $247 = 13 \cdot 19$.

由二次互反律知
$$\left(\frac{13}{881}\right) = \left(\frac{881}{13}\right) = \left(\frac{2}{13}\right)\left(\frac{5}{13}\right) = -\left(\frac{13}{5}\right) = -\left(\frac{3}{5}\right) = 1$$
$$\left(\frac{19}{881}\right) = \left(\frac{881}{19}\right) = \left(\frac{7}{19}\right) = -\left(\frac{19}{7}\right) = -\left(\frac{5}{7}\right) = -\left(\frac{7}{5}\right) = 1$$

故所给同余式可解.

我们有
$$\begin{aligned}
247^{55} &= (61\ 009)^{27}(247) \equiv (220)^{27}(247) = \\
&(48\ 400)^{13}(54\ 340) \equiv (-55)^{13}(-282) = \\
&(3\ 025)^6(15\ 510) \equiv (382)^6(533) = \\
&(145\ 924)^3(533) \equiv (559)^3(533) = \\
&(312\ 481)(297\ 947) \equiv (607)(169) \equiv \\
&387 \not\equiv \pm 1(\bmod\ 881)
\end{aligned}$$

利用二次互反律易有
$$\left(\frac{3}{881}\right) = \left(\frac{881}{3}\right) = \left(\frac{2}{3}\right) = -1$$

故 3 为 881 的一个二次非剩余.

由于
$$\begin{aligned}
3^{110} &= (3^6)^{18} \cdot 3^2 \equiv (-152)^{18} \cdot 9 = (23\ 104)^9 \cdot 9 \equiv \\
&(198)^9 \cdot 9 = (39\ 204)^4(198)(9) \equiv \\
&(440)^4(198)(9) = (193\ 600)^2(1\ 782) \equiv \\
&(-220)^2(20) \equiv (-55)(20) \equiv \\
&-219(\bmod\ 881)
\end{aligned}$$

于是易算得,在 $1, 2, 3 = 2^\lambda - 1$ 这 3 个数中,取 $h = 2$ 就有
$$(3^{110})^h \equiv (-219)^2 \equiv 387 \equiv 247^{55}(\bmod\ 881)$$

于是此时所求同余式的解为
$$x \equiv \pm 247^{(55+1)/2}3^{(881-1)/2-110}(\bmod\ 881)$$

我们有(参见上面 247^{55} 之计算过程中数据)
$$\begin{aligned}
247^{28} &\equiv (220)^{14} \equiv (-55)^7 \equiv (382)^3(-55) \equiv \\
&(559)(382)(-55) \equiv
\end{aligned}$$

$$21(\bmod 881)$$
$$3^{330} \equiv (-219)^3 \equiv (387)(-219) \equiv -177(\bmod 881)$$

故所求解为

$$x \equiv \pm(21)(177) \equiv \pm193(\bmod 881)$$

（3）本题中 83 为素数，而由二次互反律有

$$\left(\frac{7}{83}\right) = -\left(\frac{83}{7}\right) = -\left(-\frac{1}{7}\right) = 1$$

故所给同余式可解，由于 $83 \equiv 3(\bmod 4)$，故所求解为

$$x \equiv \pm 7^{1+(83-3)/4} = \pm 7^{21} \equiv$$
$$\pm (2\ 401)^5(7) \equiv \pm(-6)^5(7) \equiv$$
$$\pm (26)(7) \equiv \pm16(\bmod 83)$$

（4）59 是素数，由

$$\left(\frac{-11}{59}\right) = -\left(\frac{11}{59}\right) = \left(\frac{59}{11}\right) = \left(\frac{4}{11}\right) = 1$$

知，所给同余式可解，注意 $59 \equiv 3(\bmod 4)$，故所求解为

$$x \equiv \pm(-11)^{1+(59-3)/4} = \pm(11)^{14}(11) \equiv$$
$$\pm(3)^7(11) \equiv \pm44(\bmod 59)$$

（5）本题中 $243 = 3^5$ 不是素数. 我们用跃进法来求解，至于它的可解性，可由

$$x^2 \equiv -5 \equiv 1(\bmod 3)$$

的可解性立即推出来. 上述同余式的一根显然可取为 $r = 1$. 由 $a = -5, \alpha = 5$ 易有

$$(1 + \sqrt{-5})^5 = 1 + 5\sqrt{-5} + 10(-5) + 10(-5)\sqrt{-5} +$$
$$5(-5)^2 + (-5)^2\sqrt{-5} =$$
$$76 - 20\sqrt{-5}$$

故可取 $t = 76, u = 20$. 我们现来求 ν 使 $u\nu \equiv 1(\bmod 3^5)$. 即求解

$$20\nu \equiv 1(\bmod 3^5)$$

由辗转相除法依次有

$$243 = 20(12) + 3$$
$$20 = 3(6) + 2$$
$$3 = 2 + 1$$

故得

$$1 = 3 - (20 - 3(6)) = 3 \cdot (7) - 20 =$$
$$(243 - 20(12))(7) - 20 =$$
$$243(7) - 20(85)$$

于是知应有 $\nu \equiv -85 \pmod{243}$，故所求解为

$$x \equiv \pm(76)(85) \equiv \pm 142 \pmod{243}$$

（6）由 $46 = 2 \times 23, 121 = 11^2$

$$\left(\frac{2}{11}\right) = -1, \left(\frac{-1}{11}\right) = -1$$

$$\left(\frac{23}{11}\right) = \left(\frac{1}{11}\right) = 1$$

即知所给同余式可解,我们用渐近法来求解.

首先由 $11 \equiv 3 \pmod{4}$ 知,同余式

$$y^2 \equiv -46 \equiv 9 \pmod{11}$$

的解显然为

$$y \equiv \pm 3 \pmod{11}$$

现在设 $x = 3 + 11k$ 是题给同余式的一解,则

$$(3 + 11k)^2 \equiv -46 \pmod{121}$$

此即(两边消去 11)

$$6k \equiv -5 \equiv 6 \pmod{11}$$

因而得

$$k \equiv 1 \pmod{11}$$

故所求解为

$$x \equiv \pm 14 \pmod{121}$$

（7）我们有 $1\,024 = 2^{10}$,而 $41 \equiv 1 \pmod{8}$,故所给同余式有 4 解,易见 5 得

$$x^2 \equiv 41 \pmod{16}$$

的根,且 5 不满足

$$x^2 \equiv 41 \pmod{32}$$

故必 $5 + 8 = 13$ 是上式的根,但 13 还是

$$x^2 \equiv 41 \pmod{128}$$

的根,且它不满足

$$x^2 \equiv 41 \pmod{256}$$

故必 $13 + 64 = 77$ 满足上式,但它不满足

$$x^2 \equiv 41 \pmod{512}$$

故必 $77 + 128 = 205$ 满足上式. 又易验证 205 还满足题给之同余式,再注意到

$$205 + 512 = 717$$

故所给同余式的 4 个解为

$$x \equiv \pm 205, \ \pm 717 \pmod{1\,024}$$

（8）注意到 $495 = 3^2 \cdot 5 \cdot 11$

$$\left(\frac{34}{3}\right) = \left(\frac{1}{3}\right) = 1$$

$$\left(\frac{34}{5}\right) = \left(\frac{4}{5}\right) = 1$$

$$\left(\frac{34}{11}\right) = \left(\frac{1}{11}\right) = 1$$

故易知所給同餘式可解且它有 $2^3 = 8$ 个对模 495 互不同余的解.

易见

$$x^2 \equiv 34 \equiv 1 (\bmod 3)$$

的一解为 $x_0 \equiv 1 (\bmod 3)$. 设 $x_1 = 1 + 3k$ 为

$$x^2 \equiv 34 \equiv 7 (\bmod 9)$$

的解, 则有

$$(1 + 3k)^2 \equiv 7 (\bmod 9)$$

展开易得

$$k \equiv 1 (\bmod 3)$$

于是得

$$x^2 \equiv 34 (\bmod 9)$$

的两解为

$$x_1 \equiv 4, -4 (\bmod 9)$$

易见

$$x^2 \equiv 34 \equiv 4 (\bmod 5)$$

与

$$x^2 \equiv 34 \equiv 1 (\bmod 11)$$

的解分别为

$$x_2 \equiv 2, -2 (\bmod 5)$$

以及

$$x_3 \equiv 1, -1 (\bmod 11)$$

现在利用孙子定理分别求解以下八组一次同余式组:

$$\begin{cases} x \equiv 4 (\bmod 9) \\ x \equiv 2 (\bmod 5) \\ x \equiv 1 (\bmod 11) \end{cases}, \quad \begin{cases} x \equiv 4 (\bmod 9) \\ x \equiv 2 (\bmod 5) \\ x \equiv -1 (\bmod 11) \end{cases}$$

$$\begin{cases} x \equiv 4 (\bmod 9) \\ x \equiv -2 (\bmod 5) \\ x \equiv 1 (\bmod 11) \end{cases}, \quad \begin{cases} x \equiv 4 (\bmod 9) \\ x \equiv -2 (\bmod 5) \\ x \equiv -1 (\bmod 11) \end{cases}$$

$$\begin{cases} x \equiv -4 (\bmod 9) \\ x \equiv 2 (\bmod 5) \\ x \equiv 1 (\bmod 11) \end{cases}, \quad \begin{cases} x \equiv -4 (\bmod 9) \\ x \equiv 2 (\bmod 5) \\ x \equiv -1 (\bmod 11) \end{cases}$$

$$\begin{cases} x \equiv -4 \pmod 9 \\ x \equiv -2 \pmod 5, \\ x \equiv 1 \pmod{11} \end{cases} \quad \begin{cases} x \equiv -4 \pmod 9 \\ x \equiv -2 \pmod 5 \\ x \equiv -1 \pmod{11} \end{cases}$$

我们仅解第一组为例,其余的由读者自己去做,由

$$\begin{cases} x \equiv 1 \pmod 9 \\ x \equiv 0 \pmod 5, \\ x \equiv 0 \pmod{11} \end{cases} \quad \begin{cases} x \equiv 0 \pmod 9 \\ x \equiv 1 \pmod 5, \\ x \equiv 0 \pmod{11} \end{cases} \quad \begin{cases} x \equiv 0 \pmod 9 \\ x \equiv 0 \pmod 5 \\ x \equiv 1 \pmod{11} \end{cases}$$

分别解得

$$x_1 \equiv 55, x_2 \equiv -99, x_3 \equiv 45 \pmod{495}$$

于是

$$\begin{cases} x \equiv 4 \pmod 9 \\ x \equiv 2 \pmod 5 \\ x \equiv 1 \pmod{11} \end{cases}$$

的解为

$$x \equiv 4(55) + 2(-99) + 45 \equiv 67 \pmod{495}$$

同法可求得其余各解为

$$x \equiv -67, \ \pm 23, \ \pm 32, \ \pm 122 \pmod{495}$$

(9) 注意到 $729 = 9^3$,如果所给同余式有解 x_0,易见必 $81 \mid x_0^2$,故可设 $x = 9y$,于是只需解

$$y^2 \equiv 1 \pmod 9$$

而它的解显然为 $y \equiv \pm 1 \pmod 9$,于是

$$\pm 3^2, 3^2(\pm 1 + 3^2), 3^2(\pm 1 + 2 \cdot 3^2), 3^2(\pm 1 + 3 \cdot 3^2)$$
$$3^2(\pm 1 + 4 \cdot 3^2), 3^2(\pm 1 + 5 \cdot 3^2), 3^2(\pm 1 + 6 \cdot 3^2)$$
$$3^2(\pm 1 + 7 \cdot 3^2), 3^2(\pm 1 + 8 \cdot 3^2)$$

就是所给同余式的全部解,即原同余式有以下 18 个对模 729 互不同余的解

$$x \equiv \pm 9, \ \pm 72, \ \pm 90, \ \pm 153, \ \pm 171, \ \pm 234, \ \pm 252, \ \pm 333, \ \pm 315 \pmod{729}$$

(10) 我们有 $30 = 2 \cdot 3 \cdot 5$,而

$$12x^2 - 11x - 1 \equiv 0 \pmod 2$$

即是

$$x \equiv 1 \pmod 2$$
$$12x^2 - 11x - 1 \equiv 0 \pmod 3$$

即是

$$x \equiv 1 \pmod 3$$
$$12x^2 - 11x - 1 \equiv 0 \pmod 5$$

可化为等价于

$$2(2x^2 + 4x - 1) \equiv 0(\bmod 5)$$

此即等价于

$$(2x + 2)^2 \equiv 1(\bmod 5)$$

它有两解 $2x_1 + 2 \equiv 1$ 及 $2x_2 + 2 \equiv -1(\bmod 5)$，由是得到 $12x^2 - 11x - 1 \equiv 0(\bmod 5)$ 的两解为

$$x_1 \equiv 2, x_2 \equiv 1(\bmod 5)$$

分别解以下两个一次同余式组

$$\begin{cases} x \equiv 1(\bmod 2) \\ x \equiv 1(\bmod 3), \\ x \equiv 2(\bmod 5) \end{cases} \qquad \begin{cases} x \equiv 1(\bmod 2) \\ x \equiv 1(\bmod 3) \\ x \equiv 1(\bmod 5) \end{cases}$$

不难得到题给同余式的两解为

$$x \equiv 7, 1(\bmod 30)$$

（11）我们有 $90 = 2 \cdot 5 \cdot 9$，对模 2，原同余式变为

$$x^2 \equiv 1(\bmod 2)$$

它只有一解 $x \equiv 1(\bmod 2)$.

对模 5，原同余式变为

$$x^2 \equiv 1(\bmod 5)$$

它有两解 $x \equiv \pm 1(\bmod 5)$.

对模 9，原同余式变为

$$x^2 - x - 2 \equiv 0(\bmod 9)$$

它等价于（因为 $3 \nmid 4$）同余式

$$4(x^2 - x - 2) \equiv 0(\bmod 9)$$

此即

$$(2x - 1)^2 \equiv 0(\bmod 9)$$

易见 $x \equiv 2(\bmod 3)$ 皆为其解，于是它对模 9 有三个互不同余的解

$$x \equiv 2, 5, 8(\bmod 9)$$

求解以下六组同余式组：

$$\begin{cases} x \equiv 1(\bmod 2) \\ x \equiv 1(\bmod 5), \\ x \equiv 2(\bmod 9) \end{cases} \qquad \begin{cases} x \equiv 1(\bmod 2) \\ x \equiv 1(\bmod 5), \\ x \equiv 5(\bmod 9) \end{cases} \qquad \begin{cases} x \equiv 1(\bmod 2) \\ x \equiv 1(\bmod 5) \\ x \equiv 8(\bmod 9) \end{cases}$$

$$\begin{cases} x \equiv 1(\bmod 2) \\ x \equiv -1(\bmod 5), \\ x \equiv 2(\bmod 9) \end{cases} \qquad \begin{cases} x \equiv 1(\bmod 2) \\ x \equiv -1(\bmod 5), \\ x \equiv 5(\bmod 9) \end{cases} \qquad \begin{cases} x \equiv 1(\bmod 2) \\ x \equiv -1(\bmod 5) \\ x \equiv 8(\bmod 9) \end{cases}$$

分别得解为

$$x \equiv 11, 41, 71, 29, 59, -1(\bmod 90)$$

此即原给同余式之全部解.

第 13 章

1. 证:先用归纳法证明,对 $a \geq 3$ 有
$$5^{2^{a-3}} \equiv 1 + 2^{a-1} (\bmod 2^a) \tag{1}$$
对 $a = 3, 5^{2^{a-3}} = 5, 1 + 2^{a-1} = 5$,结论当然成立.

设结论 (1) 对 a 已成立,$a \geq 3$,则我们有
$$5^{2^{(a+1)-3}} = (5^{2^{a-3}})^2 = (1 + 2^{a-1} + k2^a)^2 =$$
$$1 + 2^{2(a-1)} + k2^{2a} + 2^a + k2^{a+1} + k2^{2a} \equiv$$
$$1 + 2^{(a+1)-1} (\bmod 2^{a+1})$$

故式 (1) 对 $a + 1$ 也成立. 注意,我们应用了式 (1) 的变形
$$5^{2^{a-3}} = 1 + 2^{a-1} + k2^a$$

下面还要证明两件事:

(a) $\qquad\qquad 5^{2^{l-2}} \equiv 1 (\bmod 2^l) \tag{2}$

(b) 对任何 $r, 1 \leq r < 2^{l-2}$,都不能有
$$5^r \equiv 1 (\bmod 2^l)$$

(a) 的证明:在式 (1) 中取 $a = 1$,然后两边平方即得
$$5^{2^{l-2}} = (5^{2^{l-3}})^2 \equiv (1 + 2^{l-1})^2 = 1 + 2^l + 2^{2(l-1)} \equiv$$
$$1 (\bmod 2^l)$$

(b) 的证明:设 d 是 5 关于模 2^l 的次数,由本章定理 1 及上面的式 (2) 就有 $d \mid 2^{l-2}$,于是必有 $d = 2^r$,我们只要证出对 $0 \leq r < l - 2$,都不能有
$$5^d \equiv 1 (\bmod 2^l)$$
即可,由 $0 \leq r < l - 2$ 知,$d \mid 2^{l-3}$,于是只要证出
$$5^{2^{l-3}} \not\equiv 1 (\bmod 2^l)$$
即可,而这恰是式 (1) 的直接推论. 综上所述,我们就证明了 5 关于模 $2^l (l \geq 3)$ 的次数为 2^{l-2}.

2. 证:由上一题知,以下 2^{l-2} 个数
$$5^0, 5^1, 5^2, \cdots, 5^{2^{l-2}-1} \tag{3}$$
关于模 2^l 两两互不同余,且都是 $4k + 1$ 形的. 注意到在模 2^l 的一个完全剩余系中奇数恰有一半,即 2^{l-1} 个,而其中形如 $4k + 1$ 的奇数恰有 2^{l-2} 个,于是对每个形如 $4k + 1$ 之奇数 a,必有一个 $b(0 \leq b \leq 2^{l-2} - 1)$,使
$$a \equiv 5^b (\bmod 2^l)$$
注意到当 $a \equiv 3 (\bmod 4)$ 时,$(-1)^{\frac{a-1}{2}} = -1$,而式 (3) 中每个数加上一个负号,

恰好组成 2^{l-2} 个两两互不同余 $(\mod 2^l)$ 且形如 $4k+3$ 之奇数,于是每个形如 $4k+3$ 之奇数 a 必存在一个 $b(0 \leqslant b \leqslant 2^{l-2}-1)$,使

$$a \equiv -5^b = (-1)^{\frac{a-1}{2}}5^b(\mod 2^l)$$

3. 证:

(1)设 q 为 a^p-1 的一个奇素因子,即

$$a^p - 1 \equiv 0(\mod q)$$

设 $q \mid a$,则上式给出 $q \mid 1$,这不可能. 于是 $q \nmid a$,我们可以设 a 关于模 q 的次数为 d,则由本章定理 1 有 $d \mid p$,于是 $d=1$ 或者 $d=p$.

情形一: $d=1$. 即有

$$a \equiv 1(\mod q)$$

于是此时有 $q \mid (a-1)$.

情形二: $d=p$. 又由 q 为素数有

$$a^{q-1} \equiv 1(\mod q)$$

再由本章定理 1 有 $p \mid (q-1)$,即 $q = kp+1$,又因为 $2 \mid (q-1)$,故可设 $k=2x$,即 $q = 2xp+1$.

(2)设 q 为 a^p+1 的一个奇素因子,即

$$a^p \equiv -1(\mod q) \qquad (4)$$

于是有

$$a^{2p} \equiv 1(\mod q)$$

仍设 a 关于模 q 的次数为 d,则有 $d \mid (2p)$. 于是 $d=1,2,p,2p$. 由式(4)知, d 不可能为 1 或 p.

情形一:设 $d=2$,即

$$a^2 \equiv 1(\mod q)$$

即有

$$(a+1)(a-1) \equiv 0(\mod q)$$

由于 $d \neq 1$,即 $a \not\equiv 1(\mod q)$,上式表明

$$a+1 \equiv 0(\mod q)$$

此即 $q \mid (a+1)$.

情形二:设 $d=2p$. 由 q 为素数有

$$a^{q-1} \equiv 1(\mod q)$$

再由本章定理 1 有 $d \mid (q-1)$,即 $2p \mid (q-1)$,即有整数 x 使 $q = 2px+1$.

4. 解:由本章正文最后附表中的第(13)张表知道, $g=3$ 为 $p=43$ 的一个原根.

(1)由该表知 $\text{ind } 8 = 39$, $\text{ind } 7 = 35$,记 $\text{ind } x = y$,则由所给同余式导出

$$39 + y \equiv 35(\mod \varphi(43))$$

由于 ind $x = y \equiv -4 \equiv 38 (\bmod 42)$，故 ind $x = 38$，再查第(13)张表得 $x \equiv 17 (\bmod 43)$.

（2）查表知 ind $17 = 38$，设 ind $x = y$，则有
$$8y \equiv 38 (\bmod 42)$$
即
$$4y \equiv 19 \equiv 40 (\bmod 21)$$
解得
$$y \equiv 10 (\bmod 21)$$
于是
$$y_1 = 10, y_2 = 31$$
查表得两解 $x_1 \equiv 10, x_2 \equiv 33 (\bmod 43)$.

（3）查表知 ind $8 = 39$，ind $4 = 12$，故得
$$39x \equiv 12 (\bmod 42)$$
于是
$$13x \equiv 4 (\bmod 14)$$
由于 $2 \mid 4, 2 \mid 14$，故必 $2 \mid 13x$，即 $x = 2y$，于是
$$13y \equiv 2 (\bmod 7)$$
故
$$y \equiv -2 (\bmod 7)$$
于是
$$x = 2y \equiv -4 \equiv 3 (\bmod 7)$$
为保证 $2 \mid x$，得 $x \equiv 10, 24, 38 (\bmod 42)$.

5. 证：先证必要性.

设 m 为一个素数，则它必有原根 g 存在，且由原根定义，g 关于 m 之次数即为 $m - 1$，取 $a = g$ 即可.

再证充分性. 设有 a 使 $a^{m-1} \equiv 1 (\bmod m)$，且对任何 $r(1 \leqslant r \leqslant m - 2)$，都有 $a^r \not\equiv 1 (\bmod m)$. 要证 m 必为素数. 用反证法. 若不然，必有 m_1, m_2 使
$$m = m_1 m_2, m_1 \geqslant 2, m_2 \geqslant 2, (m_1, m_2) = 1$$
或者
$$m = p^s, p \text{ 为素数}, s \geqslant 2$$
在第一种情形，我们有
$$\varphi(m) = \varphi(m_1)\varphi(m_2) \leqslant (m_1 - 1)(m_2 - 1) =$$
$$m_1 m_2 - m_1 - m_2 + 1 < m_1 m_2 - 1 =$$
$$m - 1$$
而由欧拉－费马定理有

$$a^{\varphi(m)} \equiv 1 (\bmod\ m)$$

这与 a 的次数为 $m-1$ 矛盾.

在第二种情形,我们有

$$\varphi(m) = p^{s-1}(p-1) = p^s - p^{s-1} \leqslant m - p \leqslant m - 2 < m - 1$$

仍如上导出与 a 的次数为 $m-1$ 相矛盾. 证完.

6. 证:显然有

$$(-g)^{p-1} \equiv 1 (\bmod\ p)$$

情形一:设 $p \equiv 1 (\bmod\ 4)$,我们来证 $-g$ 的次数 h 必为 $p-1$. 反证,设 $1 \leqslant h \leqslant p-2$,那么必有 $2 \nmid h$,否则就有

$$g^h = (-g)^h \equiv 1 (\bmod\ p)$$

从而 g 的次数也至多为 $h \leqslant p-2$,这与 g 为原根矛盾. 又由本章定理1有

$$h \mid (p-1)$$

注意到 $2 \nmid h$,就得到 $h \mid \dfrac{p-1}{2}$,于是也有

$$(-g)^{\frac{p-1}{2}} \equiv 1 (\bmod\ p)$$

由 $p \equiv 1 (\bmod\ 4)$ 有 $(-1)^{\frac{p-1}{2}} = 1$,于是上式表明

$$g^{\frac{p-1}{2}} \equiv 1 (\bmod\ p)$$

这与 g 为 p 之原根矛盾. 这证明了必有 $h = p-1$,即 $-g$ 必为 p 之原根.

情形二:设 $p \equiv 3 (\bmod\ 4)$. 因为 g 为 p 之原根,故

$$g^{\frac{p-1}{2}} \not\equiv 1 (\bmod\ p)$$

再由

$$(g^{\frac{p-1}{2}} + 1)(g^{\frac{p-1}{2}} - 1) = g^{p-1} - 1 \equiv 0 (\bmod\ p)$$

得

$$g^{\frac{p-1}{2}} \equiv -1 (\bmod\ p)$$

再由 $p \equiv 3 (\bmod\ 4)$ 有

$$(-1)^{\frac{p-1}{2}} \equiv -1 (\bmod\ p)$$

由以上两式即得

$$(-g)^{\frac{p-1}{2}} \equiv (-1)(-1) = 1 (\bmod\ p)$$

剩下要证,对任何 $h(1 \leqslant h < \dfrac{p-1}{2})$,都有

$$(-g)^h \not\equiv 1 (\bmod\ p)$$

反证,设有 $h(1 \leqslant h < \dfrac{p-1}{2})$,使

$$(-g)^h \equiv 1 \pmod{p}$$

同上法可证必有 $2 \nmid h$，于是

$$g^h = (-1)^{2h} g^h = (-1)^h (-g)^h \equiv (-1) \pmod{p}$$

故

$$g^{2h} \equiv 1 \pmod{p}$$

但 $1 < 2h < p - 1$，这又与 g 为原根相矛盾. 这就证明了此时 $-g$ 之次数必为 $(p-1)/2$.

7. 证：由本章定理 5 知，$p = 2^n + 1$ 恰有

$$\varphi(p-1) = \varphi(2^n) = 2^{n-1}$$

个原根. 又 p 恰有 $(p-1)/2 = 2^{n-1}$ 个平方剩余及 2^{n-1} 个平方非剩余. 设 a 为 p 的任一个平方剩余，则由欧拉判别条件有

$$a^{\frac{p-1}{2}} \equiv 1 \pmod{p}$$

因此凡平方剩余必不为 p 之原根. 由以上所证即知，对素数 $p = 2^n + 1$，当且仅当 a 为 p 的平方非剩余时，a 为 p 之原根. 下面只要证出 3 为 p 之平方非剩余即可，即证 $\left(\dfrac{3}{p}\right) = -1$.

由二次互倒率有

$$\left(\frac{3}{p}\right) = (-1)^{\frac{p-1}{2} \cdot \frac{3-1}{2}} \left(\frac{p}{3}\right) = \left(\frac{p}{3}\right)$$

由于 $p = 2^n + 1 \equiv (-1)^n + 1 \pmod{3}$ 且 $p \geqslant 2^2 + 1 = 5$ 为素数，故必须 n 为偶数（否则 $p \equiv 0 \pmod{3}$，这不可能）. 于是必有 $p \equiv 2 \pmod{3}$. 于是

$$\left(\frac{3}{p}\right) = \left(\frac{p}{3}\right) = \left(\frac{2}{3}\right) = -1$$

这正是所要证明的.

8. 证：仍由本章定理 5 知，$p = 4q + 1$ 恰有

$$\varphi(p-1) = \varphi(4q) = \varphi(4)\varphi(q) = 2(q-1)$$

个原根，且 p 恰有 $(p-1)/2 = 2q$ 个平方剩余及 $2q$ 个平方非剩余. 同上一题证法知，p 的任一个平方剩余必非原根.

首先来证 2 必为 p 的一个平方非剩余，我们有

$$\left(\frac{2}{p}\right) = (-1)^{\frac{(p-1)(p-1)}{8}} = (-1)^{(2q+1)q} = -1$$

故 2 确实是 p 的一个平方非剩余.

剩下还要证 2 为 p 的一个原根. 我们用反证法，若 2 不是原根，则必有 $l, 1 \leqslant l < p-1 = 4q, l \mid 4q$，使

$$2^l \equiv 1 \pmod{p} \tag{5}$$

显然 $l \neq 1$，由 $l \mid 4q$ 知只有以下几种可能：$l = 2, 4, q$ 或 $2q$（因 $l < 4q$，故 $l \neq 4q$）.

若 $l = 4$, 由式(5)有 $p \mid 15$, 故 $p = 3$ 或 5, 这与已知 $q \geqslant 3$, 因而 $p = 4q + 1 \geqslant 13$ 矛盾. 于是只可能 $l = 2, q$ 或 $2q$, 于是恒有

$$2^{2q} \equiv 1 \pmod{p} \tag{6}$$

由于 $p \equiv 1 \pmod 4$, 故当 $\left(\dfrac{x}{p}\right) = 1$ 时也有

$$\left(\frac{p-x}{p}\right) = \left(\frac{-1}{p}\right)\left(\frac{x}{p}\right) = \left(\frac{x}{p}\right) = 1$$

即 x 与 $p - x$ 因为 p 之二次剩余, 于是同样当 $\left(\dfrac{x}{p}\right) = -1$ 时也有 $\left(\dfrac{p-x}{p}\right) = -1$, 即 x 与 $p - x$ 同为二次非剩余. 于是, 在 $1, 2, \cdots, p - 1$ 这 $p - 1$ 个数中的全部 $(p-1)/2 = 2q$ 个平方非剩余中, 恰有 q 个奇数, 恰有 q 个为偶数. 设其中的 q 个为偶数的平方非剩余为 $2r_1, 2r_2, \cdots, 2r_q (1 \leqslant r_j \leqslant (p-1)/2)$.

容易看出, $r_1, \cdots, r_q$ 皆为 p 之平方剩余, 这是因为前面已证出 2 为 p 之平方非剩余, 若 r_j 也为 p 之平方非剩余的话, 由上一章引理 4 知 $2r_j$ 必为 p 之平方剩余, 这就导致了矛盾. 因此必有 $x_j (1 \leqslant j \leqslant q)$, 使

$$x_j^2 \equiv r_j \pmod{p}$$

由此两边乘方 $(p-1)/2$ 次即得

$$r_j^{2q} = r_j^{\frac{p-1}{2}} \equiv x_j^{p-1} \equiv 1 \pmod{p} \tag{7}$$

由式(6)与(7)得

$$(2r_j)^{2q} \equiv 1 \pmod{p} \quad (1 \leqslant j \leqslant q)$$

而 $2q < p - 1$, 因此 q 个偶数 $2r_1, 2r_2, \cdots, 2r_q$ 皆不能为 p 之原根. 它们又都是 p 的平方非剩余. 于是 p 至多只能有 $\dfrac{p-1}{2} - q = 2q - q = q$ 个原根, 而对 $q \geqslant 3$ 有 $2q - 2 > q$, 这与 p 有 $2q - 2$ 个原根矛盾. 这就证明了"2 不为 p 的原根"这一假定是错误的, 即 2 必为 p 之原根.

9. 证:

(1) 由于 $p \equiv 1 \pmod 4$, 故 $\left(\dfrac{-1}{p}\right) = (-1)^{\frac{p-1}{2}} = 1$, 即 -1 为 p 之平方剩余, 于是 $x^2 \equiv -1 \pmod{p}$ 恰有两解: x_0 及 $-x_0 \pmod{p}$. 由于

$$\left(\frac{-x_0}{p}\right) = \left(\frac{-1}{p}\right)\left(\frac{x_0}{p}\right) = \left(\frac{x_0}{p}\right)$$

故 x_0 与 $-x_0$ 必同为 p 之平方剩余或同为 p 之平方非剩余. 下面只需证出 x_0 为 p 之平方非剩余即可. 用反证法, 若 x_0 为平方剩余, 则有整数 $y, p \nmid y$ 使 $y^2 \equiv x_0 \pmod{p}$, 于是

$$y^4 \equiv x_0^2 \equiv -1 \pmod{p}, y^8 \equiv 1 \pmod{p} \tag{8}$$

设 y 的次数为 l, 则由本章定理 1 有 $l \mid 8, l \mid (p-1)$. 由 $l \mid 8$ 知, $l = 1, 2, 4$ 或 8,

但由式(8)中第一式知 $l \neq 1,2,4$，于是必须有 $l = 8$，于是 $8 \mid (p-1)$，但 $p-1 = 4q$，它不能被 8 整除，这个矛盾就证明了"x_0 为平方剩余"这个假设是错误的.

（2）由于 $x_0^2 \equiv -1 \pmod{p}$，因此 $x_0^4 \equiv 1 \pmod{p}$，而 $p - 1 = 4q > 4$，故 x_0 与 $-x_0$ 不可能为 p 之原根. 由本章定理 5 知 p 有 $\varphi(p-1) = \varphi(4q) = \varphi(4)\varphi(q) = 2q - 2$ 个原根. 显然 p 的平方剩余皆不能为 p 之原根，再除去 $\pm x_0$ 这两类，剩下的恰有 $2q - 2$ 个平方非剩余，于是这剩下的 $2q - 2$ 个平方非剩余必皆为 p 之原根.

（3）先求解 $x^2 \equiv -1 \pmod{29}$. 查指数表知，$g = 2$，$\mathrm{ind}(-1) = 14$，令 $\mathrm{ind}\, x = y$，则

$$2y \equiv 14 \pmod{28}$$

于是

$$y \equiv 7 \pmod{14}$$

故有 $y_1 = 7, y_2 = 21$，于是查表得两解为

$$x_1 \equiv 12, x_2 \equiv 17 \pmod{29}$$

由于 $(29 - 1)/2 = 14$，而以下 14 个数：$1^2 \equiv 1, 2^2 \equiv 4, 3^2 \equiv 9, 4^2 \equiv 16, 5^2 \equiv 25$，$6^2 \equiv 7, 7^2 \equiv 20, 8^2 \equiv 6, 9^2 \equiv 23, 10^2 \equiv 13, 11^2 \equiv 5, 12^2 \equiv 28, 13^2 \equiv 24, 14^2 \equiv 22 \pmod{29}$ 为模 29 的全部平方剩余. 于是 29 的全部原根为以下 $14 - 2 = 12$ 个数：$2, 3, 8, 10, 11, 14, 15, 18, 19, 21, 26, 27$.

解法二：因为 $\varphi(29) = 28 = (4)(7)$，而

$$2^4 = 16 \not\equiv 1, 2^7 \equiv 12 \not\equiv 1, 2^{14} \equiv (12)^2 \equiv 28 \equiv -1 \pmod{29}$$

于是 2 必为 29 的一个原根，而 $\varphi(\varphi(29)) = \varphi(4)\varphi(7) = 12$，且 $1, 2, \cdots, \varphi(29) = 28$ 这 28 个数中与 28 互素的 12 个数为以下 12 个数.

$$1, 3, 5, 9, 11, 13, 15, 17, 19, 23, 25, 27$$

因而 29 的原根由以下 12 个数组成（查指数表即可）

$$2^2 = 2, 2^3 = 8, 2^5 \equiv 3, 2^9 \equiv 19, 2^{11} \equiv 18, 2^{13} \equiv 14, 2^{15} \equiv 27$$

$$2^{17} \equiv 21, 2^{19} \equiv 26, 2^{23} \equiv 10, 2^{25} \equiv 11, 2^{27} \equiv 15 \pmod{29}$$

（用到本章定理 4 推论 1 中的做法.）

10. 证：与上两题方法相同容易证明，p 有 $2^{n-1}q$ 个平方剩余及 $2^{n-1}q$ 个平方非剩余，且 p 有 $\varphi(\varphi(p)) = \varphi(2^n q) = \varphi(2^n)\varphi(q) = 2^{n-1}(q-1)$ 个原根. 同时容易证明，如果 a 为 p 的原根，那么 a 必为 p 的平方非剩余，剩下只要证明以下几件事就行了：

（a）证明同余方程

$$x^{2^{n-1}} \equiv -1 \pmod{p} \tag{9}$$

恰有 2^{n-1} 个解 $\pmod{p}$.

（b）证明式(9)的解皆为 p 的平方非剩余.

(c) 证明式(9)的解皆不为 p 的原根.

先来证明(a). 由本章定理 3 知,式(9)的解数(mod p)为 $(2^{n-1}, p - 1)=$ $(2^{n-1}, 2^n q) = 2^{n-1}$,这正是所要证明的.

再证(b). 设 x_0 为式(9)的一个解,则有

$$x_0^{\frac{p-1}{2}} = x_0^{2^{n-1}q} = (x_0^{2^{n-1}})^q \equiv (-1)^q \equiv -1 \pmod{p}$$

于是由欧拉判别法有 $\left(\dfrac{x_0}{p}\right) = -1$,即 x_0 必为 p 之平方非剩余.

最后证明(c). 设 x_0 为式(9)的一个解,则

$$x_0^{2^n} = (x_0^{2^{n-1}})^2 \equiv (-1)^2 = 1 \pmod{p}$$

但 $p - 1 = 2^n q > 2^n$,因此 x_0 必不为 p 之原根.

由上证即知,从 p 的 $2^{n-1}q$ 个平方非剩余中除去式(9)的 2^{n-1} 个解,剩下的 $2^{n-1}(q - 1)$ 个平方非剩余即为 p 的全部原根.

11. 证:

(1)设 a 为 m 之平方剩余,则有 x 使

$$a \equiv x^2 \pmod{m} \tag{10}$$

于是由欧拉 - 费马定理有

$$a^{\varphi(m)2} \equiv x^{\varphi(m)} \equiv 1 \pmod{m}$$

(由 $(a, m) = 1$ 及式(10)也必有 $(x, m) = 1$.)

反过来,设有 $(a, m) = 1$,且

$$a^{\varphi(m)/2} \equiv 1 \pmod{m}$$

设 g 为 m 的一个原根,$\mathrm{ind}_g a = r, 0 \leqslant r < \varphi(m)$,则

$$g^{r\varphi(m)/2} \equiv a^{\varphi(m)/2} \equiv 1 \pmod{m}$$

由 g 为原根及本章定理 1 有

$$\varphi(m) \,\Big|\, \frac{r\varphi(m)}{2}$$

于是必有 $2 \mid r$. 记 $r = 2k$,就有

$$a \equiv g^r = g^{2k} = (g^k)^2 \pmod{m}$$

故 a 为 m 之平方剩余.

(2)由 a 为平方剩余知有 x 使

$$x^2 \equiv a \pmod{m} \tag{11}$$

x 与 $m - x$ 中必有一个在 1 与 $\dfrac{m}{2}$ 之间,不妨设

$$1 \leqslant x \leqslant \frac{m}{2}$$

由于 $2 \nmid m$ 时此即 $1 \leqslant x \leqslant \dfrac{m-1}{2}$,而当 $2 \mid m$ 时 $\left(\dfrac{m}{2}, m\right) > 1$,由 $(x, m) = 1$ 知必

有 $x \neq \dfrac{m}{2}$，故 $2 \mid m$ 时也有 $1 \leqslant x \leqslant \dfrac{m-1}{2}$. 易见 x 与 $-x$ 都为式(11)的解，由于

$$2 \leqslant 2x \leqslant m-1$$

故必有

$$x \not\equiv -x(\bmod m)$$

这就证明了式(11)至少有两个解.

剩下要证式(11)不能有多于两个解 $(\bmod m)$.

因为 m 有原根，且 $m \geqslant 3$，故必有 $m = 4, p^{\alpha}, 2p^{\alpha}(p \geqslant 3$ 为素数，$\alpha \geqslant 1)$. 对 $m = 4$ 及 $m = p$ 为奇素数的情形，式(11)已知恰有两解. 剩下考虑 $m = p^{\alpha}(p \geqslant 3, \alpha \geqslant 2)$ 及 $m = 2p^{\alpha}(p \geqslant 3, \alpha \geqslant 1)$ 的情形.

如果已知 $m = p^{\alpha}(p \geqslant 3, \alpha \geqslant 1)$ 时式(11)恰有两解，由

$$x^2 \equiv a(\bmod 2p^{\alpha}) \tag{12}$$

等价于

$$\begin{cases} x^2 \equiv a(\bmod 2) & (13) \\ x^2 \equiv a(\bmod p^{\alpha}) & (14) \end{cases}$$

而式(13)恰有一解 $x \equiv a \equiv 1(\bmod 2)$ 及式(14)恰有两解，于是推出式(12)恰有两解. 故我们只须证出

$$x^2 \equiv a(\bmod p^{\alpha}) \quad (p \geqslant 3, \alpha \geqslant 2) \tag{15}$$

有解时解有两解即可. 设 x_0 为式(15)的一解，则 $p^{\alpha} - x_0$ 也为式(15)之一解，设 $1 \leqslant x_0 < p^{\alpha}$，则 x_0 与 $p^{\alpha} - x_0$ 中必有一数在 1 与 $\dfrac{p^{\alpha}}{2}$ 之间，不妨设

$$1 \leqslant x_0 \leqslant (p^{\alpha} - 1)/2 \tag{16}$$

于是

$$p^{\alpha} - x_0 \not\equiv x_0(\bmod p^{\alpha})$$

否则就有 $2x_0 \equiv 0(\bmod p^{\alpha})$，这与式(16)矛盾. 这说明 x_0 与 $p^{\alpha} - x_0$ 是式(15)的两个不同余 $\bmod p^{\alpha}$ 的解. 如果式(15)还有第三个解 y_0，我们要证 y_0 不可能有

$$y_0 = x_0 + kp^s, p \nmid k, 1 \leqslant s \leqslant \alpha - 1 \tag{17}$$

或

$$y_0 = p^{\alpha} - x_0 + kp^s, p \nmid k, 1 \leqslant s \leqslant \alpha - 1 \tag{18}$$

之形状. 因若式(17)成立，即有

$$a \equiv y_0^2 = (x_0 + kp^s)^2 = x_0^2 + 2kx_0 p^s + k^2 p^{2s} \equiv$$
$$a + kp^s(2x_0 + kp^s)(\bmod p^{\alpha})$$

于是

$$2x_0 \equiv 0(\bmod p)$$

故 $p \mid x_0$，从而 $p \mid a$，这不可能. 同法可证式(18)也不可能. 这就证明了，$x_0, p^{\alpha} -$

$x_0 \equiv - x_0 (\bmod\ p^\alpha)$ 及 y_0 也是

$$x^2 \equiv a(\bmod\ p) \qquad (19)$$

的解,且 x_0 , $- x_0$, y_0 关于 $\bmod\ p$ 两两互不同余,这与式(19)有解时恰有两解 $(\bmod\ p)$ 相矛盾.

(c)注意与 m 互素的整数在 $1,2,\cdots,m$ 中恰有 $\varphi(m)$ 个,当 $(a,m)=1$ 时也必有 $(m-a,m)=1$,因此与 m 互素的这 $\varphi(m)$ 个数中,恰有 $\varphi(m)/2$ 个是 $< m/2$ 的(为什么不能有等于 $m/2$ 的,当 $2 \nmid m$ 时乃显然,当 $2 \mid m$ 时由 $\left(\dfrac{m}{2},m\right) > 1$ 即知也成立),记为

$$a_1, a_2, \cdots, a_{\varphi(m)/2}$$

显然, $a_j^2(1 \leqslant j \leqslant \varphi(m)/2)$ 皆为 m 之平方剩余,且两两互不同余 $(\bmod\ m)$,否则的话,可设有 $i = j$ 使

$$a_i^2 \equiv a_j^2(\bmod\ m)\ ,a_i > a_j$$

则

$$(a_i + a_j)(a_i - a_j) \equiv 0(\bmod\ m)$$

若 $m = p^\alpha$,而 $p \geqslant 3$ 且 $\alpha \geqslant 2$,那么不可能同时有

$$a_i + a_j \equiv 0(\bmod\ p) \qquad (20)$$
$$a_i - a_j \equiv 0(\bmod\ p) \qquad (21)$$

否则相加就得 $p \mid 2a_i$,故 $p \mid a_i$,这表明 $(a_i,m) \geqslant p$,这与 $(a_i,m)=1$ 矛盾,于是必只能有

$$a_i + a_j \equiv 0(\bmod\ p^\alpha)$$

成立,或

$$a_i - a_j \equiv 0(\bmod\ p^\alpha)$$

成立,这与 $1 \leqslant a_j < a_i < \dfrac{m}{2} = p^{\frac{\alpha}{2}}$ 矛盾.

若 $m = 4$,则显然 1 为 4 之平方剩余,而 3 为 4 之平方非剩余,此时结论(c)已成立.

若 $m = 2p^\alpha$,则与 m 互素的数必为奇数,于是 $2 \mid (a_i + a_j)$, $2 \mid (a_i - a_j)$,由

$$(a_i + a_j)(a_i - a_j) \equiv 0(\bmod\ 2p^\alpha)$$

有

$$(a_i + a_j)(a_i - a_j) \equiv 0(\bmod\ p^\alpha)$$

若有 $\alpha = 1$,当然必有 $p \mid (a_i + a_j)$ 或 $p \mid (a_i - a_j)$,于是此时必有 $m = 2p \mid (a_i + a_j)$ 或 $m = 2p \mid (a_i - a_j)$,若有 $\alpha \geqslant 2$,同上可证必有

$$p^\alpha \mid (a_i + a_j) \text{ 或 } p^\alpha \mid (a_i - a_j)$$

于是也必有

$$m = 2p^\alpha \mid (a_i + a_j) \text{ 或 } m = 2p^\alpha (a_i - a_j)$$

而这又与 $1 \leqslant a_j < a_i < \dfrac{m}{2} = p^\alpha$ 矛盾.

这就证明了，$a_1^2, a_2^2, \cdots, a_{\varphi(m)/2}^2$ 为 m 的两两互不同余$(\bmod\ m)$ 的 $\varphi(m)/2$ 个平方剩余. 由平方剩余定义，设 b 为 m 的任一个平方剩余，必有正整数 $b_1, (b_1, m) = 1$ 使 $b \equiv b_1^2(\bmod\ m), 1 \leqslant b_1 < m$. 于是 b_1 与 $m - b_1$ 中必有一个是在 1 与 $m/2$ 之间，不妨设

$$1 \leqslant b_1 < m/2$$

又因 $(b_1, m) = 1$，于是必有某个 $a_j(1 \leqslant j \leqslant \varphi(m)/2)$，使 $b_1 \equiv a_j$，即 $b \equiv b_1^2 \equiv a_j^2(\bmod\ m)$，这证明了 m 恰有 $\varphi(m)/2$ 个平方剩余.

12. 证：充分性已在上题中给出了证明，下面只证必要性.

设 $m \geqslant 3, (a, m) = 1$，且 $x^2 \equiv a(\bmod\ m)$ 恰有两解，来证 m 必有原根. 用反证法. 设 m 没有原根，由本章第 $1 \sim 4$ 节的讨论知，m 必不为下列情形

$$2, 4, p^s, 2p^s(p \geqslant 3, s \geqslant 1)$$

于是 $m \geqslant 5$，且 m 为下列形状之一：

(1) $m = 2^b, b \geqslant 3$，

(2) $m = 2^c p^\alpha, \alpha \geqslant 1, c \geqslant 2$，

(3) $m = 2^c p_1^{\alpha_1} \cdots p_s^{\alpha_s}, c \geqslant 0, s \geqslant 2, \alpha_i \geqslant 1(1 \leqslant i \leqslant s), p_i \geqslant 3(1 \leqslant i \leqslant s)$.

先讨论情形(1)，此时

$$x^2 \equiv 1(\bmod\ 2^b)$$

除了有 $x \equiv 1, -1$ 外，至少还有两解 $x \equiv 2^{b-1} - 1, 2^{b-1} + i$，这 4 个解显然是两两互不同余的$(\bmod\ 2^b)$. 因而(1)是不可能的.

再讨论情形(2)，由于 $c \geqslant 2$，故

$$x^2 \equiv 1(\bmod\ 2^c)$$

至少有两个 $\bmod\ 2^c$ 不同的解 x_1, x_2.

又知道

$$x^2 \equiv 1(\bmod\ p^\alpha)$$

有两个 $\bmod\ p^\alpha$ 不同余的解 y_1, y_2，求解

$$\begin{cases} \bar{x}_1 \equiv x_1(\bmod\ 2^c) \\ \bar{x}_1 \equiv y_1(\bmod\ p^\alpha) \end{cases} \qquad \begin{cases} \bar{x}_2 \equiv x_1(\bmod\ 2^c) \\ \bar{x}_2 \equiv y_2(\bmod\ p^\alpha) \end{cases}$$

$$\begin{cases} \bar{x}_3 \equiv x_2(\bmod\ 2^c) \\ \bar{x}_3 \equiv y_1(\bmod\ p^\alpha) \end{cases} \qquad \begin{cases} \bar{x}_4 \equiv x_2(\bmod\ 2^c) \\ \bar{x}_4 \equiv y_2(\bmod\ p^\alpha) \end{cases}$$

(利用孙子定理即可求得解来) 就得到

$$x^2 \equiv 1(\bmod\ 2^c p^\alpha)$$

的 4 个解$(\bmod\ 2^c p^\alpha)$，这 4 个解显然两两互不同余$(\bmod\ 2^c p^\alpha)$，因此情形(2)也

不可能出现.

最后考虑情形(3),用与(2)相同的方法可证,在此情形

$$x^2 \equiv 1 \pmod{m}$$

有多于2上互不同余的解(mod m),故情形(3)也不可能出现.而在除这三种情形以外的其他任一情形,m 必有原根,得证.

13. 证:由于 $(k,p)=1$. 故

$$k^{p-1} \equiv 1 \pmod p$$

当 $n \equiv 0 \pmod{p-1}$ 时有 $n=(p-1)r$, r 为整数,因此

$$k^n = (k^{p-1})^r \equiv 1 \pmod p \quad (1 \leqslant k \leqslant p-1)$$

故此时有

$$\sum_{k=1}^{p-1} k^n \equiv p-1 \equiv -1 \pmod p$$

现在考虑 $n \not\equiv 0 \pmod{p-1}$ 的情形.设 g 为模 p 的一个原根,则 $g, g^2, \cdots, g^{p-1}$ 恰组成模 p 的一个简化剩余系,于是

$$\sum_{k=1}^{p-1} k^n \equiv \sum_{r=1}^{p-1} (g^r)^n = \frac{g^{pn}-g^n}{g^n-1} \equiv \frac{g^n-g^n}{g^n-1} \equiv 0 \pmod p$$

14. 证:设 g 为模 p 的一个原根,由本章定理4推论1的证明过程知,集合

$$\{ g^n \mid 1 \leqslant n \leqslant p-1, (n,p-1)=1 \}$$

中 $\varphi(p-1)$ 个数恰为 p 的全部原根,于是原根之和为

$$\sum_{\substack{n=1\\(n,p-1)=1}}^{p-1} g^n = \sum_{n=1}^{p-1} g^n \sum_{(n,p-1)=1} 1 = \sum_{n=1}^{p-1} g^n \sum_{\substack{r\mid n\\r\mid(p-1)}} \mu(r) =$$

$$\sum_{r\mid(p-1)} \mu(r) \sum_{\substack{n=1\\r\mid n}}^{p-1} g^n = \sum_{r\mid(p-1)} \mu(r) \sum_{m=1}^{(p-1)/r} g^{rm}$$

由于 $r \mid (p-1)$,故当 $1 \leqslant r < p-1$ 时恒有 $g^r \not\equiv 1 \pmod p$,否则与 g 为原根矛盾,于是

$$\sum_{m=1}^{(p-1)/r} g^{rm} = \frac{g^{p-1+r}-g^r}{g^r-1} \equiv \frac{g^r-g^r}{g^r-1} \equiv 0 \pmod p$$

因此得到

$$\sum_{\substack{n=1\\(n,p-1)=1}}^{p-1} g^n \equiv \mu(p-1) \pmod p$$

注 在上面的证明中用到了麦比乌斯函数 $\mu(n)$ 的如下性质

$$\sum_{r\mid n} \mu(r) = \begin{cases} 1, & n=1 \\ 0, & n>1 \end{cases}$$

15. 证:与上一题做法相同,我们知道,若设 g 为 p 的一个原根,则 p 的原根之积为

$$\prod_{\substack{n=1 \\ (n,p-1)=1}}^{p-1} g^n = g^{\sum_{\substack{n=1 \\ (n,p-1)=1}}^{p-1} n}, \ \text{记} \ s = \sum_{\substack{n=1 \\ (n,p-1)=1}}^{p-1} n$$

与上题同法可得 (令 $n = rm$)

$$S = \sum_{n=1}^{p-1} n \sum_{\substack{r \mid n \\ r \mid (p-1)}} \mu(r) = \sum_{r \mid (p-1)} \mu(r) r \sum_{m=1}^{(p-1)/r} m =$$

$$\sum_{r \mid (p-1)} \mu(r) r \frac{\left(\dfrac{p-1}{r}\right)\left(\dfrac{p-1+r}{r}\right)}{2} =$$

$$\frac{p-1}{2} \sum_{r \mid (p-1)} \mu(r) \left(\frac{p-1}{r} + 1\right) =$$

$$\frac{p-1}{2} \left\{ (p-1) \sum_{r \mid (p-1)} \frac{\mu(r)}{r} + \sum_{r \mid (p-1)} \mu(r) \right\} =$$

$$\frac{(p-1)^2}{2} \sum_{r \mid (p-1)} \frac{\mu(r)}{r} =$$

$$\frac{(p-1)}{2} \varphi(p-1) \equiv$$

$$0 (\bmod \ p-1)$$

于是有 $s = (p-1)!$, 故所有原根之积同余于

$$g^s \equiv g^{(p-1)/t} \equiv 1 (\bmod \ p)$$

注 上面证明中用到麦比乌斯函数的如下性质

$$\varphi(k) = k \sum_{r \mid k} \frac{\mu(r)}{r}$$

还用到 $p \geqslant 5$ 时, $2 \mid \varphi(p-1)$ 这一性质.

16. 证: 模 p 恰有 $(p-1)/2$ 个平方剩余及 $(p-1)/2$ 个平方非剩余, 而 $(p-1)/2 = 2^{2^k-1}$. p 恰有 $\varphi(p-1)$ 个原根, 而 $\varphi(p-1) = \varphi(2^{2^k}) = 2^{2^k-1} = (p-1)/2$. 注意到一个原根必为平方非剩余, 于是那 2^{2^k-1} 个平方剩余皆不能为 p 之原根, 于是 p 的简化剩余系中剩下的那 2^{2^k-1} 个平方非剩余必皆为 p 之原根.

17. 证: 由上一题知, 只需证明 7 是 p 的一个平方非剩余就行了.

对 $k = 0$, 有 $p = 3$, $7 \equiv 1 (\bmod \ 3)$, 此时显然 7 是 p 的一个平方剩余, 故 $k = 0$ 时 7 不为 p 之原根.

对 $k \geqslant 1$, 有 $p \equiv 1 (\bmod \ 4)$, 于是由二次互反率有

$$\left(\frac{7}{p}\right) = \left(\frac{p}{7}\right)$$

我们只要证明

$$\left(\frac{p}{7}\right) = -1$$

即可. 注意到对模 7 来说有

$$\left(\frac{1}{7}\right) = \left(\frac{2}{7}\right) = \left(\frac{4}{7}\right) = 1$$

$$\left(\frac{3}{7}\right) = \left(\frac{5}{7}\right) = \left(\frac{6}{7}\right) = -1$$

故我们只要证出 $p \not\equiv 1,2,4 \pmod 7$ 即可.

我们有

$$2^{2^1} \equiv 4, 2^{2^2} = 16 \equiv 2, 2^{2^3} = 2^8 \equiv 2^2 \equiv 4 \pmod 7$$

于是我们有, 对 $k \geq 1$

$$2^{2^k} \equiv 2 \text{ 或 } 4 \pmod 7$$

因而对 $k \geq 1$ 恒有

$$p = 2^{2^k} + 1 \equiv 3 \text{ 或 } 5 \pmod 7$$

这就完成了证明.

18. 证: 先证充分性. 设 $p \equiv 3 \pmod 4$, 取 g 为 p 的一个原根, 令 $h = -g$, 由本章习题 6 知, h 关于 p 的次数为 $(p-1)/2$, 从而 h 不为 p 之原根. 我们要证这个 h 就满足我们的要求. 即要证明, 对 $h = -g$, 集合 $S(h)$ 中任两数皆不同余 $\pmod p$. 用反证法, 设有 $n_1, n_2, 1 \leq n_1 < n_2 \leq p-1, (n_1, n_2, p-1) = 1$, 且

$$h^{n_2} \equiv h^{n_1} \pmod p$$

那么就有

$$h^{n_2 - n_1} \equiv 1 \pmod p$$

也就是

$$(-g)^{n_2 - n_1} \equiv 1 \pmod p \tag{22}$$

由于 $(n_1 n_2, p-1) = 1$, 而 $2 \mid (p-1)$, 因此 n_1 与 n_2 必皆为奇数, 因此 $2 \mid (n_2 - n_1)$, 由式 (22) 即得

$$g^{n_2 - n_1} \equiv 1 \pmod p$$

但是 $1 \leq n_2 - n_1 \leq p-2$, 这与 g 为原根矛盾.

现在来证必要性. 显然, 我们只要证明下述结论即可: 若 $p \equiv 1 \pmod 4$, 则不论 h 是怎样一个整数, 只要 h 不为 p 之原根, 则集合 $S(h)$ 中的 $\varphi(p-1)$ 个数中至少有两个是同余的 $\pmod p$.

设 h 为任一个整数, h 不为 p 之原根. 于是不妨可以假设 h 是 p 的一个 d 阶元, 这里

$$d \mid (p-1), 1 \leq d < p-1 \tag{23}$$

我们可以假设有正整数 $l \geq 2$, 使

$$p - 1 = dl \tag{24}$$

情形一: 设 $p = 2^k + 1, k \geq 2$, 此时有

$$\varphi(p-1) = 2^{k-1}, d = 2^k/l \tag{25}$$

如果 $l \geqslant 3$,由式(25)显然有 $\varphi(p-1) > d$,由 h 是 d 元知,h 的一切正整数次幂中,恰只有 d 个幂是 $\mathrm{mod}\ p$ 不同的,而 $\varphi(p-1) > d$,因此 $S(h)$ 中至少有两个数是 $\mathrm{mod}\ p$ 同余的.

如果 $l = 2$,我们恰有

$$\varphi(p-1) = 2^{k-1}, d = 2^{k-1}$$

显然 $d+1$ 与 $p-1$ 互素,且 $1 < d+1 < p-1$,于是 h 与 h^{d+1} 均在 $S(h)$ 中出现,但由 h 为 d 阶元知

$$h^{d+1} \equiv h \,(\mathrm{mod}\ p)$$

情形二:设 $p = 2^m r + 1, m \geqslant 2, r \geqslant 3, 2 \mid r$. 仍然设 h 为一个 d 阶元,且设

$$p - 1 = dl, l \geqslant 2$$

于是有

$$\varphi(p-1) = 2^{m-1}\varphi(r), d = 2^m r/l \tag{26}$$

(1) 若 $l = r_2, 2 \nmid r_2, 3 \leqslant r_2 \leqslant r$ 且 $r_2 \mid r$,则可设 $r = r_1 r_2$,于是 $2 \mid r_1, 1 \leqslant r_1 \leqslant r/3$,我们有 $d = 2^m r_1$,显然可以假设 $r_2 = r_3 r_4$,其中 $(r_4, r_1) = 1$,而 $r_3 = 1$ 或者对任何素数 $p_* \mid r_3, p_* \geqslant 3$ 皆有 $p_* \mid r_1$. 考虑 $d + r_4$,易见 $(d + r_4, p-1) = 1$. 因为若有素数 $p_* \mid (p-1), p_* \mid (d+r_4)$,则必有 $p_* \geqslant 3$ 且或者 $p_* \mid r_1$,或者 $p_* \mid r_4$. 若 $p_* \mid r_1$,由 $d + r_4 = 2^m r_1 + r_4$ 及 $p_* \mid (d+r_4)$ 有 $p_* \mid r_4$,这与 $(r_1, r_4) = 1$ 矛盾;若 $p_* \mid r_4$,则由 $p_* > 2, p_* \mid (d+r_4)$ 又有 $p_* \mid r_1$,这也与 $(r_1, r_4) = 1$ 矛盾,这就证明了确有 $(d + r_4, p-1) = 1$. 又易见有

$$r_4 < 2(r_4 - 1) < 2^m r_1(r_4 - 1) \quad (r_4 \geqslant 3 \text{ 时})$$

于是当 $r_4 \geqslant 3$ 时有

$$3 \leqslant r_4 < r_4 + d = 2^m r_1 + r_4 < 2^m r_1 r_4 \leqslant 2^m r_1 r_3 r_4 = (p-1)$$

而当 $r_4 = 1$ 时,有 $r_3 = r_2 \geqslant 3$,故此时也有

$$1 = r_4 < d + r_4 = 2^m r_1 + < 2^m r_1 r_3 = p-1$$

从而 h^{r_4} 与 h^{d+r_4} 皆在 $S(h)$ 中出现,然而

$$h^{r_4} \equiv h^{d+r_4} \,(\mathrm{mod}\ p)$$

(2) 若 $l = 2^{m_2} r_2, 1 \leqslant m_2 \leqslant m-1, 2 \nmid r_2, r_2 \geqslant 1, r_2 \mid r$,可设 $r = r_1 r_2, r_2 = r_3 r_4$,这里 $r_3 = 1$ 且 $(r_4, r_1) = 1$ 或者对任何素数 $p_* \mid r_3$ 皆有 $p_* \mid r_1$ 且 $(r_4, r_1) = 1$,又设 $m = m_1 + m_2, 1 \leqslant m_1 \leqslant m-1$,与上类似可证必有 $(d+r_4, p-1) = 1$,又当 $r_4 \geqslant 3$ 时易有

$$r_4 < 2(r_4 - 1) \leqslant 2^{m_1} r_1(r_4 - 1)$$

此即推出

$$d + r_4 = 2^{m_1} r_1 + r_4 < 2^{m_1} r_1 r_4 < 2^m r_1 r_3 r_4 = p-1$$

而当 $r_4 = 1$ 时易有

$$d + r_4 = 2^{m_1} r_1 + 1 < 2^m r_1 \leqslant 2^m r_1 r_3 r_4 = p - 1$$

故此时仍有 h^{r_4} 与 h^{d+r_4} 皆在 $S(h)$ 中,但 $h^{r_4} \equiv h^{d+r_4}(\bmod\ p)$.

(3) 若 $l = 2^m r_2, 2 \nmid r_2, r_2 \geqslant 1, r_2 \mid r, r_2 < r$,可设 $r = r_1 r_2$,于是 $r_1 \geqslant 3, 2 \nmid r_1$. 于是 $d = r_1$. 定义 $r_2 = r_3 r_4, r_3 = 1$ 或者当 $p_* \mid r_3$ 时必 $p_* \mid r_1$,而 $(r_4, r_1) = 1$,取 $d + 2r_4$,类似可证 $(d + 2r_4, p - 1) = 1$. 当 $r_4 = 1$ 时易有

$$d + 2r_4 = r_1 + 2 < 2r_1 < 2^m r_1 r_4 \leqslant 2^m r_1 r_3 r_4 = p - 1$$

而当 $r_4 \geqslant 3$ 时易有 $2r_4 < 2r_1 r_4 < 2^m r_1 r_4 - r_1$,故

$$d + 2r_4 = r_1 + 2r_4 < 2^m r_1 r_4 \leqslant 2^m r_1 r_3 r_4 = p - 1$$

从而 h^{2r_4} 与 h^{d+2r_4} 皆属于 $S(h)$ 且 $h^{2r_4} \equiv h^{d+2r_4}(\bmod\ p)$.

19. 解:由 $\varphi(p-1) = \varphi(70) = 24$ 知 $p = 71$ 有 24 个原根,在 1 到 70 中与 70 互素的是如下 24 个自然数:$1, 3, 9, 11, 13, 17, 19, 23, 27, 29, 31, 33, 37, 39, 41,$
$43, 47, 51, 53, 57, 59, 61, 67, 69$.

$$7^1 = 7, 7^3 = 343 \equiv 59, 7^9 \equiv 59^3 \equiv 205\ 379 \equiv 47, 7^{11} \equiv 7^2 \cdot 47 \equiv 31,$$
$$7^{13} \equiv 31 \cdot 7^2 \equiv 28, 7^{17} \equiv 7^4 \cdot 28 \equiv 7 \cdot 59 \cdot 28 \equiv 62,$$
$$7^{19} \equiv 7^2 \cdot 62 \equiv 56, 7^{23} \equiv 7 \cdot 7^3 \cdot 56 \equiv 7 \cdot 59 \cdot 56 \equiv 53,$$
$$7^{27} \equiv 7 \cdot 59 \cdot 53 \equiv 21, 7^{29} \equiv 7^2 \cdot 21 \equiv 35, 7^{31} \equiv 7^2 \cdot 35 \equiv 11,$$
$$7^{33} \equiv 7^2 \cdot 11 \equiv 42, 7^{37} \equiv 7 \cdot 59 \cdot 42 \equiv 22, 7^{39} \equiv 7^2 \cdot 22 \equiv 1\ 078 \equiv 13,$$
$$7^{41} \equiv 7^2 \cdot 13 = 637 \equiv 69, 7^{43} \equiv 7^2 \cdot 69 = 3\ 381 \equiv 44,$$
$$7^{47} \equiv 7 \cdot 59 \cdot 44 = 18\ 172 \equiv 67, 7^{51} \equiv 7 \cdot 59 \cdot 67 = 27\ 671 \equiv 52,$$
$$7^{53} \equiv 7^2 \cdot 52 = 2\ 548 \equiv 63, 7^{57} \equiv 7 \cdot 59 \cdot 63 = 26\ 019 \equiv 33,$$
$$7^{59} \equiv 7^2 \cdot 33 \equiv 1\ 617 \equiv 55, 7^{61} \equiv 7^2 \cdot 55 = 2\ 695 \equiv 68,$$
$$7^{67} \equiv (7^3)^2 \cdot 7^{61} \equiv (59)^2 \cdot 68 = 236\ 708 \equiv 65,$$
$$7^{69} \equiv 7^2 \cdot 65 = 3\ 185 \equiv 61(\bmod\ 71).$$

于是模 71 的全部 24 个原根为 $7, 59, 47, 31, 28, 62, 56, 53, 21, 35, 11, 42, 22,$
$13, 69, 44, 67, 52, 63, 33, 55, 68, 65, 61(\bmod\ 71)$.

又计算给出

$$7^5 = 16\ 807 \equiv 1\ 684(\bmod\ 71^2)$$
$$7^{10} \equiv (1\ 684)^2 \equiv 2\ 835\ 856 \equiv 2\ 814(\bmod\ 71^2)$$
$$7^{20} \equiv (2\ 814)^2 \equiv 7\ 918\ 596 \equiv -815(\bmod\ 71^2)$$
$$7^{40} \equiv (-815)^2 = 664\ 225 \equiv -1\ 187(\bmod\ 71^2)$$
$$7^{70} = 7^{10} \cdot 7^{20} \cdot 7^{40} \equiv (2\ 814)(-815)(-1\ 187) = (2\ 814)(967\ 405) \equiv$$
$$(2\ 814)(-467) = 1\ 314\ 138 \equiv 1\ 563(\bmod\ 71^2)$$

因此 $7^{p-1} \not\equiv 1(\bmod\ p^2)$,由本章定理 8 知,7 也必为模 $71^2 = 5\ 041$ 的一个原根. 又由本章定理 12 知,7 也为 $2p^2 = 10\ 082$ 的一个原根.

20. 解:设 g 为 p 的一个原根,由于 $p \nmid a$,故若有解,也必须有 $p \nmid x$,故可设

$b = \mathrm{ind}_g a, y = \mathrm{ind}_g x$,于是原同余方程变为

$$g^{ny} \equiv g^b (\bmod\ p)$$

即

$$g^{ny-b} \equiv 1 (\bmod\ p)$$

由于 g 为原根,于是得到等价的线性同余方程

$$ny \equiv b (\bmod\ p-1) \tag{27}$$

由第4章关于线性同余式的结论有,式(27)当且仅当 $(n, p-1) \mid b$ 时有解,且解数为 $(n, p-1)$. 于是必须有 $(n, p-1) = n$,即 $n \mid (p-1)$,且 $n \mid b$,且这条件成立时,式(27)有 n 个不同的解 $(\bmod\ p-1)$,从而原方程也有 n 个不同的解 $(\bmod\ p)$. 因此充要条件为:

(1) $n \mid (p-1)$;

(2) $n \mid \mathrm{ind}_g a, g$ 为 p 的任一个原根(只要有一个原根使 $n \mid \mathrm{ind}\ a$ 即可).

21. 证:由 $a+b=p$ 有 $a = p-b \equiv -b$,因此

$$\mathrm{ind}\ a \equiv \mathrm{ind}(-b) \equiv \mathrm{ind}(-1) + \mathrm{ind}\ b (\bmod\ p-1) \tag{28}$$

又由 g 为原根时必有

$$g^{\frac{p-1}{2}} \not\equiv 1 (\bmod\ p)$$

因此,再由

$$(g^{\frac{p-1}{2}} + 1)(g^{\frac{p-1}{2}} - 1) = g^{p-1} - 1 \equiv 0 (\bmod\ p)$$

即得

$$g^{\frac{p-1}{2}} \equiv -1 (\bmod\ p)$$

设 -1 关于 g 的指数为 $\mathrm{ind}(-1)$,则由上式又有

$$g^{\frac{p-1}{2}} \equiv -1 \equiv g^{\mathrm{ind}(-1)} (\bmod\ p)$$

此即

$$g^{\mathrm{ind}(-1) - \frac{p-1}{2}} \equiv 1 (\bmod\ p)$$

由于 g 为原根,因此必有

$$\mathrm{ind}(-1) - \frac{p-1}{2} \equiv 0 (\bmod\ p-1) \tag{29}$$

由式(28)与(29)即得

$$\mathrm{ind}\ a - \mathrm{ind}\ b \equiv \mathrm{ind}(-1) \equiv \frac{p-1}{2} (\bmod\ p-1)$$

第14章

1. 证:设 x 为一个整数,若 $2 \mid x$,那么,当 $4 \nmid x$ 时有 $x = 2(2y+1)$,于是

$$x^2 = 4(2y + 1)^2 = 4(4y^2 + 4y + 1) \equiv 4(\bmod 8)$$

而当 $4 \mid x$ 时显然有

$$x^2 = (4y)^2 = 16y^2 \equiv 0(\bmod 8)$$

如果 $2 \nmid x$，可以设 $x = 2y + 1$.

$$x^2 = (2y + 1)^2 = 8 \cdot \frac{y(y + 1)}{2} + 1 \equiv 1(\bmod 8)$$

因此，若 a, b, c, d 中有一个为奇数，则由上面的讨论有

$$a^2 + b^2 + c^2 + d^2 \equiv \begin{cases} 1 + 4 + 4 + 4 \equiv 5 \\ 1 + 4 + 4 + 0 \equiv 1 \\ 1 + 4 + 0 + 0 \equiv 5 \\ 1 + 0 + 0 + 0 \equiv 1 \end{cases} (\bmod 8)$$

此时不可能有 $a^2 + b^2 + c^2 + d^2 \equiv 0(\bmod 8)$.

若 a, b, c, d 中有两个为奇数，类似就有

$$a^2 + b^2 + c^2 + d^2 \equiv \begin{cases} 1 + 1 + 4 + 4 \equiv 2 \\ 1 + 1 + 4 + 0 \equiv 6 \\ 1 + 1 + 0 + 0 \equiv 2 \end{cases} (\bmod 8)$$

这也与 $8 \mid (a^2 + b^2 + c^2 + d^2)$ 矛盾.

若 a, b, c, d 中有三个为奇数，类似就有

$$a^2 + b^2 + c^2 + d^2 \equiv \begin{cases} 1 + 1 + 1 + 4 \equiv 7 \\ 1 + 1 + 1 + 0 \equiv 3 \end{cases} (\bmod 8)$$

这与 $8 \mid (a^2 + b^2 + c^2 + d^2)$ 矛盾.

若 a, b, c, d 全是奇数，此时易有

$$a^2 + b^2 + c^2 + d^2 \equiv 1 + 1 + 1 + 1 \equiv 4(\bmod 8)$$

这仍与 $8 \mid (a^2 + b^2 + c^2 + d^2)$ 矛盾. 因此 a, b, c, d 必须全是偶数才行.

2. 证：我们先来证明必要性.

假设 m 可表为两整数之平方差，即有

$$m = a^2 - b^2 = (a + b)(a - b)$$

若 $2 \mid (a - b)$，那么 $a - b \equiv 0(\bmod 2)$，于是也有

$$a + b = a - b + 2b \equiv a - b \equiv 0(\bmod 2)$$

故此时 $a + b$ 必与 $a - b$ 同为偶数.

若 $2 \nmid (a - b)$，则有 $a - b \equiv 1(\bmod 2)$，于是

$$a + b = a - b + 2b \equiv a - b \equiv 1(\bmod 2)$$

此时 $(a + b)$ 必与 $(a - b)$ 同为奇数.

再来证明充分性，设有

$$m = ab, a \equiv b(\bmod 2)$$

那么显然 $a + b = a - b + 2b \equiv a - b \equiv 0 \pmod{2}$，于是 $a + b$ 与 $a - b$ 皆为偶数，而我们有

$$m = ab = \left(\frac{a+b}{2}\right)^2 - \left(\frac{a-b}{2}\right)^2$$

这证明了 m 可以表为两整数之平方差.

3. 证：如果 n 为奇数，则由上题有

$$n^3 = n^2 \cdot (n \times 1) = n^2 \left\{ \left(\frac{n+1}{2}\right)^2 - \left(\frac{n-1}{2}\right)^2 \right\} =$$

$$\left(\frac{n(n+1)}{2}\right)^2 - \left(\frac{n(n-1)}{2}\right)^2$$

注意到当 n 为偶数时 $\dfrac{n(n+1)}{2}$ 与 $\dfrac{n(n-1)}{2}$ 仍为整数，因此 n^3 仍能表成上式形状的两个整数的平方差.

4. 证：注意到对 $x \geqslant 1, y \geqslant 1, x \geqslant y$ 有

$$(x+1)^2 - x^2 = 2x + 1 \geqslant 3$$
$$y^2 - (y-1)^2 = 2y - 1 \geqslant 1$$

又有 $(2x+1) - (2y-1) = 2(x-y) + 2 \geqslant 2$，为了使得恰有 $(2x+1) - (2y-1) = 2$，显然需 $x = y$，于是可考虑取

$$a = x^2 + x^2, c = (x+1)^2 + (x-1)^2$$

作为第一及第三个数，中间的数为

$$b = \frac{a+c}{2} = \frac{4x^2 + 2}{2} = 2x^2 + 1$$

这恰是一个整数. 于是只需取

$$a = 2x^2, b = 2x^2 + 1, c = 2x^2 + 2$$

即可，其中 x 可以为任何整数，于是这种数组必有无穷多组.

5. 解：设 $x = a + d, y = a + 2d, z = a + 3d, w = a + 4d$，则由

$$x^3 + y^3 + z^3 = w^3$$

得到

$$(a+d)^3 + (a+2d)^3 + (a+3d)^3 = (a+4d)^3$$

展开并消去同类项得到

$$a^3 + 3a^2 d - 3ad^2 - 14d^3 = 0$$

此即

$$a^3 - 2a^2 d + 5a^2 d - 10ad^2 + 7ad^2 - 14d^3 = 0$$

即有

$$(a - 2d)(a^2 + 5ad + 7d^2) = 0 \qquad (1)$$

由于 $24 - 4 \times 7 = -3 < 0$，因此恒有

$$a^2 + 5ad + 7d^2 \geqslant 0$$

又 $a^2 + 5ad + 7d^2$ 仅当

$$a = -\frac{5}{2}d, d = \pm\frac{5}{\sqrt{28}}$$

时才为 0,因此对取整数的 a,d,恒有

$$a^2 + 5ad + 7d^2 > 0$$

由式(1)即得 $a = 2d$,于是所求解为

$$x = 3d, y = 4d, z = 5d, w = 6d$$

其中 d 为任意自然数.

6. 设有

$$x = a, y = a + d, z = a + 2d, w = a + 3d, t = a + 4d$$

则有

$$x^3 + y^3 + z^3 + w^3 = t^3$$

得到

$$a^3 + (a + d)^3 + (a + 2d)^3 + (a + 3d)^3 = (a + 4d)^3$$

展开并消去同类项得到

$$3a^3 + 6a^2d - 6ad^2 - 28d^3 = 0 \tag{2}$$

由于第一到第三项均能被 3 整除,故 $3 \mid 28d^3$,从而 $3 \mid d$,又由于第二到第四项均能被 2 整除(见式(2)左边),故必也有 $2 \mid 3a^3$,从而 $2 \mid a$.

令 $a = 2a_1, d = 3d_1$ 代入式(2)得

$$24a_1^3 + 72a_1^2d_1 - 108a_1d_1^2 - (28)(27)d_1^3 = 0$$

此即

$$2a_1^3 + 6a_1^2d_1 - 9a_1d_1^2 - 63d_1^3 = 0 \tag{3}$$

注意左边第二、三、四项均是 3 的倍数,我们就有

$$3 \mid a_1$$

令 $a_1 = 3a_2$ 代入式(3)并化简,即得

$$6a_2^3 + 6a_2^2d_1 - 3a_2d_1^2 - 7d_1^3 = 0 \tag{4}$$

完全同样地可得 $3 \mid d_1$,令 $d_1 = 3d_2$ 代入式(4)得

$$2a_2^3 + 6a_2^2d_2 - 9a_2d_2^2 - 63d_2^3 = 0 \tag{5}$$

这又回到了与式(3)同样的情形,于是上述过程可以无休止地循环下去,这与 a,d 为有限整数矛盾,因此满足题目要求的 x,y,z,w,t 不存在.

7. 解:设 $x^2 - 60 = y^2$,于是

$$(x - y)(x + y) = 60 \tag{6}$$

如果 $x \not\equiv y \pmod 2$,也有 $x + y = x - y + 2y \equiv x - y \not\equiv 0 \pmod 2$. 于是 $x - y$ 与 $x + y$ 皆为奇数,这与式(6)矛盾. 因此必 x 与 y 同为奇或同为偶数,从而

$2\mid(x-y),2\mid(x+y)$. 又由于 $60=4\times15$，于是只可能有以下四情形：

$(1)\begin{cases}x-y=2\\x+y=30\end{cases},\quad(2)\begin{cases}x-y=6\\x+y=10\end{cases}$

$(3)\begin{cases}x-y=10\\x+y=6\end{cases},\quad(4)\begin{cases}x-y=30\\x+y=2\end{cases}$

得到解为

$$\begin{cases}x_1=16\\y_1=14\end{cases},\quad\begin{cases}x_2=8\\y_2=2\end{cases},\quad\begin{cases}x_3=8\\y_3=-2\end{cases},\quad\begin{cases}x_4=16\\y_4=-14\end{cases}$$

于是使 x^2-60 成为平方数的正整数 x 为 16 或 8.

8. 解：设 $x^2-5=y^2,x^2+5=z^2$，我们就有

$$\begin{cases}z^2-y^2=10 & (7)\\2x^2=y^2+z^2 & (8)\end{cases}$$

由于 t 为偶数时有 $4\mid t^2$，而 t 为奇数时有

$$t^2=(2t_1+1)^2=4(t_1^2+t_1)+1\equiv1\,(\bmod\,4)$$

于是我们有

$$y^2+z^2\equiv\begin{cases}0+0\equiv0 & 若\,2\mid y,2\mid z\\1+1\equiv2\\0+1\equiv1 & (\bmod\,4)\quad若\,2\nmid y,2\nmid z\\1+0\equiv1 & 若\,2\mid y,2\nmid z\\ & 若\,2\nmid y,2\mid z\end{cases}\qquad(9)$$

而

$$2x^2\equiv\begin{cases}0\\2\end{cases}(\bmod\,4)\quad\begin{matrix}若\,2\mid x\\若\,2\nmid x\end{matrix}\qquad(10)$$

由式(8),(9),(10)知道,y 与 z 必须同为奇数，或同为偶数，式(8)才有可能成立.

但另一方面，我们又有

$$z^2-y^2\equiv\begin{cases}0-0\equiv0 & 2\mid z,2\mid y\\1-1\equiv0\\1-0\equiv1 & (\bmod\,4)\quad2\nmid z,2\nmid y\\0-1\equiv3 & 2\nmid z,2\mid y\\ & 2\mid z,2\nmid y\end{cases}$$

于是，当 z 与 y 同为奇数或同为偶数时必有

$$z^2-y^2\equiv0\,(\bmod\,4)$$

然而

$$10\equiv2\not\equiv0\,(\bmod\,4)$$

因此式(8)成立时,式(7)必不可能成立,故满足要求的正整数 x 不存在.

9. 证：由 $x^n+1=y^{n+1}$ 有

$$x^n = y^{n+1} - 1 = (y-1)(y^n + y^{n-1} + \cdots + 1)$$

设 $p \mid (y-1)$，则必有 $p \mid x$，而由 $(x, n+1) = 1$ 有 $p \nmid (n+1)$. 于是 $(y-1, n+1) = 1$. 又我们有

$$y^n + y^{n-1} + \cdots + 1 \equiv n + 1 \pmod{y-1} \tag{11}$$

于是 $y^n + y^{n-1} + \cdots + 1$ 必与 $y-1$ 互素，否则的话，设有素数 $p \mid (y-1, y^n + \cdots + 1)$，由式(11)就有 $p \mid (n+1)$，这与 $y-1$ 与 $n+1$ 互素矛盾，于是必有 $x = x_1 x_2$，$(x_1, x_2) = 1$，使

$$x_1^n = y - 1, x_2^n = y^n + y^{n-1} + \cdots + 1 \tag{12}$$

但是我们有

$$y^n < 1 + y + \cdots + y^n < (y+1)^n$$

因此 $1 + y + \cdots + y^n$ 不可能表为一个整数的 n 次方，这与式(12)中第二式矛盾.

10. 证：由于

$$x^2 \equiv \begin{cases} 0^2 \equiv 0 & \text{若 } x \equiv 0 \\ 1^2 \equiv 1 \pmod 3 & \text{若 } x \equiv 1 \pmod 3 \\ 2^2 \equiv 1 & \text{若 } x \equiv 2 \end{cases}$$

$$x^2 + 1 \equiv \begin{cases} 1 \pmod 3 & \text{若 } x \equiv 0 \\ 2 & \text{若 } x \equiv 1, 2 \end{cases} \pmod 3$$

从而不可能有 $3 \mid (x^2 + 1)$，当然更不能有 y 使

$$x^2 + 1 = 3y^n$$

11. 证：由第 2 题的做法容易看出，对任一个奇数 r 皆有

$$r = r \cdot 1 = \left(\frac{r+1}{2}\right)^2 - \left(\frac{r-1}{2}\right)^2$$

给定 n 后，若 n 为偶数，则 $n-1$ 为奇数，于是上法给出

$$n = 1^2 + \left(\frac{n}{2}\right)^2 - \left(\frac{n-2}{2}\right)^2$$

若 n 为奇数，则

$$n = 0^2 + \left(\frac{n+1}{2}\right)^2 - \left(\frac{n-1}{2}\right)^2$$

注 若限制 $2 \nmid n$ 时，$n \geq 7$ 而 $2 \mid n$ 时 $n \geq 4$，那么还可以保证有正整数 x, y, z 存在使

$$n = x^2 + y^2 - z^2$$

成立，这留给读者自行验证.

12. 证：由本书第 Ⅰ 册第 3 章定理 2 知

$$X^2 + Y^2 = Z^2 \tag{13}$$

必有正整数解，实际上式(13)的满足条件

$$(X, Y) = 1, 2 \mid X$$

的正整数解可由公式

$$X = 2ab, Y = a^2 - b^2, Z = a^2 + b^2$$

$$a > b \text{ 皆为正整数}, (a,b) = 1, 2 \nmid (a+b)$$

表出，对式（13）的每一组解 X_0, Y_0, Z_0，取

$$x_0 = X_0 Z_0^{n-1}, y_0 = Y_0 Z_0^{n-1}, z_0 = Z_0^2$$

即得到有

$$x_0^2 + y_0^2 = z_0^n$$

13. 证：由

$$3^x + 4^y \neq 5^z \tag{14}$$

有

$$(-1)^x \equiv 1 \pmod 4$$

以及

$$1 \equiv (-1)^2 \pmod 3$$

于是 x 与 y 必须皆为偶数，设 $x = 2x_1, z = 2z_1$，代入式（14）得到

$$5^{2z_1} - 3^{2x_1} = 4^y$$

此即

$$(5^{z_1} + 3^{x_1})(5^{z_1} - 3^{x_1}) = 4^y \tag{15}$$

如果 $2 \mid x_1$，那么

$$5^{z_1} + 3^{x_1} \equiv 1 + (-1)^{x_1} \equiv 1 + 1 = 2 \pmod 4$$

于是此时必有

$$\begin{cases} 5^{z_1} + 3^{x_1} = 2 \\ 5^{z_1} - 3^{x_1} = 2^{2y-1} \end{cases}$$

这样就有 $5^{z_1} + 3^{x_1} \leqslant 5^{z_1} - 3^{x_1}$，这是不可能的.

如果 $2 \nmid x_1$，那么有

$$5^{z_1} - 3^{x_1} \equiv 1 - (-1)^{x_1} = 1 - (-1) = 2 \pmod 4$$

于是仍由式（15），我们必须有

$$\begin{cases} 5^{z_1} - 3^{x_1} = 2 \\ 5^{z_1} + 3^{x_1} = 2^{2y-1} \end{cases} \tag{17}$$

如果 $z_1 = 1$，由式（16）得必有 $x_1 = 1$，再由式（17）得 $y = 2$，如果 $x_1 = 1$，由式（16）得必有 $z_1 = 1$，再由式（17）得 $y = 2$，于是只要 x_1 与 z_1 有一个为 1，则必得如下解：

$$x = 2x_1 = 2, y = 2, z = 2z_1 = 2$$

如果 $z_1 \geqslant 2, x_1 \geqslant 2$，由式（16）有

$$(5 - 3)(5^{z_1-1} + 3 \cdot 5^{z_1-2} + \cdots + 3^{x_1-2} \cdot 5 + 3^{x_1-1}) = 2 \tag{18}$$

但 $5^{z_1-1} + 3 \cdot 5^{z_1-2} + \cdots + 3^{x_1-2} \cdot 5 + 3^{x_1-1} > 1$，故式（18）不可能成立. 因此所给

方程只有 $x = y = z = 2$ 这一组正整数解.

*14. 证:对 $m = 2^{x_0}$ 的情形,$\alpha_0 = 0$ 时有 $m = 1$,此时 $1 = 1^2 + 0^2$ 只有一种表示法,$\alpha_0 = 1$ 时 $m = 2$,此时有 $2 = 1^2 + 1^2$ 也只有一种表示法.

当 $\alpha_0 \geqslant 2$ 时有 $m \equiv 0 \pmod 4$,若有

$$m = x^2 + y^2 \tag{19}$$

那么由

$$x^2 + y^2 \equiv \begin{cases} 0 & 2 \mid (x,y) \text{ 时} \\ 1 \pmod 4 & 2 \mid xy \text{ 且 } 2 \nmid (x,y) \text{ 时} \\ 2 & 2 \nmid xy \text{ 时} \end{cases}$$

知道,要有式(19)成立,只有 $2 \mid (x,y)$,这与 $(x,y) = 1$ 的要求不符. 故 $\alpha_0 \geqslant 2$ 时没有满足式(19)且 $(x,y) = 1$ 的表示法. 下面考虑 $m = 2^{x_0} p_1^{\alpha_1} \cdots p_s^{\alpha_s}$ 的情形.

先证必要性. 设有

$$m = a^2 + b^2, (a,b) = 1, a \geqslant 0, b \geqslant 0 \tag{20}$$

此时必有 $(a,m) = 1$,不然的话,可设有素数 $p \mid (m,a)$,则由式(20)也有 $p \mid b$,这与 $(a,b) = 1$ 矛盾. 由 $(a,m) = 1$ 知

$$a, 2a, \cdots, ma$$

也为模 m 之完全剩余系,从而必有一个 $s'(1 \leqslant s' \leqslant m)$ 存在,使

$$s'a \equiv b \pmod m \tag{21}$$

于是由式(20)及(21)就有

$$0 \equiv a^2 + b^2 \equiv a^2(1 + s'^2) \pmod m$$

由 $(a,m) = 1$ 有 $1 + s'^2 \equiv 0 \pmod m$,于是 -1 为 m 之平方剩余,对任一奇素因子 $p_i(1 \leqslant i \leqslant s)$,当然也有 $1 + s'^2 \equiv 0 \pmod {p_i}$,即 -1 也为 p_i 之平方剩余,于是必有

$$p_i \equiv 1 \pmod 4 \quad (i = 1, \cdots, s)$$

对 m 的因子 2^{α_0} 来说,容易看出,$\alpha_0 = 1$ 时,-1 为 $2^{\alpha_0} = 2$ 之平方剩余,若 $\alpha_0 \geqslant 2$,由于显然不存在 s' 使

$$-1 \equiv s'^2 \pmod 4$$

因此也不可能存在 s_1 使

$$-1 \equiv s_1^2 \pmod{2^{\alpha_0}} (\alpha_0 \geqslant 2)$$

这就证明了必要性.

下面来证明充分性. 当所给条件满足时,由于 2 可表为两平方之和,每个形如 $4k + 1$ 的素数 $p_i(1 \leqslant i \leqslant s)$ 也可表为两平方数之和,再注意到本章引理 3 即知,m 必可表为两整数之平方和,剩下要证明,可以取到 $(a,b) = 1$ 的 a 与 b 使

$$m = a^2 + b^2$$

首先,在所给条件下 -1 是 $2^{\alpha_0}, p_1, \cdots, p_s$ 的平方剩余. 考虑 $\alpha_i \geqslant 2$ 的情形,

有
$$x^2 \equiv -1(\bmod p_i^2) \qquad (22)$$
中令 $x = s_i + k_i p_l$,这里 s_i 满足
$$s_i^2 \equiv -1(\bmod p) \qquad (23)$$
则由式(22) 得到
$$2k_i s_i p_i \equiv -(1 + s_i^2)(\bmod p_i^2) \qquad (24)$$
由式(23) 可设 $1 + s_i^2 = p_i r_i$,于是代入式(24) 得到
$$2k_i s_i \equiv -r_i(\bmod p_i) \qquad (25)$$
由于 $(2s_i, p_i) = 1$,故由式(25) 中可求出 k_i 来,这就给出式(22) 的一个解,由此法递推容易验证,对任何 $\alpha_i \geqslant 1$ 及 $p_i \equiv 1(\bmod 4)$, -1 都是 $p_i^{\alpha_i}$ 的平方剩余.

设已求出 $l_0, l_1, \cdots, l_s$ 使
$$\begin{cases} l_0^2 \equiv -1(\bmod 2^{\alpha_0}) \\ l_1^2 \equiv -1(\bmod p_1^{\alpha_1}) \\ \cdots \\ l_s^2 \equiv -1(\bmod p_s^{\alpha_s}) \end{cases}$$

由孙子定理可求得 l 使
$$\begin{cases} l \equiv l_0(\bmod 2^{\alpha_0}) \\ l \equiv l_1(\bmod p_1^{\alpha_1}) \\ \cdots \\ l \equiv l_s(\bmod p_s^{\alpha_s}) \end{cases}$$

由此得到
$$l^2 \equiv -1(\bmod m)$$
这证明了,在给定条件下 -1 为 m 之平方剩余.

当 m 为素数且 $m \equiv 1(\bmod 4)$ 时,由本章定理 2 知, m 可表为两平方之和
$$m = a^2 + b^2$$
而且 $(a, b) = 1$,否则可设 $p \mid (a, b)$,则 $p \mid m$,且 $p < m$,这与 m 为素数矛盾,又有
$$2m = (a + b) + (a - b)^2$$
且 $(a + b, a - b) = (a + b + a - b, a - b) = (2a, a - b) = (2, a - b) = 1$ (因 $(a, b) = 1$,若 $(2, a - b) = 2$,则只能 a 与 b 皆为奇数,这样就有 $2 \mid (a^2 + b^2) = m$,这又与 m 为素数矛盾,故只可能 $(2, a - b) = 1$). 于是 $2m$ 也可表为互素的平方和.

再设 p 为任一个形如 $4k + 1$ 之素数,于是有整数 r_1 使 $r_1^2 \equiv -1(\bmod p)$,又使 r_2 使
$$m = a^2 + b^2, (a, b) = 1, ar_2 \equiv b(\bmod m) \qquad (26)$$

由于 $p = m$ 时由式(26)有
$$0 \equiv a^2(1 + r_2^2)(\bmod m)$$
由 $(a,m) = 1$,有 $r_2^2 \equiv -1(\bmod m)$,于是 $p = m$ 时可取 $r_1 = r_2$. 当 $p \neq m$ 时,由孙子定理可取到 r 使
$$\begin{cases} r \equiv r_1(\bmod p) \\ r \equiv r_2(\bmod m) \end{cases}$$

于是对此 r 有
$$r^2 \equiv -1(\bmod p), m = a^2 + b^2, (a,b) = 1, ar \equiv b(\bmod m)$$
由于 $p \equiv 1(\bmod 4)$,故由本章定理 2 也有 u,v 使
$$p = u^2 + v^2, \quad (u,v) = 1$$
于是有 $0 \equiv u^2 - r^2v^2 \equiv v^2 - r^2u^2(\bmod p)$,即此时有 $ur \equiv v$ 或 $ur \equiv -v(\bmod p)$,也有 $u \equiv vr$ 或 $u \equiv -ur(\bmod p)$. 又有
$$pm = (u^2 + v^2)(a^2 + b^2) =$$
$$(ua - vb)^2 + (ub + va)^2 =$$
$$(ub - va)^2 + (ua + vb)^2$$
由 $ar \equiv b, br \equiv ar^2 \equiv -a(\bmod m)$ 我们有
$$u(ar - b) - v(br + a) \equiv 0(\bmod m)$$
此即
$$(ua - vb)r \equiv ub + va(\bmod m)$$
同理有
$$(ua + vb)r \equiv ub - va(\bmod m)$$

设此时有 $ur \equiv r$ 及 $u \equiv vr(\bmod p)$,我们就有 $0 \equiv r(ur - v) \equiv -(u + vr)$,$0 \equiv r(u - vr) \equiv ur + v(\bmod p)$,于是也有
$$(ua - vb)r \equiv ub + va(\bmod p)$$
$$(ua + vb)r \equiv ub - va(\bmod p)$$
于是有
$$(ua - vb)r \equiv ub + va(\bmod pm)$$
$$(ua + vb)r \equiv ub - va(\bmod pm)$$
这对以下几种其他组合也成立.
$$\begin{cases} ur \equiv v(\bmod p) \\ u \equiv -vr(\bmod p) \end{cases}, \quad \begin{cases} ur \equiv -v(\bmod p) \\ u \equiv vr(\bmod p) \end{cases}, \quad \begin{cases} ur \equiv -v(\bmod p) \\ u \equiv -vr(\bmod p) \end{cases}$$
如果 $(ua - vb, ub + va) > 1$ 且 $(ub - va, ua + vb) > 1$,可设有素数 $q \mid (ua - vb, ub + va)$,于是有
$$ua \equiv vb(\bmod q)$$
$$ub \equiv -va(\bmod q)$$

225

这样就有
$$a(u^2 + v^2) = (au)u + (av)v \equiv buv - buv \equiv 0 \pmod{q}$$
$$b(u^2 + v^2) = (bu)u + (bv)v \equiv -auv + auv \equiv 0 \pmod{q}$$
但 $(a,b) = 1$，如果 $q \nmid (u^2 + v^2)$，由上两式就推出必有 $q \mid a, q \mid b$，这与 $(a,b) = 1$ 矛盾，因此必须有
$$u^2 + v^2 \equiv 0 \pmod{q}$$
即 $u^2 + v^2 = kq$，但 $u^2 + v^2 = p$，于是只可能 $k = 1$ 且 $q = p$，这说明 $p \mid (ua - vb, ub + va)$，同样可证也有
$$p \mid (ua + vb, ub - va)$$
于是 $p \mid (2ua, 2ub, 2va, 2vb)$，但是易见
$$(2ua, 2ub, 2va, 2vb) = 2(u,v)(a,b) = 2$$
这与 p 是形如 $4k + 1$ 的素数矛盾，于是只可能
$$(ua - ub, ub + ua) = 1$$
或者 $(ub - va, ua + vb) = 1$，这就证明了 pm 也可表成两互素的平方数之和.

同样可以证明，如果 $2 \nmid m$，且 m 符合所给条件，那么 m 可表为两互素的平方数之和，而且 $2m$ 与 pm（p 为任一个形如 $4k + 1$ 之素数）皆可表为两互素的平方数之和，这就证明了充分性（用归纳法即可）.

最后要来证明表示法有 2^{s-1} 个.

设 $m = a^2 + b^2, (a,b) = 1, a \geq 0, b \geq 0$，是 m 的一个表示法. 这时，对模 m 可求得整数 s' 使
$$s'^2 \equiv -1, as' \equiv b \pmod{m} \tag{27}$$
如约定 $a^2 + b^2$ 与 $b^2 + a^2$ 看成是同一种方法，那么，对于使式 (27) 成立的 s' 以及使
$$s^{*2} \equiv -1, bs^* \equiv a \pmod{m}$$
成立的 s^*，就有
$$bs' \equiv as^2 \equiv -a \equiv -bs^* \pmod{m}$$
由 $(b,m) = 1$ 即得 $s' \equiv -s^* \pmod{m}$. 这就证明了，对应将 m 表为两互素平方和的一种表法，同余式
$$x^2 \equiv -1 \pmod{m}$$
恰有两解 $\pmod{m}$ 反过来，设 $\pm s$ 为
$$x^2 \equiv -1 \pmod{m}$$
的两个解，设
$$m = a^2 + b^2, (a,b) = 1, a \geq 0, b \geq 0, as \equiv b \pmod{m}$$
$$m = c^2 + d^2, (c,d) = 1, c \geq 0, d \geq 0$$
$$cs \equiv d \quad \text{或} \quad -cs \equiv d \pmod{m}$$

226

则易有 $ac - bc \equiv 0$ 或 $ad + bc \equiv 0 (\bmod m)$（注意 $(s, m) = 1$），我们又有

$$m^2 = (a^2 + b^2)(c^2 + d^2) = (ad - bc)^2 + (ac + bd)^2 =$$
$$(ad + bc)^2 + (ac - bd)^2$$

于是必有 $ad - bc = 0$ 或 $ac = bd$，从而 $a = c, b = d$ 或者 $a = d, b = c$. 这证明了对应 $x^2 \equiv -1 (\bmod m)$ 的两解 $\pm s$，恰有 m 的一种表成两互素平方和的表示法. 因此，所求表示法个数就等于

$$x^2 \equiv -1 (\bmod m)$$

的解数的一半. 易证，对 $m = 2^{\alpha_1} p_1^{\alpha_1} \cdots p_s^{\alpha_s}$，上述同余方程解数恰为 2^s，于是 m 表为两互素平方和的表法个数为 2^{s-1}，证毕.

15. 证: 设三边为 $x, y, x + 1$，则

$$x^2 + y^2 = (x + 1)^2 = x^2 + 2x + 1$$

于是有

$$y^2 = 2x + 1$$

即 y 必为奇数，设 $y = 2b + 1$ 代入上式得到

$$2x + 1 = (2b + 1)^2 = 2(2b^2 + 2b) + 1$$

于是解得

$$x = 2b^2 + 2b$$

故斜边为 $x + 1 = 2b^2 + 2b + 1$，证毕.

16. 证: 由所给方程有

$$x^2 + (x + 1)^2 \equiv 0 (\bmod k)$$

于是

$$2x^2 + 2x + 1 \equiv 0 (\bmod k)$$

故也有

$$4x^2 + 4x + 2 \equiv 0 (\bmod k)$$

此即

$$(2x + 1)^2 \equiv -1 (\bmod k)$$

于是 -1 为 k 之平方剩余.

取 $k = 2$，-1 显然为 $k = 2$ 之平方剩余，但是对任何正整数 x，有

$$x^2 + (x + 1)^2 = 2x^2 + 2x + 1 \equiv 1 (\bmod 2) \tag{28}$$

即 $k = 2$ 时不可能有 x, y 使

$$x^2 + (x + 1)^2 = 2y^2$$

因为否则就有 $x^2 + (x + 1)^2 \equiv 0 (\bmod 2)$，这与式(28)矛盾，这说明条件并不充分.

17. 证: 设不定方程

$$x^n + y^n = z^n$$

有正整数解 x_0, y_0, z_0, 要证必有 $x_0 \geq n$ 或 $y_0 \geq n$.

首先易证 $x_0 \neq y_0$, 因为若 $x_0 = y_0$, 我们就有

$$2x_0^n = z_0^n$$

此即

$$\frac{z_0}{x_0} = \sqrt[n]{2}$$

但 z_0/x_0 为有理数, 而 $n \geq 2$ 时 $\sqrt[n]{2}$ 是无理数, 二者不可能相等, 不妨设 $x_0 > y_0$, 我们来证必有 $x_0 \geq n$.

我们用反证法, 设有 $1 \leq x_0 < n$. 由于 $y_0 \geq 1$, 我们就有

$$z_0^n = x_0^n + y_0^n > x_0^n$$

另一方面, 我们有

$$(x_0 + 1)^n = x_0^n + \binom{n}{1} x_0^{n-1} + \cdots + nx_0 + 1 \geq$$

$$x_0^n + nx_0^{n-1} > x_0^n + x_0^n > x_0^n + y_0^n = z_0^n$$

于是

$$x_0^n < z_0^n < (x_0 + 1)^n$$

注意到 x_0, z_0 皆为正整数, 上式就给出

$$x_0 < z_0 < x_0 + 1$$

这与 z_0 为正整数矛盾.

18. 证:

(1) 先证必要性: 设 $m = x^2 + y^2$, m 为正整数, 则我们有

$$2m = 2x^2 + 2y^2 = (x + y)^2 + (x - y)^2$$

于是 $2m$ 也能表为二平方之和.

再证充分性: 设 $2m = x^2 + y^2$, 注意到

$$2m \equiv \begin{cases} 2(2k) \equiv 0 \pmod 4 & \text{若 } m = 2k \\ 2(2k + 1) \equiv 2 \pmod 4 & \text{若 } m = 2k + 1 \end{cases}$$

而另一方面又有

$$x^2 + y^2 \equiv \begin{cases} 0 \pmod 4 & \text{若 } 2 \mid (x, y) \\ 1 \pmod 4 & \text{若 } 2 \mid xy, 2 \nmid (x, y) \\ 2 \pmod 4 & \text{若 } 2 \nmid xy \end{cases}$$

于是由 $2m = x^2 + y^2$ 知, 必须 x 与 y 同为奇数, 或同为偶数.

情形一: 若 x 与 y 同为偶数, 设 $x = 2x_1$, $y = 2y_1$, 则有

$$2m = x^2 + y^2 = 4x_1^2 + 4y_1^2$$

于是

$$m = 2(x_1^2 + y_1^2) = (x_1 + y_1)^2 + (x_1 - y_1)^2$$

情形二:若 x 与 y 同为奇数,设 $x = 2x_1 + 1, y = 2y_1 + 1$,则有

$$2m = (2x_1 + 1)^2 + (2y_1 + 1)^2$$

于是

$$4m = 2(2x_1 + 1)^2 + 2(2y_1 + 1)^2 =$$
$$(2x_1 + 2y_1 + 2)^2 + (2x_1 - 2y_1)^2$$

于是得到

$$m = (x_1 + y_1 + 1)^2 + (x_1 - y_1)^2$$

这就证明了充分性.

（2）由所给不定方程通分母得到

$$2xy = p(x + y) \tag{29}$$

于是 $p \mid (2xy)$,但 $p \geqslant 3$ 为素数,于是必有 $p \mid x$ 或者 $p \mid y$. 不妨设 $x = px_1$,代入式(29)得到

$$2px_1 y = p(px_1 + y)$$

此即

$$y(2x_1 - 1) = px_1 \tag{30}$$

如果有素数 $q \mid x_1, q \mid (2x_1 - 1)$,则由

$$1 = (2)x_1 - (2x_1 - 1)$$

知也有 $q \mid 1$,因此必有 $(x_1, 2x_1 - 1) = 1$,从而由式(30)得到必有 $x_1 \mid y$,令 $y = x_1 z$ 代入式(30)得到

$$z(2x_1 - 1) = p \tag{31}$$

式(31)显然只有以下两组解

$$\begin{cases} z = 1 \\ 2x_1 - 1 = p \end{cases}, \quad \begin{cases} z = p \\ 2x_1 - 1 = 1 \end{cases}$$

由第一组解得到 $x_1 = (p + 1)/2, y = x_1 = (p + 1)/2$;由第二组解得到 $x_1 = 1, y = z = p$,它们分别对应所给不定方程的以下两解

$$\begin{cases} x = p(p + 1)/2 \\ y = (p + 1)/2 \end{cases}, \quad \begin{cases} x = p \\ y = p \end{cases}$$

注意到 $x \neq y$ 的要求知, $x = p(p + 1)/2$ 与 $y = (p + 1)/2$ 即为所求的解.

19. 证:

（1）用反证法,设 $n \equiv 0 \pmod 7, n \not\equiv 0 \pmod{7^2}$,但是

$$n = x^2 + y^2$$

由于

$$0^2 \equiv 0, 1^2 \equiv 1, 2^2 \equiv 4, 3^2 \equiv 2, 4^2 \equiv 2, 5^2 \equiv 4, 6^2 \equiv 1 \pmod 7$$

于是我们有 $x^2 \equiv 0, 1, 2, 4$ 及 $y^2 \equiv 0, 1, 2, 4 \pmod 7$,由 $x^2 + y^2 = n \equiv 0 \pmod 7$ 我们立即推出必有

$$x^2 \equiv 0, y^2 \equiv 0 \pmod 7$$

（因为$\{0,1,2,4\}$与$\{0,1,2,4\}$中只有$0+0 \equiv 0 \pmod 7$）. 这就得到$x \equiv 0, y \equiv 0 \pmod 7$, 于是

$$n = x^2 + y^2 \equiv 0 \pmod{7^2}$$

这就与已知条件$n \not\equiv 0 \pmod{7^2}$发生矛盾.

（2）由所给条件及本章定理4知, 可以设

$$n = Q_1^2 p_1 \cdots p_s, p_i \equiv 1 \pmod 4, i = 1, \cdots, s, s \geqslant 1$$

及

$$m = Q_2^2 p_1^{\alpha_1} \cdots p_s^{\alpha_s}, Q_2 \mid Q_1, 1 \geqslant \alpha_i \geqslant 0, i = 1, \cdots, s$$

或者

$$m = Q_1^2, n = Q_2^2, Q_2 \mid Q_1$$

于是或者有

$$\frac{n}{m} = Q^2$$

或者有

$$\frac{n}{m} = Q^2 p_{i_1} \cdots p_{i_l}, l \geqslant 1, p_{i_j} \equiv 1 \pmod 4, 1 \leqslant j \leqslant l$$

仍由定理4知, $\dfrac{n}{m}$必可表为两整数之平方和.

（3）由所给条件及第14题知, 可设有

$$n = 2^{l_0} p_1^{l_1} \cdots p_s^{l_s} (p_i \equiv 1 \pmod 4), i = 1, \cdots, s)$$
$$m = 2^{k_0} p_1^{k_1} \cdots p_s^{k_s}$$

其中$0 \leqslant l_0 \leqslant 1, 0 \leqslant k_0 \leqslant l_0, l_i \geqslant 1(i = 1, \cdots, s), 0 \leqslant k_i \leqslant l_i(i = 1, \cdots, s)$, 于是我们有

$$\frac{n}{m} = 2^{l_0 - k_0} p_1^{l_1 - k_1} \cdots p_s^{l_s - k_s}$$

显然有$0 \leqslant l_0 - k_0 \leqslant 1, l_i - k_i \geqslant 0, p_i \equiv 1 \pmod 4 (i = 1, \cdots, s)$, 因此仍由第14题知, $\dfrac{n}{m}$必可表为两互素之平方数之和.

20. 解：

（1）不妨设$a > 0, b > 0, c > 0, d > 0$. 由于所给表达式是$n$的两种不同表示法, 故必有下两条件同时成立：

（a）$a \neq c, b \neq d$;

（b）$a \neq d, b \neq c$.

于是我们有

$$n = \frac{1}{4}(2a^2 + 2b^2 + 2c^2 + 2d^2) =$$

$$\frac{1}{4}[(b+d)^2 + (b-d)^2 + 2(a^2+c^2)] =$$

$$\frac{1}{4(b-d)^2}[(b^2-d^2)^2 + (b-d)^4 + 2(b-d)^2(a^2+c^2)] =$$

$$\frac{1}{4(b-d)^2}[(c^2-a^2) + (b-d)^4 + (b-d)^2((a+c)^2+(a-c)^2)] =$$

$$\frac{1}{4(b-d)^2}[(a-c)^2 + (b-d)^2][(a+c)^2 + (b-d)^2]$$

我们容易看出

$$(a-c)^2 + (b-d)^2 = a^2+b^2+c^2+d^2 - 2ac - 2bd =$$
$$2(n-ac-bd)$$
$$(a+c)^2 + (b-d)^2 = a^2+b^2+c^2+d^2 + 2ac - 2bd =$$
$$2(n+ac-bd)$$

于是

$$2\mid[(a-c)^2 + (b-d)^2], 2\mid[(a+c)^2 + (b-d)^2]$$

为了证明 n 为复合数,只须证出不可能有以下两式成立即可

$$(a-c)^2 + (b-d)^2 = 2(b-d)^2 \tag{32}$$
$$(a+c)^2 + (b-d)^2 = 2(b-d)^2 \tag{33}$$

由式(32) 有

$$(a-c)^2 = (b-d)^2$$

于是或者有

$$a-c = b-d \tag{34}$$

或者有

$$a-c = d-b \tag{35}$$

由式(34) 有

$$(a-b)^2 = (c-d)^2$$

利用 $a^2+b^2 = c^2+d^2$ 又得到

$$ab = cd$$

再由 $a^2+b^2 = c^2+d^2$ 又得到

$$(a+b)^2 = (c+d)^2$$

注意到 $a+b > 0, c+d > 0$,即得 $a+b = c+d$,于是又有

$$a-c = d-b \tag{36}$$

由式(34) 与式(36) 得到 $b=d$,于是 $a=c$. 这与 a^2+b^2 和 c^2+d^2 是两种不同的表法矛盾.

若式(35) 成立,同法可推出也有 $ab = cd$,于是

$$(a-b)^2 = (c-d)^2$$

故必有

$$a - b = c - d \qquad (37)$$

或者有

$$a - b = d - c \qquad (38)$$

由式(37)有

$$a - c = b - d$$

与式(35)联立得 $b = d$,于是 $a = c$,这与两表法不相同的条件矛盾. 式(38)与式(35)联立解得 $a = d$, $b = c$,这也与两表法不相同的假设矛盾. 这就证明了 n 可分解成两个大于 1 的正整数之积,故得证.

(2) 由上一小题分解公式有

$$533 = \left[(23 - 22)^2 + (2 - 7)^2 \right]\left[(23 + 22)^2 + (2 - 7)^2 \right]/\left[4(2 - 7)^2 \right] =$$
$$\frac{(1^2 + 5^2)(45^2 + 5^2)}{(4)5^2} = (13)(41)$$

$$1\,073 = \left[(32 - 28)^2 + (7 - 17)^2 \right]\left[(32 + 28)^2 + (7 - 17)^2 \right]/\left[4(7 - 17)^2 \right] =$$
$$\frac{(4^2 + 10^2)(60^2 + 10^2)}{(4)(100)} = (29)(37)$$

21. 证:由 $[a_1, \cdots, a_s]_k = [b_1, \cdots, b_s]_k$ 即有

$$\sum_{i=1}^{s} a_i^h = \sum_{i=1}^{s} b_i^h, h = 1, \cdots, k \qquad (39)$$

以及

$$\sum_{i=1}^{s} a_i^{k+1} \neq \sum_{i=1}^{s} b_i^{k+1} \qquad (40)$$

当 $1 \leqslant h \leqslant k + 1$ 时,由二项式定理以及式(39),我们就有

$$\sum_{i=1}^{s} (a_i + d)^h + \sum_{i=1}^{s} b_i^h = \sum_{i=1}^{s} \sum_{l=1}^{h} \binom{h}{l} a_i^l d^{h-l} + \sum_{i=1}^{s} b_i^h =$$
$$\sum_{l=0}^{h} \binom{h}{l} d^{h-l} \sum_{i=1}^{s} a_i^l + \sum_{i=1}^{s} b_i^h =$$
$$\sum_{l=0}^{h-l} \binom{h}{l} d^{h-1} \sum_{i=1}^{s} a_i^l + \sum_{i=1}^{s} a_i^h + \sum_{i=1}^{s} b_i^h =$$
$$\sum_{l=0}^{h-1} \binom{h}{l} d^{h-l} \sum_{i=1}^{s} b_i^l + \sum_{i=1}^{s} b_i^h + \sum_{i=1}^{s} a_i^h =$$
$$\sum_{l=0}^{h} \binom{h}{l} d^{h-l} \sum_{i=1}^{s} b_i^l + \sum_{i=1}^{s} a_i^h =$$

$$\sum_{i=1}^{s}(b_i+d)^h+\sum_{i=1}^{s}a_i^h \tag{41}$$

由二项式定理及式(39),(40),我们有

$$\sum_{i=1}^{s}(a_i+d)^{k+2}+\sum_{i=1}^{s}b_i^{k+2}=\sum_{i=1}^{s}\sum_{l=0}^{k+2}\binom{k+2}{l}a_i^l d^{k+2-l}+\sum_{i=1}^{s}b_i^{k+2}=$$

$$\sum_{l=0}^{k+2}\binom{k+2}{l}d^{k+2-l}\sum_{i=1}^{s}a_i^l+\sum_{i=1}^{s}b_i^{k+2}=$$

$$\sum_{l=0}^{k}\binom{k+2}{l}d^{k+2-l}\sum_{i=1}^{s}a_i^l+\binom{k+2}{k+1}d\sum_{i=1}^{s}a_i^{k+1}+\sum_{i=1}^{s}a_i^{k+2}+\sum_{i=1}^{s}b_i^{k+2}=$$

$$\sum_{l=0}^{k}\binom{k+2}{l}d^{k+2-l}\sum_{i=1}^{s}b_i^l+\binom{k+2}{k+1}d\sum_{i=1}^{s}b_i^{k+1}+\sum_{i=1}^{s}b_i^{k+2}+$$

$$\sum_{i=1}^{s}a_i^{k+2}+\binom{k+2}{k+1}d(\sum_{i=1}^{s}a_i^{k+1}-\sum_{i=1}^{s}b_i^{k+1})=$$

$$\sum_{l=0}^{k+2}\binom{k+2}{l}d^{k+2-l}\sum_{i=1}^{s}b_i^l+\sum_{i=1}^{s}a_i^{k+2}+d(k+2)\times$$

$$(\sum_{i=1}^{s}a_i^{k+1}-\sum_{i=1}^{s}b_i^{k+1})=$$

$$\sum_{i=1}^{s}a_i^{k+2}+\sum_{i=1}^{s}\sum_{l=0}^{k+2}\binom{k+2}{l}b_i^l d^{k+2-l}+d(k+2)\times$$

$$(\sum_{i=1}^{s}a_i^{k+1}-\sum_{i=1}^{s}b_i^{k+1})=$$

$$\sum_{i=1}^{s}a_i^{k+2}+\sum_{i=1}^{s}(b_i+d)^{k+2}+d(k+2)\times$$

$$(\sum_{i=1}^{s}a_i^{k+1}-\sum_{i=1}^{s}b_i^{k+1})\neq$$

$$\sum_{i=1}^{s}a_i^{k+2}+\sum_{i=1}^{s}(b_i+d)^{k+2} \tag{42}$$

由式(41)及(42)即得欲证之结论.

22. 证:直接验算有

$$0+3=1+2,0^2+3^2\neq1^2+2^2$$

故有

$$[0,3]_1=[1,2]_1 \tag{43}$$

取 $d=3$ 并对式(43)应用上一题的结果即得

$$[3,6,1,2]_2=[0,3,4,5]_2$$

去掉两边公有的数字 3 即得

$$[1,2,6]_2=[0,4,5]_2 \tag{44}$$

取 $d=5$ 并对式(44)应用上一题的结果即得
$$[6,7,11,0,4,5]_3 = [1,2,6,5,9,10]_3$$
去掉两边公有的数 5 及 6 即得
$$[0,4,7,11]_3 = [1,2,9,10]_3 \tag{45}$$

23. 证:取 $d=7$ 并对式(45)应用第 18 题的结论就得到
$$[7,11,14,18,1,2,9,10]_4 = [0,4,7,11,8,9,16,17]_4$$
去掉两边公有的数 7,9 及 11 即得
$$[1,2,10,14,18]_4 = [0,4,8,16,17]_4 \tag{46}$$
取 $d=8$ 并对式(46)应用第 18 题的结论就得到
$$[9,10,18,22,26,0,4,8,16,17]_5 =$$
$$[1,2,10,14,18,8,12,16,24,25]_5$$
去掉两边都有的数 8,10,16,18,就得到
$$[0,4,9,17,22,26]_5 = [1,2,12,14,24,25]_5 \tag{47}$$
为了证明本题最后一个结论,我们取 $d=13$ 并对式(47)应用第 18 题的结果即得
$$[13,17,22,30,35,39,1,2,12,14,24,25]_6 =$$
$$[0,4,9,17,22,26,14,15,25,27,37,38]_6$$
去掉两边公有的数 14,17,22,25,即得
$$[1,2,12,13,24,30,35,39]_6 = [0,4,9,15,26,27,37,38]_6 \tag{48}$$
再取 $d=1$ 并对式(48)应用第 18 题的结论即得
$$[12,13,23,24,35,41,46,50,0,4,9,15,26,27,37,38]_7 =$$
$$[1,2,12,13,24,30,35,39,11,15,20,26,37,38,48,49]_7$$
去掉两边都有的数 12,13,15,24,26,35,37,38,即得
$$[0,4,9,23,27,41,46,50]_7 = [1,2,11,20,30,39,48,49]_7 \tag{49}$$

24. 证:由于
$$1 + 8 + 12 + 15 + 20 + 23 + 27 + 34 = 140$$
$$0 + 7 + 11 + 17 + 18 + 24 + 28 + 35 = 140$$
而且
$$1^2 + 8^2 + 12^2 + 15^2 + 20^2 + 23^2 + 27^2 + 34^2 = 3\,248$$
$$0^2 + 7^2 + 11^2 + 17^2 + 18^2 + 24^2 + 28^2 + 35^2 = 3\,368$$
故有
$$[1,8,12,15,20,23,27,34]_1 = [0,7,11,17,18,24,28,35]_1 \tag{50}$$
故 $d=7$ 并对式(50)应用第 18 题的结论,我们就有
$$[8,15,19,22,27,30,34,41,0,7,11,17,18,24,28,35]_2 =$$
$$[1,8,12,15,20,23,27,34,7,14,18,24,25,31,35,42]_2$$

除去两边公有的数 7,8,15,18,24,27,34,35,即得
$$[0,11,17,19,22,28,30,41]_2 =$$
$$[1,12,14,20,23,25,31,42]_2 \tag{51}$$
取 $d = 11$,并对式(51)应用第 18 题的结论即得
$$[11,22,28,30,33,39,41,52,1,12,14,20,23,25,31,42]_3 =$$
$$[0,11,17,19,22,28,30,41,12,23,25,31,34,36,42,53]_3$$
由其中除去公有的数即得
$$[1,14,20,33,39,52]_3 = [0,17,19,34,36,53]_3 \tag{52}$$
取 $d = 13$ 并对式(52)应用第 18 题之结论,即得
$$[14,27,33,46,52,65,0,17,19,34,36,53]_4 =$$
$$[1,14,20,33,39,52,13,30,32,47,49,66]_4$$
除去两边公有的数即得
$$[0,17,19,27,34,36,46,53,65]_4 =$$
$$[1,13,20,30,32,39,47,49,66]_4 \tag{53}$$
取 $d = 17$ 并对式(53)应用第 18 题之结论,即得
$$[17,34,36,44,51,53,63,70,82,1,13,20,30,32,39,47,49,66]_5 =$$
$$[0,17,19,27,34,36,46,53,65,18,30,37,47,49,56,64,66,83]_5$$
除去两边公共的数即得
$$[1,13,20,32,39,44,51,63,70,82]_5 =$$
$$[0,18,19,27,37,46,56,64,65,83]_5 \tag{54}$$
取 $d = 19$ 并对式(54)再用第 18 题之结论,即得
$$[20,32,39,51,58,63,70,82,89,101,0,18,19,27,37,46,56,64,65,83]_6 =$$
$$[1,13,20,32,39,44,51,63,70,82,19,37,38,46,56,65,75,83,84,102]_6$$
除掉两边公有的数即得欲证之结论.

第 15 章

1. 解:由本章定理 1 知,所求整数个数为
$$10^5 - \left[\frac{10^5}{7}\right] - \left[\frac{10^5}{11}\right] - \left[\frac{10^5}{13}\right] + \left[\frac{10^5}{7 \times 11}\right] +$$
$$\left[\frac{10^5}{7 \times 13}\right] + \left[\frac{10^5}{11 \times 13}\right] - \left[\frac{10^5}{7 \times 11 \times 13}\right] = 10^5$$
$$- 14\ 285 - 9\ 090 - 7\ 692 + 1\ 298 + 1\ 098 + 699 - 99 = 71\ 929$$

2. 解:由于题给 1 200 个学生都参加了至少一个课外小组,故一个小组也未参加的学生人数为 0. 我们用 A_1, A_2, A_3 分别表示参加数学小组的学生集合,参

加语文小组的学生集合及参加外语小组的学生集合,则由题意有

$$|A_1| = 550, |A_2| = 460, |A_3| = 350$$

又用 A_{12} 表示同时参加数学及语文两组的学生集合,A_{13} 表示同时参加数学及外语两组的学生集合,A_{23} 表示同时参加语文及外语两组的学生集合,则有

$$|A_{13}| = 100, |A_{12}| = 120$$

又用 A_{123} 表示三组都参加的学生集合,则

$$|A_{123}| = 140$$

注意到开始所作的说明,由本章定理 1 即得

$$0 = 1\ 200 - |A_1| - |A_2| - |A_3| + |A_{12}| + |A_{13}| + |A_{23}| - |A_{123}|$$

故得

$$|A_{23}| = -1\ 200 + 550 + 460 + 350 - 100 - 120 + 140 = 80$$

即同时参加语文及外语小组的学生有 80 人.

3. 解:设 $a_1, a_2, \cdots, a_n$ 为 $1, 2, \cdots, n$,这 n 个自然数的一个排列,且满足

$$a_i \neq i \quad (i = 1, 2, \cdots, n) \tag{1}$$

那么显然排列 $a_1, a_2, \cdots, a_n$ 就给出这 n 个人的一种满足题目要求的坐法. 于是,问题就化为寻求满足条件式(1)的排列 $a_1, a_2, \cdots, a_n$ 的个数. 这种特殊的无重复排列称为 $1, 2, \cdots, n$ 的一个更列. 一般用 D_n 表示集合 $\{1, 2, \cdots, n\}$ 的所有可能的更列的个数. 问题就是要求 D_n 之值.

我们用 S 表示集合 $\{1, 2, \cdots, n\}$ 的无重复的排列全体所组成之集合,则有 $|S| = n!$. 当 $j = 1, 2, \cdots, n$ 时,用 P_j 表示"一个无重复排列使数字 j 的位置仍在第 j 位"这样一种性质,用 $A_j (j = 1, 2, \cdots, n)$ 表示 S 中具有性质 P_j 的所有排列所组成的子集. 由定义,$\{1, 2, \cdots, n\}$ 的一个更列就是 S 中一个不具有性质 P_1,$P_2, \cdots, P_n$ 的一个排列,于是由本章定理 1 得到

$$D_n = |S| - \sum |A_j| + \sum |A_i \cap A_j| + \cdots + (-1)^n$$
$$|A_1 \cap A_2 \cap \cdots \cap A_n| \tag{2}$$

由于集合 $A_j (j = 1, 2, \cdots, n)$ 中所有排列保持数字 j 在第 j 位不动,因此 $|A_j|$ 就是 $n - 1$ 个文字的无重复排列的个数,即

$$|A_j| = (n - 1)! \quad (j = 1, 2, \cdots, n)$$

完全类似地有

$$|A_i \cap A_j| = (n - 2)! \quad (1 \leqslant i < j \leqslant n)$$
$$\cdots$$
$$|A_1 \cap A_2 \cap \cdots \cap A_n| = 0! = 1$$

于是由式(2)有

$$D_n = n! \quad - \binom{n}{1}(n - 1)! \quad + \binom{n}{2}(n - 2)! \quad - \cdots +$$

$$(-1)^n \binom{n}{n} 0! \; = n! \; (1 - \frac{1}{1!} + \frac{1}{2!} - \cdots +$$

$$(-1)^n \frac{1}{n!}) \tag{3}$$

4. 解：设所求那种排列的个数为 Q_n，仍用 S 表示 $\{1,2,\cdots,n\}$ 的所有 $n!$ 个无重复排列组成的集合，于是 $|S| = n!$. 如果对某个 S 中的排列出现了一对相连整数 $i(i+1)(i=1,2,\cdots,n-1)$，我们就称这个排列具有性质 q_i，S 中具有性质 q_i 的所有排列组成的子集合记为 $B_i(1 \leqslant i \leqslant n-1)$，于是定理 1 给出

$$Q_n = |S| - \sum |B_i| + \sum |B_i \cap B_j| - \cdots +$$

$$(-1)^{n-1} |B_1 \cap B_2 \cap \cdots \cap B_{n-1}| \tag{4}$$

若一个排列具有性质 $q_i(1 \leqslant i \leqslant n-1)$，则可将 $i(i+1)$ 这两个数看成一个整体，于是 B_i 中排列的个数就与 $n-1$ 个数码的无重得排列个数相等，即

$$|B_i| = (n-1)! \quad (1 \leqslant i \leqslant n-1)$$

若一个排列同时具有性质 A_i 及 $A_j(i \neq j, 1 \leqslant i,j \leqslant n-1)$，那么可以将 $i(i+1)$ 及 $j(j+1)$ 各看成一个整体，于是集合 $A_i \cap A_j$ 中排列的个数就与 $n-2$ 个数码的全排列个数 $(n-2)!$ 相等，即

$$|A_i \cap A_j| = (n-2)! \quad (i \neq j, 1 \leqslant i,j \leqslant n-1)$$

（注意，这个结论对 $i \neq j$ 且 $i+1 \neq j, i \neq j+1$ 的情形当然成立，而且对 $i \neq j$ 但 $i+1 = j$ 或者 $i \neq j$ 但 $j+1 = i$ 的情形也是成立的，请读者自己说明理由.）

最后有

$$|A_1 \cap A_2 \cap \cdots \cap A_{n-1}| = 1!$$

代入式(4) 即得

$$Q_n = n! \; - \binom{n-1}{1}(n-1)! \; + \binom{n-1}{2}(n-2)! \; - \cdots +$$

$$(-1)^{n-1}\binom{n-1}{n-1}1!$$

注 D_n 与 Q_n 之间满足如下关系式

$$Q_n = D_n + D_{n-1} \quad (n \geqslant 2) \tag{5}$$

这可以利用上面两题之计算公式推导出来，我们把它留给读者做为练习.

5. 证：设 a 为 A 中一个元素且 a 恰具有 R 中其 r 个性质，则显然它在所给公式左边及右边恰好各记数一次. 如果 a 是 A 中一个元素，且 a 具有 R 中少于 r 个性质，则显然它在公式左方及右方均未计入. 最后设 a 是 A 中一个元素，它具有 R 中 $t(t > r)$ 个性质，则它在和式

$$\sum_{1 \leqslant i_1 < i_2 < \cdots < i_r \leqslant m} |A_{i_1} \cap A_{i_2} \cap \cdots \cap A_{i_r}|$$

237

中计入了 $\binom{t}{r}$ 次,在和式

$$\sum_{1 \leqslant j_1 < j_2 < \cdots < j_{r+1} \leqslant m} | A_{j_1} \cap A_{j_2} \cap \cdots \cap A_{j_{r+1}} |$$

中计入了 $\binom{t}{r+1}$ 次,$\cdots$,在和式

$$\sum_{1 \leqslant l_1 < l_2 < \cdots < l_t \leqslant m} | A_{l_1} \cap A_{l_2} \cap \cdots \cap A_{l_r} |$$

中计入了 $\binom{t}{t} = 1$ 次,而在剩下的和式

$$\sum_{\substack{1 \leqslant i_1 < i_2 < \cdots < i_s \leqslant m \\ s \geqslant t+1}} | A_{i_1} \cap A_{i_2} \cap \cdots \cap A_{i_s} |$$

中未计入,故这个元总共在公式右方计入了

$$\binom{r}{r}\binom{t}{r} - \binom{r+1}{r}\binom{t}{r+1} + \cdots + (-1)^{t-r}\binom{t}{r}\binom{t}{t} \tag{6}$$

次,我们只需来证明式(6)为零就好了$(t > r+1)$.

对任何 $u,0 \leqslant u \leqslant t-r$,我们有

$$(-1)^u\binom{r+u}{r}\binom{t}{r+u} = (-1)^u \frac{(r+u)!}{r!\ u!} \cdot$$

$$\frac{t!}{(r+u)!\ (t-r-u)!} = (-1)^u \frac{t!}{r!\ u!\ (t-r-u)!} =$$

$$\frac{(t-r+1)\cdots(t-1)t}{r!} \cdot (-1)^u \frac{(t-r)!}{u!\ (t-r-u)!}$$

于是式(6)等于

$$\frac{(t-r+1)\cdots(t-1)t}{r!} \sum_{u=0}^{t-r} (-1)^u \frac{(t-r)!}{u!\ (t-r-u)!} =$$

$$\frac{(t-r+1)\cdots(t-1)t}{r!} \sum_{u=0}^{t-r} (-1)^u \binom{t-r}{u} =$$

$$\frac{(t-r+1)\cdots(t-1)t}{r!} (1-1)^{t-r} = 0 \ (因为 t > r)$$

注 特别当 $r = 0$ 时就得到本章定理 1.

6. 解:用 S 表示 $\{1,2,\cdots,n\}$ 的全部无重复排列所组成的集合,则 $| S | = n!$. 设

$$a_1 a_2 \cdots a_n \tag{7}$$

为 S 中一个排列. 如果对某个 $i(1 \leqslant i \leqslant n)$ 有 $a_i = i$,则称排列式(7)具有性质 p_i,并用 A_i 表示 S 中具有性质 P_i 的全部排列所组成的子集合. 于是本题要求的就是 S 中恰好具有 $n-k$ 个性质的那种排列的个数. 由上一题的结果即有(取那

里的 $r = n - k$)

$$D_n(k) = \binom{n-k}{n-k}\binom{n}{n-k}k! - \binom{n-k+1}{n-k} \cdot$$

$$\binom{n}{n-k+1}(k-1)! + \cdots + (-1)^k\binom{n}{n-k}\binom{n}{n}0! =$$

$$\sum_{s=n-k}^{n}(-1)^{s-(n-k)}\binom{s}{n-k}\binom{n}{s}(n-s)! =$$

$$\sum_{s=n-k}^{n}(-1)^{s-n+k}\frac{s!}{(n-1)!(s-n+k)!}\frac{n!}{s!(n-s)!}(n-s)! =$$

$$\frac{n!}{(n-k)!}\sum_{s=n-k}^{n}(-1)^{s-n+k}\frac{1}{(s-n+k)!} \qquad (8)$$

注 在公式(8)中特别令 $k = n$ 即得

$$D_n = D_n(n) = n!\sum_{s=0}^{n}(-1)^s\frac{1}{s!}$$

这正是第 3 题中的结果.

*7. 解:我们先来看几个具体的例子.

若 $n = 1$,问题显然没有解. 若 $n = 2$,则共有 2 对夫妻即 4 个人,要满足男女相间而坐,则只能每一男人左、右两边各坐一位女士,于是不可能同一对夫妻不相邻而坐,因此 $n = 2$ 时也没有符合要求的解存在.

现在考虑 $n = 3$ 的情形. 此时共有 $2 \times 3 = 6$ 个人,指定圆桌的一个方向(例如按照时钟转动的方向),从这 6 个座位中依次相间取定 3 个座位安排女宾,从某一个位子开始按照指定的方向将这 3 位女宾的座位依次记为 $\overline{1},\overline{2},\overline{3}$. 用 i 记第 $\overline{i}$ 位女宾与第 $\overline{i+1}$ 位女宾之间的座位(这里 $1 \leqslant i \leqslant 2$),而第 $\overline{3}$ 位女宾与第 $\overline{1}$ 位女宾之间的座位则记为 3. 于是,当三位女宾按指定座席入座后,第 1 位男宾只能坐在 2 号座位上,第 2 位男宾只能坐在 3 号座位上,第 3 位男宾只能坐在第 1 号座位上,故对应的满足"男女相间"且"夫妻不邻座"的坐法恰只有一种.

现在再考虑 $n = 4$ 的情形. 此时共有 $2 \times 4 = 8$ 个人. 仍确定以某一方向取定 4 个相间的座位让 4 位女宾就座,并依次记为 $\overline{1},\overline{2},\overline{3},\overline{4}$,将此 4 位女宾的丈夫依次记为男宾 ①,②,③,④,将第 $\overline{i}$ 位女宾与第 $\overline{i+1}$ 位女宾之间的座位记为 i(这里 $1 \leqslant i \leqslant 3$),而第 $\overline{4}$ 位女宾与第 $\overline{1}$ 位女宾之间的那个座位记为 4. 容易看出,男宾 ① 除去座位 $1,4$ 外,可在 2 与 3 中任选一个就座,而对 $i = 2,3,4$,男宾 ⑤ 除了座位 $i-1$ 及 i 之外,可在剩下的 $4 - 2 = 2$ 个座位中任取一个就座. 设第 ⑤ 位男宾所坐座位为 $a_i(1 \leqslant i \leqslant 4)$,且 a_1,a_2,a_3,a_4 是符合要求的一种坐法,则上面的讨论表明

$$a_1 \neq 1,4 , a_2 \neq 2,1 , a_3 \neq 3,2 , a_4 \neq 4,3$$

即下列三行四列数字组成的一个阵列中

$$
\begin{array}{cccc}
1 & 2 & 3 & 4 \\
4 & 1 & 2 & 3 \\
a_1 & a_2 & a_3 & a_4
\end{array}
$$

其任何一列都不出现相同的数字.

若 $a_1 = 2$,则 a_2 可取 3 或 4.

若 $a_1 = 2, a_2 = 3$,则 a_3 可取 1 或 4.

若 $a_1 = 2, a_2 = 3, a_3 = 1$,则 $a_4 = 4$,不合要求.

若 $a_1 = 2, a_2 = 3, a_3 = 4$,则 $a_4 = 1$,合乎要求.

若 $a_1 = 2$,且 $a_2 = 4$,则必须 $a_3 = 1$,于是 $a_4 = 3$,不合要求.

若 $a_1 = 3$,则必须 $a_2 = 4, a_3 = 1, a_4 = 2$,合乎要求.

故合乎要求的坐法只有以下两种:

$$a_1 = 2, a_2 = 3, a_3 = 4, a_4 = 1$$

及

$$a_1 = 3, a_2 = 4, a_3 = 1, a_4 = 2$$

下面来考虑一般的有 $n(n \geqslant 3)$ 对夫妻的情形. 仍确定一个方向,将其中 n 个相间的座位安排给诸女宾坐,并将她们依座位顺序记为 $\bar{1}, \bar{2}, \cdots, \bar{n}$. 将她们的丈夫对应记为 ①,②,$\cdots$,⑩,仍记第 $\bar{n}$ 位女宾与第 $\bar{1}$ 位女宾之间的座位为 n,对 $1 \leqslant i \leqslant n-1$,用 i 来记第 $\bar{i}$ 位女宾与第 $\overline{i+1}$ 位女宾之间的座位. 于是,男宾 ① 除去第 1 个及第 n 个座位外,可在其他 $n-2$ 个座位中任取一个,男宾 ⑦ 这里 $2 \leqslant i \leqslant n$) 可在除去第 $i-1$ 及第 i 个座位以外的 $n-2$ 个座位中任一个就坐. 于是,使得满足要求的坐法如果表示成排列

$$a_1 a_2 \cdots a_n$$

的话,这里 a_i 表示男宾 ⑦ 所坐之座位号,地么如下的三行 n 列阵列

$$
\left\{
\begin{array}{ccccc}
1 & 2 & \cdots & n-1 & n \\
n & 1 & \cdots & n-2 & n-1 \\
a_1 & a_2 & \cdots & a_{n-1} & a_n
\end{array}
\right\}
\tag{9}
$$

中任一列中的三个数必无重复出现的数存在. 用 M_n 记符合上述要求的坐法个数,称之为 Ménage 数. 为了应用容斥原理来计算 M_n 之值,我们定义性质 P_1, $P_2, \cdots, P_n$ 如下:

性质 $P_i : a_i = i-1$ 或 $a_i = i (2 \leqslant i \leqslant n)$.

性质 $P_1 : a_1 = n$ 或 $a_1 = 1$.

设具有性质 $P_j (1 \leqslant j \leqslant n)$ 的那种排列 $a_1, a_2, \cdots, a_{n-1}, a_n$ 的全体组成之集合为

A_j.

先考虑 A_1,设 $a_1 a_2 \cdots a_n$ 满足性质 P_1,则 a_1 只可能取 n 或取 1.

情形一:设 $a_1 = n$,则(9)变成

$$\left. \begin{matrix} 2 & \cdots & n-1 & n \\ 1 & \cdots & n-2 & n-1 \\ a_2 & \cdots & a_{n-1} & a_n \end{matrix} \right\} \tag{10}$$

其中 $a_2 \cdots a_{n-1} a_n$ 可以是 $1, \cdots, n-1$ 的任一个无重复排列,其相应个数为 $(n-1)!$.

情形二:设 $a_1 = 1$,则同样地,$a_2 \cdots a_n$ 可以是 $2, 3, \cdots, n$ 的任一个无重复排列,其个数也为 $(n-1)!$,故得

$$|A_1| = 2(n-1)! \tag{11}$$

由于关于圆桌的圆形对称性,完全同样地可以证明,对每个 $i(2 \leq i \leq n)$,也有

$$|A_i| = 2(n-1)! \tag{12}$$

再来考虑集合 $A_i \cap A_j (i \neq j)$. 首先们考虑 $A_1 \cap A_2$.

情形一:若 $a_1 = n$,则 a_2 有 1 与 2 两种取法,对每种取法,$a_3, \cdots, a_n$ 均为 $n-2$ 个数字的无重复排列,于是 $a_1 = n$ 对应

$$2 \times (n-2)!$$

种属于 $A_1 \cap A_2$ 的排列.

情形二:若 $a_1 = 1$,则必须有 $a_2 = 2$,这又对应 $(n-2)!$ 个属于 $A_1 \cap A_2$ 的排列.

合之即得

$$|A_1 \cap A_2| = 3(n-2)!$$

完全同样地可证,对任何 $i, 1 \leq i \leq n-1$,皆有

$$|A_i \cap A_{i+1}| = 3(n-2)! \tag{13}$$

以及

$$|A_1 \cap A_n| = 3(n-2)! \tag{14}$$

而对 $1 \leq i < j \leq n, j \neq i+1$,且 $i = 1$ 时,$j \neq n$ 有

$$|A_i \cap A_j| = 4(n-2)! \tag{15}$$

由式(11)与(12)得到

$$\sum_{1 \leq i \leq n} |A_i| = 2n(n-1)! = \frac{2n}{2n-1} \binom{2n-1}{1} \cdot (n-1)! \tag{16}$$

而由式(13),(14)及(15)得到

$$\sum_{1 \leq i < j \leq n} |A_i \cap A_j| = 3n(n-2)! + ((n-3) + (n-3) +$$

$$(n-4) + \cdots + 1) \cdot 4(n-2)! =$$

$$3n(n-2)! + \left((n-3) + \frac{(n-3)(n-2)}{2}\right) \cdot 4(n-2)! =$$

$$3n(n-2)! + 2n(n-3) \cdot (n-2)! =$$

$$n(2n-3) \cdot (n-2)! =$$

$$\frac{2n}{2n-2}\binom{2n-1}{2} \cdot (n-2)! \tag{17}$$

下面我们要证明,对任给的 $r(1 \leqslant r \leqslant n)$,有

$$\sum_{1 \leqslant i_1 < i_2 < \cdots < i_r \leqslant n} |A_{i_1} \cap A_{i_2} \cap \cdots \cap A_{i_r}| =$$

$$\frac{2n}{2n-r}\binom{2n-r}{r} \cdot (n-1)! \tag{18}$$

对集合 $A_{i_1} \cap A_{i_2} \cap \cdots \cap A_{i_r}$ 中的每一个排列 $a_1 a_2 \cdots a_n$,它必须满足 r 个性质 $P_{i_1}, P_{i_2}, \cdots, P_{i_r}$,于是,对和集合

$$\bigcup_{1 \leqslant i_1 < i_2 < \cdots < i_r \leqslant n} (A_{i_1} \cap A_{i_2} \cap \cdots \cap A_{i_r})$$

中的每一个排列 $a_1 a_2 \cdots a_n$,它必须满足集合

$$R = \{P_1, P_2, \cdots, P_n\}$$

中的某 r 个性质 $P_{i_1}, \cdots, P_{i_r}$,每个性质 $P_{i_j}(1 \leqslant j \leqslant r)$ 可以是 R 中任一个性质,因而有 n 种不同的取法,对取定的每一个性质 P_{i_j},相应的 a_{i_j} 可取两个值,即性质 P_{i_j} 可有 $2n$ 种不同的方式得到满足. 由于圆形对称性,我们只要讨论选定的这个性质是性质 P_1 即可,此时 a_1 有两个可能的值 $a_1 = n$ 或 $a_1 = 1$.

情形一:设 $a_1 = n$,则式(9)变成

$$\left.\begin{matrix} 2 & 3 & \cdots & n-1 & \\ 1 & 2 & \cdots & n-2 & n-1 \\ a_2 & a_3 & \cdots & a_{n-1} & a_n \end{matrix}\right\} \tag{19}$$

其他为 $a_1 a_2 \cdots a_n$ 所满足的 $r-1$ 个性质应当由式(19)中的某 $r-1$ 列的取值来决定. 我们把式(19)中头两行中的 $2n-3$ 个数逐列写成如下一排(每列中两个数从小到大排列)

$$1\ 2\ 2\ 3\ 3\ \cdots\ n-2\ n-2\ n-1\ n-1 \tag{20}$$

容易看出,为了使 $a_1 a_2 \cdots a_n$ 满足剩下的 $r-1$ 个性质,必须且只需从式(20)中取出 $r-1$ 个数来作为 $a_2, a_3, \cdots, a_n$ 中某 $r-1$ 个数的值,且

(1)这取出的 $r-1$ 个数两两不同(因为 $a_2, a_3, \cdots, a_n$ 中不能有相同的数出现);

(2)这取出的 $r-1$ 个数中不能出现有相连结的形如 $i, i+1$ 的数(否则 i 与 $i+1$ 取在式(19)的某同一列中,这是不可能的,因为每个 a_j 只能在它所在列的两个数 $j-1, j$ 中取一个).

　　显然,上面两个条件可以统一成如下一个条件:在式(20)中选取 $r-1$ 个两两不在式(20)中相邻的数.

　　说得更详细一些,如果 $a_1a_2\cdots a_n$ 还需满足的另外 $r-1$ 个性质是 $P_{j_1},P_{j_2},\cdots,$ $P_{j_{r-1}}(2\leqslant j_1<j_2<\cdots<j_{r-1}\leqslant n)$.

　　情形 1:若 $2\leqslant j_1<j_2<\cdots<j_{r-1}\leqslant n-1$,则式(19)的如下 $r-1$ 列

$$\left.\begin{matrix} j_1 & j_2 & \cdots & j_{r-2} & j_{r-1} \\ j_1-1 & j_2-1 & \cdots & j_{r-2}-1 & j_{r-1}-1 \\ a_{j_1} & a_{j_2} & \cdots & a_{j_{r-2}} & a_{j_{r-1}} \end{matrix}\right\} \tag{21}$$

的每列中都必须有相同的数出现.

　　情形 2:若 $2\leqslant j_1<j_2<\cdots<j_{r-1}=n$,则式(19)中的如下 $r-1$ 列

$$\left.\begin{matrix} j_1 & j_2 & \cdots & j_{r-2} & \\ j_1-1 & j_2-1 & \cdots & j_{r-2}-1 & n-1 \\ a_{j_1} & a_{j_2} & \cdots & a_{j_{r-2}} & a_n \end{matrix}\right\} \tag{22}$$

的每列中也必须有相同的数出现,而且

$$a_{j_1},a_{j_2},\cdots,a_{j_{r-1}}(2\leqslant j_1<j_2<\cdots<j_{r-1}\leqslant n) \tag{23}$$

就是式(20)中 $r-1$ 个数,其中没有两个数在式(20)中是相邻的,反过来,易见对式(20)中形如式(23)的每一组 $r-1$ 个数,皆有符合题目要求的 $r-1$ 个性质 $P_{j_1},P_{j_2},\cdots,P_{j_{r-1}}$ 与之对应.

　　下面要来证明:设给出 m 个数码,每次从中选取 k 个来,设给定的 m 个数码为 $1,2,\cdots,m$,若要求取出的 k 个数中没有两个是在 $1,2,\cdots,m$ 中为相邻的,记 $f(m,k)$ 为取法个数,则

$$f(m,k)=\binom{m-k+1}{k}\ (1\leqslant k\leqslant(m+1)/2) \tag{24}$$

而当 $k>(m+1)/2$ 时有

$$f(m,k)=0 \tag{25}$$

　　式(25)的正确性是很显然的,因为当 $k>(m+1)/2$ 时,从 $1,2,\cdots,m$ 中任取 k 个数时必有至少两个数是相邻的,故符合要求的取法不存在.下面只证式(24)即可.

　　将满足要求的 k 元数组分成两类,第一类中均含有数 m,而第二类中皆不含数 m,在第一类数组中,由于已取了 m,故必不能再取 $m-1$,于是剩下的 $k-1$ 个数只能从 $1,2,\cdots,m-2$ 中选取,且仍需无两数是相邻的,故第一类中 k 元数组之个数为 $f(m-2,k-1)$.第二类的 k 元数组皆不取 m,故必从 $1,2,\cdots,m-1$ 这 $m-1$ 个数中选取 k 个不相邻的数组成,其取法有 $f(m-1,k)$ 个,于是有递推公式

$$f(m,k) = f(m-1,k) + f(m-2,k-1) \tag{26}$$

我们首先讨论式(24)中 $k = (m+1)/2$ 的情形,此时必有 $2 \nmid m$,于是易见满足要求的 k 元数组只有如下一种

$$1,3,\cdots,m-2,m$$

这证明了当 $2 \nmid m$ 时有

$$f\left(m,\frac{m+1}{2}\right) = 1 \tag{27}$$

下面要对 $1 \le k \le m/2$ 的情形用关于 $m+k$ 的归纳法来证明式(24).

由 $1 \le k \le m/2$ 知,$m+k \ge 3k \ge 3$,当 $m+k=3$ 时,必须有 $k=1,m=2$,此时显然有

$$f(2,1) = 2 = \binom{2-1+1}{1}$$

故 $1 \le k \le m/2$ 时,式(24)对 $m+k=3$ 是成立的.

现在假设式(24)对 $3 \le m+k \le N-1$ 的情形($1 \le k \le m/2$)皆已成立.下面设 $m_1 + k_1 = N, 1 \le k_1 \le m_1/2$. 由式(26)我们有

$$f(m_1,k_1) = f(m_1-1,k_1) + f(m_1-2,k_1-1) \tag{28}$$

显然

$$(m_1-1) + k_1 \le N-1$$
$$(m_1-2) + (k_1-1) \le N-1$$

如果还有

$$\begin{cases} 1 \le k_1 \le (m_1-1)/2 & (29) \\ 1 \le k_1-1 \le (m_1-2)/2 & (30) \end{cases}$$

的话,则可以对式(28)右方两项分别应用归纳假设得到

$$f(m_1,k_1) = \binom{(m_1-1)-k_1+1}{k_1} + \binom{(m_1-2)-(k_1-1)+1}{k_1-1} =$$

$$\binom{m_1-k_1}{k_1} + \binom{m_1-k_1}{k_1-1} = \binom{m_1-k_1+1}{k_1}$$

这证明了当式(29)与(30)都满足时,式(24)对 $m_1 + k_1 = N, 1 \le k_1 \le m_1/2$,也成立,从而对任何适合 $1 \le k_1 \le m_1/2$ 及式(29),(30)的 $k_1 m_1$ 皆成立.

最后剩下讨论式(29),(30)中至少有一式不成立的那些情形,这只有以下两种可能情形:

(1)若 $k_1 = 1$,则式(30)左边不成立,但此时直接有

$$f(m_1,k_1) = f(m_1,1) = m_1 = \binom{m_1-1+1}{1}$$

244

(2) 若 $k_1 = \dfrac{m_1}{2}$, 则 $2 \mid m_1$ 且式(29) 右边不成立, 由式(26) 我们有

$$f\left(m_1, \frac{m_1}{2}\right) = f\left(m_1 - 1, \frac{m_1}{2}\right) + f\left(m_1 - 2 + \frac{m_1}{2} - 1\right) \tag{31}$$

由式(27) 及 $2 \nmid (m_1 - 1)$ 有 $f\left(m_1 - 1, \dfrac{m_1}{2}\right) = 1$, 故

$$f\left(m_1, \frac{m_1}{2}\right) = 1 + f\left(m_1 - 2 + \frac{m_1}{2} - 1\right) \tag{32}$$

注意到 $f(2,1) = 2$, 由式(32) 递推即得

$$f\left(m_1, \frac{m_1}{2}\right) = \left(\frac{m_1}{2} - 1\right) + f\left(m_1 - 2\left(\frac{m_1}{2} - 1\right)\right),$$

$$\frac{m_1}{2} - \left(\frac{m_1}{2} - 1\right)\right) = \left(\frac{m_1}{2} - 1\right) + f(2,1) = \frac{m_1}{2} + 1 =$$

$$\begin{pmatrix} m_1 - \dfrac{m_1}{2} + 1 \\[2mm] \dfrac{m_1}{2} \end{pmatrix}$$

以上讨论证明了式(24) 对 $1 \leqslant k \leqslant m/2$ 的任何整数 k 及 m 皆成立, 在式(24) 中特别地取

$$m = 2n - 3, k = r - 1$$

我们就得到满足条件且形如式(23) 的 $r - 1$ 元数组 $a_{j_1} a_{j_2} \cdots a_{j_{r-1}}$ 的个数为

$$\binom{2n - 3 - (r - 1) + 1}{r - 1} = \binom{2n - r - 1}{r - 1} \tag{33}$$

情形二: 设 $a_1 = 1$, 则式(9) 变成

$$\left. \begin{matrix} 2 & 3 & \cdots & n - 1 & n \\ 2 & \cdots & n - 2 & n - 1 \\ a_2 & a_3 & \cdots & a_{n-1} & a_n \end{matrix} \right\} \tag{34}$$

于是其他 $r - 1$ 个性质应当由从

$$2 \quad 2 \quad 3 \quad 3 \quad \cdots \quad n - 1 \quad n - 1 \quad n \tag{35}$$

这 $2n - 3$ 个数中取 $r - 1$ 个互不相邻数的取法来决定, 而这个取法的个数显然与前一样仍等于式(33).

最后, 注意到第一个选取的性质有 $2n$ 种方式得到满足, 从形如式(20) 或(35) 的 $2n - 3$ 个数中取出 $r - 1$ 个不相邻数的取法个数为

$$\binom{2n - r - 1}{r - 1}$$

取出来的每组数

$$n \quad a_{j_1} \quad \cdots \quad a_{j_{r-1}}$$

或

$$1 \quad a_{j_1} \quad \cdots \quad a_{j_{r-1}}$$

所对应的那 r 个性质每一个都被第一次选取时,这同一组 r 个性质都重复选出一次,因此共重复了 r 次,最后剩下的 $n - r$ 个数只须作无重复排列即可,这有 $(n - r)!$ 种可能,故合起来得到

$$\sum_{1 \leqslant i_1 < i_2 < \cdots < i_r \leqslant n} | A_{i_1} \cap A_{i_2} \cap \cdots \cap A_{i_r} | =$$

$$\frac{1}{r}(2n)\binom{2n - r - 1}{r - 1}(n - r)! =$$

$$\frac{2n}{2n - r}\binom{2n - r}{r}(n - r)!$$

最后由本章定理 1 即得,对 $n \geqslant 3$ 有

$$M_n = \sum_{r=0}^{n}(-1)^r \frac{2n}{2n - r}\binom{2n - r}{r}(n - r)!$$

注 应用本题之思想及第 5 题之公式还可以证明本题的一个推广的结果.

如果一个无重排列 $a_1 a_2 \cdots a_n$ 使得式(9)中恰有 k 个列中的每一列都有相同的数出现,我们就称这个无重排列为一个 k – Ménage 排列,记所有 k – Ménage 排列的个数为 $M_n(k)$,则可以证明

$$M_n(k) = \sum_{r=k}^{n}(-1)^r \binom{r}{k}\frac{2n}{2n - r}\binom{2n - r}{r}(n - r)! \tag{36}$$

特别当 $k = 0$ 时就得到本题中 M_n 之公式.

学习景润好榜样

有些人死了,但他还活着,有些人活着,但他已经死了.陈景润先生虽然离开我们已经有 17 年了.但他仍不时的出现在大家的文字和记忆中.

《新民周刊》主笔苗炜先生在写一篇怀念乔布斯的文章时提到了一段往事.

"我是在 1983 年秋天用上苹果 II 型的,我那所高中以理科教育闻名,组织了一次数学考试,优胜者可以学计算机,……

当时是学 Basic 语言,我在计算机上干出的第一件有成就感的事情就是用一个小程序检验'哥德巴赫猜想'到 10 万的时候是否成立,……"

陈景润生前所在的单位中国科学院为了纪念他还设立了一项"陈景润未来之星"的项目,以支持 35 岁以下的优秀人才,已有 16 名年青学者入选.

最近其中一位年轻的中国数学家孙斌勇与朱程波合作证明了上世纪 80 年代提出的典型群重数猜想在阿基米德域情形上成立.这是 L-函数研究中的基本问题之一. 2007 年 Aizenbud Gourevitch, Rallis Schiffmann 合作证明了该猜想在非阿基米德域情形成立.而孙斌勇的成功离不开中科院的"陈景润未来之星"计划.无独有偶,另外一位获得了国际声誉的青年数学家袁巍则是在研究一类结构丰富的算子代数时首次揭示了连续几何与古典几何的某种深刻联系,而袁巍也表示说他的成长历程离不开"陈景润未来之星"计划.

一、有一种优秀叫卓越

陈景润先生的声誉是伴随着一位德国人哥德巴赫(Goldbach Christian)而传遍神州大地的.哥德巴赫在我国读者心目中一直是位业余数学家,还有资料记载他是德国驻俄国的公使,其实哥德巴赫是一位牧师的儿子,曾在柯尼斯堡大学学习医学和数学.1710年他像当时许多有条件的人一样周游欧洲来增长阅历;1725年他定居俄国,成为圣彼得堡帝国科学院的数学教授;1728年担任了早逝的彼得二世(彼得大帝的孙子)的宫廷教师.

哥德巴赫之所以在数学上负有盛名,是由于他在1742年给欧拉的一封信中提到的"哥德巴赫猜想".

阿西莫夫评价说:这样简单、显然正确的事实,为什么不能证明呢?这是数学家们所受到的挫折之一.

"现代的国家制度,要保护平庸;尼采的超人社会,要发展个性.在现代国家里,生活一切机械无聊;在超人社会里,生活一切精彩美丽.现代的国家,是整齐的理想;超人的社会,是力量的象征!……"这是研究尼采的哲学家的感言.其实数学家的生存法则更为"残酷",因为这是一个赢者通吃的团体,只有第一没有第二,而且是没有所谓的中国第一,亚洲第一,只有世界第一.

在长达260余年征服哥德巴赫猜想的征途上,众位豪杰各领风骚,最后止于陈景润.

法国大数学家H·庞加莱试图在头等的数学与次等的数学之间划清界限.他说:"有些问题是人提出的,有些问题是它本身提出的."哥德巴赫猜想是它本身提出的.这个问题提法的极端简单,结合证明的极端困难使之成为真正的问题.况且这些问题的解决又导致整个数论的发展.

只有这等大问题,才会吸引那些数学大师的目光,激发起他们的征服欲,而因为有了他们曾经或正在路上才会更吸引后来人加入这一行列,也只有在这样一场高手云集的比赛中脱颖而出才会更有成就感.所以我们学习陈景润,首先要学习他目标远大,追求卓越.

曾经的世界数学领袖,德国大数学家希尔伯特曾说:"……为了引诱我们,数学问题应是困难的,但不是完全不可解决的,免得它嘲弄我们的努力.它应是通往潜藏着真理的曲径上的引路人,最后它应该以成功地解答的喜悦作为对我们的奖励."

陈景润是幸运的,他恰好选择了一个举世公认的难题,而又在有生之年大大地推进了它.想想有多少人焚膏继晷,恒兀兀、以穷年为一个大目标耗费了宝贵的一生而终无所获,牛顿为炼丹术耗费了人生最后的四十年,爱因斯坦为统一场论白忙了后半生,美国数学家Wagstuff为Fermat大定理贡献了长达94年的一生,最后只证明了对 $p<12\ 500$ 时成立.

印度文明的奇葩,20 世纪最卓越的心灵导师克里希那穆说:庸俗指的是爬山爬到一半,是做事情只做一半,从来没有爬到山顶,从来不要求自己发挥全部的能量,全部的能力,从来不要求卓越.((印度)克里希那穆. 谋生之道. 廖世德译,九州出版社,2007,245 页.)

从这个意义上说陈景润和诸位数论大师都是追求卓越之人.这一点在中国特别需要提倡.做一件事一定要做到极致,决不中庸,决不见好就收,决不半途而废,死了也要干,不淋漓尽致不痛快,这样的人生观、世界观与中国几千年的传统不相合.

也有人说咱中国人不争不抢,不急不忙,不紧不慢,13,14 世纪时数学在世界上也是数一数二,出了众多古代筹人.但今天不行了,今天中国数学可以说是大而不强.中国数学在国际上的位置,可以从 2006 年 8 月 22 至 30 日在西班牙马德里召开的国际数学家大会(ICM)的有关数据中可以看出,此次大会邀请20 位数学家做 1 小时报告(但似乎有照顾东道主之嫌),169 位数学家做 45 分钟报告,题目涉及所有的数学领域,陈志明是本次会议唯一一位应邀做 45 分钟报告的中国大陆数学家.2002 年田刚做过 1 小时报告.那就是说第一方阵前 20名没咱的事,第二方阵的前 169 名中仅有咱们一个位置,而陈景润当年是受到邀请在 ICM 上做报告的,而且是美国数学家代表团 20 世纪 70 年代来华访问后写成的报告中值得一提的两大成就之一(另一个是冯康先生的有限元法),所以今天应重提学习景润好榜样,他之于中国当代数学就像鲁迅之于当代中国文学一样至今没人超越.以一般现代人的阅读量可能远远超过鲁迅,但都不会再造鲁迅,除非你再经历过他所承受的一切的一切.多数网络写手写得再多,充其量也只是个吞吐垃圾的网虫.就像知识分子,读书再多也只是个书虫,变成一只两脚书柜.如今不再产思想家,如今盛产"文字制造者"和"信息搬运工".

当今的多数数学家们随着社会大环境的变迁,早已不再把数学当成终生追求的事业和纯美的精神享受而是当成了一种普通的与其他工作没什么两样的谋生手段,甚至是为了评职称或迎合自然科学基金要求而不得已去大量炮制没多少含金量,不痛不痒的论文,篇数与 SCI 检索数均世界领先但就是没有大成果.所以在偶像缺失的今天,我们就是要重树陈景润这个偶像.反偶像,反偶像变得迷失自我,反偶像变得无条件无原则,反偶像变成精神奴隶,反偶像变得否定过去,否定他者,否定一切,这样的结果是我们都不愿看到的.

计划经济时代人们重出身,重门第,讲等级,信息流是由上至下传,学术明星也是由官方钦定.所以建国后没宣传过几个数学家.大张旗鼓宣传的只有华罗庚、张德馨、熊庆来、陈景润、杨乐、张广厚等为数不多的几个.到了市场经济时代开始重结果,重业绩,讲贡献,信息流也开始由下至上传递.但明星却又被影视明星,企业明星,讲法明星所占据,因为他们通俗、娱乐、易懂,所以容易受到追捧,而数学明星则再度缺失.所以在当前的环境下,我们更应重提陈景润这位学术英雄与之抗衡.

二、有一类人物叫英雄

托尔斯泰说:"只要有战争,就有伟大的军事将领;只要有革命,就有伟人."历史这样说:"只要有伟大的军事将领,实际上,就有战争."仿此我们可说:"只要有数学猜想,就有伟大的数学家,同样有伟大的数学家,一定会有大的猜想."

陈景润的目标是远大的,而且是从初中二年级时就确定了的,由于时局动荡而滞留老家的留法博士沈元先生被历史选中要到陈景润所在的中学兼职谋生.而且学工出身的后来成为南京工学院院长的他偏巧是个博览群书的人,那个时候就知道哥德巴赫猜想,当时的中学也幸运的没有受到应试教育的主宰,可以任老师在课堂上天马行空,高谈阔论,陈景润的宏愿就此产生.

少年雨果曾立下这样的宏愿:"要么成为夏多布里昂,要么一无所成."他后来以一支笔面对第二帝国的皇帝拿破仑三世,洋溢着一种大无畏的英雄气概,其时未必不会想起少年时奉为楷模的夏多布里昂.巴尔扎克在放在卧室里的拿破仑塑像的底座上写下这样的豪言壮语:"他用剑未完成的事业,我用笔完成."

陈景润一生都在圆初中时的梦想,也用了半生的时间作准备,他从没想过要在一块木板的最薄处钻很多孔,而是选择了一处最厚最硬的地方钻一个孔,他要毕其大功于一役,他不屑用微不足道的小成功来骗自己,他要用一个大的结果"当惊世界殊".

宋代王安石在《游褒禅山记》中有:"然力足以至焉,于人为可讥,而在己为有悔.尽吾志也而不能至者,可以无悔矣."用今天的话说就是:"若自己的力量足以到达却没有到达,别人有理由讥笑你,自己也应该悔之.但要是尽了最大的努力还不能达到其目的,那就没什么可后悔的了!"这正是陈景润完成"1+2"后的心情.

虽然哥德巴赫猜想没能终结于陈景润,但是他尽力了,他把一个人一生的所有精力都贡献给了这个猜想,以至产生了一种绑定的效果,无论在世界何处,人们谈论起哥德巴赫猜想就一定会谈到陈景润,他几乎成了哥德巴赫猜想的同义词,用数学语言描述,他们是"共轭的".陈景润的价值在于重新拾回了中国人的自信心.

2005 年 1 月 26 日,CCTV《面对面》栏目的王志先生来清华园访问杨振宁,王志问:杨先生,您说过您一生最大的贡献也许不是得诺贝尔奖,而是帮助中国人改变了一个看法,不如人的看法.很多年前您就开始这么说.但是我们很想知道,您是面对中国人讲的一种客气话,还是觉得真心的就这样认为.

杨振宁回答:我当然是真心这样觉得,不过我想的比你刚才所讲的还要有更深一层的考虑.你如果有20世纪初年,19年纪末年的文献,你就会了解20世纪初年中国的科学是多么落后.那个时候中国念过初等微积分的人,恐怕不到十个人,所以你可以想象20世纪初年,在那样落后的情形之下,一些中国人,尤其是知识分子,有多么大的自卑感.1957年李政道跟我得到诺贝尔奖,为什么当时全世界的华人都非常高兴呢?我想了一下这个,所以就讲了刚才你所讲的那一句话,是我认为最重要的贡献,是帮助中国人改变了自己觉得不如外国人这个心理.(杨振宁著.翁帆编译.曙光集.生活·读书·新知三联书店,2008,358~359页)

中国传统科学技术的发展在明代已是强弩之末,到了清代也没有什么大的发展,而欧洲的科学技术在这一时期却取得了长足的进步,把中国远远地抛在了后面,但中国并没有紧迫感,反而滋生出了"西学中源"之说,这更多的是出于一种心理自卫机制,但这种脆弱的自大感觉并没有事实支持,数学这一分支我们确实曾被世界远远甩到了后头,从陈景润起刚开始有了单项的领先,随之又是低谷,用丘成桐先生话说:"当年作家徐迟用生花妙笔描写陈景润的工作,使他成为全国英雄,做成错误的印象,以为数论的目的在解决一、两个孤立的猜测,时至今日,中国数论学家连世界数论主流的文章都看不懂,不只落后十数年了.但是中国新派出的留学生却很快地学习了西方的方法,而且出人头地.可见问题不在中国人的智慧,而是老派数论学家没有将年轻人引导到正确的方向."这些议论当然不乏门第之见,但大体正确.

黑格尔说过:"证明是数学的灵魂."几千年来都是这样,有谁能够对此提出挑战?没有.我们能做的只有一件事:把什么是证明搞得更明白;去"找"出一个又一个的数学命题并且一个又一个地加以"证明",谁能证明更重要的命题谁就是胜利者(齐民友.数学与文化),在数学领域是"丛林法则"只承认强者不同情弱者,谁证明了大猜想,开创了大理论,建立了大体系,谁就是英雄.从这个意义上说陈景润证明的"1+2"是一座至今没人能逾越的高山,我们有许多结果关起门在家里炒的挺热闹,但在国际同行中却没有丝毫反应,包括最近炒得很凶的庞加莱猜想的优先权之争,也在国际数学界一边倒的好评佩雷尔曼声中不了了之,而陈景润的传奇却一直在流传.

徐光启在译完欧几里得《几何原本》前6卷(1607年版,底本是德国人克拉维乌斯(C. Clavius)校订增补的拉丁文本 Euclidis Elementorum Libri XV(《欧几里得原本15卷》1574年出版),后9卷是英国人伟烈亚力和李善兰合译的)时有一句话:"续成大业,未知何日,未知何人,书以俟焉."

哥德巴赫猜想这台大戏还没落幕,从潮流上看,解析数论似乎早已不再是主流(潘承彪教授曾跟编者说怀尔斯证明费马大定理用的手法也有解析数论的手法,不知真否),哈代,维诺格拉多夫,陈景润已相继谢幕,在下一位主角还没登台之前,观众心中的英雄还是陈景润.

思想家黄宗羲曾说:"大丈夫行事,论顺逆不论成败,论是非不论利害,论万世不论一生."

陈景润的选择颇有大丈夫气魄,加之华罗庚先生的高瞻远瞩,论当时中国的数论力量,根本不具备冲击哥德巴赫猜想的实力,但这样的大手笔和将优势兵力集中于狭窄的研究领域的打法(波兰学派的崛起也是同样做法)居然在解析数论这个当时的主流领域取得了令世界瞩目的大成就,为中国数论界赢得了巨大的国际赞誉,像陈景润他们的这种大眼界、大手笔今天已越来越少见,相反,对没有风险的小打小闹感兴趣的人越来越多,所以从这个意义上说,陈景润是个好榜样.

三、有一种状态叫精神

契克森米哈赖的《快乐,从心开始》(原名为 Flow: the Psychology of optimal Experience. 天下文化出版公司,1993.)是一本奇书.据通读了此书的社会学家郑也夫介绍此书时说:商人们说消费能带来快乐,而契氏在快乐的来源上提出了完全不同的看法.契氏说,精神上无序,相当于"精神熵",是很糟糕的状态,烦躁,空虚不说,耗能还很高.反熵就是为自己的精神建立秩序,手段是找到自己的目标(而不是做社会目标的傀儡),专注于这个目标,全身心地投入,达到浑然忘我,并因为投入其中而屏蔽了世俗生活中琐事的打扰.他称这种状态为"心流".比如,外科大夫操刀,陈景润解题,健儿攀岩,都进入到无我的状态.这状态是愉悦的,甚至比无所用心的烦躁耗能少,因为它是有序的.

在中国即将进入后工业化社会的今天,原来从未预料到的社会问题层出不穷,特别是人们的精神层面的东西.农业化社会男耕女织大家都在为生存而努力,日子艰苦而精神充实,进入到工业化社会终于可以衣食无忧了,大家又开始疯狂的积累财富.因为社会公认的法则是以拥有财富的多少决定个人成功与否.社会走到今天人们终于发现其实丰富的精神生活和追求才是值得拥有的,但这如同音乐和绘画一样需要长期的训练才可能有效,并且一旦入门尝到乐趣,人生便会从此不同.数学家工作的强度是很大的,但他们也多拥有一个充实长寿的一生,像苏步青,陈省身,哈达玛等90多岁的老寿星大有人在,而且这长寿并不受物质条件影响,越艰苦还越有精神.

著名数学家陆启铿教授在一篇纪念华罗庚先生的文章中指出:在抗日战争时期,西南联大的教授们的物质生活条件之差令人难以想象,但那个时候出了不少著名的科学家,华罗庚、陈省身先生许多重要的工作都是那个时候完成的.这需要一股劲,一个优良的学术传统.相反的,有了一个较好的物质生活环境,有些人便有可能不甘过做基础研究的清贫生活,转而寻求赚钱较多的职业,这对基础研究来说是一个危机.

所以陈景润带给我们的是那种独居陋室,青灯黄卷,物我两忘,自得其乐,躲进小楼成一统的那样一种精神状态和境界,在今天重提这些大有必要,因为在不知不觉之间风气已大变,清代学者章学诚说:"且人心日漓,风气日变,缺文之义不闻,而附会之习,且愈出而愈工焉.在官修书,唯冀塞责,私门著述,敬饰浮名.或剽窃成书,或因陋就简.使其术稍黠,皆可愚一时之耳目,而著作之道益衰.诚得自注以标所去取,则闻见之广狭,功力之疏密,心术之诚伪,灼然可见于开卷之顷,而风气可以渐复于质古,是又为益之尤大者也."(文史通义.卷三.)

矫枉必须过正,陈景润那种极端认真的精神就是治疗的良药,林群院士回忆陈景润,为了验证一个高阶行列式的值是否真的为零,曾用了两个月的时间,手算几十万项,只有这种近乎偏执的认真才使他能够发现谢盛刚那篇关于哥德巴赫猜想的文章的一个关键性的引理有计算错误,更可贵的是他能勇于指出,在你好,我好,大家好的今天,这种直言近乎绝迹(《数学研究与评论》早先还有点批评文字.近些年不知为何也没了).

对当前的大学教育有人批评为:今日的大学正汲汲于谋生之事,蝇营于应对之策,那种让人卓然独立的学术品格和精神气质虽然不是荡然无存,但也所剩无几.(汪堂家.时宜的大学.书城.2000年第4期.)

所以我们学习景润先生,绝不仅仅是学习他刻苦钻研、努力攀登科学高峰,还要学习他的品格与精神,以景润先生为镜我们可以照见自己以及时代的许多毛病和问题,这些我们大家都曾共同拥有的也共同感到弥足珍贵的东西在悄悄地远离我们,我们怀念景润先生是因为他将我们带回到那个奋发向上、诚实、勤奋、敬业、学科学、爱科学的20世纪80年代.就像老一辈学人都怀念西南联大时期一样,像笔者这样的中年人对以景润先生为学习榜样的20世纪80年代也是记忆深刻.

在郑也夫先生为《北大清华人大社会学硕士论文选编2002~2003》一书所写的前言中指出:一个社会中众生们不求实,不敬业,必然是它的精英率先告别了求实和敬业.只要一个社会中精英们的精神还在,不信东风唤不回.换言之,要改造一个社会的作风,首先要从它的精英开始.不然就是伪善,就是奴隶主的哲学,就是注定不会得逞的痴人说梦.

郑也夫还指出:行为的动机和社会意义是一而二、二而一的事情.我们正统的意识形态过于强调社会意义、极大地忽略了作为当事者个人兴趣的动因.爱因斯坦从事相对论研究,陈景润从事哥德巴赫猜想,首先都是因为他们喜好,他们甚至不知道那结果将如何造福人类.当然他们知道科学同人类的福祉已结不解之缘,但是他们做那桩研究不是完全从利他出发的,他们自己也从中获得了愉快.相反,如果完全从利他出发,个人并无兴趣,是绝不可能在艰难的科学探索中有所发现的.因为当事者的兴趣是高度自我的,因为他们从过程中获得了愉快,在宣传中将他们的动机披挂上爱国主义或造福人类的冠冕其实是勉强的.另一方面,一个人的能力越强,他的正当行为中越会有良好的"外部性"流溢到社会中.但是那"外部性"不是他的全部动机,有时甚至不是他的主要动机.(博览群书.2004 年第 9 期.)

在西方的劳动经济学中一直就有"快乐工资(hedonic wages)"这个概念.有些行业的工资比教授还高,比如,夏威夷的码头工人,用劳动价值论是解释不了的.在当代的劳动经济学看来,有些工种没有人愿意干,因为太脏太累太不体面,所以老板必须要提高工资弥补工人在快乐方面的损失,他才接受这份工作.而数学家特别是像陈景润这样的优秀数学家,他从中得到了莫大的乐趣,所以别说工资少他干,不给工资恐怕都干.

四、有一种希望叫理想

哥德巴赫猜想对大多数中国人来说是一个理想主义的音符.对这种理想的解释可以用一首美国的流行歌曲的歌词来诠释:

> 那是一种难以割舍的渴望/当强烈的渴望出现时/任何人都会对自己说/我不想放弃/虽然我不想做/我做不到的事情/我知道这份渴望有多么奢侈/可是当它出现的时候/你无法抑制/无论如何/我知道我有这份渴望/我更渴望去实现它……

身体瘦弱的陈景润无疑是一个理想主义者,它的理想就是超越维诺格拉多夫,而承载着这一理想的就是哥德巴赫猜想的证明,欧拉试过,哈代试过,维诺格拉多夫也试过都没能最后成功,所以一旦自己获证,那岂不是超越了所有的数学前贤.

社会学家称,每个社会都有一个基本梦想,这种被他们称为"社会事实"的东西独立于个人愿望,它强迫每个人扮演着自己的角色.如果你不推崇这个基本梦想,你就是傻子,遭社会排斥.现在的社会梦想是成功梦、发财梦、榜上有名梦、娶得美人归梦,而 20 世纪 80 年代的社会梦想是成为科学家梦,是证明哥德巴赫猜想梦.

理想是对未来事物的想象或希望,多指有根据的、合理的,跟空想、幻想不同,一个人总会是理想主义到现实主义转化中的人.一句西谚翻译过来大致是说:如果一个人20岁时,他不是理想主义者,那他一定是个庸人;如果他到了40岁时还是理想主义者,那他一定是个傻瓜.其实庸人是坚定的,而理想主义者是犹豫的,因为他缺少同类,缺少支持,同时世俗的势力过于强大.

中国青年女导演彭小莲在纪念日本著名纪录片导演小川绅介时说:"事情在不断变化着.消逝、展现、又消逝,又展现……我不断地向自己提问,不停地寻找答案,可是到最后……我还是问自己,这都是为了什么? 也许,过去我们被穷困压迫得太喘不过气了……回头看去,我们很容易就被欲望和物质重新包裹起来.这是一个灾难.我们的智能似乎越来越低,一切都简单到用金钱就可以来裁决和判断事物,只有想到这里的时候,是多么怀念小川,我想,他要是活着,一定会告诉我该怎么去做的."

其实每一个领域都不乏理想主义者,我们只需要彰显他们,使他和他的同类不再孤单,也使社会保持理想与世俗两极的张力,使之平衡.彭小莲说:"小川一直在和自己挑战,他总是对自己感到不满足,他不断地进取着,问题是他选择了一条艰难的道路,理想主义道路.现在,我不是要在这里清算理想主义的价值问题,不是! 我是在想,我们自己今天的生存状态,多么像那个时期的日本.我似乎就在这个时期的恍惚中迷失了方向,我感激小康生活,政治运动的硝烟散去了;政治运动中惶惶不可终日的感觉不复存在;但是,四处弥漫着金钱的价值,同样让人害怕."

所以在当前中国很有必要重提理想主义.在所有人都在提成本和机会成本的经济社会中像陈景润这样为证明哥德巴赫猜想不计成本、不计代价的理想主义典型有自身的价值.虽然弗里德曼(不是那位著名经济学家.而是美国的一个记者托马斯弗里德曼)说"世界是平的",但全社会的精神高度不能是平的.我们虽然应该学习陈景润的精神,但并不能要求人人都像陈景润.要保持价值观的多元性.

理想,在任何时代也只是一个符号,什么东西都可以套上"理想"两个字来加以掩饰,但我们一定要看到"理想"后面的代价和结果.

人总是在寻找意义和目的,理想是人性的升华,它使人能高于自己.但理想只是人脑在一时一地的产物,过于夸大意识的主导作用,就违背了唯物主义.也许正因为这点,理想主义和唯心主义可以合用一个英文词.人们需要理想,但一旦执著过了头,理想主义就僵固了:一是可能把理想强加于现实,二是可能把理想强加于他人.这不由使我想起孔子说的"己所不欲,勿施于人",这双重否定似乎很被动,但实在是大智慧.倘若反过来变成双重肯定"己所欲,施于人",听上去好像更积极,后果却不堪设想,一个人的理想难保不成为别人的噩梦.(彭小莲.理想主义的困惑.华东师范大学出版社,2007.)

五、有一种数学叫纯粹

从 19 世纪初开始,数学严格性的倾向使它越来越成为数学家的游戏,而不是一般人取乐的领域(P. D. 库克. 现代数学史). 哥德巴赫猜想在中国的知名度远远超过世界上任何一个国家甚至于哥德巴赫的故乡德国和世界数学中心美国,这对于中国这样一个崇尚实用的国度是非常难以想象的,陈景润们在历次政治运动中无一幸免地被批为"脱离生产实际,无法服务于人民群众". 这一批判使得数论这个数学中最纯的分支无人敢搞,因为很难应用,于是华罗庚搞了优选法,闵嗣鹤搞了石油地质数字处理,潘承洞搞了扁壳基本方程,王元搞了混料均匀设计,越民义搞了运筹学与优化.

美国数学家 I·里查兹说:"好的定理总是对以后的数学有广泛影响的. 这仅仅归功于这个定理是真的这一事实. 既然是真的,必有其为真的道理;如果这个道理隐藏得很深,那就常常需要对它邻近的事实和原理有更深入的理解. 正是这样,数论这位'数学的女皇'才成为数学其他分支中许多工具的试金石. 事实上,这就是数论影响纯粹数学和应用数学的真实方式."([美]L. A. 斯蒂思. 今日数学. 马继芳译. 上海科学技术出版社,1982,74 页.)

翻开陈景润的论文目录,我们没有发现任何应用的痕迹,从这个意义上说陈景润是一个纯粹的数论学家,而且是至纯的,他坚信他的研究是有价值的,不论是否有应用. 但看了这套书,社会有改变. 事实上,他选了许多日常及工程多领域的实际应用例子.

陈省身先生做过一个演讲,他开篇就举了个例子,他说欧氏几何里曾经提出一个命题,即空间当中存在着五种正多面体,且只存在着五种正多面体——正四面体,正六面体,正八面体,正十二面体,正二十面体. 在欧几里得提出空间中的这种可能性后,人类在现实中——无论是矿物的结晶还是生命体,从未见过正二十面体,只看见过其他四种正多面体. 在欧几里得去世两千年后,人类在自然界中才发现了这样形状的东西. 无论它有用没用,总算遇上了,有用成为可能了. 我们能想到现实中的那个正二十面体是什么吗? 就是 SARS 病毒. 只不过它经过变异,每个面上长出了冠状的东西,陈省身接着说,多数数学知识当下不能成为生产力. 物理学和化学使用的数学知识是一两百年以前的数学成果. 有些数学成果一两百年后才变成了生产力,有些已经上千年了,却依然没有变成生产力. 起码,它的产生和应用之间有一个时间跨度. 而有些数学知识可能永远也转化不成生产力,但它可以服务于学科本身,帮助该学科内其他研究者有所发现,而后者的成果或许将来被用于实践.

其实真正的智者从来就不会问数学能够做什么,而是坚信数学是一种强有力的训练,他们相信,在不完美的现实世界中,这种训练能够让人类的心智去理解真实的理念世界,例如古希腊人他们的数学不崇尚实用,但是他们认为他们的建筑和艺术应该符合数学美的法则,为此他们发现了"黄金比率",并用此来设计各种建筑,如帕特农神庙.对于一个理论有无应用这个问题在社会科学中也有,郑也夫2005年6月1日在华中科技大学的演讲时说:"无用之学从来是知识分子的传统.知识分子在中国古代的前身是巫,祝,卜,史,是占卜的,搞宗教活动的,做记录的.当时,他们的作用似乎不太要紧,他们在打仗前为人占卜似乎没有士兵的长枪厚盾有用,可正是在这些人的占卜和记录中,完成了一个民族文字的产生.当初似乎最无用的东西,产生了最强大的后果.正是这些当时没用的人为后来社会的发展奠定了潜能和方向."(郑也夫.抵抗通吃.山东人民出版社,2007,222页.)

拿数论来说,这个昔日最纯的数学分支也逐渐有了意想不到的应用,从密码学到航天飞机训练的景色模拟,从通信理论中的纠错码到"上帝不掷骰子"的素数解读,但哥德巴赫猜想还没见到应用迹象,对此郑也夫有一番见解,他说:"陈景润是一样的事情.哥德巴赫猜想还未解决,就是解决了,你能告诉我们:它何年何月怎样造福人类? 不知道你为什么还要干? 第一辜负了人民对你们的养育,第二辜负了你自己的天赋,产生一个如此高智商的人不容易,这岂不是极大的浪费?"(郑也夫.抵抗通吃.山东人民出版社,2007,215页.)

从这个意义上说,陈景润又是一个对自己倍加珍惜的人,尽管在普通人眼里他为了证明哥德巴赫猜想夜以继日,耗尽了心血,但他知道自己的使命,知道自己的核心价值所在,也知道自己的真正需要,就像精神分析之父弗洛伊德在患口腔癌动了17次手术后仍然每天抽十棵雪茄一样,因为不如此,他身体再好都没有意义.

陈景润对此深知,所以他才能选了这个意义重大的猜想作为自己的主攻方向.A. Renyi说:"如果你想要做数学家,那么你必须意识到,你将主要是为了未来而工作."

像陈景润那样集中近20年的时间攻一个大问题也只能是在当时的环境中,现代的中国早已不容他这样"从一而终",我们需要研究面广,成果多的研究者.这是因为西方的学术体系已经有了很细的分工,一个小的研究领域就可以养活一批研究人员,但是在中国,任何一个细小问题的研究都无法养活一个研究人员,你必须铺开了研究,才能活下去.

陈景润的另一个幸运之处是在那个时代像哥德巴赫这样孤立的大猜想还是数学界的主流而"现代数学主要对结构感兴趣,被选为实现这些结构的那些对象仅仅是作为一般对象生长的基础"(H. Hermes).所以近代荣获菲尔兹奖的那些数学家都是因开创了新领域,建立了新结构,发现了新联系而获奖,即使像怀尔斯和佩雷尔曼证明了古老的费马猜想和庞加莱猜想也是综合运用了多种理论并进行了创造性的改进从而大大推进了整个分支的研究水平,而不仅仅是孤立地证明了两个定理.打个比方,现代重视的是十八般兵器的综合运用和新武器的研制,而陈景润是将一种兵器玩到了出神入化,举世无双,并且用它杀死了敌军的一员大将.但现在更讲究不战而屈人之兵,这一套不是我们的强项.

李约瑟在《中国科学技术史》中提出了三个问题.其中第一个问题为:中国传统数学为什么在宋元以后没得到进一步的发展?

确实中国古代传统数学经宋元时代达到了高峰以后,从明初开始,除了适应当时商业发展需要的珠算得到广泛的应用外,原来以筹算为中心而发展起来的理论数学就完全停滞不前了.对此李约瑟自己给出的答案是有两个原因.第一个原因是中国古代传统数学本身存在的弱点,用日本数学史专家三上义夫等人的说法是缺乏严格求证,形式逻辑没有发展起来和缺乏记录公式的符号方法.除此之外,李约瑟还找到了更深层次的原因,如"在从实践到纯知识领域的飞跃中,中国数学是未曾参与过的","'为数学'而数学的场合极少……他们感兴趣的不是希腊人所追求的那种抽象的,系统化的学院式真理".

著名拓扑学家王诗宬教授在北京大学做报告时说:"纽结论本身,是由物理学的需要而生产的,后来因为它不能解释物理现象,物理学家就把它忘掉了,它就纯粹地变成了一个理论的东西.数学家很愉快,尽管没有任何应用,数学家仍孜孜不倦地做,耗费自己的时光.在做了很多年以后,终于在生物学和化学中有了应用……所以说数学理论和实践联系的表现形式是丰富多彩的,它可以是简单、直接和周期的,也可以是深刻和难以预测的."从这个意义上说也许不应将数学人为地分为纯粹数学和应用数学,因为标准很难掌握,比如数论一定认为是纯粹数学,但陈省身教授在《怎样把中国建为数学大国》中指出:"数学中我愿把数论看做应用数学.数论就是把数学应用于整数性质的研究.我想数学中有两个很重要的数学部门,一个是数论,另一个是理论物理."(科技导报.1992 年第 11 期)

六、有一种思绪叫回忆

《新周刊》曾用脱口而出的 50 句口号讲述共和国史.比如 1949 年是:中国人民站起来了;1950 年是:抗美援朝,保家卫国;1966 年是:造反有理;1968 年是:广阔天地大有作为;1971 年是:友谊第一,比赛第二;而 1977 年就是:哥德巴赫猜想.

在北京大学举办的一次王诗宬教授主讲"从打结谈起"的讲座上,主持人是这样开场的:"在 20 世纪的 100 年里,中国人跟数学比较亲近的是 70 年代末.那时候有一位大数学家,他教给我们哥德巴赫猜想……陈景润出来以后,成了很多人选择学业和职业的一个分水岭.这之前,肯定好多人是想当诗人的.因为 70 年代之前,那时候当诗人谈恋爱比较容易,比较吸引女青年.但是,过了 1977 年以后,好多人想当数学家了.六小龄童在接受《新京报》记者采访时,对 '你记忆中哪些人是 80 年代的风云人物'的提问的回答是:陈景润."(新京报 编.追寻 80 年代.中信出版社,2006,228 页.)

当时的大中学生尤其以陈景润为学习榜样,中国著名控制论专家郭雷曾撰 文回忆那段时光:"在 1978 年刚入山东大学自动控制专业学习时被安排到数学 系感到很茫然,后听了张学铭教授介绍的控制论的历史后才明白控制论是应用 数学的重要分支."于是在陈景润精神的激励下,立即投入了紧张的学习.

在本书后半部分的回忆文章中多次提到了当时陈景润在广大青少年心中 的这种榜样形象.

美国精益针灸医疗服务公司总裁李强在《难忘的高考岁月》中回忆道:

"1978 年 3 月,中共中央举行了振奋人心的'全国科学大会'.邓小平提出 '科学技术是生产力'的论断;叶剑英发表了一首诗,后两句是'科学有险阻,苦 战能过关'.学校把它写在进门处的大石碑上,以鼓舞我们的学习热忱.报纸、 电台、电视对知识和知识分子做出很高评价.湖北老作家徐迟的报告文学《哥 德巴赫猜想》对数学家陈景润在研究'1+2'上的不懈努力做了生动描述.还有 对其他科学的广泛宣传,像数学家华罗庚、杨乐、张广厚,化学家唐教庆,物理学 家钱伟长、钱三强等,给了我极大鼓舞."(陈建功,周国平.我的 1977.中国华侨 出版社,2007,91 页.)而且当时的社会风气和大背景有利于这种榜样的产生. 因为从那时起人们又开始喜欢读书了.

《光明日报》社《文荟》副刊主编韩小蕙在回忆当年的情形时写道:

"……多少年没见过这种书了,一开禁,人人都兴奋得像小孩子买炮仗一 样,抢着买,比着买,买回家来,全家老少个个笑逐颜开,争着读,不撒手,回想起 那日子,真像天天下金雨似的,舒心,痛快!"

时势造英雄,任何一位学者要想成为人们心目中的英雄和榜样,那么他一 定是身处一个与其追求相符的伟大时代,时代更迭,物是人非.很久以前,伟大 的科学历史学家乔治·萨顿说过:"科学迟早要征服其他领域,把它的光芒洒 向迷信与无知猖獗的每一个角落."这是何等雄心,到了 21 世纪,人们似乎对科 学有些冷漠,随口就说"不过如此".同样的原因陈景润在人们心目中也今非昔 日,曾做过 Zhongo 网的 CEO 的牟森,在回答《新京报》记者的提问时曾说:"上 高中的时候,流行的是'学好数理化,走遍天下都不怕',大家崇拜的是(证明) 哥德巴赫猜想式的英雄."(新京报编.追寻 80 年代.中信出版社,2006,105 页) 而今天风气大变,人人开始谈"股"论"金",昔日英雄已被边缘化.

曹建伟在小说《商人的咒》中说:"英雄往往只有两个结局:一是遭遇扶植 者的假赏识与真遗弃;二是遭遇普通人的假崇拜与真妒忌……"(作家出版社,

2007）虽然分析精辟但我们宁愿相信这不是真的,但陈景润作为一个英雄却是个例外,他得到了真赏识和真崇拜.

有人在论法国的当代文学时,说有两种文学并存,一种文学"读的人很少,但谈的人很多";另一种文学"读的人很多,但谈的人很少".其实,今人面对 21 世纪的数学,也有类似的情况.哥德巴赫猜想就是一个搞的人很少(甚至没有)但谈的人很多(几乎全民)的一个数学猜想,甚至职业数学家都用此举例,获 2007 年第四届华人数学家大会晨兴数学金奖的浙江大学客座教授汪徐家在接受《科学时报》记者访问时说:"陈景润解决哥德巴赫猜想中的'1+2'时,并不是一到华罗庚那里马上就解决了这个难题.而是在那的学术环境中慢慢学,增加自己的知识,增加自己的功底,先解决'1+3',再解决'1+2'."(汪徐家.数学的高峰,我还在攀登.科学时报,2008.2.26.)

马克思在《1844 年经济学哲学手稿》中有一句绕口的学术话:"一切对象对他说来也就成为他自身的对象化,成为确证和实现他的个性的对象,成为他的对象,而这就是说,对象成了他自身."其实说白了就是啥人读啥书,你有什么样的格局就会去选什么层次的读物.如果你向往陈景润的境界,想学习他那种精神,那就先从本书开始读起吧!

刘培杰数学工作室
已出版(即将出版)图书目录——初等数学

书　名	出版时间	定　价	编号
新编中学数学解题方法全书(高中版)上卷(第2版)	2018－08	58.00	951
新编中学数学解题方法全书(高中版)中卷(第2版)	2018－08	68.00	952
新编中学数学解题方法全书(高中版)下卷(一)(第2版)	2018－08	58.00	953
新编中学数学解题方法全书(高中版)下卷(二)(第2版)	2018－08	58.00	954
新编中学数学解题方法全书(高中版)下卷(三)(第2版)	2018－08	68.00	955
新编中学数学解题方法全书(初中版)上卷	2008－01	28.00	29
新编中学数学解题方法全书(初中版)中卷	2010－07	38.00	75
新编中学数学解题方法全书(高考复习卷)	2010－01	48.00	67
新编中学数学解题方法全书(高考真题卷)	2010－01	38.00	62
新编中学数学解题方法全书(高考精华卷)	2011－03	68.00	118
新编平面解析几何解题方法全书(专题讲座卷)	2010－01	18.00	61
新编中学数学解题方法全书(自主招生卷)	2013－08	88.00	261

数学奥林匹克与数学文化(第一辑)	2006－05	48.00	4
数学奥林匹克与数学文化(第二辑)(竞赛卷)	2008－01	48.00	19
数学奥林匹克与数学文化(第二辑)(文化卷)	2008－07	58.00	36'
数学奥林匹克与数学文化(第三辑)(竞赛卷)	2010－01	48.00	59
数学奥林匹克与数学文化(第四辑)(竞赛卷)	2011－08	58.00	87
数学奥林匹克与数学文化(第五辑)	2015－06	98.00	370

世界著名平面几何经典著作钩沉——几何作图专题卷(共3卷)	2022－01	198.00	1460
世界著名平面几何经典著作钩沉(民国平面几何老课本)	2011－03	38.00	113
世界著名平面几何经典著作钩沉(建国初期平面三角老课本)	2015－08	38.00	507
世界著名解析几何经典著作钩沉——平面解析几何卷	2014－01	38.00	264
世界著名数论经典著作钩沉(算术卷)	2012－01	28.00	125
世界著名数学经典著作钩沉——立体几何卷	2011－02	28.00	88
世界著名三角学经典著作钩沉(平面三角卷Ⅰ)	2010－06	28.00	69
世界著名三角学经典著作钩沉(平面三角卷Ⅱ)	2011－01	38.00	78
世界著名初等数论经典著作钩沉(理论和实用算术卷)	2011－07	38.00	126

发展你的空间想象力(第3版)	2021－01	98.00	1464
空间想象力进阶	2019－05	68.00	1062
走向国际数学奥林匹克的平面几何试题诠释.第1卷	2019－07	88.00	1043
走向国际数学奥林匹克的平面几何试题诠释.第2卷	2019－09	78.00	1044
走向国际数学奥林匹克的平面几何试题诠释.第3卷	2019－03	78.00	1045
走向国际数学奥林匹克的平面几何试题诠释.第4卷	2019－09	98.00	1046
平面几何证明方法全书	2007－08	35.00	1
平面几何证明方法全书习题解答(第2版)	2006－12	18.00	10
平面几何天天练上卷·基础篇(直线型)	2013－01	58.00	208
平面几何天天练中卷·基础篇(涉及圆)	2013－01	28.00	234
平面几何天天练下卷·提高篇	2013－01	58.00	237
平面几何专题研究	2013－07	98.00	258
平面几何解题之道.第1卷	2022－05	38.00	1494
几何学习题集	2020－10	48.00	1217
通过解题学习代数几何	2021－04	88.00	1301
圆锥曲线的奥秘	2022－06	88.00	1541

刘培杰数学工作室
已出版(即将出版)图书目录——初等数学

书　名	出版时间	定　价	编号
最新世界各国数学奥林匹克中的平面几何试题	2007—09	38.00	14
数学竞赛平面几何典型题及新颖解	2010—07	48.00	74
初等数学复习及研究(平面几何)	2008—09	68.00	38
初等数学复习及研究(立体几何)	2010—06	38.00	71
初等数学复习及研究(平面几何)习题解答	2009—01	58.00	42
几何学教程(平面几何卷)	2011—03	68.00	90
几何学教程(立体几何卷)	2011—07	68.00	130
几何变换与几何证题	2010—06	88.00	70
计算方法与几何证题	2011—06	28.00	129
立体几何技巧与方法	2014—04	88.00	293
几何瑰宝——平面几何500名题暨1500条定理(上、下)	2021—07	168.00	1358
三角形的解法与应用	2012—07	18.00	183
近代的三角形几何学	2012—07	48.00	184
一般折线几何学	2015—08	48.00	503
三角形的五心	2009—06	28.00	51
三角形的六心及其应用	2015—10	68.00	542
三角形趣谈	2012—08	28.00	212
解三角形	2014—01	28.00	265
探秘三角形:一次数学旅行	2021—10	68.00	1387
三角学专门教程	2014—09	28.00	387
图天下几何新题试卷.初中(第2版)	2017—11	58.00	855
圆锥曲线习题集(上册)	2013—06	68.00	255
圆锥曲线习题集(中册)	2015—01	78.00	434
圆锥曲线习题集(下册·第1卷)	2016—10	78.00	683
圆锥曲线习题集(下册·第2卷)	2018—01	98.00	853
圆锥曲线习题集(下册·第3卷)	2019—10	128.00	1113
圆锥曲线的思想方法	2021—08	48.00	1379
圆锥曲线的八个主要问题	2021—10	48.00	1415
论九点圆	2015—05	88.00	645
近代欧氏几何学	2012—03	48.00	162
罗巴切夫斯基几何学及几何基础概要	2012—07	28.00	188
罗巴切夫斯基几何学初步	2015—06	28.00	474
用三角、解析几何、复数、向量计算解数学竞赛几何题	2015—03	48.00	455
用解析法研究圆锥曲线的几何理论	2022—05	48.00	1495
美国中学几何教程	2015—04	88.00	458
三线坐标与三角形特征点	2015—04	98.00	460
坐标几何学基础.第1卷,笛卡儿坐标	2021—08	48.00	1398
坐标几何学基础.第2卷,三线坐标	2021—09	28.00	1399
平面解析几何方法与研究(第1卷)	2015—05	18.00	471
平面解析几何方法与研究(第2卷)	2015—06	18.00	472
平面解析几何方法与研究(第3卷)	2015—07	18.00	473
解析几何研究	2015—01	38.00	425
解析几何学教程.上	2016—01	38.00	574
解析几何学教程.下	2016—01	38.00	575
几何学基础	2016—01	58.00	581
初等几何研究	2015—02	58.00	444
十九和二十世纪欧氏几何学中的片段	2017—01	58.00	696
平面几何中考.高考.奥数一本通	2017—07	28.00	820
几何学简史	2017—08	28.00	833
四面体	2018—01	48.00	880
平面几何证明方法思路	2018—12	68.00	913

书　名	出版时间	定　价	编号
平面几何图形特性新析.上篇	2019—01	68.00	911
平面几何图形特性新析.下篇	2018—06	88.00	912
平面几何范例多解探究.上篇	2018—04	48.00	910
平面几何范例多解探究.下篇	2018—12	68.00	914
从分析解题过程学解题:竞赛中的几何问题研究	2018—07	68.00	946
从分析解题过程学解题:竞赛中的向量几何与不等式研究(全2册)	2019—06	138.00	1090
从分析解题过程学解题:竞赛中的不等式问题	2021—01	48.00	1249
二维、三维欧氏几何的对偶原理	2018—12	38.00	990
星形大观及闭折线论	2019—03	68.00	1020
立体几何的问题和方法	2019—11	58.00	1127
三角代换论	2021—05	58.00	1313
俄罗斯平面几何问题集	2009—08	88.00	55
俄罗斯立体几何问题集	2014—03	58.00	283
俄罗斯几何大师——沙雷金论数学及其他	2014—01	48.00	271
来自俄罗斯的5000道几何习题及解答	2011—03	58.00	89
俄罗斯初等数学问题集	2012—05	38.00	177
俄罗斯函数问题集	2011—03	38.00	103
俄罗斯组合分析问题集	2011—01	48.00	79
俄罗斯初等数学万题选——三角卷	2012—11	38.00	222
俄罗斯初等数学万题选——代数卷	2013—08	68.00	225
俄罗斯初等数学万题选——几何卷	2014—01	68.00	226
俄罗斯《量子》杂志数学征解问题100题选	2018—08	48.00	969
俄罗斯《量子》杂志数学征解问题又100题选	2018—08	48.00	970
俄罗斯《量子》杂志数学征解问题	2020—05	48.00	1138
463个俄罗斯几何老问题	2012—01	28.00	152
《量子》数学短文精粹	2018—09	38.00	972
用三角、解析几何等计算解来自俄罗斯的几何题	2019—11	88.00	1119
基谢廖夫平面几何	2022—01	48.00	1461
数学:代数、数学分析和几何(10—11年级)	2021—01	48.00	1250
立体几何.10—11年级	2022—01	58.00	1472
直观几何学:5—6年级	2022—04	58.00	1508

书　名	出版时间	定　价	编号
谈谈素数	2011—03	18.00	91
平方和	2011—03	18.00	92
整数论	2011—05	38.00	120
从整数谈起	2015—10	28.00	538
数与多项式	2016—01	38.00	558
谈谈不定方程	2011—05	28.00	119
质数漫谈	2022—07	68.00	1529

书　名	出版时间	定　价	编号
解析不等式新论	2009—06	68.00	48
建立不等式的方法	2011—03	98.00	104
数学奥林匹克不等式研究(第2版)	2020—07	68.00	1181
不等式研究(第二辑)	2012—02	68.00	153
不等式的秘密(第一卷)(第2版)	2014—02	38.00	286
不等式的秘密(第二卷)	2014—01	38.00	268
初等不等式的证明方法	2010—06	38.00	123
初等不等式的证明方法(第二版)	2014—11	38.00	407
不等式·理论·方法(基础卷)	2015—07	38.00	496
不等式·理论·方法(经典不等式卷)	2015—07	38.00	497
不等式·理论·方法(特殊类型不等式卷)	2015—07	48.00	498
不等式探究	2016—03	38.00	582
不等式探秘	2017—01	88.00	689
四面体不等式	2017—01	68.00	715
数学奥林匹克中常见重要不等式	2017—09	38.00	845

刘培杰数学工作室
已出版(即将出版)图书目录——初等数学

书 名	出版时间	定 价	编号
三正弦不等式	2018—09	98.00	974
函数方程与不等式:解法与稳定性结果	2019—04	68.00	1058
数学不等式.第1卷,对称多项式不等式	2022—05	78.00	1455
数学不等式.第2卷,对称有理不等式与对称无理不等式	2022—05	88.00	1456
数学不等式.第3卷,循环不等式与非循环不等式	2022—05	88.00	1457
数学不等式.第4卷,Jensen不等式的扩展与加细	2022—05	88.00	1458
数学不等式.第5卷,创建不等式与解不等式的其他方法	2022—05	88.00	1459
同余理论	2012—05	38.00	163
[x]与{x}	2015—04	48.00	476
极值与最值.上卷	2015—06	28.00	486
极值与最值.中卷	2015—06	38.00	487
极值与最值.下卷	2015—06	28.00	488
整数的性质	2012—11	38.00	192
完全平方数及其应用	2015—08	78.00	506
多项式理论	2015—10	88.00	541
奇数、偶数、奇偶分析法	2018—01	98.00	876
不定方程及其应用.上	2018—12	58.00	992
不定方程及其应用.中	2019—01	78.00	993
不定方程及其应用.下	2019—02	98.00	994
Nesbitt不等式加强式的研究	2022—06	128.00	1527
历届美国中学生数学竞赛试题及解答(第一卷)1950—1954	2014—07	18.00	277
历届美国中学生数学竞赛试题及解答(第二卷)1955—1959	2014—04	18.00	278
历届美国中学生数学竞赛试题及解答(第三卷)1960—1964	2014—06	18.00	279
历届美国中学生数学竞赛试题及解答(第四卷)1965—1969	2014—04	28.00	280
历届美国中学生数学竞赛试题及解答(第五卷)1970—1972	2014—06	18.00	281
历届美国中学生数学竞赛试题及解答(第六卷)1973—1980	2017—07	18.00	768
历届美国中学生数学竞赛试题及解答(第七卷)1981—1986	2015—01	18.00	424
历届美国中学生数学竞赛试题及解答(第八卷)1987—1990	2017—05	18.00	769
历届中国数学奥林匹克试题集(第3版)	2021—10	58.00	1440
历届加拿大数学奥林匹克试题集	2012—08	38.00	215
历届美国数学奥林匹克试题集:1972~2019	2020—04	88.00	1135
历届波兰数学竞赛试题集.第1卷,1949~1963	2015—03	18.00	453
历届波兰数学竞赛试题集.第2卷,1964~1976	2015—03	18.00	454
历届巴尔干数学奥林匹克试题集	2015—05	38.00	466
保加利亚数学奥林匹克	2014—10	38.00	393
圣彼得堡数学奥林匹克试题集	2015—01	38.00	429
匈牙利奥林匹克数学竞赛题解.第1卷	2016—05	28.00	593
匈牙利奥林匹克数学竞赛题解.第2卷	2016—05	28.00	594
历届美国数学邀请赛试题集(第2版)	2017—10	78.00	851
普林斯顿大学数学竞赛	2016—06	38.00	669
亚太地区数学奥林匹克竞赛题	2015—07	18.00	492
日本历届(初级)广中杯数学竞赛试题及解答.第1卷(2000~2007)	2016—05	28.00	641
日本历届(初级)广中杯数学竞赛试题及解答.第2卷(2008~2015)	2016—05	38.00	642
越南数学奥林匹克题选:1962—2009	2021—07	48.00	1370
360个数学竞赛问题	2016—08	58.00	677
奥数最佳实战题.上卷	2017—06	38.00	760
奥数最佳实战题.下卷	2017—06	58.00	761
哈尔滨市早期中学数学竞赛试题汇编	2016—07	28.00	672
全国高中数学联赛试题及解答:1981—2019(第4版)	2020—07	138.00	1176
2022年全国高中数学联合竞赛模拟题集	2022—06	30.00	1521
20世纪50年代全国部分城市数学竞赛试题汇编	2017—07	28.00	797

刘培杰数学工作室
已出版(即将出版)图书目录——初等数学

书　名	出版时间	定　价	编号
国内外数学竞赛题及精解:2018～2019	2020—08	45.00	1192
国内外数学竞赛题及精解:2019～2020	2021—11	58.00	1439
许康华竞赛优学精选集.第一辑	2018—08	68.00	949
天问叶班数学问题征解100题.Ⅰ,2016—2018	2019—05	88.00	1075
天问叶班数学问题征解100题.Ⅱ,2017—2019	2020—07	98.00	1177
美国初中数学竞赛:AMC8准备(共6卷)	2019—07	138.00	1089
美国高中数学竞赛:AMC10准备(共6卷)	2019—08	158.00	1105
王连笑教你怎样学数学:高考选择题解题策略与客观题实用训练	2014—01	48.00	262
王连笑教你怎样学数学:高考数学高层次讲座	2015—02	48.00	432
高考数学的理论与实践	2009—08	38.00	53
高考数学核心题型解题方法与技巧	2010—01	28.00	86
高考思维新平台	2014—03	38.00	259
高考数学压轴题解题诀窍(上)(第2版)	2018—01	58.00	874
高考数学压轴题解题诀窍(下)(第2版)	2018—01	48.00	875
北京市五区文科数学三年高考模拟题详解:2013～2015	2015—08	48.00	500
北京市五区理科数学三年高考模拟题详解:2013～2015	2015—09	68.00	505
向量法巧解数学高考题	2009—08	28.00	54
高中数学课堂教学的实践与反思	2021—11	48.00	791
数学高考参考	2016—01	78.00	589
新课程标准高考数学解答题各种题型解法指导	2020—08	78.00	1196
全国及各省市高考数学试题审题要津与解法研究	2015—02	48.00	450
高中数学章节起始课的教学研究与案例设计	2019—05	28.00	1064
新课标高考数学——五年试题分章详解(2007～2011)(上、下)	2011—10	78.00	140,141
全国中考数学压轴题审题要津与解法研究	2013—04	78.00	248
新编全国及各省市中考数学压轴题审题要津与解法研究	2014—05	58.00	342
全国及各省市5年中考数学压轴题审题要津与解法研究(2015版)	2015—04	58.00	462
中考数学专题总复习	2007—04	28.00	6
中考数学较难题常考题型解题方法与技巧	2016—09	48.00	681
中考数学难题常考题型解题方法与技巧	2016—09	48.00	682
中考数学中档题常考题型解题方法与技巧	2017—08	68.00	835
中考数学选择填空压轴好题妙解365	2017—05	38.00	759
中考数学:三类重点考题的解法例析与习题	2020—04	48.00	1140
中小学数学的历史文化	2019—11	48.00	1124
初中平面几何百题多思创新解	2020—01	58.00	1125
初中数学中考备考	2020—01	58.00	1126
高考数学之九章演义	2019—08	68.00	1044
高考数学之难题谈笑间	2022—06	68.00	1519
化学可以这样学:高中化学知识方法智慧感悟疑难辨析	2019—07	58.00	1103
如何成为学习高手	2019—09	58.00	1107
高考数学:经典真题分类解析	2020—04	78.00	1134
高考数学解答题破解策略	2020—11	58.00	1221
从分析解题过程学解题:高考压轴题与竞赛题之关系探究	2020—08	88.00	1179
教学新思考:单元整体视角下的初中数学教学设计	2021—03	58.00	1278
思维再拓展:2020年经典几何题的多解探究与思考	即将出版		1279
中考数学小压轴汇编初讲	2017—07	48.00	788
中考数学大压轴专题微言	2017—09	48.00	846
怎么解中考平面几何探索题	2019—06	48.00	1093
北京中考数学压轴题解题方法突破(第7版)	2021—11	68.00	1442
助你高考成功的数学解题智慧:知识是智慧的基础	2016—01	58.00	596
助你高考成功的数学解题智慧:错误是智慧的试金石	2016—04	58.00	643
助你高考成功的数学解题智慧:方法是智慧的推手	2016—04	68.00	657
高考数学奇思妙解	2016—04	38.00	610
高考数学解题策略	2016—05	48.00	670
数学解题泄天机(第2版)	2017—10	48.00	850

书　名	出版时间	定　价	编号
高考物理压轴题全解	2017－04	58.00	746
高中物理经典问题25讲	2017－05	28.00	764
高中物理教学讲义	2018－01	48.00	871
高中物理教学讲义:全模块	2022－03	98.00	1492
高中物理答疑解惑65篇	2021－11	48.00	1462
中学物理基础问题解析	2020－08	48.00	1183
2016年高考文科数学真题研究	2017－04	58.00	754
2016年高考理科数学真题研究	2017－04	78.00	755
2017年高考理科数学真题研究	2018－01	58.00	867
2017年高考文科数学真题研究	2018－01	48.00	868
初中数学、高中数学脱节知识补缺教材	2017－06	48.00	766
高考数学小题抢分必练	2017－10	48.00	834
高考数学核心素养解读	2017－09	38.00	839
高考数学客观题解题方法和技巧	2017－10	38.00	847
十年高考数学精品试题审题要津与解法研究	2021－10	98.00	1427
中国历届高考数学试题及解答.1949—1979	2018－01	38.00	877
历届中国高考数学试题及解答.第二卷,1980—1989	2018－10	28.00	975
历届中国高考数学试题及解答.第三卷,1990—1999	2018－10	48.00	976
数学文化与高考研究	2018－03	48.00	882
跟我学解高中数学题	2018－07	58.00	926
中学数学研究的方法及案例	2018－05	58.00	869
高考数学抢分技能	2018－07	68.00	934
高一新生常用数学方法和重要数学思想提升教材	2018－06	38.00	921
2018年高考数学真题研究	2019－01	68.00	1000
2019年高考数学真题研究	2020－05	88.00	1137
高考数学全国卷六道解答题常考题型解题诀窍:理科(全2册)	2019－07	78.00	1101
高考数学全国卷16道选择、填空题常考题型解题诀窍.理科	2018－09	88.00	971
高考数学全国卷16道选择、填空题常考题型解题诀窍.文科	2020－01	88.00	1123
高中数学一题多解	2019－06	58.00	1087
历届中国高考数学试题及解答:1917—1999	2021－08	98.00	1371
2000～2003年全国及各省市高考数学试题及解答	2022－05	88.00	1499
2004年全国及各省市高考数学试题及解答	2022－07	78.00	1500
突破高原:高中数学解题思维探究	2021－08	48.00	1375
高考数学中的"取值范围"	2021－10	48.00	1429
新课程标准高中数学各种题型解法大全.必修一分册	2021－06	58.00	1315
新课程标准高中数学各种题型解法大全.必修二分册	2022－01	68.00	1471
高中数学各种题型解法大全.选择性必修一分册	2022－06	68.00	1525
新编640个世界著名数学智力趣题	2014－01	88.00	242
500个最新世界著名数学智力趣题	2008－06	48.00	3
400个最新世界著名数学最值问题	2008－09	48.00	36
500个世界著名数学征解问题	2009－06	48.00	52
400个中国最佳初等数学征解老问题	2010－01	48.00	60
500个俄罗斯数学经典老题	2011－01	28.00	81
1000个国外中学物理好题	2012－04	48.00	174
300个日本高考数学题	2012－05	38.00	142
700个早期日本高考数学试题	2017－02	88.00	752
500个前苏联早期高考数学试题及解答	2012－05	28.00	185
546个早期俄罗斯大学生数学竞赛题	2014－03	38.00	285
548个来自美苏的数学好问题	2014－11	28.00	396
20所苏联著名大学早期入学试题	2015－02	18.00	452
161道德国工科大学生必做的微分方程习题	2015－05	28.00	469
500个德国工科大学生必做的高数习题	2015－06	28.00	478
360个数学竞赛问题	2016－08	58.00	677
200个趣味数学故事	2018－02	48.00	857
470个数学奥林匹克中的最值问题	2018－10	88.00	985
德国讲义日本考题.微积分卷	2015－04	48.00	456
德国讲义日本考题.微分方程卷	2015－04	38.00	457
二十世纪中叶中、英、美、日、法、俄高考数学试题精选	2017－06	38.00	783

书　　名	出版时间	定　价	编号
中国初等数学研究　2009 卷(第 1 辑)	2009—05	20.00	45
中国初等数学研究　2010 卷(第 2 辑)	2010—05	30.00	68
中国初等数学研究　2011 卷(第 3 辑)	2011—07	60.00	127
中国初等数学研究　2012 卷(第 4 辑)	2012—07	48.00	190
中国初等数学研究　2014 卷(第 5 辑)	2014—02	48.00	288
中国初等数学研究　2015 卷(第 6 辑)	2015—06	68.00	493
中国初等数学研究　2016 卷(第 7 辑)	2016—04	68.00	609
中国初等数学研究　2017 卷(第 8 辑)	2017—01	98.00	712
初等数学研究在中国.第 1 辑	2019—03	158.00	1024
初等数学研究在中国.第 2 辑	2019—10	158.00	1116
初等数学研究在中国.第 3 辑	2021—05	158.00	1306
初等数学研究在中国.第 4 辑	2022—06	158.00	1520
几何变换(Ⅰ)	2014—07	28.00	353
几何变换(Ⅱ)	2015—06	28.00	354
几何变换(Ⅲ)	2015—01	38.00	355
几何变换(Ⅳ)	2015—12	38.00	356
初等数论难题集(第一卷)	2009—05	68.00	44
初等数论难题集(第二卷)(上、下)	2011—02	128.00	82,83
数论概貌	2011—03	18.00	93
代数数论(第二版)	2013—08	58.00	94
代数多项式	2014—06	38.00	289
初等数论的知识与问题	2011—02	28.00	95
超越数论基础	2011—03	28.00	96
数论初等教程	2011—03	28.00	97
数论基础	2011—03	18.00	98
数论基础与维诺格拉多夫	2014—03	18.00	292
解析数论基础	2012—08	28.00	216
解析数论基础(第二版)	2014—01	48.00	287
解析数论问题集(第二版)(原版引进)	2014—05	88.00	343
解析数论问题集(第二版)(中译本)	2016—04	88.00	607
解析数论基础(潘承洞,潘承彪著)	2016—07	98.00	673
解析数论导引	2016—07	58.00	674
数论入门	2011—03	38.00	99
代数数论入门	2015—03	38.00	448
数论开篇	2012—07	28.00	194
解析数论引论	2011—03	48.00	100
Barban Davenport Halberstam 均值和	2009—01	40.00	33
基础数论	2011—03	28.00	101
初等数论 100 例	2011—05	18.00	122
初等数论经典例题	2012—07	18.00	204
最新世界各国数学奥林匹克中的初等数论试题(上、下)	2012—01	138.00	144,145
初等数论(Ⅰ)	2012—01	18.00	156
初等数论(Ⅱ)	2012—01	18.00	157
初等数论(Ⅲ)	2012—01	28.00	158

刘培杰数学工作室
已出版(即将出版)图书目录——初等数学

书 名	出版时间	定 价	编号
平面几何与数论中未解决的新老问题	2013—01	68.00	229
代数数论简史	2014—11	28.00	408
代数数论	2015—09	88.00	532
代数、数论及分析习题集	2016—11	98.00	695
数论导引提要及习题解答	2016—01	48.00	559
素数定理的初等证明.第2版	2016—09	48.00	686
数论中的模函数与狄利克雷级数(第二版)	2017—11	78.00	837
数论:数学导引	2018—01	68.00	849
范氏大代数	2019—02	98.00	1016
解析数学讲义.第一卷,导来式及微分、积分、级数	2019—04	88.00	1021
解析数学讲义.第二卷,关于几何的应用	2019—04	68.00	1022
解析数学讲义.第三卷,解析函数论	2019—04	78.00	1023
分析·组合·数论纵横谈	2019—04	58.00	1039
Hall代数:民国时期的中学数学课本:英文	2019—08	88.00	1106
基谢廖夫初等代数	2022—07	38.00	1531
数学精神巡礼	2019—01	58.00	731
数学眼光透视(第2版)	2017—06	78.00	732
数学思想领悟(第2版)	2018—01	68.00	733
数学方法溯源(第2版)	2018—08	68.00	734
数学解题引论	2017—05	58.00	735
数学史话览胜(第2版)	2017—01	48.00	736
数学应用展观(第2版)	2017—08	68.00	737
数学建模尝试	2018—04	48.00	738
数学竞赛采风	2018—01	68.00	739
数学测评探营	2019—05	58.00	740
数学技能操握	2018—03	48.00	741
数学欣赏拾趣	2018—02	48.00	742
从毕达哥拉斯到怀尔斯	2007—10	48.00	9
从迪利克雷到维斯卡尔迪	2008—01	48.00	21
从哥德巴赫到陈景润	2008—05	98.00	35
从庞加莱到佩雷尔曼	2011—08	138.00	136
博弈论精粹	2008—03	58.00	30
博弈论精粹.第二版(精装)	2015—01	88.00	461
数学 我爱你	2008—01	28.00	20
精神的圣徒 别样的人生——60位中国数学家成长的历程	2008—09	48.00	39
数学史概论	2009—06	78.00	50
数学史概论(精装)	2013—03	158.00	272
数学史选讲	2016—01	48.00	544
斐波那契数列	2010—02	28.00	65
数学拼盘和斐波那契魔方	2010—07	38.00	72
斐波那契数列欣赏(第2版)	2018—08	58.00	948
Fibonacci数列中的明珠	2018—06	58.00	928
数学的创造	2011—02	48.00	85
数学美与创造力	2016—01	48.00	595
数海拾贝	2016—01	48.00	590
数学中的美(第2版)	2019—04	68.00	1057
数论中的美学	2014—12	38.00	351

刘培杰数学工作室

已出版（即将出版）图书目录——初等数学

书　　名	出版时间	定　价	编号
数学王者　科学巨人——高斯	2015—01	28.00	428
振兴祖国数学的圆梦之旅:中国初等数学研究史话	2015—06	98.00	490
二十世纪中国数学史料研究	2015—10	48.00	536
数字谜、数阵图与棋盘覆盖	2016—01	58.00	298
时间的形状	2016—01	38.00	556
数学发现的艺术:数学探索中的合情推理	2016—07	58.00	671
活跃在数学中的参数	2016—07	48.00	675
数海趣史	2021—05	98.00	1314
数学解题——靠数学思想给力(上)	2011—07	38.00	131
数学解题——靠数学思想给力(中)	2011—07	48.00	132
数学解题——靠数学思想给力(下)	2011—07	38.00	133
我怎样解题	2013—01	48.00	227
数学解题中的物理方法	2011—06	28.00	114
数学解题的特殊方法	2011—06	48.00	115
中学数学计算技巧(第2版)	2020—10	48.00	1220
中学数学证明方法	2012—01	58.00	117
数学趣题巧解	2012—03	28.00	128
高中数学教学通鉴	2015—05	58.00	479
和高中生漫谈:数学与哲学的故事	2014—08	28.00	369
算术问题集	2017—03	38.00	789
张教授讲数学	2018—07	38.00	933
陈永明实话实说数学教学	2020—04	68.00	1132
中学数学学科知识与教学能力	2020—06	58.00	1155
怎样把课讲好:大罕数学教学随笔	2022—03	58.00	1484
中国高考评价体系下高考数学探秘	2022—03	48.00	1487
自主招生考试中的参数方程问题	2015—01	28.00	435
自主招生考试中的极坐标问题	2015—04	28.00	463
近年全国重点大学自主招生数学试题全解及研究.华约卷	2015—02	38.00	441
近年全国重点大学自主招生数学试题全解及研究.北约卷	2016—05	38.00	619
自主招生数学解证宝典	2015—09	48.00	535
中国科学技术大学创新班数学真题解析	2022—03	48.00	1488
中国科学技术大学创新班物理真题解析	2022—03	58.00	1489
格点和面积	2012—07	18.00	191
射影几何趣谈	2012—04	28.00	175
斯潘纳尔引理——从一道加拿大数学奥林匹克试题谈起	2014—01	28.00	228
李普希兹条件——从几道近年高考数学试题谈起	2012—10	18.00	221
拉格朗日中值定理——从一道北京高考试题的解法谈起	2015—10	18.00	197
闵科夫斯基定理——从一道清华大学自主招生试题谈起	2014—01	28.00	198
哈尔测度——从一道冬令营试题的背景谈起	2012—08	28.00	202
切比雪夫逼近问题——从一道中国台北数学奥林匹克试题谈起	2013—04	38.00	238
伯恩斯坦多项式与贝齐尔曲面——从一道全国高中数学联赛试题谈起	2013—03	38.00	236
卡塔兰猜想——从一道普特南竞赛试题谈起	2013—06	18.00	256
麦卡锡函数和阿克曼函数——从一道前南斯拉夫数学奥林匹克试题谈起	2012—08	18.00	201
贝蒂定理与拉姆贝克莫斯尔定理——从一个拣石子游戏谈起	2012—08	18.00	217
皮亚诺曲线和豪斯道夫分球定理——从无限集谈起	2012—08	18.00	211
平面凸图形与凸多面体	2012—10	28.00	218
斯坦因豪斯问题——从一道二十五省市自治区中学数学竞赛试题谈起	2012—07	18.00	196

刘培杰数学工作室
已出版(即将出版)图书目录——初等数学

书　名	出版时间	定　价	编号
纽结理论中的亚历山大多项式与琼斯多项式——从一道北京市高一数学竞赛试题谈起	2012—07	28.00	195
原则与策略——从波利亚"解题表"谈起	2013—04	38.00	244
转化与化归——从三大尺规作图不能问题谈起	2012—08	28.00	214
代数几何中的贝祖定理(第一版)——从一道 IMO 试题的解法谈起	2013—08	18.00	193
成功连贯理论与约当块理论——从一道比利时数学竞赛试题谈起	2012—04	18.00	180
素数判定与大数分解	2014—08	18.00	199
置换多项式及其应用	2012—10	18.00	220
椭圆函数与模函数——从一道美国加州大学洛杉矶分校(UCLA)博士资格考题谈起	2012—10	28.00	219
差分方程的拉格朗日方法——从一道 2011 年全国高考理科试题的解法谈起	2012—08	28.00	200
力学在几何中的一些应用	2013—01	38.00	240
从根式解到伽罗华理论	2020—01	48.00	1121
康托洛维奇不等式——从一道全国高中联赛试题谈起	2013—03	28.00	337
西格尔引理——从一道第 18 届 IMO 试题的解法谈起	即将出版		
罗斯定理——从一道前苏联数学竞赛试题谈起	即将出版		
拉克斯定理和阿廷定理——从一道 IMO 试题的解法谈起	2014—01	58.00	246
毕卡大定理——从一道美国大学数学竞赛试题谈起	2014—07	18.00	350
贝齐尔曲线——从一道全国高中联赛试题谈起	即将出版		
拉格朗日乘子定理——从一道 2005 年全国高中联赛试题的高等数学解法谈起	2015—05	28.00	480
雅可比定理——从一道日本数学奥林匹克试题谈起	2013—04	48.00	249
李天岩－约克定理——从一道波兰数学竞赛试题谈起	2014—06	28.00	349
整系数多项式因式分解的一般方法——从克朗耐克算法谈起	即将出版		
布劳维不动点定理——从一道前苏联数学奥林匹克试题谈起	2014—01	38.00	273
伯恩赛德定理——从一道英国数学奥林匹克试题谈起	即将出版		
布查特－莫斯特定理——从一道上海市初中竞赛试题谈起	即将出版		
数论中的同余数问题——从一道普特南竞赛试题谈起	即将出版		
范・德蒙行列式——从一道美国数学奥林匹克试题谈起	即将出版		
中国剩余定理:总数法构建中国历史年表	2015—01	28.00	430
牛顿程序与方程求根——从一道全国高考试题解法谈起	即将出版		
库默尔定理——从一道 IMO 预选试题谈起	即将出版		
卢丁定理——从一道冬令营试题的解法谈起	即将出版		
沃斯滕霍姆定理——从一道 IMO 预选试题谈起	即将出版		
卡尔松不等式——从一道莫斯科数学奥林匹克试题谈起	即将出版		
信息论中的香农熵——从一道近年高考压轴题谈起	即将出版		
约当不等式——从一道希望杯竞赛试题谈起	即将出版		
拉比诺维奇定理	即将出版		
刘维尔定理——从一道《美国数学月刊》征解问题的解法谈起	即将出版		
卡塔兰恒等式与级数求和——从一道 IMO 试题的解法谈起	即将出版		
勒让德猜想与素数分布——从一道爱尔兰竞赛试题谈起	即将出版		
天平称重与信息论——从一道基辅市数学奥林匹克试题谈起	即将出版		
哈密尔顿－凯莱定理:从一道高中数学联赛试题的解法谈起	2014—09	18.00	376
艾思特曼定理——从一道 CMO 试题的解法谈起	即将出版		

刘培杰数学工作室
已出版(即将出版)图书目录——初等数学

书　名	出版时间	定　价	编号
阿贝尔恒等式与经典不等式及应用	2018-06	98.00	923
迪利克雷除数问题	2018-07	48.00	930
幻方、幻立方与拉丁方	2019-08	48.00	1092
帕斯卡三角形	2014-03	18.00	294
蒲丰投针问题——从2009年清华大学的一道自主招生试题谈起	2014-01	38.00	295
斯图姆定理——从一道"华约"自主招生试题的解法谈起	2014-01	18.00	296
许瓦兹引理——从一道加利福尼亚大学伯克利分校数学系博士生试题谈起	2014-08	18.00	297
拉姆塞定理——从王诗宬院士的一个问题谈起	2016-04	48.00	299
坐标法	2013-12	28.00	332
数论三角形	2014-04	38.00	341
毕克定理	2014-07	18.00	352
数林掠影	2014-09	48.00	389
我们周围的概率	2014-10	38.00	390
凸函数最值定理:从一道华约自主招生题的解法谈起	2014-10	28.00	391
易学与数学奥林匹克	2014-10	38.00	392
生物数学趣谈	2015-01	18.00	409
反演	2015-01	28.00	420
因式分解与圆锥曲线	2015-01	18.00	426
轨迹	2015-01	28.00	427
面积原理:从常庚哲命的一道CMO试题的积分解法谈起	2015-01	48.00	431
形形色色的不动点定理:从一道28届IMO试题谈起	2015-01	38.00	439
柯西函数方程:从一道上海交大自主招生的试题谈起	2015-02	28.00	440
三角恒等式	2015-02	28.00	442
无理性判定:从一道2014年"北约"自主招生试题谈起	2015-01	38.00	443
数学归纳法	2015-03	18.00	451
极端原理与解题	2015-04	28.00	464
法雷级数	2014-08	18.00	367
摆线族	2015-01	38.00	438
函数方程及其解法	2015-05	38.00	470
含参数的方程和不等式	2012-09	28.00	213
希尔伯特第十问题	2016-01	38.00	543
无穷小量的求和	2016-01	28.00	545
切比雪夫多项式:从一道清华大学金秋营试题谈起	2016-01	38.00	583
泽肯多夫定理	2016-03	38.00	599
代数等式证题法	2016-01	28.00	600
三角等式证题法	2016-01	28.00	601
吴大任教授藏书中的一个因式分解公式:从一道美国数学邀请赛试题的解法谈起	2016-06	28.00	656
易卦——类万物的数学模型	2017-08	68.00	838
"不可思议"的数与数系可持续发展	2018-01	38.00	878
最短线	2018-01	38.00	879
幻方和魔方(第一卷)	2012-05	68.00	173
尘封的经典——初等数学经典文献选读(第一卷)	2012-07	48.00	205
尘封的经典——初等数学经典文献选读(第二卷)	2012-07	38.00	206
初级方程式论	2011-03	28.00	106
初等数学研究(Ⅰ)	2008-09	68.00	37
初等数学研究(Ⅱ)(上、下)	2009-05	118.00	46,47

刘培杰数学工作室
已出版(即将出版)图书目录——初等数学

书 名	出版时间	定 价	编号
趣味初等方程妙题集锦	2014—09	48.00	388
趣味初等数论选美与欣赏	2015—02	48.00	445
耕读笔记(上卷):一位农民数学爱好者的初数探索	2015—04	28.00	459
耕读笔记(中卷):一位农民数学爱好者的初数探索	2015—05	28.00	483
耕读笔记(下卷):一位农民数学爱好者的初数探索	2015—05	28.00	484
几何不等式研究与欣赏.上卷	2016—01	88.00	547
几何不等式研究与欣赏.下卷	2016—01	48.00	552
初等数列研究与欣赏·上	2016—01	48.00	570
初等数列研究与欣赏·下	2016—01	48.00	571
趣味初等函数研究与欣赏.上	2016—09	48.00	684
趣味初等函数研究与欣赏.下	2018—09	48.00	685
三角不等式研究与欣赏	2020—10	68.00	1197
新编平面解析几何解题方法研究与欣赏	2021—10	78.00	1426
火柴游戏(第2版)	2022—05	38.00	1493
智力解谜.第1卷	2017—07	38.00	613
智力解谜.第2卷	2017—07	38.00	614
故事智力	2016—07	48.00	615
名人们喜欢的智力问题	2020—01	48.00	616
数学大师的发现、创造与失误	2018—01	48.00	617
异曲同工	2018—09	48.00	618
数学的味道	2018—01	58.00	798
数学千字文	2018—10	68.00	977
数贝偶拾——高考数学题研究	2014—04	28.00	274
数贝偶拾——初等数学研究	2014—04	38.00	275
数贝偶拾——奥数题研究	2014—04	48.00	276
钱昌本教你快乐学数学(上)	2011—12	48.00	155
钱昌本教你快乐学数学(下)	2012—03	58.00	171
集合、函数与方程	2014—01	28.00	300
数列与不等式	2014—01	38.00	301
三角与平面向量	2014—01	28.00	302
平面解析几何	2014—01	38.00	303
立体几何与组合	2014—01	28.00	304
极限与导数、数学归纳法	2014—01	38.00	305
趣味数学	2014—03	28.00	306
教材教法	2014—04	68.00	307
自主招生	2014—05	58.00	308
高考压轴题(上)	2015—01	48.00	309
高考压轴题(下)	2014—10	68.00	310
从费马到怀尔斯——费马大定理的历史	2013—10	198.00	I
从庞加莱到佩雷尔曼——庞加莱猜想的历史	2013—10	298.00	II
从切比雪夫到爱尔特希(上)——素数定理的初等证明	2013—07	48.00	III
从切比雪夫到爱尔特希(下)——素数定理100年	2012—12	98.00	III
从高斯到盖尔方特——二次域的高斯猜想	2013—10	198.00	IV
从库默尔到朗兰兹——朗兰兹猜想的历史	2014—01	98.00	V
从比勃巴赫到德布朗斯——比勃巴赫猜想的历史	2014—02	298.00	VI
从麦比乌斯到陈省身——麦比乌斯变换与麦比乌斯带	2014—02	298.00	VII
从布尔到豪斯道夫——布尔方程与格论漫谈	2013—10	198.00	VIII
从开普勒到阿诺德——三体问题的历史	2014—05	298.00	IX
从华林到华罗庚——华林问题的历史	2013—10	298.00	X

刘培杰数学工作室
已出版(即将出版)图书目录——初等数学

书　　　名	出版时间	定　价	编号
美国高中数学竞赛五十讲.第1卷(英文)	2014—08	28.00	357
美国高中数学竞赛五十讲.第2卷(英文)	2014—08	28.00	358
美国高中数学竞赛五十讲.第3卷(英文)	2014—09	28.00	359
美国高中数学竞赛五十讲.第4卷(英文)	2014—09	28.00	360
美国高中数学竞赛五十讲.第5卷(英文)	2014—10	28.00	361
美国高中数学竞赛五十讲.第6卷(英文)	2014—11	28.00	362
美国高中数学竞赛五十讲.第7卷(英文)	2014—12	28.00	363
美国高中数学竞赛五十讲.第8卷(英文)	2015—01	28.00	364
美国高中数学竞赛五十讲.第9卷(英文)	2015—01	28.00	365
美国高中数学竞赛五十讲.第10卷(英文)	2015—02	38.00	366
三角函数(第2版)	2017—04	38.00	626
不等式	2014—01	38.00	312
数列	2014—01	38.00	313
方程(第2版)	2017—04	38.00	624
排列和组合	2014—01	28.00	315
极限与导数(第2版)	2016—04	38.00	635
向量(第2版)	2018—08	58.00	627
复数及其应用	2014—08	28.00	318
函数	2014—01	38.00	319
集合	2020—01	48.00	320
直线与平面	2014—01	28.00	321
立体几何(第2版)	2016—04	38.00	629
解三角形	即将出版		323
直线与圆(第2版)	2016—11	38.00	631
圆锥曲线(第2版)	2016—09	48.00	632
解题通法(一)	2014—07	38.00	326
解题通法(二)	2014—07	38.00	327
解题通法(三)	2014—05	38.00	328
概率与统计	2014—01	28.00	329
信息迁移与算法	即将出版		330
IMO 50年.第1卷(1959—1963)	2014—11	28.00	377
IMO 50年.第2卷(1964—1968)	2014—11	28.00	378
IMO 50年.第3卷(1969—1973)	2014—09	28.00	379
IMO 50年.第4卷(1974—1978)	2016—04	38.00	380
IMO 50年.第5卷(1979—1984)	2015—04	38.00	381
IMO 50年.第6卷(1985—1989)	2015—04	58.00	382
IMO 50年.第7卷(1990—1994)	2016—01	48.00	383
IMO 50年.第8卷(1995—1999)	2016—06	38.00	384
IMO 50年.第9卷(2000—2004)	2015—04	58.00	385
IMO 50年.第10卷(2005—2009)	2016—01	48.00	386
IMO 50年.第11卷(2010—2015)	2017—03	48.00	646

刘培杰数学工作室
已出版(即将出版)图书目录——初等数学

书　　名	出版时间	定　价	编号
数学反思(2006—2007)	2020—09	88.00	915
数学反思(2008—2009)	2019—01	68.00	917
数学反思(2010—2011)	2018—05	58.00	916
数学反思(2012—2013)	2019—01	58.00	918
数学反思(2014—2015)	2019—03	78.00	919
数学反思(2016—2017)	2021—03	58.00	1286
历届美国大学生数学竞赛试题集.第一卷(1938—1949)	2015—01	28.00	397
历届美国大学生数学竞赛试题集.第二卷(1950—1959)	2015—01	28.00	398
历届美国大学生数学竞赛试题集.第三卷(1960—1969)	2015—01	28.00	399
历届美国大学生数学竞赛试题集.第四卷(1970—1979)	2015—01	18.00	400
历届美国大学生数学竞赛试题集.第五卷(1980—1989)	2015—01	28.00	401
历届美国大学生数学竞赛试题集.第六卷(1990—1999)	2015—01	28.00	402
历届美国大学生数学竞赛试题集.第七卷(2000—2009)	2015—08	18.00	403
历届美国大学生数学竞赛试题集.第八卷(2010—2012)	2015—01	18.00	404
新课标高考数学创新题解题诀窍:总论	2014—09	28.00	372
新课标高考数学创新题解题诀窍:必修1~5分册	2014—08	38.00	373
新课标高考数学创新题解题诀窍:选修2—1,2—2,1—1,1—2分册	2014—09	38.00	374
新课标高考数学创新题解题诀窍:选修2—3,4—4,4—5分册	2014—09	18.00	375
全国重点大学自主招生英文数学试题全攻略:词汇卷	2015—07	48.00	410
全国重点大学自主招生英文数学试题全攻略:概念卷	2015—01	28.00	411
全国重点大学自主招生英文数学试题全攻略:文章选读卷(上)	2016—09	38.00	412
全国重点大学自主招生英文数学试题全攻略:文章选读卷(下)	2017—01	58.00	413
全国重点大学自主招生英文数学试题全攻略:试题卷	2015—07	38.00	414
全国重点大学自主招生英文数学试题全攻略:名著欣赏卷	2017—03	48.00	415
劳埃德数学趣题大全.题目卷.1:英文	2016—01	18.00	516
劳埃德数学趣题大全.题目卷.2:英文	2016—01	18.00	517
劳埃德数学趣题大全.题目卷.3:英文	2016—01	18.00	518
劳埃德数学趣题大全.题目卷.4:英文	2016—01	18.00	519
劳埃德数学趣题大全.题目卷.5:英文	2016—01	18.00	520
劳埃德数学趣题大全.答案卷:英文	2016—01	18.00	521
李成章教练奥数笔记.第1卷	2016—01	48.00	522
李成章教练奥数笔记.第2卷	2016—01	48.00	523
李成章教练奥数笔记.第3卷	2016—01	38.00	524
李成章教练奥数笔记.第4卷	2016—01	38.00	525
李成章教练奥数笔记.第5卷	2016—01	38.00	526
李成章教练奥数笔记.第6卷	2016—01	38.00	527
李成章教练奥数笔记.第7卷	2016—01	38.00	528
李成章教练奥数笔记.第8卷	2016—01	48.00	529
李成章教练奥数笔记.第9卷	2016—01	28.00	530

刘培杰数学工作室
已出版(即将出版)图书目录——初等数学

书　名	出版时间	定　价	编号
第19~23届"希望杯"全国数学邀请赛试题审题要津详细评注(初一版)	2014—03	28.00	333
第19~23届"希望杯"全国数学邀请赛试题审题要津详细评注(初二、初三版)	2014—03	38.00	334
第19~23届"希望杯"全国数学邀请赛试题审题要津详细评注(高一版)	2014—03	28.00	335
第19~23届"希望杯"全国数学邀请赛试题审题要津详细评注(高二版)	2014—03	38.00	336
第19~25届"希望杯"全国数学邀请赛试题审题要津详细评注(初一版)	2015—01	38.00	416
第19~25届"希望杯"全国数学邀请赛试题审题要津详细评注(初二、初三版)	2015—01	58.00	417
第19~25届"希望杯"全国数学邀请赛试题审题要津详细评注(高一版)	2015—01	48.00	418
第19~25届"希望杯"全国数学邀请赛试题审题要津详细评注(高二版)	2015—01	48.00	419
物理奥林匹克竞赛大题典——力学卷	2014—11	48.00	405
物理奥林匹克竞赛大题典——热学卷	2014—04	28.00	339
物理奥林匹克竞赛大题典——电磁学卷	2015—07	48.00	406
物理奥林匹克竞赛大题典——光学与近代物理卷	2014—06	28.00	345
历届中国东南地区数学奥林匹克试题集(2004~2012)	2014—06	18.00	346
历届中国西部地区数学奥林匹克试题集(2001~2012)	2014—07	18.00	347
历届中国女子数学奥林匹克试题集(2002~2012)	2014—08	18.00	348
数学奥林匹克在中国	2014—06	98.00	344
数学奥林匹克问题集	2014—01	38.00	267
数学奥林匹克不等式散论	2010—06	38.00	124
数学奥林匹克不等式欣赏	2011—09	38.00	138
数学奥林匹克超级题库(初中卷上)	2010—01	58.00	66
数学奥林匹克不等式证明方法和技巧(上、下)	2011—08	158.00	134,135
他们学什么:原民主德国中学数学课本	2016—09	38.00	658
他们学什么:英国中学数学课本	2016—09	38.00	659
他们学什么:法国中学数学课本.1	2016—09	38.00	660
他们学什么:法国中学数学课本.2	2016—09	28.00	661
他们学什么:法国中学数学课本.3	2016—09	38.00	662
他们学什么:苏联中学数学课本	2016—09	28.00	679
高中数学题典——集合与简易逻辑·函数	2016—07	48.00	647
高中数学题典——导数	2016—07	48.00	648
高中数学题典——三角函数·平面向量	2016—07	48.00	649
高中数学题典——数列	2016—07	58.00	650
高中数学题典——不等式·推理与证明	2016—07	38.00	651
高中数学题典——立体几何	2016—07	48.00	652
高中数学题典——平面解析几何	2016—07	78.00	653
高中数学题典——计数原理·统计·概率·复数	2016—07	48.00	654
高中数学题典——算法·平面几何·初等数论·组合数学·其他	2016—07	68.00	655

刘培杰数学工作室
已出版(即将出版)图书目录——初等数学

书　　名	出版时间	定　价	编号
台湾地区奥林匹克数学竞赛试题.小学一年级	2017—03	38.00	722
台湾地区奥林匹克数学竞赛试题.小学二年级	2017—03	38.00	723
台湾地区奥林匹克数学竞赛试题.小学三年级	2017—03	38.00	724
台湾地区奥林匹克数学竞赛试题.小学四年级	2017—03	38.00	725
台湾地区奥林匹克数学竞赛试题.小学五年级	2017—03	38.00	726
台湾地区奥林匹克数学竞赛试题.小学六年级	2017—03	38.00	727
台湾地区奥林匹克数学竞赛试题.初中一年级	2017—03	38.00	728
台湾地区奥林匹克数学竞赛试题.初中二年级	2017—03	38.00	729
台湾地区奥林匹克数学竞赛试题.初中三年级	2017—03	28.00	730
不等式证题法	2017—04	28.00	747
平面几何培优教程	2019—08	88.00	748
奥数鼎级培优教程.高一分册	2018—09	88.00	749
奥数鼎级培优教程.高二分册.上	2018—04	68.00	750
奥数鼎级培优教程.高二分册.下	2018—04	68.00	751
高中数学竞赛冲刺宝典	2019—04	68.00	883
初中尖子生数学超级题典.实数	2017—07	58.00	792
初中尖子生数学超级题典.式、方程与不等式	2017—08	58.00	793
初中尖子生数学超级题典.圆、面积	2017—08	38.00	794
初中尖子生数学超级题典.函数、逻辑推理	2017—08	48.00	795
初中尖子生数学超级题典.角、线段、三角形与多边形	2017—07	58.00	796
数学王子——高斯	2018—01	48.00	858
坎坷奇星——阿贝尔	2018—01	48.00	859
闪烁奇星——伽罗瓦	2018—01	58.00	860
无穷统帅——康托尔	2018—01	48.00	861
科学公主——柯瓦列夫斯卡娅	2018—01	48.00	862
抽象代数之母——埃米·诺特	2018—01	48.00	863
电脑先驱——图灵	2018—01	58.00	864
昔日神童——维纳	2018—01	48.00	865
数坛怪侠——爱尔特希	2018—01	68.00	866
传奇数学家徐利治	2019—09	88.00	1110
当代世界中的数学.数学思想与数学基础	2019—01	38.00	892
当代世界中的数学.数学问题	2019—01	38.00	893
当代世界中的数学.应用数学与数学应用	2019—01	38.00	894
当代世界中的数学.数学王国的新疆域(一)	2019—01	38.00	895
当代世界中的数学.数学王国的新疆域(二)	2019—01	38.00	896
当代世界中的数学.数林撷英(一)	2019—01	38.00	897
当代世界中的数学.数林撷英(二)	2019—01	48.00	898
当代世界中的数学.数学之路	2019—01	38.00	899

刘培杰数学工作室
已出版(即将出版)图书目录——初等数学

书 名	出版时间	定 价	编号
105 个代数问题:来自 AwesomeMath 夏季课程	2019-02	58.00	956
106 个几何问题:来自 AwesomeMath 夏季课程	2020-07	58.00	957
107 个几何问题:来自 AwesomeMath 全年课程	2020-07	58.00	958
108 个代数问题:来自 AwesomeMath 全年课程	2019-01	68.00	959
109 个不等式:来自 AwesomeMath 夏季课程	2019-04	58.00	960
国际数学奥林匹克中的 110 个几何问题	即将出版		961
111 个代数和数论问题	2019-05	58.00	962
112 个组合问题:来自 AwesomeMath 夏季课程	2019-05	58.00	963
113 个几何不等式:来自 AwesomeMath 夏季课程	2020-08	58.00	964
114 个指数和对数问题:来自 AwesomeMath 夏季课程	2019-09	48.00	965
115 个三角问题:来自 AwesomeMath 夏季课程	2019-09	58.00	966
116 个代数不等式:来自 AwesomeMath 全年课程	2019-04	58.00	967
117 个多项式问题:来自 AwesomeMath 夏季课程	2021-09	58.00	1409
118 个数学竞赛不等式	2022-08	78.00	1526
紫色彗星国际数学竞赛试题	2019-02	58.00	999
数学竞赛中的数学:为数学爱好者、父母、教师和教练准备的丰富资源.第一部	2020-04	58.00	1141
数学竞赛中的数学:为数学爱好者、父母、教师和教练准备的丰富资源.第二部	2020-07	48.00	1142
和与积	2020-10	38.00	1219
数论:概念和问题	2020-12	68.00	1257
初等数学问题研究	2021-03	48.00	1270
数学奥林匹克中的欧几里得几何	2021-10	68.00	1413
数学奥林匹克题解新编	2022-01	58.00	1430
澳大利亚中学数学竞赛试题及解答(初级卷)1978~1984	2019-02	28.00	1002
澳大利亚中学数学竞赛试题及解答(初级卷)1985~1991	2019-02	28.00	1003
澳大利亚中学数学竞赛试题及解答(初级卷)1992~1998	2019-02	28.00	1004
澳大利亚中学数学竞赛试题及解答(初级卷)1999~2005	2019-02	28.00	1005
澳大利亚中学数学竞赛试题及解答(中级卷)1978~1984	2019-03	28.00	1006
澳大利亚中学数学竞赛试题及解答(中级卷)1985~1991	2019-03	28.00	1007
澳大利亚中学数学竞赛试题及解答(中级卷)1992~1998	2019-03	28.00	1008
澳大利亚中学数学竞赛试题及解答(中级卷)1999~2005	2019-03	28.00	1009
澳大利亚中学数学竞赛试题及解答(高级卷)1978~1984	2019-05	28.00	1010
澳大利亚中学数学竞赛试题及解答(高级卷)1985~1991	2019-05	28.00	1011
澳大利亚中学数学竞赛试题及解答(高级卷)1992~1998	2019-05	28.00	1012
澳大利亚中学数学竞赛试题及解答(高级卷)1999~2005	2019-05	28.00	1013
天才中小学生智力测验题.第一卷	2019-03	38.00	1026
天才中小学生智力测验题.第二卷	2019-03	38.00	1027
天才中小学生智力测验题.第三卷	2019-03	38.00	1028
天才中小学生智力测验题.第四卷	2019-03	38.00	1029
天才中小学生智力测验题.第五卷	2019-03	38.00	1030
天才中小学生智力测验题.第六卷	2019-03	38.00	1031
天才中小学生智力测验题.第七卷	2019-03	38.00	1032
天才中小学生智力测验题.第八卷	2019-03	38.00	1033
天才中小学生智力测验题.第九卷	2019-03	38.00	1034
天才中小学生智力测验题.第十卷	2019-03	38.00	1035
天才中小学生智力测验题.第十一卷	2019-03	38.00	1036
天才中小学生智力测验题.第十二卷	2019-03	38.00	1037
天才中小学生智力测验题.第十三卷	2019-03	38.00	1038

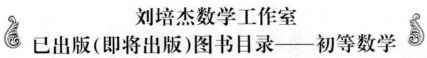

刘培杰数学工作室
已出版(即将出版)图书目录——初等数学

书　名	出版时间	定　价	编号
重点大学自主招生数学备考全书:函数	2020－05	48.00	1047
重点大学自主招生数学备考全书:导数	2020－08	48.00	1048
重点大学自主招生数学备考全书:数列与不等式	2019－10	78.00	1049
重点大学自主招生数学备考全书:三角函数与平面向量	2020－08	68.00	1050
重点大学自主招生数学备考全书:平面解析几何	2020－07	58.00	1051
重点大学自主招生数学备考全书:立体几何与平面几何	2019－08	48.00	1052
重点大学自主招生数学备考全书:排列组合·概率统计·复数	2019－09	48.00	1053
重点大学自主招生数学备考全书:初等数论与组合数学	2019－08	48.00	1054
重点大学自主招生数学备考全书:重点大学自主招生真题.上	2019－04	68.00	1055
重点大学自主招生数学备考全书:重点大学自主招生真题.下	2019－04	58.00	1056
高中数学竞赛培训教程:平面几何问题的求解方法与策略.上	2018－05	68.00	906
高中数学竞赛培训教程:平面几何问题的求解方法与策略.下	2018－06	78.00	907
高中数学竞赛培训教程:整除与同余以及不定方程	2018－01	88.00	908
高中数学竞赛培训教程:组合计数与组合极值	2018－04	48.00	909
高中数学竞赛培训教程:初等代数	2019－04	78.00	1042
高中数学讲座:数学竞赛基础教程(第一册)	2019－06	48.00	1094
高中数学讲座:数学竞赛基础教程(第二册)	即将出版		1095
高中数学讲座:数学竞赛基础教程(第三册)	即将出版		1096
高中数学讲座:数学竞赛基础教程(第四册)	即将出版		1097
新编中学数学解题方法1000招丛书.实数(初中版)	2022－05	58.00	1291
新编中学数学解题方法1000招丛书.式(初中版)	2022－05	48.00	1292
新编中学数学解题方法1000招丛书.方程与不等式(初中版)	2021－04	58.00	1293
新编中学数学解题方法1000招丛书.函数(初中版)	2022－05	38.00	1294
新编中学数学解题方法1000招丛书.角(初中版)	2022－05	48.00	1295
新编中学数学解题方法1000招丛书.线段(初中版)	2022－05	48.00	1296
新编中学数学解题方法1000招丛书.三角形与多边形(初中版)	2021－04	48.00	1297
新编中学数学解题方法1000招丛书.圆(初中版)	2022－05	48.00	1298
新编中学数学解题方法1000招丛书.面积(初中版)	2021－07	28.00	1299
新编中学数学解题方法1000招丛书.逻辑推理(初中版)	2022－06	48.00	1300
高中数学题典精编.第一辑.函数	2022－01	58.00	1444
高中数学题典精编.第一辑.导数	2022－01	68.00	1445
高中数学题典精编.第一辑.三角函数·平面向量	2022－01	68.00	1446
高中数学题典精编.第一辑.数列	2022－01	58.00	1447
高中数学题典精编.第一辑.不等式·推理与证明	2022－01	58.00	1448
高中数学题典精编.第一辑.立体几何	2022－01	58.00	1449
高中数学题典精编.第一辑.平面解析几何	2022－01	68.00	1450
高中数学题典精编.第一辑.统计·概率·平面几何	2022－01	58.00	1451
高中数学题典精编.第一辑.初等数论·组合数学·数学文化·解题方法	2022－01	58.00	1452

联系地址:哈尔滨市南岗区复华四道街10号　哈尔滨工业大学出版社刘培杰数学工作室
网　　址:http://lpj.hit.edu.cn/
邮　　编:150006
联系电话:0451－86281378　　13904613167
E-mail:lpj1378@163.com